Sébastien Demichel
Risque et vigilance sanitaire

Vigilanzkulturen /
Cultures of Vigilance

Herausgegeben vom / Edited by
Sonderforschungsbereich 1369
Ludwig-Maximilians-Universität München

Editorial Board
Erdmute Alber, Peter Burschel, Thomas Duve,
Rivke Jaffe, Isabel Karremann, Christian Kiening and
Nicole Reinhardt

Band / Volume 9

Sébastien Demichel
Risque et vigilance sanitaire

La côte méditerranéenne française
face à la peste, 1700–1750

DE GRUYTER

Thèse de doctorat en histoire moderne présentée à la Ludwig-Maximilians-Universität München (Allemagne), en cotutelle avec l'Université de Fribourg (Suisse).
Funded by the Deutsche Forschungsgemeinschaft (DFG, German Research Foundation) – Project-ID 394775490 – SFB 1369

ISBN 978-3-11-117462-4
e-ISBN (PDF) 978-3-11-117589-8
e-ISBN (EPUB) 978-3-11-117740-3
ISSN 2749-8913
DOI https://doi.org/10.1515/9783111175898

This work is licensed under the Creative Commons Attribution 4.0 International License. For details go to https://creativecommons.org/licenses/by/4.0/.

Creative Commons license terms for re-use do not apply to any content (such as graphs, figures, photos, excerpts, etc.) that is not part of the Open Access publication. These may require obtaining further permission from the rights holder. The obligation to research and clear permission lies solely with the party re-using the material.

Library of Congress Control Number: 2023941450

Bibliographic information published by the Deutsche Nationalbibliothek
The Deutsche Nationalbibliothek lists this publication in the Deutsche Nationalbibliografie; detailed bibliographic data are available on the Internet at http://dnb.dnb.de.

© 2023 the author(s), published by Walter de Gruyter GmbH, Berlin/Boston
The book is published open access at www.degruyter.com.

Cover illustration: Jacques Rigaud: *Veue du cours de Marseille, dessiné sur le lieu pendant la peste arrivée en 1720*, Radierung, 1720. Bibliothèque nationale de France
Printing and binding: CPI books GmbH, Leck

www.degruyter.com

Remerciements

À mon directeur de thèse, le professeur Mark Hengerer, pour m'avoir accueilli dans le SFB et m'avoir suggéré le sujet, puis pour le suivi de la thèse et la mise à disposition de matériel numérisé (précieux en temps de Covid).

À ma directrice de thèse, la professeure Claire Gantet, pour le suivi de la thèse et le soutien dans les multiples démarches, tant scientifiques qu'administratives.

Au professeur émérite Gilbert Buti, pour les précieuses indications de fonds d'archives, le partage de matériel scientifique et l'expertise générale.

À Alina Enzensberger et Benjamin Steiner, pour le soutien scientifique et organisationnel dans le cadre du Graduiertenkolleg.

À la professeure Nadine Amsler et au professeur Arndt Brendecke, pour leurs commentaires avisés.

Aux conservatrices et conservateurs du patrimoine et archivistes Sylvie Clair (AMM), Sylvie Drago (ACCIAMP), Olivier Gorse (AD13), Anne Mézin (AN), Brigitte Schmauch (AN) et Anne-Flore Viallet (AMT), pour les conseils avisés et la mise à disposition d'inventaires numérisés.

À Fleur Beauvieux, pour l'envoi de la Relation de peste de Pierre-Honoré Roux.

À Thorsten Busch, pour la mise en commun de sources et de littérature secondaire ainsi que pour les précieux échanges.

Aux auxiliaires du projet B04 Michaela Riedl et Almut Kohnle, pour leur collaboration fructueuse.

À Martina Heger, pour le soutien dans les démarches de publication.

À Alexander Zons et Renate Schwirtz, pour le soutien administratif.

Aux relectrices et relecteurs pour leur attentive correction : Teo Brigljevic, Jean Demichel, Claire et Pierre Gottofrey, Edward Mezger, Geneviève Grab Muller, Christophe Muller et Tobie Quartenoud.

À ma famille et à mes amis qui m'ont soutenu durant cette recherche.

Abréviations et conventions

Archives et bibliothèques :

- ACCIAMP : Archives de la Chambre de commerce et d'industrie d'Aix-Marseille-Provence (Marseille)
- AD13 : Archives départementales des Bouches-du-Rhône (Marseille)
- AD34 : Archives départementales de l'Hérault (Montpellier)
- AD36 : Archives départementales des Pyrénées-Orientales (Perpignan)
- AMM : Archives municipales de Marseille
- AMT : Archives municipales de Toulon
- AN : Archives nationales (Paris)
- BMVRA : Bibliothèque municipale à vocation régionale de l'Alcazar (Marseille)
- BN : Bibliothèque nationale (Paris)
- SHD : Service historique de la Défense (Toulon)

Références bibliques : Ap (Apocalypse), Dt (Deutéronome), Ex (Exode), Ez (Ezéchiel), Jn (Jean), Lc (Luc), Mc (Marc), Mt (Matthieu), R (Rois), Rm (Romains), S (Samuel).

Pour les transcriptions, j'ai fait le choix de m'en tenir à la graphie originale et de ne pas m'aligner sur l'orthographe actuelle lorsqu'elle différait de l'orthographe des sources (par exemple : coste, ennemy, eschevins).

En revanche, j'ai résolu les abréviations et restitué les lettres manquantes en les indiquant entre crochets. Ainsi, Cap^{ne} est transcrit Cap[itai]ne et S^r est transcrit S[ieu]r. Quand un nom entier figure entre crochets, cela signifie qu'une incertitude demeure en raison de la lecture difficile et de l'absence de point de comparaison. Le sigle [...] indique une partie coupée à la transcription. La ponctuation a généralement été respectée. Dans de rares cas, un point a été introduit pour faciliter la lecture de phrases très longues entrecoupées par de nombreuses virgules.

Table des matières

1 Introduction — 1
1.1 La vigilance face à la peste : genèse de la recherche — 1
1.2 Historiographie de la peste — 3
1.3 Les antécédents : la peste à l'état endémique (1346–1670) — 7
1.4 La vigilance dans le domaine sanitaire — 9
1.5 Méthodologie et approche — 14
1.6 Corpus de sources — 16
1.7 Structure du travail — 18

Partie I Vigilance, espace et information

2 La vigilance sanitaire transméditerranéenne — 23
2.1 Les consulats français et leur correspondance — 25
2.2 Les acteurs et les institutions de la communication transméditerranéenne — 36
2.3 Les consuls, des garants de la prévention sanitaire — 45

3 Vigilance et communication sur la côte méditerranéenne française — 54
3.1 Le bureau de la santé de Marseille : institution exemplaire — 55
3.2 La concentration des affaires sanitaires — 60
3.3 La communication des institutions sanitaires de la côte méditerranéenne française — 79
3.4 Vers une « bureaucratie sanitaire » — 92

Partie II Normes et pratiques de la vigilance sanitaire

4 Des mesures concrètes, quarantaines et lazarets — 99
4.1 Définitions, histoire, interprétations — 99
4.2 Le perfectionnement des quarantaines maritimes dans la première moitié du XVIIIe siècle — 107
4.3 Les objets de la vigilance sanitaire et le système des patentes de santé — 112
4.4 Des quarantaines en l'absence de lazaret — 121

4.5 Le recours à la quarantaine en temps de peste —— 125
4.6 La quarantaine projetée : une extension de la vigilance hors du cadre provençal et languedocien —— 133

5 La rigidité des normes —— 137
5.1 Normes politiques et responsabilisation —— 137
5.2 Normes et pratiques religieuses —— 144
5.3 Les infractions au régime préventif —— 168

6 Prévention et gestion du risque —— 193
6.1 Le risque : définitions et théories sociologiques —— 195
6.2 Comment aborder le risque épidémique à l'époque moderne ? —— 198
6.3 La peste et le principe de précaution —— 203
6.4 Attention individuelle et santé publique : vers un « bien commun » ou un « bien public » sanitaire —— 208
6.5 La contingence sanitaire et le problème du commerce —— 214

Partie III La vigilance en temps d'épidémie, la peste de 1720

7 Les acteurs face à la peste —— 221
7.1 Les acteurs traditionnels —— 222
7.2 Les acteurs méconnus —— 246

8 Les attitudes face à la peste —— 273
8.1 Dévoiler ou dissimuler la peste ? —— 273
8.2 Fuir ou rester ? —— 279
8.3 La recherche du coupable —— 284
8.4 Soigner la peste : la vigilance médicale —— 288
8.5 Tactiques urbaines —— 293
8.6 Tactiques centralisées : cordons sanitaires et mur de la peste —— 306
8.7 Approvisionnement et foires —— 309
8.8 La vigilance post-épidémique —— 315

9 Conclusion —— 324

10 Bibliographie —— 331

11 Annexes —— 360

Liste des illustrations —— 391

Liste des tableaux —— 393

Index des noms de lieux —— 395

Index des noms de personnes —— 399

1 Introduction

1.1 La vigilance face à la peste : genèse de la recherche

« La Peste est un de ces fléaux qui peuvent en peu de tems dépeupler un Etat. C'est un ennemi d'autant plus redoutable qu'il vient à nous sans être aperçû, & que soufflant le venin & la mort il n'est pas tant le vainqueur que le destructeur des peuples. »[1] Ces propos du consul de Toulon Jean d'Antrechaus qui a lui-même affronté l'épidémie de 1721 dans sa ville manifestent la crainte des ravages de la peste sous l'Ancien Régime. Face à cet ennemi nuisible et dévastateur, les populations de l'Ancien Régime ne font toutefois pas preuve de passivité, loin s'en faut. Même si la très haute mortalité suggère, à juste titre, une forme d'impuissance humaine face à toute épidémie déclarée, il convient de considérer les méthodes préventives mises en place.

La peste est une maladie très grave qui est provoquée par le bacille de Yersin (*Yersinia pestis*) et qui peut prendre différentes formes : la peste bubonique (mortelle dans 40 à 70 % des cas sans traitement), la peste pulmonaire (se transmettant par voie orale et mortelle dans 100 % des cas sans traitement) et la peste septicémique (résultant d'une infection directe par voie sanguine et dont l'issue est toujours fatale sans antibiothérapie). La peste bubonique provient du rat (et d'autres rongeurs) et se transmet à l'homme par l'intermédiaire de la puce[2] : elle est une anthropozoonose, une maladie de l'homme et de l'animal. Le rat est touché dans un premier temps. Une fois le rat mort, la puce du rat change d'hôte et s'attaque à l'homme, lui inoculant le bacille. L'épizootie précède ainsi l'épidémie humaine, une période de latence séparant la maladie animale de celle de l'être humain.[3]

Entre 1720 et 1722, la peste sévit à Marseille puis dans le reste de la Provence, une partie du Languedoc et le Comtat Venaissin. Les historiens attribuent l'origine

---

1 Antrechaus, *Relation de la peste*, pp. 1–2.
2 Alfani/Séguy, La peste : bref état des connaissances actuelles, pp. 15–17. Les recherches récentes évoquent 80 espèces de puces impliquées dans le maintien du cycle de la peste, et environ 200 espèces de rongeurs pouvant jouer le rôle de réservoir.
3 Audoin-Rouzeau, *Les chemins de la peste*, p. 289. L'épizootie comme présage funeste de l'épidémie à venir est magnifiquement décrite par Camus (Camus, *La Peste*, pp. 16–30). Le bacille (une bactérie allongée) de la peste est découvert par Alexandre Yersin en 1894 à Hong Kong dans le cadre de la troisième pandémie de peste, tandis que le rôle de la puce comme vecteur de contagion est élucidé par Paul-Louis Simond en 1898. Sur la figure de Yersin, voir Brossolet/Mollaret, *Alexandre Yersin : un pasteurien en Indochine*.

Open Access. © 2023 the author(s), published by De Gruyter. This work is licensed under the Creative Commons Attribution 4.0 International License. https://doi.org/10.1515/9783111175898-003

du fléau à l'arrivée à Marseille du navire le *Grand Saint-Antoine* le 25 mai 1720 en provenance de Syrie. Malgré huit décès suspects à bord pendant son trajet, à savoir sept matelots et le chirurgien de bord morts de maladie (la peste n'est pas encore envisagée), le capitaine Chataud reçoit l'autorisation de débarquer sa cargaison dans le lazaret de Marseille. Il s'agit là d'une violation des normes sanitaires de l'époque, qui imposent aux navires dont l'équipage est touché par des morts suspectes de faire quarantaine sur l'île de Jarre, plus éloignée du port. La peste se déclare alors dans le lazaret, puis se répand dans Marseille probablement par l'intermédiaire des puces qui infestent les vêtements. Après une phase de déni, les autorités doivent finalement mettre Marseille en quarantaine. Mais c'est trop tard : en août-septembre 1720, la peste tue près de 1 000 personnes par jour à Marseille. Parallèlement, elle se répand dans le reste de la Provence où elle sévit au cours des mois suivants. Si la situation à Marseille se rétablit dès novembre 1720, la Provence et le Languedoc sont frappés par la contagion en 1721. L'année 1722 marque la fin de la peste de Provence, malgré une rechute à Marseille – beaucoup moins meurtrière toutefois que la première vague.[4]

L'histoire de la peste de 1720 est bien connue (on se reportera au point historiographique ci-dessous). Partant de cet événement, cette thèse se propose d'élargir la perspective afin d'analyser la vigilance sanitaire mise en place face à la peste dans le cadre spatial et temporel de la côte méditerranéenne française et de la première moitié du XVIIIe siècle. L'idée de ce sujet m'a été suggérée par le professeur Dr. Mark Hengerer, directeur de cette thèse et auteur de recherches sur l'histoire des ports français. Ce projet s'insère dans le cadre du Centre de recherche interdisciplinaire (*Sonderforschungsbereich*) de l'Université Louis-et-Maximilien de Munich consacré aux «Cultures de la vigilance». Ce groupe de recherche analyse premièrement l'histoire, les variantes culturelles et les formes actuelles de la vigilance, définie comme le lien entre une attention individuelle et un but supra-individuel, qui dépasse largement la perspective de l'individu vigilant – et dont le bien commun ou la santé publique sont des exemples. La vigilance comprend deuxièmement la communication et les actions concrètes. Elle s'exprime en effet partout où l'individu doit faire attention à quelque chose, et le cas échéant agir en conséquence ou dénoncer un dysfonctionnement.[5]

---

[4] Pour le récit de la peste de 1720, voir Biraben, *Les hommes et la peste*, T. 1, pp. 230–306, et l'ouvrage récent de Gilbert Buti : Buti, *Colère de Dieu, mémoire des hommes*.
[5] Brendecke, *Warum Vigilanzkulturen?*, pp. 10–17. Le projet se veut interdisciplinaire et touche notamment aux domaines du droit (dénonciation, lanceurs d'alerte), de l'ethnologie (vigilance des migrants à la frontière mexicano-américaine), de l'histoire ou encore de la littérature (les dynamiques littéraires d'auto-observation et d'observation d'autrui dans la poésie lyrique allemande médiévale).

Il convient de donner encore quelques précisions au sujet de la genèse de cette recherche. Contrairement à ce qu'on pourrait imaginer, elle n'est pas liée à la pandémie de Covid-19 puisqu'elle a été entreprise en octobre 2019. Le déferlement d'un nouveau virus au printemps 2020 et les mesures drastiques prises à ce moment-là ont suscité un sentiment contrasté chez moi. D'un côté, l'actualité sanitaire a provoqué un regain d'intérêt important pour l'histoire des épidémies, mais d'un autre côté, la recherche en elle-même a été largement perturbée par les restrictions de circulation et par la fermeture des services d'archives. À cela s'ajoute l'indécision fréquente entraînée par des mesures prises pour une durée déterminée, puis ajustées voire levées, avant d'être renforcées lors des vagues successives. Les sondages dans les archives ont été effectués en partie par commande de sources numérisées, et en partie par des séjours sur place lorsque la situation sanitaire le permettait. De fil en aiguille, un corpus de sources significatif (qui sera présenté plus bas) a pu être réuni.

1.2 Historiographie de la peste

Avant de préciser la problématique de ce travail, il convient de faire le point sur l'historiographie de la peste afin de souligner les nouveaux enjeux représentés par son étude en termes de vigilance.

1.2.1 La peste de 1720 à l'origine d'une riche historiographie

L'histoire de la peste de 1720 a suscité un grand intérêt dans l'historiographie des deux derniers siècles, à commencer par l'ouvrage de Jean-Pierre Papon, prêtre oratorien et historien de la Provence, au tournant du XIXe siècle.[6] Quelques décennies plus tard, Gustave Lambert mobilise des archives locales pour reconstituer l'histoire de la peste de Toulon de 1721.[7] Mais il faut attendre le début du XXe siècle pour disposer de la première grande étude scientifique sur la peste de 1720–1722 qui s'appuie sur de multiples sources : archives municipales, départementales, hospitalières, livres de raison, mémoires, correspondances privées, etc.[8] Elle est l'œuvre de Paul Gaffarel et du marquis de Duranty qui, de leur temps, considéraient à juste titre l'histoire de la peste comme un champ en friche : « On se

---

6 Papon, *De la peste ou époques mémorables de ce fléau.*
7 Lambert, *Histoire de la peste de Toulon en 1721.*
8 Duranty/Gaffarel, *La peste de 1720 à Marseille et en France.*

demande, en effet, avec surprise comment ces richesses documentaires ont été jusqu'à aujourd'hui si mal exploitées. Serait-ce qu'on a redouté de remuer ces vieux papiers ?»[9] À la même époque, le médecin Henri Alezais s'intéresse également à la peste de 1720 dans une optique historico-médicale.[10] À la fin des années 1930, la peste du Gévaudan (région de la province du Languedoc frappée par la peste en 1720 après Marseille) fait l'objet d'une étude de Pierre Chauvet.[11]

Ces premiers ouvrages ont été suivis dans la seconde moitié du XXe siècle par des travaux plus globaux, voire monumentaux, qui ont affiné la recherche sur la peste de 1720. À la fin des années 1960 paraît le désormais classique *Marseille, ville morte*, maintes fois réédité depuis.[12] L'étude la plus importante aujourd'hui encore demeure l'ouvrage en deux tomes et près de 1 000 pages de Jean-Noël Biraben qu'on pourrait qualifier de «bible de la peste», étude dans laquelle la peste de Marseille et de Provence dispose d'une très large place.[13] Après Biraben, Françoise Hildesheimer a publié plusieurs monographies sur l'histoire de la peste en France, à commencer par sa thèse sur le bureau de la santé de Marseille qui propose une histoire institutionnelle de la lutte contre la peste à partir du fonctionnement d'une institution emblématique.[14] Ses autres publications couvrent un spectre plus large et abordent la peste dans le cadre de l'histoire des épidémies dans la France de l'Ancien Régime.[15] L'année 2020 marquée par le Covid-19 correspondait également au tricentenaire de la peste de 1720. Dans ce cadre, un colloque a été organisé sous le titre *Loimos, pestis, pestes : regards croisés sur les grands fléaux épidémiques*.[16] Le tricentenaire a aussi été l'occasion pour Gilbert Buti de publier un ouvrage de synthèse consacré à la peste de Provence et à sa mémoire.[17]

---

9 Ibid., préface, p. V.
10 Alezais, *La lutte contre la peste* et *Le blocus de Marseille pendant la peste de 1722*.
11 Chauvet, *La lutte contre une épidémie au XVIIIe siècle*.
12 Carrière/Courdurié/Rebuffat, *Marseille ville morte*. Je m'appuie ici sur l'édition de 2016.
13 Biraben, *Les hommes et la peste*.
14 Hildesheimer, *Le bureau de la santé de Marseille*.
15 Hildesheimer, *La terreur et la pitié* ; *Fléaux et société : de la grande peste au choléra* ; *Des épidémies en France sous l'Ancien Régime*.
16 Colloque qui s'est tenu au Musée d'histoire de Marseille, du 27 au 30 octobre 2020, et a été retransmis en ligne. Certaines des conférences données viennent d'être publiées dans le recueil : Beauvieux/Bertrand/Buti et al., *Marseille en temps de peste*.
17 Buti, *Colère de Dieu, mémoire des hommes*.

1.2.2 L'historiographie de la peste : de multiples approches

L'historiographie de la peste de 1720 et l'historiographie de la peste dans un sens plus large ont intégré durant les dernières décennies différentes approches de la peste comme sujet historique :

A. L'histoire événementielle de la peste, qui couvre la période allant des débuts de la peste noire au milieu du XIVe siècle jusqu'au XVIIIe siècle, voire au XIXe siècle pour les régions ottomanes.[18]

B. L'histoire institutionnelle et hospitalière de la peste. Outre le travail central de Françoise Hildesheimer déjà cité[19], il convient de mentionner les travaux sur les hôpitaux de peste[20] et les institutions responsables de la santé publique[21]. Force est de constater la précocité italienne dans ce domaine.

C. L'histoire des idées et l'histoire culturelle de la peste. Il s'agit principalement d'une histoire de la pensée médicale[22] et du développement du concept de contagion à travers les siècles.[23] Les nombreuses études allemandes sur la santé et la maladie à l'époque moderne peuvent être classées sous ce point.[24]

D. L'histoire sociale de la peste. Elle découle d'un champ de recherche relativement récent initié par Giulia Calvi[25] et qui n'avait pas été appliqué à la Provence avant les travaux récents de Fleur Beauvieux qui analysent les mutations urbaines en temps de peste[26], l'exercice de la justice[27] et les relations sociales[28]. Les rapports entre épidémie et société peuvent aussi s'inscrire dans une perspective diachronique ainsi que l'a envisagé Frank M. Snowden.[29]

---

18 Bergdolt, *Die Pest: Geschichte des Schwarzen Todes* ; Panzac, *La peste dans l'Empire ottoman* ; Eckert, *The structure of plagues and pestilences in early modern Europe* ; Naphy/Spicer, *La peste noire, 1345–1730* ; Varlik, *Plague and empire in the early modern Mediterranean world* ; Vasold, *Die Pest* et *Grippe, Pest und Cholera*.
19 Hildesheimer, *Le bureau de la santé de Marseille*.
20 Beauvieux, Constitution, conservation et reconstitution d'archives urbaines en temps de catastrophe ; Stevens Crawshaw, *Plague hospitals* ; Larguier, *Questions de santé sur les bords de la Méditerranée*.
21 Cipolla, *Cristofano and the plague* et *Contre un ennemi invisible*.
22 Cohn, *Cultures of plague*.
23 Santer, *Confronting contagion* ; Stearns, *Infectious ideas* ; Slack/Terence, *Epidemics and ideas*.
24 Barras/Dinges, *Krankheit in Briefen* ; Jütte, *Krankheit und Gesundheit in der Frühen Neuzeit* ; Holzhey, *Gesundheit und Krankheit im 18. Jahrhundert* ; Grunewald/Zaunstöck, *Heilen an Leib und Seele*.
25 Calvi, *Histories of a plague year*.
26 Beauvieux, Épidémie, pouvoir municipal et transformation de l'espace urbain.
27 Beauvieux, *Ordre et désordre en temps de peste* ; ead., Justice et répression de la criminalité en temps de peste.
28 Beauvieux, *Expériences ordinaires de la peste* ; ead., « [...] l'ayant secouru jusque a la mort. ».
29 Snowden, *Epidemics and society*.

E. La micro-histoire de la peste. Proche de l'histoire sociale, la micro-histoire de la peste analyse la lutte d'un village, d'une ville ou d'une région bien délimitée contre le fléau épidémique. Depuis le travail d'Élisabeth Carpentier sur la peste à Orvieto[30], nombreux sont les ouvrages qui proposent une histoire de la peste à l'échelle régionale[31]. La peste de 1720 n'échappe pas à cette perspective. Parfois, la documentation est telle qu'il est possible de reconstituer la mobilisation d'une petite bourgade face à la peste, comme a pu l'analyser Gilbert Buti pour La Valette, village à proximité de Toulon.[32] D'autres reconstitutions de la peste de 1720 se focalisent sur des villes durement éprouvées comme Arles[33] ou Sisteron[34], ou même une région précise comme le pays d'Apt[35].
F. L'anthropologie de la peste. Il s'agit de distinguer l'étude du rapport entre l'humain et la peste (ou les épidémies de manière plus générale)[36] et l'anthropologie physique de la peste fondée sur l'archéologie et l'iconographie.[37] Cette dernière s'intéresse principalement aux représentations corporelles de la peste. De manière plus large, la peste est abordée dans le cadre d'ouvrages sur la mort[38], et ses images et représentations font l'objet d'études récentes qui croisent la dimension artistique et la dimension mémorielle.[39]
G. La peste et la littérature. Sous l'Ancien Régime, la contagion occupe tellement les esprits qu'une «littérature de peste» surabondante se développe. Deux ouvrages très imposants lui confèrent la visibilité qui lui est due.[40]

---

30 Carpentier, *Une ville devant la peste.*
31 Jillings, *An urban history of the plague* ; MacKay, *Life in time of pestilence* ; Frandsen, *The last plague.*
32 Buti, *La peste à La Valette.*
33 Caylux, *Arles et la peste de 1720–1721.*
34 Magnaudeix, *Et en cas de peste.*
35 Bruni, *Le pays d'Apt malade de la peste.*
36 Flahault/Zylberman, *Des épidémies et des hommes* ; Ruffié/Sournia, *Les épidémies dans l'histoire de l'homme* ; McNeill, *Plagues and peoples.*
37 Chevé, *Les corps de la contagion* ; Chevé/Signoli, *Les corps de la contagion.*
38 Bertrand, *Les narrations de la mort* et *Mort et mémoire* ; Vovelle, *Mourir autrefois.*
39 Boeckl, *Images of plague and pestilence* ; Lynteris, *Plague image and imagination* ; Müller, *Die Pest* ; Gilman/Totaro, *Representing the plague.*
40 Coste, *Représentations et comportements en temps d'épidémie* ; Hobart, *La peste à la Renaissance : l'imaginaire d'un fléau.*

1.2.3 L'historiographie de la peste face au Covid

La pandémie de Covid a puissamment relancé la recherche sur l'histoire des épidémies et pandémies. Bon nombre de chercheuses et chercheurs se sont inspirés de l'expérience du confinement vécue en 2020 pour entamer une recherche historique sur les épidémies et en livrer une histoire diachronique. Cette méthode est adoptée tant au niveau sanitaire[41] qu'au niveau religieux[42]. Le danger de relire l'histoire à partir de l'expérience contemporaine vécue est bien présent. L'anachronisme constitue sans doute le principal risque de cette méthode. En revanche, s'interroger sur l'origine des quarantaines, des confinements et du contrôle de la mobilité des personnes dans une perspective historique a tout son sens. De même, les récurrences dans le discours politique, sanitaire ou religieux peuvent être mises en exergue.

L'historiographie de la peste empreinte de l'expérience du Covid insiste sur le pouvoir des épidémies qui façonnent les sociétés. La thèse véhiculée par ces travaux est que les grandes épidémies sont l'occasion de tels bouleversements sociaux, économiques et démographiques que des sociétés entières s'en retrouvent profondément transformées.[43] Une épidémie peut signifier une rupture, mais lorsque la maladie épidémique prend ensuite un caractère endémique, il s'agit de trouver le meilleur moyen de s'en accommoder.

1.3 Les antécédents : la peste à l'état endémique (1346 – 1670)

L'histoire globale de la peste est ponctuée par trois grandes pandémies : la première, la peste dite «justinienne» (en référence à l'empereur byzantin Justinien) frappe le pourtour méditerranéen (l'ensemble du monde connu à l'époque) entre le VIe et le VIIIe siècle de notre ère, causant autour de 30 millions de morts.[44] La

---

41 Dedet, *Les épidémies* (voir surtout le chapitre «Grandeur et décadence d'une maladie pandémique : la peste», pp. 31–59) ; Fangerau/Labisch, *Pest und Corona*.
42 Hamidović, *Les racines bibliques* ; Martin, *Les religions face aux épidémies*.
43 Deleersnijder, *Les grandes épidémies dans l'histoire*. Cet ouvrage traite successivement de la peste d'Athènes, de la peste antonine et de la peste de Cyprien, de la peste de Justinien, du mal des ardents ou ergotisme, de la peste noire, de la lèpre, de la variole, de la syphilis, des retours de la peste, du typhus, du choléra, de la tuberculose, des grippes espagnole, asiatique et de Hong Kong, du sida, de la poliomyélite et du Covid. Voir aussi : Gerste, *Wie Krankheiten Geschichte machen*.
44 Sur cette première pandémie, voir Little, *Plague and the end of Antiquity*. Pour les pestes antérieures, comme la peste d'Athènes (racontée par Thucydide) ou la peste antonine, le doute subsiste. On n'est pas certain qu'il s'agisse bien de la peste bubonique. Le typhus ou la variole sont parfois cités. Dans l'Antiquité, le mot «peste» (*loimos* en grec et *pestis* en latin) désigne en effet les pestilences au

deuxième pandémie est la peste noire du Moyen Âge, qui tue entre 25 et 40 millions de personnes au milieu du XIVe siècle, et qui se poursuit durant quatre siècles. Enfin, la troisième pandémie part de Chine à la fin du XIXe siècle et dure jusqu'en 1945. Elle tue 12 millions de personnes en Inde, mais son impact en Europe est relativement faible.[45]

La peste noire du XIVe siècle inaugure une période de près de 400 ans où la présence de la peste en Europe est pratiquement constante. Entre 1347 et 1536, des poussées de peste ont lieu en moyenne tous les 11–12 ans, puis entre 1536 et 1670 tous les 15 ans.[46] La peste est alors dite « endémique » : elle demeure à bas bruit dans la population, frappant de temps en temps, jusqu'à ce qu'une résurgence entraîne une épidémie.

La peste noire est consécutive aux avancées mongoles en Asie et dans une partie de l'Europe au XIIIe siècle. En 1346, alors que les Mongols assiègent le comptoir génois de Caffa en Crimée, ils mènent la première guerre bactériologique de l'histoire puisqu'ils balancent des cadavres pestiférés par-dessus les murailles de la ville et infectent les occupants génois. De nombreux Européens meurent, mais les survivants s'embarquent sur des navires et contaminent l'Occident.[47] Ainsi, entre le XIVe et le XVIIe siècle, se produit en Europe une unification bactériologique par la peste noire.[48] Les conséquences démographiques et psychologiques en sont incomparables. En France, la peste débarque à la fin de l'année 1347 et provoque une mortalité très élevée en 1348. Entre un tiers et la moitié de sa population périt.[49] Dans l'ensemble de l'Europe, une mortalité très haute entraîne un dépeuplement sans précédent.[50]

---

sens large, donc toutes sortes d'épidémies avec une forte mortalité et un impact psychologique majeur sur les populations.
45 Mollaret, Peste.
46 Hildesheimer, *La terreur et la pitié*, p. 14.
47 Le microbiologiste Mark Wheelis relève que si le siège de Caffa a bien constitué une guerre bactériologique efficace, cet épisode n'aurait eu qu'un impact mineur sur la propagation de la peste dans le reste de l'Europe. Le commerce maritime se poursuivant, les réfugiés de Caffa n'ont vraisemblablement représenté qu'un des flux de navires et caravanes infectés parmi de nombreux autres. Wheelis, Biological warfare at the 1346 siege of Caffa.
48 Emmanuel Le Roy Ladurie parle d' « unification microbienne du monde ». Voir Le Roy Ladurie, Un concept : l'unification microbienne du monde, pp. 628–629 pour la définition du concept et pp. 646–647 pour le récit des débuts de l'épidémie.
49 Ibid., p. 680.
50 Pour une histoire de la peste noire (dynamique, propagation, mortalité), voir Benedictow, *The Black Death*. Sur la peste noire comme rupture démographique et anthropologique : Bergdolt, *Der schwarze Tod* ; Reinhardt, *Die Macht der Seuche*.

Si la peste noire prend de court l'Europe médiévale et lui assène de lourdes pertes démographiques, des réflexions sur la contagion se développent et des moyens de lutte commencent à être mis en œuvre dans les décennies suivantes, lorsque la peste prend un caractère endémique et devient un mal connu.[51] On considère que la peste a une origine divine, mais des thèses médicales sont également formulées. Dans un premier temps, la théorie aériste domine ; elle professe que la peste est présente dans l'air en raison d'une conjonction particulière des planètes ou d'un climat précis. On recherche également une origine humaine au fléau. Les étrangers, les voyageurs, les lépreux, mais surtout les juifs sont stigmatisés comme responsables de la peste. Aux XVIe-XVIIe siècles, la théorie dite contagionniste est mise au goût du jour avec Girolamo Fracastoro et Athanasius Kircher. Des mesures concrètes pour se prémunir de la peste sont évoquées : la fuite, les substances odoriférantes, les amulettes, l'absence d'activité sexuelle et d'alcool. À cela s'ajoutent des mesures de santé publique avec la constitution de bureaux de la santé et un recours toujours plus important aux quarantaines dans des établissements appelés lazarets.[52]

Après 1670, la peste disparaît du territoire français pendant 50 ans avant de resurgir brusquement et de façon inattendue à Marseille, puis dans le reste de la Provence entre 1720 et 1722. On considère cette épidémie comme une des dernières épidémies de peste d'importance que l'Europe ait connue. Pour la France en particulier, elle marque la fin de l'« ère de la peste »[53].

1.4 La vigilance dans le domaine sanitaire

Cette thèse a pour ambition d'analyser la vigilance sanitaire face à la peste sur la côte méditerranéenne française dans la première moitié du XVIIIe siècle. Lier la vigilance aux enjeux sanitaires dans une perspective historique est en effet une démarche qui n'a jamais été entreprise. En revanche, la vigilance sanitaire (ou veille sanitaire) est bien connue au niveau épidémiologique. On parle même des

---

51 Voir notamment le récent ouvrage de Katharina Wolff qui analyse l'évolution dans les théories médicales et le quotidien de villes pestiférées à partir de l'exemple de trois villes allemandes (Nuremberg, Augsbourg et Munich) : Wolff, *Die Theorie der Seuche*.
52 Castex/Kacki et al., Prévention, pratiques médicales et gestion sanitaire au cours de la deuxième pandémie de peste. Les auteurs de l'article soulignent la mise en place d'infirmeries de peste dès la fin du XVIe et le début du XVIIe siècle.
53 Biraben, *Les hommes et la peste*, T. 1, pp. 118–129. Dans le reste de l'Europe, quelques épidémies ont encore lieu à la fin du XVIIIe et au début du XIXe siècle. Elles ont toutefois un caractère très sporadique.

vigilances sanitaires (au pluriel) dans différents domaines médicaux : le sang (hémovigilance), les médicaments (pharmacovigilance), les vaccins (vaccinovigilance) ou encore les dispositifs médicaux (matériovigilance).[54] La pandémie de Covid-19 a également été l'occasion de nombreux appels à la vigilance de chefs d'État et de la création, en France, d'une «carte de vigilance» qui classe les zones en couleurs différentes selon le risque sanitaire.[55]

Étymologiquement, le terme de vigilance vient du latin *vigilantia* et n'est pas attesté en français avant la fin du XIVe siècle, époque à laquelle il a le sens d'«insomnie». Au XVIe siècle, il prend un sens plus actif pour signifier une «surveillance qui a pour but de prévoir, de prévenir ou de signaler» et une «habitude de veiller, soin vigilant, attention».[56] Au siècle des Lumières, l'*Encyclopédie* (1765) propose une définition plus précise : «attention particuliere à quelque événement ou sur quelqu'objet. Le grand interêt donne de la *vigilance*. La *vigilance* est essentielle à un général. Sans la *vigilance*, le philosophe bronchera quelquefois ; le chrétien ne fera pas un pas sans tomber».[57] La vigilance est ici consécutive à un intérêt et une attention soutenue, ce qui suppose un investissement de la personne vigilante dans une situation donnée et exclut toute passivité.

Si la sémantique française considère «vigilance» et «surveillance» comme quasiment synonymes l'une de l'autre, la définition analytique de la vigilance dans le projet «Cultures de la vigilance» opère une distinction. La vigilance est comprise comme une attention individuelle exercée dans un but supra-individuel. Au lieu de ne considérer que le *top down* d'une manière monolithique, il s'agit d'envisager la participation de la base et d'ouvrir la porte sur le *bottom up*.

J'adjoins à la notion de vigilance le terme de risque car il souligne le caractère actif des acteurs devant la contingence de la peste. Celle-ci n'est pas simplement un danger, elle devient un risque si on reprend la distinction de Niklas Luhmann qui considère les dangers comme des événements externes et les risques comme des dommages causés par les décisions personnelles.[58] Le risque dépend donc de la perception du danger de l'acteur. Le danger surprend la passivité de l'acteur alors que le risque présuppose son activité. La peste constitue certes un danger ou une menace extérieure, mais l'absence d'action préventive constitue un risque. Je

---

54 Valleron, La veille et la surveillance épidémiologiques, pp. 146–147.
55 Pour plus de détails, voir mon article : Demichel, Des *vigilans Echevins* à la *pharmacovigilance*.
56 Étymologie tirée du *Centre national de ressources textuelles et lexicales* : https://www.cnrtl.fr/etymologie/vigilance [consulté le 15.05.2023].
57 Diderot/d'Alembert, *Encyclopédie ou Dictionnaire raisonné des sciences, des arts et des métiers*, vol. 17, p. 267b. Pour plus d'informations sur la sémantique de la vigilance dans la langue française, voir : Demichel, Vigilance, vigilant.
58 Luhmann, *Soziologie des Risikos*.

postule ainsi l'existence du risque sanitaire au début du XVIIIe siècle, que l'on peut notamment constater dans les mécanismes de prévention. La santé n'est qu'un domaine parmi d'autres des cultures du risque qui se développent à l'époque moderne.[59]

La lutte contre la peste pose un certain nombre de questions épidémiologiques, politiques, économiques ou encore religieuses. Tout en gardant à l'esprit l'ignorance qu'avaient les populations de l'Ancien Régime des virus et des bactéries (rappelons la découverte de la microbiologie, avec notamment Pasteur et Yersin, à la fin du XIXe siècle), il semble pertinent de poser la question de la présence de la vigilance dans ces populations : comment s'exprimait-elle ? Qui étaient les acteurs vigilants ? Quelles étaient les réponses politico-religieuses à une épidémie ? La population jouait-elle un rôle dans la lutte contre les épidémies ? Comment s'organisait la prévention épidémique et sur quoi reposait-elle ?

Ce faisceau de questions qui constituent la problématique de mon travail conduit à délaisser l'histoire événementielle de la peste déjà bien traitée pour s'intéresser à l'histoire de la vigilance face à la peste qui s'exerce sur une plus longue durée et qui offre de nouvelles perspectives heuristiques. Reste à expliciter le cadre spatio-temporel de l'analyse.

1.4.1 Bornes temporelles

Au-delà de la peste de 1720 qui peut être analysée tant sous l'angle de la négligence (responsabilités humaines dans l'introduction de l'épidémie) que de la vigilance (lutte active de certains acteurs), j'entends étendre les bornes temporelles à la période allant de la fin du XVIIe siècle au milieu du XVIIIe siècle. Si elle n'exclut pas le temps d'épidémie, il me semble qu'une étude de la vigilance sanitaire mène à une analyse moins centrée sur les ruptures que sur les continuités ou les permanences. Il convient en effet d'analyser l'attention d'individus face à la peste ou à la menace de peste sur la longue durée.[60]

---

59 Delvaux/Fantini/Walter, *Les cultures du risque (XVIe-XXIe siècle)*.
60 Voir l'article fondateur : Braudel, Histoire et Sciences sociales : La longue durée. Braudel oppose l'histoire traditionnelle attentive au temps bref et à l'événement, souvent teintée de récit précipité, dramatique, de souffle court, au «récitatif de la conjoncture qui met en cause le passé par larges tranches : dizaines, vingtaines ou cinquantaines d'années». Braudel s'inscrit ainsi dans l'école des Annales et partage la mise en garde de Lucien Febvre contre l'événement. Selon lui, il ne faut pas penser dans le seul temps court, «ne pas croire que les seuls acteurs qui font du bruit soient les plus authentiques». Il en est d'autres plus silencieux mais tout autant intéressants du point de vue historique.

Dans la première moitié du XVIIIe siècle, la peste s'inscrit dans une temporalité double. Françoise Hildesheimer distingue la peste comme éventualité permanente (possibilité qui doit être absolument entravée par des mesures préventives) et la peste comme réalité passagère, c'est-à-dire l'état de peste déclaré pendant lequel les contemporains doivent affronter le fléau.[61] À partir de cette distinction, on peut souligner deux phases qui ont différentes implications sur l'attention des individus : la phase de prévention et la phase de lutte active face à la contagion. Ces deux phases seront incluses dans l'analyse.

La limite haute de l'analyse se situe autour de 1700 pour plusieurs raisons. Premièrement, la peste perd son caractère endémique en France dans le dernier quart du XVIIe siècle. Bien qu'elle ne soit plus présente de manière régulière, elle n'en demeure pas moins (et même d'autant plus) un objet de vigilance. À la même époque, plus précisément entre 1663 et 1668, est édifié à Marseille le lazaret d'Arenc (aussi appelé Nouvelles Infirmeries) qui est en service sans interruption jusqu'en 1850 sous l'administration du bureau de la santé.[62] De plus, dès la fin du XVIIe et surtout au début du XVIIIe siècle, sont conservées dans les archives des séries de correspondances entre les instances sanitaires qui permettent une étude de la vigilance sur la longue durée. Auparavant, seules les épidémies de peste suscitaient une production de sources. On peut enfin mentionner la parution de l'Ordonnance de la marine de Louis XIV en 1681, qui codifie la marine marchande et les responsabilités des acteurs de la mer.[63]

La limite basse de l'analyse est placée autour de 1750. La césure peut être posée en 1756, année de la parution de la dernière relation de la peste de 1720 rédigée par un témoin oculaire, le consul de Toulon Jean d'Antrechaus.[64] Cette publication dépasse toutefois le but de la simple relation et n'est pas dépourvue d'arrière-pensées politiques. L'année 1756 est aussi l'année où commence la guerre de Sept Ans. On pourrait aussi envisager 1765, au lendemain de la guerre de Sept Ans : en cette année paraît une Ordonnance de la marine de Louis XV qui détaille encore davantage les prérogatives des acteurs de la marine.[65]

---

61 Hildesheimer, Le poids de la peste, pp. 12–13.
62 Panzac, *Quarantaines et lazarets*, pp. 180–181.
63 *Ordonnance de la marine, du mois d'aoust 1681*.
64 Antrechaus, *Relation de la peste*.
65 *Ordonnance concernant la marine du 25 mars 1765*.

1.4.2 Bornes spatiales

Le cadre spatial de l'analyse, la côte méditerranéenne française, offre plusieurs avantages pour mesurer la vigilance sanitaire face à la peste. Premièrement, au niveau commercial, Marseille entretient depuis le XVIe siècle des relations étroites avec le Levant, en vertu des Capitulations établies entre François Ier et Soliman le Magnifique. Au XVIIe siècle, le commerce marseillais repose essentiellement sur l'aire méditerranéenne (péninsules italienne et ibérique, et Levant), avant de s'étendre jusqu'aux limites du monde connu au cours du XVIIIe siècle, faisant de Marseille un «port mondial».[66] Cet essor commercial implique davantage de circulations économiques – et donc un risque sanitaire plus important.

Au niveau sanitaire, un arrêt du parlement de Provence de 1622 octroie un monopole à Marseille et à Toulon, dans la mesure où seuls ces deux ports sont autorisés à recevoir les navires en provenance du Levant et de Barbarie et à exiger leur quarantaine.[67] Toulon s'affirmant surtout comme port militaire, c'est Marseille qui concentre l'essentiel du commerce levantin et, de ce fait, qui est le plus en contact avec la menace de peste. Toutefois, ce monopole ne signifie pas que le reste de la côte est passif. Des bureaux de la santé sont institués d'Antibes à Port-Vendres et entretiennent une correspondance avec le bureau de la santé de Marseille.

De plus, la côte méditerranéenne est un espace en interaction fréquente avec le pourtour méditerranéen où la peste constitue une menace pérenne. La vigilance sanitaire est donc en premier lieu transméditerranéenne. Sans considérer la Méditerranée comme un objet historique en tant que tel comme l'a fait Fernand Braudel[68], j'aimerais émettre l'hypothèse d'une mer contingente (c'est-à-dire où la peste peut circuler ou non) qui devient une mer administrée et contrôlée.[69] Les bureaux de la côte méditerranéenne française (en particulier le bureau de la santé de Marseille) entretiennent des relations étroites d'une part avec les consuls de France présents autour de la Méditerranée, et d'autre part avec l'arrière-pays (intendants de province et autorités centrales à Versailles). La côte s'étend sur trois provinces : la Provence, le Languedoc et le Roussillon. Alors que la Provence et le Languedoc sont rattachés au royaume de France depuis la fin du Moyen Âge (il s'agit de provinces ou pays d'état), la domination française sur le Roussillon est plus récente. Elle résulte d'une annexion militaire des comtés nord-catalans par le

---

66 Buti, Comment Marseille est devenue port mondial au XVIIIe siècle, p. 72 et s. ; Marseille au XVIIIe siècle.
67 Hildesheimer, Les parlements et la protection sanitaire du royaume.
68 Braudel, *La Méditerranée et le monde méditerranéen*.
69 Sur l'exercice de juridictions en Méditerranée, voir Calafat, *Une mer jalousée*.

royaume de France en 1659, entérinée par le traité des Pyrénées.[70] C'est donc un pays conquis. Le Roussillon se dote d'un important système défensif servant de point de départ aux armées combattant en Catalogne, tandis qu'à Marseille Louis XIV fait construire deux forts importants à l'entrée du port (le fort Saint-Jean et le fort Saint-Nicolas), illustrant bien une entreprise de domestication du littoral et la mise en place d'un espace de vigilance (sanitaire, mais aussi militaire).

1.5 Méthodologie et approche

Cette thèse propose de croiser plusieurs approches méthodologiques. La première s'appuie sur le concept de vigilance pour analyser les rapports entre peste et absolutisme, ou plus précisément les limites de l'absolutisme dans la lutte contre la peste. Michel Foucault considérait la peste avant tout comme un moyen d'exercer un pouvoir orienté de manière monolithique du haut vers le bas, allant même jusqu'à dire que les gouvernants rêvaient de l'état de peste pour mettre en place des schémas disciplinaires.[71] Critiquant cette théorie, Jürgen Habermas a souligné que Foucault abandonne l'autonomie des formes de savoir au profit de leur fondation dans les technologies de pouvoir.[72] Le pouvoir conditionne ainsi la formation du savoir, il devient fondateur. Mais cette centralité du pouvoir qui, appliqué à la peste, entraîne l'instrumentalisation de cette dernière à des fins disciplinaires, n'est pas recevable du point de vue historique. Bien au contraire, je prendrai en considération la pluralité des pouvoirs en vigueur sur la côte méditerranéenne qui agissent de concert aussi bien face à la menace de peste que face à l'épidémie déclarée.

La deuxième approche dépasse le cadre français, sans toutefois l'exclure, et considère les réseaux sanitaires qui agissent face à la peste, dans le cadre d'une analyse multi-scalaire. La côte méditerranéenne française est en effet au cœur de ce jeu d'échelles matérialisé tant par les échanges transméditerranéens avec les

---

[70] Ayats, Louvois et le Roussillon. Voir également la thèse : Ayats, *Louis XIV et les Pyrénées catalanes*.

[71] «La peste (celle du moins qui reste à l'état de prévision), c'est l'épreuve au cours de laquelle on peut définir idéalement l'exercice du pouvoir disciplinaire. Pour faire fonctionner selon la pure théorie les droits et les lois, les juristes se mettaient imaginairement dans l'état de nature ; pour voir fonctionner les disciplines parfaites, les gouvernants rêvaient de l'état de peste. Au fond des schémas disciplinaires l'image de la peste vaut pour toutes les confusions, et les désordres» : Foucault, *Surveiller et punir*, p. 200.

[72] Habermas, *Le discours philosophique de la modernité:* «Apories d'une théorie du pouvoir», pp. 315–347 (ici p. 318).

consulats de France (dans le cadre d'une histoire connectée de la Méditerranée) que par les échanges internes au royaume de France. L'analyse de ces interactions entre des aires géographiques et culturelles différentes semble pertinente pour la peste, dans la mesure où une histoire de la vigilance sanitaire sur la côte méditerranéenne française ne peut ignorer les zones avec lesquelles le royaume de France commerce de manière étroite.[73]

Sur la côte méditerranéenne française, il s'agit en outre de prendre en compte la pluralité des acteurs et institutions qui participent à la lutte contre la peste : l'intendance de Provence et du Languedoc (c'est-à-dire l'autorité administrative provinciale), les autorités sanitaires de la côte méditerranéenne française (bureaux de la santé), les consuls ou échevins (maires à la tête des villes) des villes côtières, etc. Cette perspective micro-historique permet d'estimer différents niveaux de vigilance sur la côte.[74] J'entends par acteurs de la lutte contre la peste tous les individus, institutionnels ou particuliers, professionnels ou non professionnels, qui mènent des actions pour endiguer la peste, tant au niveau préventif (lorsque la peste est une éventualité à éviter) qu'au niveau réactif (lorsque l'état de peste est déclaré). La peste de Marseille de 1720, au cœur de la période analysée, illustre bien le passage de mesures préventives à une lutte active contre le fléau, d'un système bien rôdé à une urgence sanitaire qui bouleverse les attitudes et les comportements humains. Ces deux dimensions doivent absolument être prises en considération dans le cadre d'une étude sur les acteurs de la peste, car elles recourent à deux formes différentes de vigilance : le maintien de la santé du royaume de France à long terme dans le cas de la prévention, la résolution d'une crise sanitaire aiguë dans le cas de la lutte active. La mobilisation des acteurs est ainsi très différente. En outre, le rôle des acteurs locaux n'exclut pas la surveillance de l'administration centrale versaillaise qui s'affirme au début du XVIIIe siècle. Ainsi, on ne doit pas analyser la vigilance (donc l'attention des acteurs locaux) à la place de la surveillance, mais en parallèle à celle-ci.

Troisièmement, la vigilance sanitaire s'insère dans une histoire environnementale. La côte méditerranéenne peut être analysée comme un milieu naturel en interaction aussi bien avec la mer[75] qu'avec l'arrière-pays. L'histoire environnementale, qui se situe au croisement entre l'histoire sociale et l'histoire institu-

---

73 Sur l'histoire connectée et les réseaux marchands, voir notamment Subrahmanyam, *Merchant networks*.
74 Le terme allemand *Skalierung* (une des quatre grandes problématiques du *Sonderforschungsbereich*, avec l'orientation de la vigilance, sa sémantique et la responsabilisation des acteurs) désigne cet échelonnage et cette gradation de la vigilance.
75 Faget, *Marseille et la mer*.

tionnelle, permet d'analyser l'étude d'un milieu naturel tel que la côte dans ses rapports avec les épidémies.[76]

1.6 Corpus de sources

Les sources mobilisées dans cette thèse se structurent en plusieurs grands ensembles issus de services d'archives français méditerranéens et parisiens :

A. Le fonds principal est celui du bureau de la santé de Marseille (cote 200 E), conservé aux archives départementales des Bouches-du-Rhône à Marseille (AD13). Ces archives sont conservées à partir de 1640, où on trouve les premières listes d'intendants de la santé. Mais les sources les plus intéressantes débutent autour de 1700, avec notamment les séries de correspondances adressées au bureau de la santé. Ce fonds contient en outre des mémoires sur le fonctionnement du bureau de la santé, des normes sanitaires publiées (ordonnances) ou encore des séries relatives aux infractions à la législation sanitaire.[77]

B. Un autre grand ensemble est celui des archives des intendances (série C dans les archives départementales). Ce sont des archives relatives à l'administration générale d'une province, mais elles contiennent généralement des liasses sur la contagion ou la santé publique qui fournissent de précieuses informations. Les archives de l'intendance de Provence se trouvent également à Marseille (AD13)[78], celles de l'intendance du Languedoc à Montpellier (AD34)[79] et celles du Roussillon à Perpignan (AD36)[80].

C. Les archives nationales à Paris renferment des séries importantes. Les archives de la Marine (série MAR) sont intéressantes dans la mesure où elles

---

[76] Goubert, Environnement et épidémies : Brest au XVIIIe siècle ; Fournier, Pour une histoire environnementale des épidémies européennes à l'époque moderne.

[77] Hildesheimer/Robin/Schenk, 200E Intendance sanitaire de Marseille 1640–1986, répertoire numérique des cotes 200E 1–1354.

[78] Blancard, Inventaire-sommaire des archives départementales antérieures à 1790, Bouches-du-Rhône, Archives civiles – série C (1–985), T. 1.

[79] Thomas, Inventaire-sommaire des archives départementales antérieures à 1790, Hérault, archives civiles, série C, T. 1 ; La Cour de la Pijardière, Inventaire-sommaire des archives départementales antérieures à 1790, Hérault, archives civiles, série C, T. 2 ; Gouron/Neirinck, Inventaire-sommaire des archives départementales antérieures à 1790, Hérault, archives civiles, série C, T. 6.

[80] Alart, Inventaire-sommaire des archives départementales antérieures à 1790, Pyrénées-Orientales, archives civiles, série C, T. 2. Pour des raisons de temps, ces archives n'ont pas pu être exploitées. Le tome 2 de l'inventaire indique plusieurs cotes consacrées, parmi d'autres objets, à la peste. Voir notamment les cotes C 1148–1153 (pestes, corsaires, naufrages).

contiennent les archives des bureaux du Ponant (côte atlantique) et du Levant (côte méditerranéenne).[81] La série AE/B (archives des affaires étrangères) contient une importante correspondance consulaire. Enfin, on trouve dans la série G/7 (Contrôle général des Finances) les correspondances d'acteurs de la peste de 1720.[82]

D. Au niveau municipal, plusieurs séries sont exploitées, à commencer par les archives municipales de Marseille (AMM), particulièrement utiles pour mesurer la vigilance des acteurs marseillais durant l'épidémie de 1720.[83] Les archives municipales de Toulon (AMT) suivent la même structure, même si de nombreux dossiers sont manquants, en particulier dans la série GG. Plusieurs archives municipales de petites bourgades complètent le corpus et offrent des perspectives micro-historiques.[84]

E. Les archives de la Chambre de commerce et d'industrie d'Aix-Marseille-Provence (ACCIAMP) sont également incluses, en particulier en raison de l'abondante correspondance consulaire conservée (série J) et du dossier dévolu aux affaires sanitaires (série G).[85]

F. Le service historique de la Défense (SHD) de Toulon renferme les lettres de la Cour aux intendants, commissaires généraux, ordonnateurs et commandants de la Marine, et les réponses aux lettres de la Cour par ces mêmes acteurs (cote 1 A1).[86] La correspondance de la Cour avec l'intendant de la Marine Hocquart pendant la peste de 1721 est conservée dans ce dossier. On dispose en outre du registre des galériens et bagnards de Marseille et Toulon (1-O-97 à 1-O-231), dont certains ont servi de corbeaux durant la peste.[87]

---

81 Voir en particulier la série MAR/B/3 qui contient les lettres reçues par les bureaux du Ponant et Levant. Un inventaire en ligne existe sur le site internet des AN.
82 AN, G/7/1729–1738. Correspondances d'intendants, de médecins, d'ecclésiastiques, de commissaires des bureaux de santé, de particuliers, relatives aux épidémies de peste en Provence et dans les régions limitrophes (1720–1725).
83 Voir en particulier les séries BB (délibérations des conseils de ville, élections, nominations des maires, consuls, échevins et officiers de ville), FF (justice et police) et surtout GG (cultes, instruction publique, santé).
84 Je me suis appuyé sur les archives municipales versées par les communes aux AD13 (cote E) et aux AD34 (cote EDT).
85 Reynaud, *Chambre de commerce de Marseille, Répertoire numérique des Archives, tome 1er : archives antérieures à 1801, Fonds particulier de la Chambre.*
86 Dauchart, *Répertoire numérique de la sous-série 1 A1 (1711–1792).*
87 Temple, *Cotation et descriptif des matricules des galériens et bagnards de Marseille et Toulon, série 1-O-97 à 1-O-231.*

G. À ces fonds s'ajoutent diverses collections spécifiques comme la collection Nicolaï[88], les documents relatifs à la peste de Marseille conservés à la Bibliothèque nationale à Paris[89] ou les fonds patrimoniaux de la Bibliothèque municipale à vocation régionale de l'Alcazar (BMVRA) à Marseille.

Outre les documents d'archives, je m'appuie largement sur les récits de peste publiés et généralement disponibles en version numérique sur diverses plateformes.[90] Ces récits renferment des témoignages d'acteurs qui ont vécu la peste de 1720 et constituent des sources incontournables pour une étude de la vigilance sanitaire. Il est possible d'en distinguer deux genres : les «relations de peste» qui adoptent une perspective narrative et paraissent généralement peu de temps après l'épidémie, et les «traités de peste» qui contiennent des observations et des réflexions générales sur la peste et les moyens de s'en prémunir. J'ai retenu une quinzaine de traités qui sont mentionnés dans la bibliographie finale. Ces sources n'ont pas bénéficié d'une analyse contextuelle fine (genèse, édition, réception), ce qui aurait dépassé le cadre de ce travail. Bien plus, j'ai cherché à identifier en elles les références à la vigilance (communication, moyens de lutte contre la peste, recommandations médicales, appels à la vigilance, etc.). Grâce à l'expérience de 1720, les acteurs de la peste (principalement des médecins) relèvent les réussites et les échecs des méthodes mises en œuvre face à la maladie, et fondent ainsi leurs théories et leurs préceptes sur une épidémie qu'ils ont vécue ou dont ils ont ressenti les effets.

1.7 Structure du travail

Concernant l'architecture de cette thèse, j'ai opté pour un plan tripartite, chaque partie étant composée de deux ou trois chapitres.

La première partie intitulée «Vigilance, espace et information» s'appuie principalement sur la correspondance des instances sanitaires et étatiques, et tente de mettre en évidence l'émergence de réseaux de communication dont la vocation est de prévenir la peste sur la côte méditerranéenne. Cette partie se subdivise en deux chapitres selon l'espace analysé. Le premier chapitre s'intéresse à ce que j'ai nommé la «vigilance sanitaire transméditerranéenne» et analyse la présence de la menace de peste dans la correspondance consulaire, tandis que le

---

[88] AD13, 1 F 80.
[89] BN, NAF 22930–22934.
[90] Gallica, Google Books ou encore sur le site de la Bayerische Staatsbibliothek de Munich.

second se concentre sur la communication interne au royaume de France. Partant du rôle central du bureau de la santé de Marseille, il souligne les multiples interactions entre les bureaux de la santé de la côte, mais également avec les intendants de province et Versailles.

La deuxième partie est consacrée aux normes et aux pratiques de la vigilance sanitaire. Il m'a semblé judicieux de débuter cette partie par un chapitre qui explique les mesures préventives concrètes, à savoir l'établissement de lazarets et le recours à la quarantaine. Le deuxième chapitre s'intéresse davantage aux normes, sans éluder les pratiques. Les normes politico-sanitaires côtoient les normes religieuses, à la différence que les premières sont présentes sur la longue durée, tandis que les secondes sont propres au temps d'épidémie. J'ai intégré également les pratiques religieuses (procession, dévotion) et les infractions aux normes sanitaires qui démontrent bien les limites de la vigilance sanitaire. Enfin, le troisième chapitre analyse les pratiques préventives sous l'angle de la gestion du risque sanitaire, mettant en exergue le développement important de la notion de santé publique.

Finalement, la troisième partie se fonde sur la peste de 1720–1722 et analyse la vigilance en temps d'épidémie. Il ne s'agit plus d'une vigilance préventive, mais bien d'une vigilance réactive. Lorsque la première a échoué, la seconde est en effet mobilisée. Cette partie est divisée en deux chapitres de même longueur. Le premier s'intéresse aux acteurs de la peste et donne de la visibilité tant aux acteurs traditionnels qu'aux acteurs méconnus, à l'image des forçats et des portefaix qui jouent pourtant un rôle central dans la lutte épidémique. Cette perspective individuelle permet en outre de mieux cerner les débats entre les médecins sur la notion de contagion, ainsi que la participation de la population à la lutte contre la peste. Quant au second chapitre, il met en évidence les attitudes et les tactiques développées lors de l'épidémie de 1720. Il s'agit de couvrir les débuts de l'épidémie – où les autorités hésitent à dévoiler la peste – aussi bien que la fin de celle-ci avec la rechute de 1722 et les pratiques de désinfection, en passant par les décisions prises au cours de l'épidémie (billets de santé, police de peste, cordons sanitaires, approvisionnement de la population, soin des malades).

Partie I **Vigilance, espace et information**

2 La vigilance sanitaire transméditerranéenne

L'objectif de cette première partie est de mieux cerner les mécanismes de communication sanitaire sur la côte méditerranéenne française fin XVIIe-début XVIIIe siècle. Cette démarche n'a pas encore été entreprise et les perspectives heuristiques d'une étude de l'information sanitaire dans le cadre de la Méditerranée française me paraissent importantes. De manière large, l'information, au sens de processus d'administration du savoir, se développe à l'époque moderne et apparaît comme une catégorie de la recherche historique.[1] Ne devant pas être réduite à la «galaxie Gutemberg»[2], l'information est présente également dans les rapports, les descriptions, les listes ou les documentations qui sont produits dans le cadre de processus formalisés.[3] En outre, l'étude de la communication d'informations pose la question de la circulation de ces informations, en particulier entre des régions éloignées géographiquement.[4]

Les historiens sont nombreux à considérer l'époque moderne comme celle d'une révolution de l'information, tant dans une optique patrimoniale (mémoire personnelle, communale ou institutionnelle) que dans une optique fonctionnelle (information comme outil de la communication et de la bureaucratie).

Entre l'invention de l'imprimerie et l'âge contemporain de l'information (révolution digitale), la circulation de l'information par le biais de la correspondance personnelle et institutionnelle, témoin d'une volonté de conserver des traces et d'une crainte de l'oblitération, caractérise l'époque moderne.[5] Cette circulation se matérialise avec l'émergence et le développement de la poste. Dans le Saint-Empire, l'essor, le fonctionnement et les réseaux de la poste d'État sont particulièrement bien étudiés par Wolfgang Behringer qui évoque également une révolution de la communication.[6] En France, la paternité de la poste d'État est attribuée à Louis XI à la fin du XVe siècle avec les premières routes royales temporaires et

---

1 Brendecke, *Information in der Frühen Neuzeit* ; Blair et al., *Information: a historical companion* (en particulier «Information in Early Modern Europe », pp. 61–85 et «Records, Secretaries, and the European Information State, circa 1400–1700», pp. 104–127).
2 Expression utilisée dans les années 1960 par le théoricien de la communication Marshall McLuhan pour désigner la révolution typographique de l'imprimerie.
3 Brendecke/Friedrich/Friedrich, Information als Kategorie historischer Forschung, p. 18 et 31–32.
4 Sur ce point, voir Hengerer, *Abwesenheit beobachten* ; Brendecke, *The Empirical Empire* (en particulier le chapitre V «Knowledge in the setting of colonial rule» pp. 111–150, qui pose la question de la communication politique et du défi représenté par la distance en contexte colonial). Sur les circulations, voir Roche, *Les circulations dans l'Europe moderne*.
5 Dover, *The Information Revolution*, pp. 1–10.
6 Behringer, *Im Zeichen des Merkur.*

mobiles. Puis il faut environ 120 ans pour que le maillage des routes postales couvre l'essentiel du territoire du royaume. Progressivement, la poste d'État s'ouvre aux marchands et aux particuliers. Au XVIIe siècle, la France est divisée en 30 circonscriptions dirigées par des « maîtres des courriers » sous l'autorité du surintendant général des Postes, ce qui permet de grands progrès en termes de rapidité et de régularité du transport des courriers. La poste aux chevaux gère les routes de postes équipées de relais avec des montures fraîches.[7]

Parallèlement, le renseignement français connaît un grand développement. De Louis XI (auquel l'amour des intrigues et renseignements a valu le surnom d' « universelle aragne ») à Louis XVI, la France voit ses services de renseignement progresser de façon significative. Au début du XVIIe siècle, Richelieu est à la tête d'un service efficace qui lui confère des succès importants tant au niveau militaire (guerre de Trente Ans, complots ennemis) que religieux (lutte contre les protestants). Sous Louis XIV, ce développement se poursuit et Colbert ne se prive pas d'espionner les Anglais pour leur subtiliser des secrets industriels et militaires.[8]

La France du début du XVIIe siècle ne dispose ni d'archives centrales, ni d'une bureaucratie centralisée, si bien que Mazarin trouve curieux « qu'on ayt jamais pris le soin de tenir un registre de ce que les roys ont fait pour réprimer les entreprises des parlemens ».[9] Colbert se voit alors confier l'établissement d'un appareil d'information étatique avec un intérêt prépondérant pour les bibliothèques et archives, et construit un véritable système d'information sur lequel s'appuie l'État.[10] Selon Markus Friedrich, les archivistes de l'époque moderne comprennent la nécessité de sortir du chaos documentaire en réunissant les archives de manière cohérente et en dressant des inventaires idoines.[11] Les pratiques archivistiques présentes chez les bureaucrates et administrateurs de l'époque sont visibles dans la préservation rigoureuse des documents, mais les destructions et les documents volontairement négligés sont aussi à considérer.[12]

---

7 Allaz, *Histoire de la poste*, pp. 129–160 (*passim*).
8 Denécé, Le renseignement français du XVe au XVIIIe siècle.
9 Soll, Jean-Baptiste Colberts geheimes Staatsinformationsystem, p. 359 et 362 (citation).
10 Ibid, p. 369. Pour une analyse plus approfondie, voir la monographie : Soll, *The information master*.
11 Friedrich, How to Make an Archival Inventory. Sur la gestion des archives par Colbert, voir : Soll, How to manage an information state.
12 Friedrich, Archival Practices, p. 472. Les archives connues sont à considérer au même titre que les archives oubliées, fermées ou dormantes. Sur la constitution d'archives à l'époque moderne, voir également les études récentes : Corens/Peters/Walsham, *Archives & information* ; Head, *Making archives*.

À l'époque moderne, la presse joue un rôle important dans la diffusion de l'information.[13] Les lieux d'information (salons, bibliothèques) et les médias (bruits publics, nouvelles de bouche, nouvelles à la main) participent de ce que Robert Darnton appelle «société de l'information».[14] Les catastrophes, et en particulier la peste de Marseille, deviennent des événements qui éveillent l'intérêt de la presse et qui sont traités médiatiquement.[15] Les nombreuses études mentionnées ne s'intéressent en revanche pas à l'information sanitaire et à sa circulation en Méditerranée et dans le royaume de France. Un article de Wolfgang Kaiser et Gilbert Buti évoque bien l'information marchande[16], mais pas l'information sanitaire résultant des échanges commerciaux avec les régions orientales en particulier. Pourtant, sous Colbert, le développement de la Marine et des consulats, et la nécessité d'établir un contrôle à distance, obligent l'État à développer son système communicationnel et à mettre en place une politique de gestion de l'information sanitaire. Afin d'appréhender au mieux cette communication, il s'agira tout d'abord de présenter la correspondance consulaire, sa provenance et sa fréquence, puis de basculer sur les acteurs de la communication transméditerranéenne, avec une focale particulière mise sur le personnage du consul.

2.1 Les consulats français et leur correspondance

La recherche historique sur les consulats français s'est beaucoup développée ces vingt dernières années.[17] À l'aube des années 2000, le travail fondateur d'Anne Mézin a permis d'établir une immense base de données de nature prosopographique sur le personnel consulaire français du XVIIIe siècle. Elle distingue notamment le personnel consulaire breveté, le personnel consulaire non breveté et les postes consulaires sous la forme d'un dictionnaire alphabétique complété par de nombreux liens vers les sources consulaires.[18] Dans un riche article, Géraud

---

13 Feyel, *L'annonce et la nouvelle*.
14 Darnton, An Early Information Society.
15 Quenet, L'économie de l'information. L'auteur s'appuie principalement sur la *Gazette de France*, créée en 1631, et constate la mise en place en France d'un «régime médiatique de la catastrophe». Sur la peste de Marseille en particulier : Ben Messaoud/Reynaud, La gestion médiatique du désastre.
16 Buti/Kaiser, Moyens, supports et usages de l'information marchande.
17 Pour une bonne mise au point, voir Marzagalli, Études consulaires.
18 Mézin, *Les consuls de France*. Je me rapporte à cet ouvrage de référence pour l'identification des consuls dans les lettres analysées plus bas.

Poumarède a renouvelé l'histoire institutionnelle des consulats français et a nuancé le jugement négatif sur la présence française au Levant qui prévalait jusqu'alors.[19] L'importance commerciale des réseaux consulaires a également fait l'objet d'un renouveau scientifique, marqué par la publication d'un recueil collectif de l'École française de Rome.[20] De plus, les consuls français ne sont plus uniquement décrits comme de simples représentants commerciaux ou politiques : le consulat devient une véritable plateforme de l'information.[21] Des travaux récents dépeignent en outre le personnel diplomatique comme un acteur central dans la quête d'informations et de la production de savoirs.[22]

Si l'information politique ou économique a beaucoup intéressé les historiens, la circulation d'informations sanitaires par le biais des consuls reste souvent mal connue. Pourtant, les zones où se trouvent les consulats français sur le pourtour méditerranéen sont fréquemment touchées par des épidémies de peste, et les échanges maritimes avec Marseille comportent des risques sanitaires importants.[23] Guillaume Calafat est un des seuls historiens à analyser des dépêches consulaires de nature sanitaire, mais dans le contexte d'une rivalité commerciale entre des ports francs de la Méditerranée supérieure.[24] Dans le domaine sanitaire, le rôle informationnel et préventif de la correspondance consulaire en provenance du Levant et de Barbarie est encore peu connu et il en sera question dans ce chapitre.

2.1.1 La correspondance consulaire : une source surabondante

Les consuls français en Méditerranée ont ceci de particulier qu'ils sont les premiers à intervenir dans la chronologie de la prévention de la peste. Il s'agit en effet du premier niveau de prévention : on peut parler de prévention par l'information, qui précède la prévention par l'isolement, symbolisée par les quarantaines portuaires. Ces consuls entretiennent une correspondance avec les intendants de la santé de Marseille pour les informer du danger de peste présent dans leur région et des navires suspects en partance. Ils participent de ce que je nommerais la

---

19 Poumarède, Naissance d'une institution royale.
20 Bartolomei/Calafat/Grenet/Ulbert, *De l'utilité commerciale des consuls*.
21 Windler, Pluralité des rôles des consuls ; Aglietti, Le gouvernement des informations.
22 Sur ce point, voir Braun, *Diplomatische Wissenskulturen* ; Ead., La correspondance diplomatique et la production de savoirs. Pour une perspective centrée sur les acteurs diplomatiques, voir Thiessen/Windler, *Akteure der Aussenbeziehungen*.
23 Voir la carte des consulats français produite par Anne Mézin : annexe 11.1.
24 Calafat, La contagion des rumeurs.

vigilance sanitaire transméditerranéenne.[25] Cette correspondance sérielle offre un avantage méthodologique important puisqu'il est possible de procéder aussi bien par sondage (sélection de lettres au sein d'un même dossier) que par relevé exhaustif (copie de toutes les lettres d'un consulat entre deux dates extrêmes) afin de pouvoir développer une analyse mêlant le qualitatif et le quantitatif.

Le lien qui unit la ville de Marseille aux consulats remonte au Moyen Âge, puisque la cité phocéenne envoyait, dès le XIIe siècle, des consuls sur les côtes du Levant. Lorsque Marseille est intégrée au royaume de France à la fin du XVe siècle, ses consulats, alors institution municipale, deviennent une institution royale. Le comté de Provence passe sous la souveraineté du roi de France par le legs de Charles III d'Anjou à Louis XI en 1481. Désormais, la monarchie contourne les statuts marseillais et s'arroge le droit de nommer les consuls.[26] Les racines du consulat sont de nature commerciale. Le « consul-marchand » (*electus*) représente les marchands auprès des autorités locales et poursuit généralement ses propres intérêts. Mais au XVIIe siècle, les consulats sont érigés en offices et prennent une nature plus politique. On parle alors de « consul-fonctionnaire » ou envoyé (*missus*), dont la fonction est la stabilisation des intérêts de l'État.[27] Un vaste réseau de consulats et vice-consulats se développe autour de la Méditerranée sous Louis XIV. Au début de son règne, en 1643, il existe 20 consulats français. En 1669, leur nombre passe à 32 quand Colbert prend la tête du secrétariat d'État de la Marine auquel il rattache l'institution consulaire (elle dépendait auparavant du secrétariat d'État des Affaires étrangères). À la mort du Roi-Soleil en 1715, on dénombre 71 consulats.[28]

Si la mainmise étatique sur le consulat s'accroît au long de l'époque moderne, Marseille demeure un pôle important grâce au rôle joué par sa Chambre de commerce. Cette institution créée le 5 août 1599 (la plus ancienne chambre de commerce du monde) a pour vocation d'organiser la protection des navires marchands français contre les pirates en Méditerranée.[29] Parmi ses prérogatives, la Chambre doit surveiller le passage des Français vers les Échelles, veiller au respect

---

25 La correspondance des consuls aux intendants de la santé de Marseille est conservée aux AD13 sous les cotes 200 E 402 à 200 E 469. Je m'appuie d'une part sur le matériel numérisé mis à ma disposition par le Prof. Mark Hengerer, et d'autre part sur mes propres relevés photographiques effectués lors de séjours marseillais.
26 Poumarède, Naissance d'une institution royale, p. 68.
27 Bartolomei, Débats historiographiques ; Grenet, Consuls et « nations » étrangères.
28 Chiffres tirés de Ulbert, La dépêche consulaire française.
29 https://www.cciamp.com/article/la-cciamp-patrimoine-culturel-et-economique/ [consulté le 27.07.23]. Le nom de l'institution a évolué : il est désormais « Chambre de commerce et d'industrie métropolitaine Aix-Marseille-Provence », abrégé CCIAMP.

des arrêtés royaux et assurer l'acheminement de courriers vers le Levant. Dès 1691, c'est elle qui verse les appointements aux consuls du Levant et de Barbarie.[30] La Chambre de commerce dispose de son propre service d'archives dont la série J («Affaires du Levant et de Barbarie») renferme une correspondance consulaire très dense et relativement peu exploitée.[31] Si cette correspondance traite d'objets avant tout commerciaux, il n'est pas rare que la menace de peste y soit disséminée. On peut en dire autant de la correspondance adressée par les consulats à l'administration centrale. Les aspects politiques et commerciaux y croisent les aspects sanitaires.[32] La correspondance consulaire constitue donc une information de haute importance pour l'État français, comme en atteste la multiplicité des destinataires auxquels elle est adressée. Elle doit se lire en confrontation avec les correspondances d'intendants de province, d'intendants de la santé, de secrétaires d'État ou même du contrôleur général des Finances, au sein d'un réseau d'informations sanitaires.

2.1.2 Provenance et fréquence des dépêches consulaires

Le tableau général en annexe (annexe 11.2) indique les lieux de provenance des dépêches consulaires adressées au bureau de la santé de Marseille.[33] Il s'agit principalement de quatre régions : la Barbarie, le Levant, les pays de chrétienté (Espagne, Portugal, Italie et Nord) et les États-Unis de l'Amérique septentrionale.[34] La plus grande partie des dossiers (200 E 402–453) concernent les pays de chrétienté qui sont les plus proches de Marseille au niveau géographique. Puis suivent la Barbarie (200 E 454–458), le Levant (200 E 459–467) et les États-Unis de l'Amérique septentrionale (200 E 468–469). La carte d'Anne Mézin en annexe (annexe 11.1) donne une excellente vue d'ensemble des postes consulaires médi-

---

30 Ulbert, L'origine géographique des consuls français. Pour une étude de cas sur les appointements consulaires, voir Boulanger, Les appointements des consuls.
31 ACCIAMP, J 1–1930 (J 128–1337 pour la correspondance des consulats du Levant, J 1338–1556 pour les consulats de Barbarie). Voir l'inventaire : Reynaud, *Chambre de Commerce de Marseille*.
32 AN, AE/B/I (correspondance consulaire reçue) et AE/B/III (consulats : mémoires et documents). Sous la Convention, le bureau des consulats a été rattaché aux Affaires étrangères, ce qui explique ce classement.
33 Je base mon analyse quantitative sur ce corpus auquel j'ai eu un accès privilégié. Les séries des AN et des ACCIAMP mériteraient également une étude quantitative qui reste à fournir.
34 Typologie reprise de Cras, Une approche archivistique des consulats de la Nation française, p. 82. Voir aussi Mézin, *Les consuls*, pp. 50–51.

terranéens qui m'intéressent dans ce propos.³⁵ Ainsi, le personnel consulaire français quadrille le pourtour méditerranéen et transmet directement ou indirectement des informations sur les pestes en cours ou redoutées aux intendants de la santé de Marseille, qui se situent au cœur d'un réseau sanitaire interconnecté.

Les consuls s'adressent aux intendants de la santé de Marseille par le terme «Messieurs». À la fin de la première page ou à la fin de la lettre, il est précisé «Messieurs les intendants de la santé de Marseille». La fréquence des dépêches consulaires est variable. Même si les consuls communiquent parfois pour indiquer la bonne santé, le nombre de lettres tend à augmenter lorsque le danger de peste s'accroît. Il est dès lors possible d'identifier et de documenter des épidémies de peste dans les zones ottomanes et de démontrer une nette corrélation entre la fréquence des dépêches et l'épidémie de peste déclarée.

Prenons le cas d'Alep. Pour la période 1687–1744, j'ai recensé 27 lettres du consul de France aux intendants de la santé de Marseille, ce qui fait à peu de choses près une lettre tous les deux ans en moyenne. Cependant, la répartition des lettres est très inégale, 11 des 27 lettres datant des années 1728–1729. Le consul Gaspard de Péleran reconnaît lui-même cette fréquence élevée : «Je suis fort régulier a vous informer de tout ce qui concerne la santé en ce pays cy. Mais je ne scay, Messieurs, si vous recevez mes lettres, n'ayant de vous aucune réponse.»³⁶ Il fait également état de la peste qui a commencé en juin 1729 à Alep et qui a provoqué la mort de 1 500 personnes en l'espace de 50 jours. Elle a entièrement cessé depuis fin juillet. Péleran relève en outre que cette peste n'est pas générale : il pointe du doigt certains quartiers, notamment ceux qui servent de refuge aux étrangers ainsi que le quartier juif.³⁷ L'épidémie de 1729 n'est pas la seule qui frappe Alep au XVIIIe siècle. Daniel Panzac a démontré qu'Alep a connu 25 années de peste réparties de façon inégale entre 1700 et 1844. S'ajoutant aux maladies ordinaires, aux disettes et aux séismes, la peste y demeure le fléau principal et, en combinaison avec ces autres facteurs, fait d'Alep un véritable «mouroir» au XVIIIe siècle.³⁸

En 1728–1729, le Levant est touché par d'importantes épidémies de peste dont les consuls témoignent. En mars 1728, le consul de Zante Victor Taulignan fait part de la peste en Morée et indique que l'île de Zante est désormais également atta-

---

35 Pour une étude de la correspondance consulaire française, voir notamment : pour le Levant Pouradier Duteil, *Consulat de France à Larnaca* (six vol. recouvrant les années 1660–1710) ; pour la Barbarie : Windler, *La diplomatie comme expérience de l'autre* ; pour les pays de chrétienté : Mézin/Pérotin-Dumon, *Le consulat de France à Cadix* et Brizay, *La solitude du consul*.
36 AD13, 200 E 466, lettre de Gaspard de Péleran, [6] juillet 1729.
37 Ibid., 30 août 1729.
38 Panzac, *Mourir à Alep*, p. 121.

quée. Il évoque la construction de barrières autour des quartiers contaminés pour éviter toute fuite du fléau.[39] Cette épidémie semble toutefois avoir été circonscrite, puisque Zante a été libérée de la contagion quelques mois après. Le témoignage du consul de Corfou Jean Marin est particulièrement intéressant à cet égard puisqu'il insiste sur le concours des précautions sanitaires et des dévotions religieuses :

> Apres avoir eu lhonneur de vous assurer de mes obeissances jay aussy celui de vous informer que lisle de Zante est grace au Seigneur libre du mal contagieux depuis plus de deux mois sans quil y soit mort personne de ce mal. Le general apres la visitte des isles est allé a droiture avec touttes les precautions de la santé et le 5 aoust sy est debarqué et fit chanter le Te Deum en action de grace suivi dune procession solennelle en lhonneur de nostre dame dont l'Eglise faisoit feste ce meme jour.[40]

L'année 1729 est bien plus critique et la peste se généralise au Levant. Le consul de La Canée Jean-Jacques de Monthenault indique au mois d'avril que l'île de Crète est touchée depuis plusieurs mois, de manière plus ou moins virulente, par la peste et que celle-ci s'étend à toute l'île :

> Messieurs. Je ne puis me dispenser de vous donner avis que la peste fait beaucoup de ravage dans cette ville : elle a commencé a s'y faire sentir des les premiers jours du mois d'octobre et le mal augmenta petit a petit, et devint si furieux dans le mois de decembre et de janvier qu'il y avoit tout lieu de se flater qu'ayant commencé a diminuer considerablement dans le mois de fevrier, il calmeroit totalement au commencement du printemps. Mais pour notre malheur nous nous sommes trompés, puisqu'il semble que depuis le renouvellement de saison le mal a pris de nouvelles forces, ce qui nous a obligé de renouveler les précautions que nous prenons pour nous garantir de cette cruelle maladie. La contagion ne se rencontre pas seulement dans cette ville, mais l'on peut dire que la chose est generalement partout ce Royaume, a Candie, a Rettimo, et généralement dans tous les bourgs et villages de cette Isle. On m'a assuré qu'elle est encore à Smirne, et à Scio, ainsy que dans presque toutte la Morée.[41]

En mai 1729, la fréquence des lettres de Monthenault est très élevée (11 mai, 14 mai, 17 mai et 24 mai). La peste sévit et le consul en rapporte l'évolution pratiquement au jour le jour. Sur les 16 lettres envoyées de La Canée entre 1729 et 1752, 5 le sont en cette année 1729, soit 31,25 %. Cela prouve que le consul correspond davantage lorsque la peste fait des ravages. À Candie, il meurt entre 100 et 200 personnes par jour en février-mars 1729.[42] La peste s'étend également à Seyde, Alep, Chypre,

---

39 AD13, 200 E 465, lettre de Victor Taulignan, 13 mars 1728.
40 Ibid., lettre de Jean Marin, 8 août 1728.
41 AD13, 200 E 462, lettre de Jean-Jacques de Monthenault, 12 avril 1729.
42 Une lettre de Jean Baume du 27 février 1729 évoque 180 décès par jour, alors qu'une autre lettre du même vice-consul indique en date du 21 mars 1729 entre 100 et 150 morts.

Satalie ou encore Antioche.⁴³ Cette épidémie semble toutefois avoir épargné Alexandrie et le nord de l'Égypte, qui a pourtant dû faire face à de nombreuses épidémies au XVIIIe siècle. Daniel Panzac en dénombre 59 au total, dont seules 7 sont graves. Parmi celles-ci, il n'en mentionne aucune entre 1701 et 1736.⁴⁴ La correspondance du vice-consul d'Alexandrie Jean Baume confirme cette reprise de la peste en 1736, puisque nous disposons de six de ses lettres pour cette année-là (21 janvier, 4 février, 15 avril, 17 mai, 1er juin et 7 juillet).⁴⁵

Outre cette peste de 1728–1729 au Levant, la correspondance consulaire nous informe encore principalement sur deux épidémies. La première frappe la Calabre en 1743–1744.⁴⁶ En juin 1743 déjà, des fièvres suspectes sont évoquées et les précautions sanitaires, notamment les quarantaines napolitaines pour les navires en provenance de Messine et Palerme, sont renforcées. Il n'est toutefois pas encore question de la peste.⁴⁷ En juillet 1743, la rumeur de peste s'amplifie à Reggio à partir d'une maison où plusieurs personnes d'une même famille sont mortes en peu de temps.⁴⁸ Les mois suivants, l'épidémie est toujours présente mais à virulence variable. Cependant, la lettre de Taitbout de Marigny de mars 1744 prouve l'amélioration de la situation et évoque aussi bien un renouvellement démographique que la désinfection de Reggio :

> Ce qui m'a d'ailleurs été ecrit de Palerme ne contient rien de particulier sinon qu'il s'étoit trouvé rester a Messine, ville et fauxbourgs encore environ 18000 personnes, et que les veuves et les filles s'y marioient sans beaucoup de façon, ensorte qu'on faisoit etat de bien 1200 qui se retrouvoient grosses. Ce nombre de 18000 personnes restées vivantes à Messine m'a, à peu de chose près, été confirmé à la Secretairerie ou l'on m'a de plus assuré que les choses en Calabre alloient tellement de mieux en mieux qu'on pensoit à faire incessamment la desinfection de Reggio.⁴⁹

En juillet 1744, la situation est définitivement rétablie : « Nonobstant la communication retablie de Messine avec son territoire et les villages et autres lieux

---
43 AD13, 200 E 466, lettre de Benoît Le Maire, consul de Seyde, 16 mai 1729.
44 Panzac, Alexandrie : Peste et croissance urbaine, p. 85.
45 AD13, 200 E 467.
46 Il existe une très récente étude sur cette peste qui analyse, à partir de registres paroissiaux locaux, son impact démographique et constate une forte hausse de la mortalité pour ces années : Bedini, La morte per epidemia nel XVIII secolo.
47 AD13, 200 E 428, lettre de Alexis-Jean-Eustache Taitbout de Marigny de Fontenelle de La Milarche, 4 juin 1743.
48 Ibid., 30 juillet 1743.
49 Ibid., 7 mars 1744.

circonvoisins, la santé continuoit d'y être plus que parfaite, et il étoit manifeste qu'il n'y restoit pas la moindre semence du mal contagieux.»[50]

La seconde épidémie est la peste de 1749 qui touche le Maroc. Elle nous est connue par l'intermédiaire du consul de Cadix, qui écrit 11 lettres en 1749 aux intendants de la santé de Marseille alors qu'il n'en avait écrit que 5 dans la période 1721–1748. Là encore, la fréquence plus importante de la correspondance indique un danger accru. À partir d'avril 1749, la correspondance du consul Pierre Bigodet des Varennes mentionne la présence de la peste à Safi et dans le Vieux Salé (une centaine de morts), mais précise que le Nouveau Salé n'a pas été atteint et que les marchands chrétiens n'ont pas été touchés.[51] Début août, l'épidémie progresse :

> On a receu le 30 du mois dernier des nouvelles de Salé qui paroissent etre encore plus mauvaises que les precedentes : on écrit de cette ville du 13 juin que la peste ny diminuoit point, qu'elle a au contraire augmenté, et qu'elle enlévoit de 19 a 20 personnes par jour, que cependant le 12 il n'en etoit mort que 10 et le 13, 6, et qu'aucun chretien n'en avoit été attaqué jusqualors.[52]

En octobre, le consul informe les intendants de la santé de Marseille que la santé s'améliore à Salé, que la peste ne fait presque plus de ravage et que sa cessation complète est espérée. Elle est finalement confirmée le 28 octobre 1749.[53] Ainsi, la correspondance du consul de Cadix est épisodique en temps normal et devient très fréquente lorsque la peste se fait menaçante.

2.1.3 Deux pôles de la vigilance consulaire : le Levant et la Barbarie

Parmi les régions de provenance des dépêches consulaires, il en est deux qui sont particulièrement frappées par la peste. Il s'agit principalement des échelles du Levant et de Barbarie, régions ottomanes avec lesquelles le royaume de France entretient des relations commerciales depuis les Capitulations établies entre François Ier et Soliman le Magnifique, en 1536. Les échelles du Levant sont définies comme «un centre commercial important, ville portuaire ou marché intérieur, de l'Empire ottoman où résident en permanence des négociants européens».[54] Dans les Échelles, le consul, assisté par un chancelier et un interprète

---

50 Ibid., 25 juillet 1744.
51 AD13, 200 E 442, lettres de Pierre Bigodet des Varennes, 21 avril et 19 mai 1749.
52 Ibid., 4 août 1749.
53 Ibid., 14 et 28 octobre 1749.
54 Courdurié, Échelles du Levant. Voir également la définition de Gaston Rambert : «Places maritimes fréquentées par les bâtiments de commerce des puissances chrétiennes, où résidaient en

(drogman), dirige la communauté des Français appelée nation. La Barbarie recouvre quant à elle une grande partie de l'actuelle Afrique du Nord. Il s'agit principalement des « régences » d'Alger, de Tunis et de Tripoli, qui sont également sous forte influence ottomane.[55] Un mémoire conservé dans les archives de la Chambre de commerce de Marseille témoigne de l'importance des Échelles pour le commerce français et de la nécessité de les surveiller : « Il etoit necessaire lorsque le commerce des francois devint important dans l'Empire ottoman d'établir dans les Echelles un service qui pût assurer une surveillance continuelle sur tout ce qui pouvoit interesser la nation. »[56] D'après le mémoire, ce service est confié à des négociants qui doivent rendre des comptes aux consuls sur place et font ainsi office d' « œil de la nation ».[57]

La présence française en Afrique du Nord interroge sur la nature des rapports du royaume de France avec le continent africain. En ce qui concerne la Barbarie, il ne semble pas qu'on puisse, à l'époque analysée dans ce propos, déjà parler de « machine coloniale » française, comme nombre d'historiens l'ont souligné pour les Amériques[58], et même pour l'Afrique sub-saharienne où l'entreprise colonisatrice n'a pas toujours été couronnée de succès.[59] La colonisation de l'Afrique du Nord ne devient effective qu'au XIXe siècle avec la naissance de l'Algérie française en 1830, suivie plus tard par les protectorats de Tunisie et du Maroc. Néanmoins, sous l'Ancien Régime, l'établissement de consulats dans ces régions doit, au même titre que la colonisation postérieure, être intégrée à l'histoire des savoirs et à l'histoire économique.

À la suite des Capitulations, les Français sont d'abord les seuls à détenir le privilège de faire du commerce dans les ports de l'Empire ottoman, les autres

---

permanence des négociants européens », et par extension : « Les ports où vivait une petite colonie de marchands, artisans et fonctionnaires formant une *nation française* ainsi que les places commerciales non maritimes où résidait une collectivité analogue [...] » (cité par Mézin, *Les consuls*, p. 29).
55 Fontenay, Barbaresques.
56 ACCIAMP, A4 (actes constitutifs), *Memoire sur la Chambre de Commerce de Marseille*, 28 novembre 1791. « C'est ainsy que dans chaque Echelle du Levant et de Barbarie l'œil des interessés au commerce de la nation veille a tout ce qui pourroit nuire a sa prosperité, que touttes les operations, les demandes des negocians établis au Levant viennent aboutir au point central de la Chambre de Commerce de Marseille [...]. »
57 Ibid.
58 Voir notamment McClellan/Regourd, *The colonial machine* ; Charles/Cheney, The colonial machine dismantled. Ces études insistent particulièrement sur les rapports entre science et colonisation avec l'idée sous-jacente que l'État et la science se développent en parallèle et donc que le savoir profite à la colonisation.
59 Steiner, *Colberts Afrika*.

Européens étant contraints de passer par leur intermédiaire. Les Vénitiens, les Anglais (1599) et les Hollandais (1612) reçoivent ensuite aussi ce privilège.[60] Selon Philip Mansel, le Levant est à la fois une région, un dialogue et une quête. Région qui correspond actuellement à la Grèce, la Turquie, la Syrie, le Liban, Israël et l'Égypte (zones qui font partie du XVIe au XXe siècle de l'Empire ottoman), c'est un lieu de dialogue entre mosquées, églises et synagogues. Dans les cités, les consuls étrangers ont autant de pouvoir que les gouverneurs locaux. Les cités du Levant interagissent avec les États, les ports et les arrière-pays, si bien que Mansel parle de «soft power» des cités, par opposition au «hard power» des États.[61] Il voit en outre dans le Levant moderne le produit d'une des alliances les plus fructueuses de l'histoire du point de vue économique entre la France et l'Empire ottoman, qui s'étend du XVIe au XXe siècle.[62] Au niveau diplomatique, le domaine des affaires étrangères est géré par un secrétaire d'État qui lit au roi les dépêches des agents à l'étranger et prépare les réponses. Les puissances européennes, et particulièrement la France, recourent de manière de plus en plus fréquente à des représentants permanents. Une bureaucratie se structure, avec des commis, secrétaires, interprètes et spécialistes du chiffre. Avec le secrétaire d'État des Affaires étrangères Colbert de Torcy (neveu de Jean-Baptiste), on assiste à la constitution d'archives spécialisées en lien avec les pays étrangers.[63]

Dès la fin du XVIIe siècle, l'établissement des Français au Levant cristallise des tensions entre d'un côté le dirigisme économique des secrétaires d'État et intendants, et de l'autre des négociants libéraux qui souhaitent une pratique commerciale plus souple. L'administration royale produit une abondante réglementation pour faire prospérer le négoce français, mais à certaines conditions. Il s'agit en particulier d'éviter que les sujets du roi ne s'établissent définitivement au Levant, ce qui signifierait des Français perdus. Pour contrecarrer ce problème, des ordonnances sont publiées : en 1726 pour ramener les femmes et filles de Français dans le Royaume (en raison des frais à charge de la Chambre de commerce), et en 1731 pour fixer des limites à la durée du séjour dans les Échelles (obligation de quitter le Levant ou la Barbarie après dix ans de résidence). Les unions entre ressortissants français et natives du Levant et de Barbarie sont en outre prohibées.[64] Des listes de Français présents dans les Échelles sont même tenues. Ainsi à

---

60 Bély, *Les relations internationales*, p. 218.
61 Mansel, *Levant*, pp. 1–4 (Introduction).
62 Ibid., p. 5. Voir également les études de Philip Mansel sur des villes spécifiques du Levant : Mansel, *Constantinople* et *Aleppo*.
63 Bély, *Les relations internationales*, pp. 336–350.
64 Farganel, *Négociants marseillais*.

Chios, centre important du commerce français au Levant,[65] où le consul Rougeau de la Blotière tient un registre des Français qui y sont établis. Il s'inquiète en particulier des Français qui manquent à l'appel :

Tableau 1 : Liste des Français établis à Chios et absents du recensement.[66]

Identité de la personne	Commentaire du consul Rougeau de la Blotière
Pierre Chabert	« De la Ciotat Commandant le vaisseau St Joseph venant de Mico[] allant en France, est parti de Scio le 28 juillet 1726, et depuis il n'a pas parû à Scio ».
Loüis Dalain	« De la Ciotat vieux marinier mort en Candie de la peste a ce qu'on m'a assuré. »
Joseph Pasquier	« De Cassis, marinier, n'est pas à Scio etant embarqué sur un Bâtiment françois. »
Pierre Beraud	« De Marseille, il y a tres long-têms qu'il n'est venu à Scio, et est embarqué avec M. le Chevalier de Gouyon suivant les avis que son epouse a eu laquelle veut passer en france avec luy pour y aller joindre leur fils qui y est depuis très long-têms. »
Joseph Gautier	« De Sanary ou il a du bien il n'est pas icy, mais il veut aussi aller en france, aussy bien que sa femme. »

Les ordonnances de la fin du XVIIe siècle défendent aux Français d'aller s'établir dans le Levant en tant que marchands ou artisans sans disposer d'un certificat de résidence, délivré par la Chambre de commerce et visé par l'inspecteur du commerce du Levant.[67] Cette volonté de dresser un état exact des établissements français dans les Échelles se renforce après la peste de 1720, afin de retrouver les individus sans certificat et de régulariser ceux qui se trouvent légitimement au Levant.[68]

Dans le commerce levantin, certains secteurs commerciaux fonctionnent particulièrement bien, à l'image du textile. Marseille devient durant la deuxième moitié du XVIIe siècle un véritable centre de l'indiennage européen (production d'étoles de coton à motifs floraux, appelées indiennes). Ce commerce, d'abord

---

65 Une lettre du vice-consul d'Artigues témoigne de l'importance de ce centre. Il convient « de croire et de considerer que Scio est un endroit d'un tres grand abord puis que tous les Battimens françois, qui vont et viennent de France, constantinople, smirne, Sallonicq, et plusieurs autres endrois, ne scauroient de passer, sans pouvoir se dispenser di toucher, pour i prandre langue, duquel Endroit faut donner tous les avis dans touttes les Echelles du levant [...] » : ACCIAMP, J 445, 3 novembre 1696.
66 ACCIAMP, J 446, 3 mai 1729.
67 Masson, *Histoire du commerce français*, p. 149.
68 Farganel, *Négociants marseillais*, pp. 8–9.

insuffisamment structuré jusque dans les années 1660, devient un secteur florissant durant les deux décennies suivantes.[69] Si, en France, Marseille garde le monopole du commerce levantin, il arrive que des négociants d'ailleurs, de Lyon par exemple, s'implantent en Orient et y créent des établissements.[70] Au XVIIIe siècle, les conflits méditerranéens représentent un défi pour les consuls français dans les Échelles qui doivent particulièrement veiller sur la liberté de culte des chrétiens garantie par les Capitulations renouvelées en 1673. La Marine française en Méditerranée a également pour objectif d'assurer la sécurité des navires marchands et de lutter contre la course et la piraterie.[71]

En outre, les échanges avec l'Orient induisent une circulation de savoirs, notamment dans le domaine médical.[72] L'apport commercial et scientifique des relations avec la Porte ne doit pas faire oublier le danger sanitaire que cette circulation implique. La menace de la peste plane sur la Méditerranée qui devient un espace très normé, si bien que la circulation maritime fait l'objet de contrôles incessants.[73]

2.2 Les acteurs et les institutions de la communication transméditerranéenne

Ce point se limite à la communication sanitaire des acteurs français au Levant et en Barbarie avec le royaume de France. Cette communication est multi-scalaire et s'adresse au secrétariat d'État de la Marine, aux intendants de la santé de Marseille ainsi qu'aux députés de la Chambre de commerce. Il ne s'agit pas de suggérer une passivité des Ottomans face à la peste, conception selon laquelle seuls les Européens peuvent délivrer les Levantins et les Barbaresques du fléau. Des études récentes démontrent que des mesures telles que la fuite sont déjà mentionnées dans les traités de peste ottomans, même si les quarantaines ne se développent que plus tard.[74] Il n'existe en revanche aucune étude sur la communication sanitaire avec les régions du Levant et de Barbarie. J'aimerais ainsi comprendre

---

69 Raveux, « À la façon du Levant et de Perse ». Les toiles brutes du Levant servent à la fabrication des vêtements des populations pauvres. À la fin du siècle, le pouvoir royal considère cette industrie comme un frein aux grandes industries du royaume (laine, lin, soie) et y met un terme.
70 Hilaire-Pérez, Cultures techniques.
71 Farganel, Les échelles du Levant.
72 Rabier, Les circulations techniques médicales.
73 Buti, Pratiques et contrôles.
74 Voir notamment Ayalon, *Natural disasters* ; Bulmus, *Plague, Quarantines* ; Varlik, *Plague and empire*.

comment les Français présents dans les Échelles intègrent l'information sanitaire et en particulier le bruit de peste pour les communiquer au Royaume. Ce choix est lié aux sources dont je dispose. Exclusivement françaises, elles considèrent néanmoins leur lieu de provenance et sont révélatrices des interactions entre les consuls français, leurs informateurs sur place et leurs correspondants en France. Daniel Roche a bien démontré le lien qui unit «épistolarité» et mobilité. La pratique épistolaire se développe quand s'accélèrent les circulations et quand s'accroît le besoin d'informations, tant au niveau collectif que privé.[75] Le développement de réseaux sanitaires à la fin du XVIIe siècle et au début du XVIIIe siècle en constitue un bon exemple.

2.2.1 Les consuls de France, émetteurs d'informations sanitaires

Au Levant et en Barbarie, la peste se maintient de manière durable car elle est régulièrement alimentée par les réservoirs de rongeurs malades et de puces, agents qui inoculent le bacille à l'homme. En revanche, dans la zone nord-occidentale, la peste est présente par vagues régulières (du moins jusqu'en 1670 environ) causées par l'arrivée, dans les ports méditerranéens, de navires transportant des rats infectés.[76] Tant les passagers que les marchandises sont alors susceptibles d'être contaminés. Il y a parfois des morts à déplorer pendant le voyage, comme c'est le cas pour le tristement célèbre *Grand Saint-Antoine* qui amène la peste à Marseille le 2 mai 1720.

Comment les nouvelles des cas de peste au Levant et en Barbarie parviennent-elles à Marseille ? Avec qui les consuls de France communiquent-ils et par quel(s) intermédiaire(s) avisent-ils les autorités sanitaires marseillaises ? Au niveau légal, les consuls de France au Levant et en Barbarie ont l'obligation d'entretenir une correspondance avec le secrétariat d'État de la Marine : «Les Consuls tiendront bon & fidel Mémoire des Affaires importantes de leur Consulat, & l'envoiront tous les ans au Secrétaire d'État, ayant le Département de la marine» souligne l'ordonnance de 1681.[77] En parallèle, les autorités commerciales et municipales marseillaises doivent également être informées des nouvelles consulaires : «Le *Consul* envoyera de trois mois en trois mois au Lieutenant de l'Amirauté & aux Députez du Commerce de Marseille, copie des Délibérations prises dans les Assemblées, & des

---

75 Roche, *Les circulations*, pp. 148–150.
76 Hildesheimer, Le poids de la peste, p. 11.
77 *Ordonnance de la marine, du mois d'aoust 1681*, Titre IX : *Des Consuls de la nation Françoise dans les Pays Etrangers*, Article IX, p. 75.

Comptes rendus par les Députez de la Nation, pour être communiquez aux Echevins, & par eux & les Députez du Commerce debatus, si besoin est.»[78] En revanche, l'ordonnance n'évoque à aucun moment l'obligation d'informer du danger de peste et les échanges avec les intendants de la santé de Marseille.

La correspondance des consuls de France avec les intendants marseillais débute à la fin du XVIIe siècle et dure jusqu'au XIXe siècle. Le tableau en annexe (annexe 11.2) indique les lieux de provenance des dépêches consulaires ainsi que, pour chaque lieu, les années extrêmes. Sur cette base, on peut constater qu'une importante partie des consulats (environ 60 %) n'envoient des dépêches sanitaires aux intendants de la santé de Marseille qu'à partir de la seconde moitié du XVIIIe siècle. Je laisserai de côté ces dépêches pour me concentrer sur les lettres, plus éparses certes, des consulats qui entament leurs échanges dans le dernier quart du XVIIe siècle ou celles, plus systématiques, de la première moitié du XVIIIe siècle. Il est finalement peu étonnant que l'ordonnance de 1681 ne mentionne pas les compétences d'évaluation sanitaire parmi les prérogatives consulaires puisque c'est dans les décennies qui suivent qu'elles sont surtout sollicitées.

Dans la première moitié du XVIIIe siècle, la correspondance consulaire regorge d'informations sanitaires diverses que les consuls font parvenir aux intendants de la santé de Marseille par l'intermédiaire des capitaines, qui font ainsi office de vecteurs de communication à travers la Méditerranée. Au niveau du contenu, les informations sanitaires varient mais il est néanmoins possible d'en dégager une typologie.

Premièrement, le consul peut informer du début et de la fin d'une épidémie de peste. Ainsi, le vice-consul français à Scio (actuelle Chios) Rougeau de La Blotière (en fonction de 1722 à 1743) informe les intendants de la santé de la menace de la «Contagion» (terme employé ici comme synonyme de peste) : «[...] il y a huit jours qu'elle a commencé par une maison d'armeniens où il est mort quatre personnes et aujourd'huy il est arrivé en ce port un homme venant de Smirne aussy attaqué de cette maladie.»[79] Avant sa signature, le consul demande encore aux intendants de «faire passer l'incluse a Monseigneur le Comte de Maurepas».[80] Ce dernier n'est autre que Jean-Frédéric Phélypeaux comte de Maurepas (1701–1781), secrétaire d'État de la Marine sous Louis XV.[81] De plus, lorsqu'une épidémie de peste touche à sa fin, le consul ne déroge pas à sa tâche de prévenir les intendants. Le consul de Gênes François Coutlet rapporte une information venant de Naples annonçant la

---

78 Ibid., Article VIII, p. 74.
79 AD13, 200 E 462, lettre de Christophe Rougeau de La Blotière, 18 janvier 1728.
80 Ibid.
81 Voir Berbouche, *Marine et justice*, p. 180.

fin de l'épidémie qui touche Reggio : « Je vous envoye encore la derniere petite Relation de Naples par rapport a la contagion de Reggio par laquelle vous verrez que lon peut y considerer ce cruel fleau comme absolument sur la fin par les sages et vigoureuses precautions que lon y prend. »[82]

De manière plus générale, les indications de début et de fin d'une épidémie de peste nous renseignent sur la présence ou l'absence de peste au moment où le consul écrit sa lettre. Il arrive parfois que les consuls émettent des dépêches en cas d'absence de peste pour signifier la bonne santé d'une région. En 1730, le vice-consul de Candie Jean Baume relève que « La Santé est tres bonne en ce pays ».[83] À Scio, Rougeau de La Blotière, relayant des lettres égyptiennes, affirme la bonne situation sanitaire de son île : « Messieurs. Cy joint plusieurs lettres qui ont été adressées d'Egipte pour Marseille. Je vous prie de les faire remettre a leurs adresses. La Santé est tres bonne icy Dieu merci – ainsy n'ayez aucun soupçon de cette Isle. »[84] Lorsqu'un consul se déplace, il ne déroge pas à l'obligation de quarantaine à laquelle il est lui-même astreint. Le vice-consul de Candie Antoine-Gabriel Durand (1718–1720) écrit de Livourne et informe le Conseil de Marine de son absence à son poste à cause d'une quarantaine :

> La longueur de la quarantaine et le deffaut d'occasion pour me rendre a Candie me retiennent encore icy, il y a cependant apparence que j'en partiray dans 10 ou 12 jours sur un vaisseau qui est destiné pour alexandrie et ou le capitaine n'ose se rendre promptement a cause de la peste qui y regne, je me suis accomodé avec luy pour qu'il me mit a Candie en passant.[85]

Deuxièmement, les consuls cherchent à expliquer l'origine de la peste et donnent des explications de nature étiologique. Il convient de souligner que les contemporains du XVIIIe siècle ignorent la façon dont la peste se transmet, ce qui donne lieu à d'innombrables débats entre les partisans de la théorie aériste (théorie la plus répandue selon laquelle la peste serait causée par un venin, présent dans l'air corrompu) et les tenants de la théorie contagionniste (peste transmissible par des particules invisibles lors d'un contact).[86] Ce n'est en effet qu'en 1894, dans le cadre de la troisième grande pandémie de peste, que le bactériologiste franco-suisse Alexandre Yersin découvre à Hong Kong le bacille de la peste *Pasteurella pestis*, qui devient *Yersinia pestis*. Quatre ans plus tard, Paul-Louis Simond identifie la puce

---

82 AD13, 200 E 421, lettre de François Coutlet, 14 juin 1745.
83 AD13, 200 E 462, lettre de Jean Baume, 15 août 1730.
84 AD13, 200 E 462, lettre de Christophe Rougeau de La Blotière, 12 mars 1732.
85 AN, AE/B/I/341, f° 189, lettre du 23 mai 1718.
86 Hildesheimer, *La terreur et la pitié*, p. 39 ; Coste, *Représentations et comportements*, p. 167.

comme vecteur de transmission de la peste. Après la mort du rat contaminé, la puce change d'hôte et, par sa piqûre, inocule le bacille à l'être humain.[87]

Dans leur correspondance, les consuls invoquent une étiologie tantôt aériste, tantôt contagionniste. Le vice-consul de Candie Jean Baume, évoquant la contagion touchant Constantinople, Smyrne et les îles grecques, prétend que la qualité de l'air de Candie la protège de toute maladie.[88] Le consul d'Alep Gaspard de Péleran espère que l'hiver purifiera l'air vicié à l'origine de la peste.[89] Outre l'air, les facteurs astrologiques sont parfois invoqués. Ainsi, le consul de La Canée Léon Delane écrit aux intendants de la santé :

> Je continue Messieurs a vous informer de la continuation de la maladie contagieuse ; la pleine lune du mois passé a produit quelque petite augmentation : mais voyant que le nombre des morts a fort diminué depuis ce temps la, j'espere que nous en serons bientost delivrés, avec l'aide du Seigneur.[90]

Ces considérations astrologiques, au même titre que les phénomènes surnaturels, s'inscrivent dans une conception de la peste vue comme un châtiment divin. Les éléments servent d'indicateurs du courroux divin contre les hommes. Bien que très présente au Moyen Âge où la peste est notamment perçue comme une punition envers les hérétiques[91], la conception de châtiment divin demeure encore au XVIIIe siècle. La peste de Marseille est par exemple précédée par un gros orage, présage d'un déferlement de colère divine sur la population.[92] Outre ces théories liées à l'air et aux éléments, la contagion est également évoquée, même si le rôle du rat et de la puce sont totalement ignorés. Le consul de Scio Rougeau de La Blotière incrimine par exemple des hardes qui seraient restées contagieuses depuis la dernière épidémie de peste.[93] Quant au consul de La Canée Léon Delane, il dé-

---

87 Audoin-Rouzeau, *Les chemins de la peste*, pp. 33–46.
88 AD13, 200 E 462, lettre de Jean Baume, 1er juillet 1728 : « L'on atribüe a la pureté de l'air de l'isle de Candie la dificulté qu'a cette contagion de s'y introduire, ce qu'on experimente depuis longtems […]. »
89 AD13, 200 E 466, lettre de Gaspard de Péleran, 16 septembre 1729 : « Il y a lieu d'espérer, Messieurs, que nous aurons un hyver froid qui achevera de puriffier l'air et nous mettra en repos pour le printems prochain. »
90 AD13, 200 E 462, lettre de Léon Delane, 3 mai 1733. Jean-Noël Biraben fait le point sur les facteurs astrologiques annonciateurs des épidémies de peste : conjonctions de planètes, éclipses, lune, comète ou encore années bissextiles (voir Biraben, *Les hommes et la peste*, T. 2, pp. 9–15).
91 Pour un historique de la peste comme punition divine, voir Naphy/Spicer, *La peste noire*, pp. 4–17 (I. La peste : de vagues souvenirs).
92 Carrière/Courdurié/Rebuffat, *Marseille ville morte*, p. 62.
93 « Messieurs. Depuis le 10 du courant nous avons eu icy quatre familles d'attaquées de peste lesquelles on pretend qui ont eu ce malheur pour avoir remué certains coffres de hardes qui tenoient

nonce les rassemblements importants de personnes. Il écrit en effet aux intendants qu' « elle [la peste] a augmenté depuis le Bairam des Turcs a cause de la grande communication que cette feste occasione et il est a craindre que nous n'en serons pas delivrés de longtemps, le printemps n'etant pas propre a ce cruel fleau ».[94]

Troisièmement, les consuls informent les intendants marseillais au sujet des mesures concrètes prises face à la contagion. Le consul de Naples Taitbout, nommé en 1741, communique par exemple la durée des quarantaines en vigueur à Naples en août 1743 : 12 jours pour les navires en provenance de Gibraltar, d'Espagne, de Port-Mahon et de Provence ; 15 jours pour ceux de Gênes, Livourne et autres ports d'Italie (sauf dans les cas suivants) ; 20 jours pour la Sardaigne et la Corse ; 40 jours pour Reggio et les autres ports de Calabre, régions touchées par une importante épidémie.[95] Joseph-Marie Aubert, consul de Gênes de 1699 à 1723, fait part aux intendants d'un remède face à la peste :

> Messieurs. Il y a environ deux mois que j'ay eu l'honneur de vous adresser par le Cap[itai]ne Joseph Dubois Command[an]t la Corvete S[ain]te Croix un grand vase plein d'un beaume ou onguent contre la peste. Le Chimiste qui me l'a envoyé pour le faire passer a Marseille pour le Benefice du Public m'assure être un remede infaillible pour la guerison des maladies contagieuses ; le même me presse continuellement la mémoire pour avoir des nouvelles de son remede. J'ay l'honneur, Monsieur, de m'adresser derechef a vous pour vous prier de me marquer si ledit vaze de beaume est tombé entre vos mains, et si on n'en a fait quelque epreuve, et encore qu'il se trouve salutaire pour cette maladie. Je vous prie de m'en donner avis pour que sans perte de tems j'en puisse pourvoir toute la quantité qu'on demandera, trop heureux si je pouvois apporter quelque soulagement aux peuples de la province dont je suis originaire, et de vous donner des marques que j'ay l'honneur d'etre avec un parfait attachement.[96]

Il convient de préciser que Marseille, après la grande peste de 1720–1721 qui a fait périr entre 40 000 et 50 000 personnes, connaît une rechute entre mai et juillet 1722 (période climatique favorable) qui n'emporte toutefois que 200 personnes.[97] Soucieux du bien commun des marseillais (la lettre parle de « Benefice du Public »)

---

enfermez depuis la derniere peste, auxquelles familles il leur sont morts quelques personnes de cette maladie » : AD13, 200 E 462, lettre de Christophe Rougeau de La Blotière, 20 décembre 1728.
94 AD13, 200 E 462, lettre de Léon Delane, 17 avril 1733.
95 AD13, 200 E 428, lettre de Alexis-Jean-Eustache Taitbout de Marigny de Fontenelle de La Milarche, 6 août 1743.
96 AD13, 200 E 421, lettre de Joseph-Marie Aubert, 20 juin 1722.
97 Audoin-Rouzeau, *Les chemins de la peste*, p. 313.

et lui-même originaire de Provence[98], le consul cherche activement à trouver des solutions pour endiguer la deuxième vague.

Enfin, les consuls peuvent dénoncer des manquements dans les précautions sanitaires. Le consul d'Alicante, en fonction non loin des zones suspectes de Barbarie, est particulièrement attentif à ces failles. Ainsi, Jean Bigodet, consul à Alicante de 1709 à 1717, se plaint du fait que les navires qui viennent de Provence ne sont pas systématiquement pourvus de patentes de santé.[99] Cette négligence peut avoir des conséquences fâcheuses dans la mesure où les navires peuvent se voir refuser l'entrée au port.[100] Chose assez rare, nous disposons dans le même dossier d'une copie de la lettre de réponse des intendants au consul d'Alicante, en date du 26 mars 1711, soit exactement deux mois après la plainte du consul. En voici la transcription :

> Monsieur. Nous avons receu la lettre que vous nous aves fait lhoneur de nous escrire, au sujet des bastimans quy partent de provance pour les costes despagne, sans porter leur pattante de santé, ce quy nous a obligé den donner advis a messieurs les Eschevins de cette ville, quy pour prevenir pareil abus ont fait mettre des affiches a la place de la loge, pour obliger tous cap[itai]nes & patrons de prandre des pattantes de santé, pour quelques voyages quils puissent entreprandre, nous ne doutons pas quil ne ce conforment a leur ordre pour ne pas sexposer den courir la paine que leur desobeissance meriteroit, ainsi vous deves croire quil ny aura aucuns quil ne porte de pattante a ladvenir.[101]

Le dysfonctionnement sanitaire est donc rapporté aux échevins de Marseille qui réagissent par la publication d'affiches place de la Loge, donc à proximité du bureau de la santé. La peine en cas de non-respect de cette norme sanitaire est signalée mais n'est pas définie. Jean Bigodet a également recours à l'interrogatoire de capitaines. Lorsqu'il demande au capitaine Cassard pourquoi il est venu mouiller dans sa rade sans patente de santé, ce dernier répond qu'il pensait que les vaisseaux du roi en étaient exempts. Le consul lui précise que ce n'est pas le cas pour les vaisseaux chargés de marchandises.[102] En plus des négligences des capi-

---

98 D'après Anne Mézin (*Les consuls*, p. 111), Joseph-Marie Aubert est originaire du village d'Ollioules près de Toulon.
99 Les patentes de santé peuvent être définies comme des « certificats délivrés par les agents consulaires aux capitaines sur l'état sanitaire du port de départ ou de relâche ». Il s'agit d'un des piliers du régime de prévention contre la peste au XVIIIe siècle. Ces patentes de santé peuvent être de trois sortes : nettes lorsque le port où la patente est reçue est sain et exempt de soupçon, soupçonnées lorsqu'une maladie pestilentielle est crainte, ou brutes en cas de contamination du lieu de départ (Carrière/Courdurié/Rebuffat, *Marseille ville morte*, p. 211).
100 AD13, 200 E 444, lettre de Jean Bigodet, 26 janvier 1711.
101 Ibid., lettre des intendants de la santé de Marseille, 26 mars 1711.
102 Ibid., lettre de Jean Bigodet, 21 mai 1713.

taines, les consuls dénoncent parfois les comportements à risques de la population. Jean Partyet, consul de France à Cadix, mentionne par exemple que «les habitants de Gibraltar frequentent journellement les portes d'affrique d'ou ils tirent les provisions et les Marchandises qui leur sont necessaires, sans user d'aucune sorte de precaution pour la santé».[103]

À la lumière de cette typologie, force est de constater que l'information sanitaire en provenance des consulats est variée. D'après Papon, elle doit tendre vers l'exhaustivité afin que les intendants de la santé de Marseille puissent prendre les mesures qui conviennent.[104]

2.2.2 Les capitaines de navire, vecteurs d'informations sanitaires

Dans la communication transméditerranéenne, les capitaines jouent le rôle de messagers puisque, le temps du trajet de leur navire, ils sont en possession des lettres renfermant l'information. Gaspard de Péleran, consul de France à Alep de 1722 à 1730, insiste sur ce biais : «Messieurs, Je vous répètte par le Cap[itai]ne Richard ce que j'eus l'honneur de vous mander il y a dix jours par le Cap[itai]ne Rouviere, c'est a dire que Dieu mercy il n'y a a Alep ny aux environs aucune maladie contagieuse ny suspecte de peste.»[105] Cette manière de procéder en deux temps (d'abord informer de la bonne santé, puis confirmer cet avis dans la dépêche suivante) est déjà soulignée par Guillaume Calafat qui résume ainsi la communication du danger de peste : aussitôt qu'une rumeur de peste surgit, les consuls écrivent une «dépêche de précaution» qui informe du soupçon. Dans un second temps seulement, une «dépêche de précision» vient corroborer ou infirmer la première rumeur.[106] Lorsque la santé est bonne dans une Échelle, les capitaines servent de relais d'informations économiques. Ainsi, le consul de La Canée Léon Delane envoie les comptes de l'Échelle par le retour du vaisseau *Saint-Jean-Baptiste*

---

103 AD13, 200 E 442, lettre de Jean Partyet, 18 septembre 1731.
104 Papon écrit : «Mais les bureaux de la santé ne sauroient trop se pénétrer de l'idée que le salut de leur pays dépend de leur extrême vigilance ; qu'ils doivent entretenir une correspondance très-suivie avec les lazarets étrangers, pour être exactement informés de tout ce qui a rapport à la santé, surtout lorsque la peste se montre dans quelque échelle où on n'a pas coutume de la voir. Leur correspondance avec les consuls doit, dans ces circonstances, redoubler d'activité, s'il est possible, afin de ne rien ignorer de tout ce qui peut rendre leur administration plus sûre et plus vigilante ; car la moindre négligence dans ces occasions causeroit des maux infinis.» (Papon, *De la peste*, T. 2, p. 244 et s.).
105 AD13, 200 E 466, lettre de Gaspard de Péleran, 28 janvier 1729.
106 Calafat, La contagion des rumeurs, p. 104.

commandé par le capitaine Magy, tandis qu'il transmet les comptes de Candie par la barque du capitaine Louis Achard.[107]

Les capitaines sont tantôt désignés comme tels, tantôt appelés patrons.[108] Témoins du large dans la France d'Ancien Régime, au même titre que les commissaires des classes, les curés des paroisses littorales et les passagers des navires, les capitaines sont en revanche rarement des hommes de l'écrit.[109] On dispose toutefois de leurs déclarations qui sont consignées dans le fonds du bureau de la santé de Marseille.[110] À leur arrivée dans le port de Marseille, les capitaines arrêtent leur navire à Pomègues et se rendent à la Consigne où ils prêtent serment sur l'Évangile et déposent leur déclaration auprès d'un intendant de la santé. Ces déclarations, souvent succinctes (du moins dans leur retranscription), indiquent la date, le nom de l'intendant, le nom et l'origine du capitaine, le nom et le type du navire, la cargaison et la provenance. Lorsqu'il n'y a rien à signaler, la déclaration est très brève. Avec le temps toutefois, les dépositions deviennent plus étoffées, avec davantage d'informations sur le voyage, les escales, les passagers montés et descendus ou encore les patentes de santé. On y apprend des informations sur les tempêtes, accidents, conflits à bord, mutineries, escales libertines et même des témoignages de nature militaire (voiles amies ou ennemies) ou économique.[111] Ces capitaines servent donc de medium informationnel à plusieurs niveaux.

En 1730 s'opère une évolution dans ces déclarations de capitaines. À côté des registres habituels, les intendants de la santé ouvrent des registres de dépositions secrètes.[112] Ces dernières, volontairement séparées des registres publics, mentionnent le capitaine, sa ville d'origine, son navire, sa provenance, sa patente et les incidents qui se sont produits à bord. Le plus souvent, il s'agit des décès et des maladies, mais on trouve également d'autres incidents à l'image d'un tonneau d'huile qui tombe sur un marinier et le blesse grièvement.[113] Ces dépositions sont envoyées en tant que correspondances secrètes au secrétaire d'État de la Marine et à l'intendant de Provence. Ainsi, ces registres parallèles, nouvellement constitués,

---

107 ACCIAMP, J 1172, lettre du 20 avril 1709.
108 L'ordonnance de 1681 opère une distinction entre les maîtres (sur les côtes océaniques), les patrons (sur la Méditerranée) et les capitaines (sur les vaisseaux à long cours), mais en général tous trois sont confondus. Buti, Capitaines et patrons provençaux, p. 40.
109 Cabantous, Les citoyens du large, pp. 43–45.
110 AD13, 200 E 474–604. La plupart de ces dépositions sont consultables sous la forme de microfilms. J'ai consulté le 2 Mi 1555 (pour l'année 1710) et 2 Mi 1562 (pour l'année 1730).
111 Buti, L'intendance de la Santé de Marseille, pp. 47–51.
112 AD13, 200 E 626 (1730–1800).
113 Ibid., déposition du 28 juin 1731.

témoignent d'une gestion du secret dans le domaine sanitaire, censée éviter tout mouvement de panique dans les ports voisins en cas de menace de peste.

Sur mer, le capitaine est considéré comme un « Maître après Dieu » dans un navire qui apparaît comme un microcosme où l'organisation de l'espace et la hiérarchie sont primordiaux. Un aumônier et un chirurgien sont présents pour délivrer des soins spirituels ou médicaux. À cause de l'absence de variété de l'alimentation, de la dureté du travail et de l'absence d'hygiène, le navire en mer est un terrain propice aux épidémies. Outre la peste, des maladies variées telles que le typhus, les fièvres typhoïdes, la dysenterie, la bronchite, la pneumonie, la fièvre jaune dans les tropiques, le choléra (au XIXe siècle) font rage sur les navires, sans oublier la maladie emblématique du marin, le scorbut, provoqué par le manque de vitamine C. Les chirurgiens embarquent à bord dès le XVIIe siècle pour remplir les fonctions de médecin, chirurgien et pharmacien.[114]

Enfin, en plus de leur rôle d'intermédiaires des nouvelles sanitaires, les capitaines sont tenus d'informer les consuls français sur plusieurs aspects : « Les *Maîtres* qui aborderont les Ports où il y a des Consuls de la Nation Françoise, seront tenus en arrivant de leur representer leurs *Congez*, de faire rapport de leurs voyages, & de prendre d'eux en partant un Certificat du temps de leur arrivée & départ, & de l'état & qualité de leur Chargement. »[115] Pour détenir ces informations, les capitaines doivent tenir un registre ou journal avec des indications sur l'équipage (noms, prix, engagement, salaires, etc.) et n'en sont dispensés uniquement si un « écrivain » se charge de cette tâche.[116] Les capitaines sont enfin responsables de l'état sanitaire de leur bâtiment puisqu'ils ne peuvent se dessaisir de la patente de santé délivrée dans le port de départ, patente qu'ils doivent faire viser dans les ports où ils mouillent.[117]

2.3 Les consuls, des garants de la prévention sanitaire

La correspondance consulaire ne renferme pas uniquement de l'information sanitaire brute. En plus d'informer les intendants sur les risques sanitaires, elle véhicule également des évaluations des consuls sur la véracité des bruits de peste, la fiabilité d'un autre consul ou encore le diagnostic de la peste.

---

114 Prétou/Roland, *Fureur et cruauté*, passim.
115 *Ordonnance de la marine, du mois d'aoust 1681*, p. 86.
116 Ibid., p. 130 et s.
117 AD13, 200 E 2, *Mémoire sur le bureau de la santé*, p. 40.

2.3.1 Doutes et jugements critiques des consuls

La correspondance consulaire témoigne de cas où la rumeur de peste est instrumentalisée à des fins de concurrence commerciale déloyale pour isoler un port aux dépens d'un autre. Ainsi, le consul de Naples entre 1723 et 1727, Lazare David, rapporte une rumeur véhiculée par le vice-roi de Naples, le cardinal d'Althann, selon laquelle deux vaisseaux français pestiférés auraient été chassés de Provence, de Livourne et de Gênes à coups de canon. Le consul, voulant immédiatement « remedier à ces abus, et retablir notre navigation qui est deja assé miserable » souhaite démentir ce bruit :

> Cependant comme je n'ay eu aucune nouvelle ny de genes ny de livourne et que je crains que ce bruit ne soit faux et inventé par la malice du Chancellier de la santé pour s'engraisser aux depans de la Nation et pour molester notre navigation, au cas que mon idée soit vraye, il sera nécessaire que vous menvoyiez incessemment une attestation en bonne et deüe forme des officiers de la santé.[118]

Moins d'un mois après, la réponse des intendants de la santé de Marseille est sans équivoque et confirme la tromperie :

> Certifions que ces bruits sont entierement contraires a la verité, que ces deux pretendus vaisseaux n'ont jamais paru dans ces mers, que tous les batimens qui sont venus des pays suspects en la presente année ont ete admis et receu a la quarantaine et ont fait leur purge heureusement pendant et apres laquelle les Equipages se sont toujours trouvés et enfin que la presente ville de Marseille, son terroir et environs ainsi que toute la Provence joüit actuellement par la grace de Dieu, d'une santé parfaite sans aucun soupçon de maladie contagieuse ensorte que ces bruits ne peuvent avoir eté repandus dans les Pays etrangers que par quelques mal-intentionnés qui ont eu en veüe de troubler le commerce et la tranquilité publique en foy de quoy nous avons signé le present, auquel nous avons fait aposer le sceau de nostre Bureau et iceluy contresigné par nostre secretaire archivaire.[119]

Cette instrumentalisation du bruit de peste dans une optique commerciale est déjà constatée par Guillaume Calafat. S'appuyant sur les réflexions de David Hume (1711–1776) dans son *Essai sur la jalousie du commerce*[120], l'historien prend l'exemple de la concurrence entre trois grands ports francs de la Méditerranée occidentale : Marseille, Gênes et Livourne. Grâce à une analyse fine de la corres-

---

118 AD13, 200 E 428, lettre de Lazare David, 30 juillet 1726.
119 Ibid., lettre des intendants de la santé de Marseille, 27 août 1726.
120 Hume la définit comme une « habitude [...] de traiter en rivaux tous les États commerçants, sous le prétexte qu'il est impossible qu'aucun ne prospère sans que ce soit à leurs dépens » : citation de Calafat, La contagion des rumeurs, p. 102.

pondance du consul de Livourne François Cotolendy avec de multiples destinataires (les intendants de la santé de Marseille et Toulon, les échevins de Marseille ainsi que Colbert), il démontre l'efficacité de la déclaration d'un soupçon de peste dans le développement commercial d'une nation au détriment d'une autre. Il conclut que «la tension permanente entre la recherche de l'accroissement du commerce et les impératifs de protection sanitaire créait en effet un climat de méfiance avec lequel le consul devait composer».[121]

De plus, la rumeur de peste peut être instrumentalisée à des fins politiques. La correspondance du consul de Gênes François Coutlet indique par exemple que les Vénitiens ont fait courir un bruit de peste afin d'empêcher l'Empereur d'effectuer un voyage prévu à Trieste. Le stratagème a finalement échoué mais ses répercussions commerciales n'ont pas été nulles :

> [...] la Cour de Vienne n'a point pris le change sur les bruits de peste que les Venitiens ont affecté de faire courir. Il n'en est pas de même de l'Espagne qui vient, comme apparemment vous sçavez déjà d'imposer des quarantaines tres rigoureuses a tous les Batimens qui viendront d'Italie. Ce va être encore un nouveau derangement pour le Commerce.[122]

Ensuite, la fiabilité des consuls peut être remise en question. Il est difficile d'évaluer si ces critiques sont fondées ou non ; elles n'en demeurent pas moins présentes dans la correspondance consulaire. Pierre Bigodet des Varennes, consul de France à Cadix de 1748 à 1757, rapporte une information du consul d'Espagne à Livourne selon laquelle la peste était à Smyrne. Cette rumeur servait à justifier une prolongation de la quarantaine de trois à dix jours pour les bâtiments en provenance du Languedoc, de Provence et d'Italie. En plus de considérer que la peste de Smyrne ne justifie en rien la quarantaine de ces bâtiments, des Varennes doute de l'intégrité du consul d'Espagne :

> Quoi que la Peste de Smirne ne soit pas un motif pour assujettir a la quarantaine les Battimens qui viennent de Provence je vous prie Messieurs de me faire l'honneur de me mander si vous avés connoissance que cette ville en soit effectivement affligée car les consuls d'Espagne sont sujets a hasardeuse fausses nouvelles sur cette matiere et il seroit bon quon peut les en convaincre quelque fois afin qu'on n'ajoutat pas si facilement foy icy a ce qu'ils debitent avec beaucoup de legereté sur un objet si important.[123]

Quant au consul de Seyde Joseph Arasy, il se plaint de diffamation de la part d'un capitaine à son égard :

---

121 Ibid., p. 119.
122 AD13, 200 E 421, lettre de François Coutlet, 29 juin 1728.
123 AD13, 200 E 442, lettre de Pierre Bigodet des Varennes, 18 mars 1749.

> Je serois indigne de l'estime et de la bienveillance que vous avez bien voulu me temoigner pendant les treize années que j'ay eu l'honneur de travailler aupres de vous, si je ne detruisois les impressions desavantageuses que la malice d'un complot le plus noir qui fut jamais, a fait prendre de moy a Marseille, ou l'on me mande que tout le monde est prevenu, et me condamne. On m'a également decrié a la Cour, a Paris, a Constantinople et dans toutes les Echelles. Je suis trop persuadé, Messieurs, de vostre equité pour vous croire du nombre de ceux qui me jugent sans m'entendre. Je ne scai pas meme trop ce qu'on m'impute.[124]

Enfin, il arrive que le consul doute du diagnostic de peste. Certes, il convient de souligner que, dans la plupart des lettres, il est question de la peste de manière évidente. Si le mot « peste » est employé sans tabou[125], on lui préfère parfois les termes « contagion » ou « maladie » ainsi que l'expression « maladie contagieuse ». Le recours à ces dénominations au singulier (« la contagion », « la maladie ») est sans équivoque : il s'agit bien de la peste, fléau épidémique de loin le plus redouté à cette époque. Cependant, le consul peut parfois avoir des difficultés à poser le diagnostic. C'est le cas du consul de Seyde Jean-Louis de Clairambault, qui fait part de ses difficultés aux intendants de la santé : « Le peu de suite que ces accidens de Peste ont eu a fait a la verité douter ensuite que ce fut reellement de la Peste, mais les informations que j'ay eues et la conformité des symptomes ne me permettent pas de croire que c'ait eté autre chose que du mal contagieux. »[126] Les fièvres ordinaires, moins graves que la peste, peuvent également prêter à confusion, même si une analyse d'autres facteurs comme les aliments permet de lever le doute.[127]

2.3.2 La constitution d'un réseau d'informations sanitaires

La prévention contre la peste au début du XVIIIe siècle s'appuie sur une collaboration non seulement inter-consulaire mais également entre le personnel diplo-

---

[124] AD13, 200 E 466, lettre de Joseph Arasy, 18 septembre 1740.
[125] Contrairement aux autorités municipales qui retardent généralement l'annonce de la peste jusqu'au dernier moment. Le mot « peste » lui-même est alors interdit. Voir Delumeau, *La peur en Occident*, p. 109 et s.
[126] AD13, 200 E 466, lettre de Jean-Louis de Clairambault, 20 septembre 1759.
[127] Le consul de Seyde Benoît Le Maire écrit par exemple aux intendants, le 23 octobre 1728 : « J'ay l'honneur de vous ecrire la presente pour vous informer, que quoy qu'il ny ait dans cette ville ny ses environs aucun soubson de maladie contagieuse, il y a beaucoup de fievres ordinaires parmy les gens du païs, causées par les mauvais alimens qui font souffrir quinze a vingt jours les malades qui en sont attaqués et qui à la fin y succombent faute de remedes et de secours necessaires » : AD13, 200 E 466.

matique et d'autres acteurs, tant sur place (médecins, autorités sanitaires locales) que dans le royaume de France (intendants de la santé, intendant de Provence ou encore secrétaire d'État de la Marine). Il semble dès lors légitime de parler de réseau d'informations sanitaires[128] dans lequel s'exerce une veille sanitaire à plusieurs niveaux : sur un plan horizontal entre les agents diplomatiques eux-mêmes (et avec les intendants de la santé pour autant qu'on puisse les placer au même niveau), et sur un plan vertical lorsque l'on considère la hiérarchie administrative représentée par le secrétariat d'État de la Marine et l'Intendance de Provence.

Pour établir avec plus de certitude la présence ou non de la peste dans des lieux précis, le consul communique avec des chirurgiens qu'il a dépêchés sur place au préalable. À la fin de l'été 1733, lorsque La Canée se trouve à la fin d'une épidémie de peste, le consul Léon Delane dépêche un chirurgien français dans les endroits encore suspects pour être plus sûr de son fait. Sur la base de cette expertise, il donne une patente nette au capitaine Pierre Jacques.[129] De même à Chypre en 1736, où le consul Jacques-Louis Le Maire agit de la manière suivante : « Je depeche a l'instant le M. Lefevre chirurgien de la nation, pour aller prendre des informations sur les lieux de ce qu'il sy passe pour m'en faire son raport et pour le mentionner dans les visas des patentes. »[130]

La correspondance consulaire contient des informations sanitaires que l'on peut qualifier de « rapportées ». Cela se fait généralement par transmission de copies de lettres d'autres consuls. Le consul de Gênes François Coutlet envoie aux intendants de la santé de Marseille une copie de la lettre du consul de Messine François Devant au sujet des bruits de peste que les Vénitiens auraient fait courir pour empêcher le déplacement de l'empereur.[131] Le consul de Tripoli de Syrie Jacques-Louis Le Maire procède de manière analogue :

> Je reçois en ce moment Messieurs une lettre de M. Grimaud de Seyde qui fait les fonctions de Consul, par laquelle il ma donné avis, qu'a Rome et aux environs de Jerusalem, il y a soupçon de maladie contagieuse, vous trouverez cy joint Messieurs copie de la lettre dudit M. Grimaud et du M. [Brüe] Consul de Rome, ou vous serez mieux informés de ce qui ce passe, afin de pouvoir en faire usage.[132]

---

128 Le terme de « réseau » est volontiers évoqué pour parler des consulats : voir Faivre d'Arcier, Le service consulaire au Levant, pp. 166–169 (sous-chapitre intitulé « Le réseau consulaire français dans les états du sultan »).
129 AD13, 200 E 462, lettre de Léon Delane, 29 août 1733.
130 AD13, 200 E 462, lettre de Jacques-Louis Le Maire, 12 février 1736.
131 AD13, 200 E 421, lettre de François Coutlet, 29 juin 1728.
132 AD13, 200 E 466, lettre de Jacques-Louis Le Maire, 28 janvier 1732.

L'information sanitaire à destination des intendants de la santé de Marseille peut être également « à transmettre ». Dans ce cas, les intendants ne sont plus les destinataires finaux d'une information rapportée, mais les vecteurs d'une information sanitaire à un autre destinataire final. Le vice-consul de Candie Jean Baume procède de cette manière lorsqu'il envoie aux intendants une cassette contenant une lettre à remettre au comte de Maurepas, alors secrétaire d'État de la Marine.[133] Depuis La Canée, le consul Gaspard-David Magy envoie une dépêche évoquant les morts de peste à bord de la tartane *Saint-Jean*, commandée par le capitaine Joseph Ignace Ricard de Saint-Tropez. Il prie les intendants de la santé de Marseille de communiquer cette nouvelle aux intendants de la santé de Toulon « afin qu'ils puissent prendre les precautions convenables s'il alloit faire sa quarantaine chez eux ».[134]

La sous-série 200 E 402–469 ne contient pas exclusivement la correspondance des consuls. D'autres acteurs communiquent également avec les intendants de la santé de Marseille. Ils peuvent être liés aussi bien aux consulats (vice-consuls, chanceliers) qu'à des institutions sanitaires (intendants de la santé, commissaires de santé).

Lorsqu'il s'agit d'un vice-consulat ou lors de la vacance d'un consul, le vice-consul ou le chancelier remplissent la fonction d'informateur sanitaire. Par exemple, le vice-consul de Patras Pierre Bonnet fait part d'une apparition de la peste dans sa ville : « Je me donne lhonneur de vous informer comme la peste sest declarée en cette ville depuis le 26 du mois de juillet dernier, la mortalité na pas eté grande jusques a present, ne passant pas le nombre de quinze personnes ».[135] À Alger, le chancelier Thomas-Eudelin-Marie-François Mervé de Jonville, qui gère provisoirement le consulat de 1740 à 1742, est particulièrement prolixe puisqu'il doit faire face à une épidémie entre 1740 et 1741. En mai 1740, il évoque dans une lettre la barque *Sainte-Barbe* du capitaine Honoré Lyon de La Ciotat, qui arrive en provenance d'Alexandrie avec une patente brute et huit cas de peste à bord, et reproche au Dey (chef de la Régence d'Alger) son imprudence vis-à-vis des marchandises et des passagers du navire :

> Mais ce Dey se persuadant ainsy que quelques uns de ces gens cy a cause du longtems qu'il y a que la peste ne s'est point introduite dans cette ville, qu'il y a dans l'air qui l'environne une qualité et une vertu capable de detruire dans l'instant ce qu'il y a de plus impur et d'infecté

---

133 AD13, 200 E 462, lettre de Jean Baume, 5 août 1730.
134 AD13, 200 E 462, lettre de Gaspard-David Magy, 10 août 1752.
135 AD13, 200 E 459, lettre de Pierre Bonnet, 12 août 1729.

dans les marchandises, il se mit peu en peine des precautions que je luy conseillay de prendre.[136]

Ces négligences ont-elles entraîné l'épidémie de peste qui a suivi ? Cela reste difficile à évaluer. Il n'en demeure pas moins qu'Alger a été durement frappée par la peste et a même connu une rechute. En mai 1741, Mervé de Jonville en fait un rapport précis, allant même jusqu'à décrire les symptômes de la peste bubonique :

> La maladie a augmenté depuis quelques jours, et on s'apercoit c'est avec d'autant plus de malignité qu'elle enleve ceux qui en sont attaqués dans moins de vingt quatre heures, et leur laisse aprés la mort, dont il ny en a que tres peu qui en echapent, le corps pleins de taches pourprés et meme tout a fait noir, ce qui n'étoit pas auparavant. Cette peste s'est etendüe dans tout le Royaume, particulierement du côté de l'est. Le camp de Constantine en est infecté, et il meurt journellement les 35 a 40 personnes dans cette ville, quelques fois plus, et a proportion dans la Campagne. Dieu veuille que cette rechutte ne soit pas de longue durée.[137]

À Chypre, le chancelier René Lullier de Lorme écrit aux intendants de la santé de Marseille que le capitaine Ganteaume de Marseille a refusé de présenter sa patente de santé à son départ pour Marseille. Ainsi, les intendants sont prévenus du danger élevé que représente son navire. Le chancelier souligne encore que le consul s'est déchargé de l'affaire et il se sent lui-même garant de la sécurité sanitaire : « J'ay cru Messieurs ne vous pouvoir laisser ignorer des faits cy dessus enoncés avec d'autant plus de fondement que M. le Consul de Chypre s'est déchargé du tout [...] »[138] écrit-il.

Outre le personnel diplomatique, les institutions sanitaires étrangères communiquent également avec le bureau de la santé de Marseille. Par exemple, les intendants de la santé de Nice indiquent à ceux de Marseille qu'ils vont suivre les directives transmises par leur délibération sur la conservation de la santé publique. Ils font en outre suivre cette délibération aux intendants de Villefranche, prouvant l'application des mesures sanitaires marseillaises hors du territoire français, dans le comté de Nice.[139] Celui-ci semble faire office de relais sanitaire d'importance entre les intendants de la santé de Marseille et ceux de villes côtières méditerranéennes hors territoire français. C'est ainsi que les intendants de la santé de Nice transmettent une lettre des intendants cannois qui soulignent qu'il

---

136 AD13, 200 E 454, lettre de Thomas-Eudelin-Marie-François Mervé de Jonville, 20 mai 1740.
137 Ibid., 14 mai 1741.
138 AD13, 200 E 462, lettre de René Lullier de Lorme, 26 mai 1730.
139 AD13, 200 E 407, lettre des intendants de la santé de Nice (signée par leur secrétaire Gally), 8 mars 1713.

n'est pas difficile d'entrer à Nice sans patente sous prétexte d'être pêcheur de poisson frais ou avec de fausses patentes. Ils prient les intendants de la santé de Nice d'être vigilants face à ces infractions et de vérifier l'authenticité des sceaux apposés sur les patentes.[140]

À Genève, le syndic et les commissaires de la santé cosignent des lettres aux intendants de la santé de Marseille et appliquent eux aussi leurs mesures sanitaires :

> Messieurs, Nous ne pouvons que vous remercier tres humblement de la lettre qu'il vous a plû de nous écrire le 16 de ce mois, & de la communication que vous nous avés donnée de vôtre ordonnance du 5 du courant, contenant les precautions que vous avés prises dans les presentes conjonctures, on ne peut rien ajouter Messieurs à la sagesse de vos Reglemens, & l'on a tout lieu de se reposer sur vôtre vigilance, moiennant laquelle & l'assistance divine on peut se flatter que le mal qui regne en Levant ne se communiquera pas en Europe.[141]

Il en va de même à Malte où un commissaire de la santé rapporte des nouvelles sanitaires aux intendants de Marseille.[142] Une analyse plus fine de la correspondance consulaire permettrait certainement d'en extraire d'autres exemples.

En conclusion, la correspondance des consuls de France aux intendants de la santé de Marseille démontre le rôle du personnel diplomatique français dans la prévention informationnelle de la peste. Elle nous permet de mieux comprendre comment les bruits de peste et les épidémies déclarées sont diffusés par voie épistolaire entre les consulats et l'intendance sanitaire de Marseille. Ces lettres indiquent souvent le début ou la cessation d'une épidémie. Si elles mentionnent quelques fois la bonne santé d'une Échelle, elles deviennent plus fréquentes en temps de peste afin d'informer les intendants marseillais de l'évolution de l'épidémie et donc du danger que représente une zone particulière. Cette correspondance nous informe en outre sur l'étiologie de la peste selon les consuls, ainsi que sur les mesures concrètes prises pour endiguer la contagion (quarantaines, remèdes). Les manquements sanitaires tels que les fausses patentes, l'instrumentalisation du danger de peste à des fins économiques ou politiques et les doutes d'un consul concernant la véracité d'un bruit de peste ou la fiabilité d'un autre consul figurent également dans ces lettres.

J'ai enfin voulu démontrer que les consuls de France se trouvent au cœur d'un réseau d'informations sanitaires. Ils communiquent entre eux mais également

---

140 Ibid., lettre des intendants de la santé de Cannes, 23 avril 1732. Cette lettre est rapportée dans son intégralité dans l'annexe 11.4.
141 AD13, 200 E 410, lettre du syndic et des commissaires de la santé de la ville de Genève, 26 juillet 1728.
142 Voir AD13, 200 E 463.

avec le personnel sanitaire (chirurgiens, intendants), les autorités étatiques (le secrétaire d'État de la Marine) et la Chambre de commerce de Marseille. Les informations échangées peuvent être directes, rapportées (via des intermédiaires) ou à transmettre (dans ce cas, les destinataires deviennent des intermédiaires). L'étude de la correspondance des consuls de France aux intendants de la santé de Marseille ouvre de nombreuses perspectives de recherche pour l'analyse du développement des réseaux sanitaires au XVIIIe siècle.

3 Vigilance et communication sur la côte méditerranéenne française

À l'instar du précédent, le présent chapitre s'intéresse aux thématiques de l'information et de la communication dans le domaine sanitaire au début du XVIIIe siècle. En revanche, la focale n'est plus mise sur la communication transméditerranéenne, mais sur les échanges internes au royaume de France, avec un intérêt prépondérant pour la côte méditerranéenne. Avec le monopole sanitaire de Marseille et Toulon, c'est en effet cette région qui est particulièrement concernée par la menace de peste. Si elle marque une zone territoriale frontière, la côte n'en demeure pas moins en interaction avec Versailles et les intendances provinciales du sud du royaume. Ces interactions ne peuvent être omises, si bien que la vigilance sanitaire s'inscrit dans des rapports étroits avec l'arrière-pays. Ainsi, à l'aide d'une correspondance bien conservée, il est possible de mesurer l'attention d'individus face à la menace de peste – et surtout la communication et la circulation de cette menace – non seulement sur la côte, mais également entre la côte et l'administration centrale.

De plus, la correspondance elle-même fait l'objet d'une vigilance particulière puisque les lettres sont généralement purifiées dans du vinaigre (marques encore visibles sur les lettres) dans le cadre de ce que Guy Dutau appelle «la prophylaxie postale des épidémies». Selon le médecin italien Angelo Antonio Frari (1780–1865), les premières désinfections de lettres ont lieu à Venise vers 1493, mais les plus anciennes lettres purifiées connues par l'auteur ne remontent qu'au début du XVIIe siècle. Cette méthode se généralise véritablement avec la prévention contre la peste au XVIIIe siècle, mais surtout avec la fièvre jaune et le choléra au XIXe siècle.[1]

Dans un premier temps, il s'agira de présenter le bureau de la santé de Marseille, plaque tournante de l'information sanitaire. Une deuxième partie s'intéressera à la place des acteurs étatiques dans la communication sanitaire. La troisième partie abordera la communication des institutions sanitaires de la côte méditerranéenne, offrant ainsi aux bureaux de la santé et aux acteurs locaux une visibilité inédite. En guise de conclusion, une quatrième partie synthétisera ces échanges en y voyant l'émergence d'une bureaucratie sanitaire.

---

[1] Dutau, *La désinfection du courrier* (préface et avant-propos). La désinfection s'applique également aux décisions parlementaires pendant l'épidémie. Ainsi, le parlement de Provence écrit à propos des sentences rendues qu'elles «seront employées au Greffe de nôtre dite Cour, après avoir été trempez dans le vinaigre, & parfumez, ainsi qu'il se pratique à l'égard des Lettres, suivant l'Arrêt rendu en notre Conseil le 14 septembre dernier [...]».

3.1 Le bureau de la santé de Marseille : institution exemplaire

Le bureau de la santé de Marseille a fait l'objet d'une analyse détaillée de Françoise Hildesheimer publiée en 1980.² Il me semble néanmoins important d'en rappeler les grandes lignes en guise d'introduction, tant cette institution est centrale dans la lutte sanitaire sur la côte méditerranéenne française. Elle est en effet au cœur de réseaux de correspondances sanitaires avec les consuls en fonction sur le pourtour méditerranéen, avec les autorités municipales et sanitaires sur la côte méditerranéenne française, et avec le pouvoir royal (l'intendant de Provence au niveau provincial et le secrétaire d'État de la Marine au niveau central). Le bureau de la santé de Marseille se distingue comme institution particulièrement vigilante dans la mesure où il recourt à l'attention individuelle face à la menace épidémique dans le but de garantir la santé publique.

3.1.1 Émergence et constitution du bureau

La création du bureau de la santé de Marseille est probablement médiévale puisqu'on trouve les premières mentions de délégués de la santé dans les délibérations communales des années 1472–1473. Pour le XVIᵉ siècle, nous disposons de fragments de comptes des trésoriers de la santé ainsi que, pour l'année 1579, de traces d'une réunion de médecins, chirurgiens et notables pour proposer des mesures face à une menace de contagion. Lorsque la peste est à Aix en 1629, la municipalité de Marseille nomme un bureau de 25 notables afin de prendre les mesures de précaution nécessaires. L'année suivante, on passe d'officiers municipaux temporaires à un bureau constitué.³ Les quelques sources éparses glanées par Françoise Hildesheimer dans les archives municipales de Marseille illustrent bien la connaissance partielle que nous avons de l'histoire du bureau de la santé jusqu'au début du XVIIᵉ siècle. Néanmoins, tout change à partir de 1640, date à partir de laquelle nous disposons de sources abondantes.⁴ Il y a semble-t-il eu une volonté archivistique de la part des intendants de la santé dès cette époque. Un mémoire sur le bureau de la santé évoque d'ailleurs un cabinet des archives : « Les

---

2 Hildesheimer, *Le bureau de la santé*.
3 Ibid., p. 18 et s.
4 Voir en particulier l'inventaire suivant : Hildesheimer/Robin/Schenk, *200 E Intendance sanitaire de Marseille 1640–1986*.

papiers et documents y sont déposés dans des armoires, et rangés par ordre des matières dans des porte-feuilles».[5]

Le bureau de la santé de Marseille prend une importance décisive au XVIIe siècle grâce au monopole sanitaro-commercial qui concerne la ville de Marseille. En vertu d'un arrêt du parlement de Provence de 1622, seuls les ports de Marseille et de Toulon sont autorisés à recevoir les bâtiments en provenance de régions suspectes.[6] Toulon étant avant tout un port militaire, c'est Marseille qui reçoit l'essentiel des navires marchands.[7] Ce monopole est synonyme de plus grande circulation de passagers et de biens commerciaux et donc de risque sanitaire accru. L'État en est conscient et le parlement de Paris enregistre en 1665 l'obligation pour chaque ville de disposer d'un conseil de santé permanent, entérinant par là une initiative que la plupart des villes du royaume avaient prise de leur propre chef face aux menaces de contagion.[8] Le bureau de la santé de Marseille ne constitue donc pas une exception mais son développement prend place dans une préoccupation étatique de santé publique. Toutefois, le monopole économico-sanitaire marseillais en fait l'institution principale de la vigilance sanitaire sur l'ensemble du territoire français.[9]

3.1.2 Le bureau de la santé dans la première moitié du XVIIIe siècle : un lieu de vigilance

Fort de ces brèves considérations historiques sur le bureau de la santé, il convient désormais de s'arrêter sur la période allant du tournant du XVIIIe siècle à environ 1750, qui constitue mon cadre d'analyse privilégié.

Le bureau de la santé a son siège administratif sur le port de Marseille. Avec l'édification du Fort Saint-Jean par Louis XIV dans les années 1660, le bureau perd le local qu'il occupait et devient un bâtiment flottant. Ce dernier étant devenu vétuste, les intendants de la santé entreprennent des démarches pour le remplacer par le bâtiment de «la Consigne», édifié entre 1719 et 1724, et toujours conservé de nos jours.[10] Au niveau de son fonctionnement, le bureau s'appuie sur trois pôles

---

5 AD13, 200 E 2, *Mémoire sur le bureau de la santé*, p. 5.
6 Jusqu'en 1685, Rouen est également concernée par cet arrêt, puis c'est uniquement Marseille et Toulon.
7 Buti, Veille sanitaire, p. 203.
8 Ibid., p. 204.
9 Françoise Hildesheimer va jusqu'à parler de «capitale sanitaire» du royaume de France : Hildesheimer, La monarchie administrative, p. 310.
10 Hildesheimer, *Le bureau de la santé*, pp. 51–53.

qui constituent, selon les termes de Françoise Hildesheimer, le «triangle sanitaire marseillais»[11] : le port (avec la Consigne), le lazaret (lieu dévolu aux quarantaines des passagers et des marchandises) et l'île de Pomègues (lieu de quarantaine des navires).

Alors pourquoi le bureau de la santé est-il une institution de vigilance ? Pour le mesurer de manière idoine, il s'agit d'analyser dans quelle mesure les individus le composant font preuve d'une attention soutenue face à la menace de peste.

Premièrement, les acteurs principaux sont les intendants de la santé eux-mêmes. Leur nombre varie entre 16 et 24, avant de se stabiliser à 16 en 1724. Ils servent gratuitement pour une durée de deux ans selon un système alterné : 8 anciens intendants restent à la fin de chaque année pour travailler conjointement avec 6 nouveaux intendants et 2 échevins sortant de charge qui se forment ainsi de manière interne. De cette façon, le personnel sanitaire s'auto-instruit à sa charge. Les intendants sont choisis parmi les négociants et capitaines de navires, personnes qui ont pour la plupart l'expérience du Levant et donc de la peste.[12] On considère ainsi que leur expérience préalable accroît leur aptitude à être vigilants.[13] Ils se spécialisent dans des fonctions de trésorier, contrôleur, directeur de bâtisse, directeur des eaux et vérificateur du mobilier des infirmeries. Ils remplissent aussi les tâches de la mise en place des bateaux de garde et de la distribution des parfums. L'intendant semainier tient une place distinguée lors des assemblées et se charge de faire exécuter les nouvelles directives, l'intendant trésorier dresse l'état des finances à la fin de chaque mois, les intendants-auditeurs des comptes examinent les finances et relèvent les erreurs.[14]

Deuxièmement, le bureau se dote d'un secrétaire-archivaire. Il s'agit d'un poste important pour l'étude de la vigilance sanitaire, dans la mesure où il joue un rôle décisif dans la production de sources permettant la présente analyse. C'est en

---

11 Ibid.
12 Ibid., pp. 27–36.
13 Sur ce point, voir en particulier une lettre (s. d.) des échevins de Marseille aux intendants de Provence et du Languedoc (AMM, GG 220) : «En effet il faut que les personnes préposées pour veiller a la Conservation de la santé soient d'une experience consommée en cette profession, les Negocians de Marseille commencent, pour ainsy dire, a l'aprendre des leur enfance, par ce qu'ils naissent dans des familles ou elle est bien connüe, ils en aprenent d'avantage ensuitte dans les longues residences quils font en Levant, et par la nécessité de songer a se preserver eux meme du mal qui y regne presque toujours, et ils se perfectionnent encore lorsqu'estant de retour a Marseille ils se trouvent en société de soins, dans le Bureau de la santé, avec des personnes qui n'ignorent plus rien sur ces matieres, de sorte que l'un a l'autre on conserve et on perpetüe dans Marseille une science si essentiellement necessaire, que la moindre erreur peut jetter dans les plus terribles inconvenients».
14 AD13, 200 E 2, *Mémoire sur le bureau de la santé*, pp. 8–11.

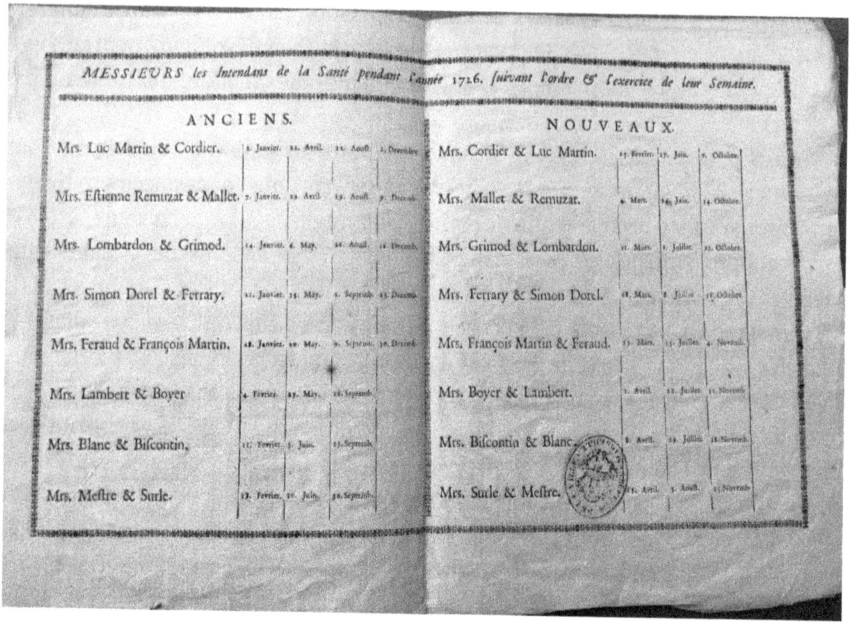

MESSIEURS les Intendans de la Santé pendant l'année 1726. suivant l'ordre & l'exercice de leur Semaine.

ANCIENS.

Mrs. Luc Martin & Cordier.	1. Janvier.	22. Avril.	12. Aoust.	2. Decembre
Mrs. Estienne Remuzat & Mallet.	7. Janvier.	29. Avril.	19. Aoust.	9. Decemb.
Mrs. Lombardon & Grimod.	14. Janvier.	6. May.	26. Aoust.	16. Decemb.
Mrs. Simon Dorel & Ferrary.	21. Janvier.	13. May.	2. Septemb.	23. Decemb.
Mrs. Feraud & François Martin.	28. Janvier.	20. May.	9. Septemb.	30. Decemb.
Mrs. Lambert & Boyer	4. Fevrier.	27. May.	16. Septemb.	
Mrs. Blanc & Biscontin.	11. Fevrier.	3. Juin.	23. Septemb.	
Mrs. Mestre & Surle.	18. Fevrier.	10. Juin.	30. Septemb.	

NOUVEAUX.

Mrs. Cordier & Luc Martin.	25. Fevrier.	17. Juin.	7. Octobre.
Mrs. Mallet & Remuzat.	4. Mars.	24. Juin.	14. Octobre.
Mrs. Grimod & Lombardon.	11. Mars.	1. Juillet.	21. Octobre.
Mrs. Ferrary & Simon Dorel.	18. Mars.	8. Juillet.	28. Octobre.
Mrs. François Martin & Feraud.	25. Mars.	15. Juillet.	4. Novemb.
Mrs. Boyer & Lambert.	1. Avril.	22. Juillet.	11. Novemb.
Mrs. Biscontin & Blanc.	8. Avril.	29. Juillet.	18. Novemb.
Mrs. Surle & Mestre.	15. Avril.	5. Aoust.	25. Novemb.

Figure 1 : Rocade des intendants semainiers pour l'année 1726 (AMM, GG 224).

effet ce secrétaire qui recense et inventorie les archives, mais il est également au centre des processus de communication du bureau : « Il fait [...] la lecture des lettres que le bureau a reçues depuis la dernière assemblée, il prend les ordres des Intendans pour les réponses qu'il doit faire, et les prépare pour le courrier qui suit ».[15] Ce travail minutieux a permis la conservation de larges séries de correspondances qui constituent ma source principale pour la mesure d'une vigilance sanitaire sur la longue durée.[16] Ces corpus illustrent le fait que la vigilance a une

---

15 Ibid., p. 12 et s. Deux valets nommés par l'assemblée jouent également un rôle central dans ce processus de communication : « Ils ont soin l'un et l'autre de recevoir les lettres qu'on apporte de la mer, de les ranger par ordre dans le bureau destiné à cet usage, et de les distribuer aux négocians à qui elles sont adressées, toutes les fois qu'on les leur demande, observant autant qu'il leur est possible de n'en confier qu'à des gens qu'ils connaissent. Ils portent eux-mêmes à Messieurs les Echevins et à Messieurs les Intendans celles qui sont à leur adresse » (Ibid., p. 16).

16 Il convient de mentionner la correspondance consulaire (200 E 402–469) déjà traitée dans la première partie, celle du secrétaire d'État de la Marine à Versailles (200 E 287–292 pour l'Ancien Régime), celle des intendants de province (200 E 303–307 pour l'intendance de Provence, et 200 E 346 pour l'intendance du Languedoc) et enfin celle des autorités municipales et sanitaires de la côte méditerranéenne française (200 E 348–368 pour le littoral de Marseille à Port-Vendres, et 200 E 369–399 pour le littoral de Marseille à Antibes).

dimension également collective, du moins dans son résultat. Si elle désigne en premier lieu l'attention d'un individu, celle-ci est néanmoins mise au service d'autres individus dans une optique qu'on pourrait qualifier d'utilitariste (au sens philosophique d'une vigilance mise au service du bien du plus grand nombre). La communication épistolaire en constitue le vecteur et témoigne d'une mise en place de véritables réseaux d'informations sanitaires sur la côte méditerranéenne française, mais également au-delà, dont Marseille constitue la plaque tournante.

Pour le sociologue Niklas Luhmann, les systèmes sociaux ne peuvent s'établir que si des personnes échangent des perceptions et des avis et donc se lient par la communication. Plus la densification est grande, plus ces voies de communication sont institutionnalisées dans ce que Luhmann nomme *Kommunikationsnetz*, réseau dans lequel les informations circulent de manière évaluable à travers différentes instances. Cette communication doit être consciente et ne peut fonctionner que dans un réseau formalisé, c'est-à-dire soumis à des règles formelles que ce soit du côté de l'émetteur ou du destinataire.[17] Les exigences luhmaniennes de communication semblent donc remplies. Au-delà de la dimension sanitaire, le bureau de la santé de Marseille devient un véritable bureau de renseignements centralisant des informations diverses et foisonnantes : tempêtes, accidents, conflits à bord, mutineries, abandons du navire lors d'une escale pour des raisons libertines, voiles amies ou ennemies lors des escales ou encore informations de nature économique ou militaire.[18]

Troisièmement, le bureau a recours à des gardes pour les bâtiments en quarantaine. Au nombre de trente, ils reçoivent des gages mais sont tenus de se faire à leurs frais une veste bleue qu'ils portent lorsqu'ils sont en exercice. Quand il engage un garde, le bureau souhaite « un homme d'un âge convenable, et duquel on ait de bonnes relations pour les mœurs et pour la fidélité. »[19] L'importance des prérogatives des gardes est soulignée par Papon qui en fait des acteurs centraux de la vigilance sanitaire :

> Quand on considère que le salut d'une nation dépend de la vigilance, de la fidélité et de la probité de ces gardes ; que c'est à eux à surveiller les ruses des matelots, qui voudroient faire passer en cachette des présens ou une pacotille à leurs femmes ; qu'ils sont les égaux, les compagnons, les amis, et souvent les parens de ces hommes, dont ils contrarient les vues ; que c'est à eux encore à combattre les artifices d'un capitaine ou d'un armateur, qui voudroit faire débarquer furtivement quelques balles de marchandises précieuses ; quand on fait, dis-je, ces

---

17 Luhmann, *Funktionen und Folgen*, pp. 190–193.
18 Buti, *L'intendance de la Santé*, pp. 47–51.
19 AD13, 200 E 2, *Mémoire sur le bureau de la santé*, p. 18.

réflexions, on sent de quelle importance il est de n'admettre au nombre des gardes de la santé que des hommes d'une probité et d'une fidélité à toute épreuve.[20]

La vigilance qu'on exige du garde dans l'exercice de ses fonctions est telle qu'une *Instruction pour les Gardes du Bureau de la santé de Marseille* est rédigée.[21]

Le bureau de la santé de Marseille mobilise ainsi la vigilance de plusieurs catégories d'individus en son sein. Dans les deux sous-parties suivantes, il s'agira d'analyser de manière plus approfondie le rapport entre vigilance et communication, par le biais d'une étude quantitative et qualitative de la correspondance adressée aux intendants de la santé de Marseille par d'autres instances sanitaires. Les appels à la vigilance peuvent émaner du pouvoir central (sous-chapitre 3.2) qui s'appuie sur l'attention des intendants de la santé de Marseille, mais la vigilance peut aussi s'exercer par les autorités municipales et sanitaires côtières, qui sont d'importants informateurs du bureau de la santé de Marseille (sous-chapitre 3.3).

3.2 La concentration des affaires sanitaires

Quelle est la part d'autonomie des intendants de la santé de Marseille dans la première moitié du XVIIIe siècle ? Jusqu'à quel point doivent-ils se conformer aux directives sanitaires centrales ? Disposent-ils d'une relative marge de manœuvre dans leurs actions ? Pour tenter de répondre à ces questions, il est important sinon nécessaire de réfléchir sur le fonctionnement général de l'État français dans son rapport avec la côte méditerranéenne française à la fin du XVIIe et au début du XVIIIe siècle. Dans un second temps, il s'agira de clarifier ce débat entre centralisation et régionalisme dans le domaine de la vigilance sanitaire.

Dans *L'Ancien Régime et la Révolution*, Alexis de Tocqueville soutient la thèse que la centralisation n'est pas une conquête de la Révolution, mais un produit de l'Ancien Régime. Selon lui, l'intendant de province en est l'illustration car il est l'unique agent, dans sa province, des volontés du gouvernement. Il supplante tous les pouvoirs régionaux hérités de la société féodale sans néanmoins les détruire.[22] À la « problématique Tocqueville » axée sur la centralisation administrative, certains historiens préfèrent la « problématique Le Roy Ladurie ». Celle-ci insiste moins sur l'autorité du centre que sur l'homogénéité des diverses parties et tient compte des enjeux géographiques, linguistiques et culturels.[23] Cette dichotomie est

---

20 Papon, *De la peste*, T. 2, p. 164.
21 Elle est transcrite dans l'annexe 11.6.
22 Tocqueville, *L'Ancien Régime et la Révolution*, pp. 98–102 et 128 et s.
23 Julliard, Préface, pp. 7–9.

également évoquée dans l'historiographie de l'absolutisme. Les méthodes centralisatrices de l'absolutisme tels que le déclin des conseils et le caractère personnel de la monarchie louis-quatorzienne sont mis en exergue[24], au même titre que ses limites pratiques qui ont poussé d'aucuns à ne voir en lui qu'un mythe.[25]

Les rapports entre Versailles et la côte méditerranéenne française sont aussi à concevoir sous un angle territorial. Si les légistes français tels que Charles Loyseau ou Jean Bodin définissent l'État à partir du seul concept de souveraineté, on aurait tort d'ignorer les données sociologiques ou politiques (population, espace géographique, villes) des villes côtières. Cet intérêt étatique territorial est visible dans l'entreprise de domestication progressive des littoraux aux XVIIe et XVIIIe siècles, marquée par la fortification des villes-frontières.[26] Marseille en est un exemple significatif. En réaction à l'adversité de la cité phocéenne qui, à la faveur de la Fronde et de la guerre, a bafoué l'autorité royale, le jeune Louis XIV accroît son pouvoir sur Marseille par l'édification des forts Saint-Nicolas et Saint-Jean à l'entrée du bassin du port. Avec 25 galères dans le port et des troupes dans la ville, Marseille est désormais sous le contrôle du pouvoir royal.[27] Toulon connaît également un processus de fortification au cours du XVIIe siècle. Sous Louis XIII, la ville gagne en population et l'arsenal s'ébauche. Richelieu améliore la défense du port en faisant édifier la tour de Balaguier (1634–1636) et décide de faire désormais construire les vaisseaux du roi dans des arsenaux, créant ainsi une première marine royale. Mais c'est dès 1679 avec Vauban que la fortification toulonnaise devient majeure : agrandissement de l'enceinte bastionnée, nouvel arsenal, deuxième darse[28] réservée aux vaisseaux de guerre (la Darse nouvelle, par opposition à la Darse vieille, construite sous Henri IV), magasins, ateliers, corderie et cales couvertes. Les forts de l'Éguillette (1674–1680) et des Vignettes (1692–1699) viennent compléter le dispositif.[29]

Dans le domaine sanitaire, la dichotomie entre centralisation et régionalisme est une question centrale. Jean-Noël Biraben relève que la peste se répand géné-

---

24 Cosandey/Descimon, *L'absolutisme en France*, pp. 137–166 («les moyens de l'absolutisme»).
25 Ibid., pp. 217–240 («l'absolutisme n'a jamais existé»). Les assemblées d'états et cours de justice sont en effet multiples : assemblées du royaume (états généraux, assemblées de notables), liées à un des ordres (assemblées du clergé) ou liées à une province ou un «pays» (états provinciaux, états particuliers). Parmi les cours souveraines, le parlement est la plus ancienne et la plus prestigieuse du royaume. Barbiche, *Les institutions*, p. 90 et 106. Sur le mythe de l'absolutisme, voir également Henshall, *The myth of absolutism*.
26 Laquièze, Affirmation de la souveraineté royale, p. 71 et pp. 74–78 («sanctuarisation du territoire étatique») ; Calafat, *Une mer jalousée*, p. 313.
27 Tavernier, *La vie quotidienne à Marseille*, p. 33 et s.
28 La darse désigne un bassin à l'intérieur d'un port méditerranéen.
29 Marmottans, *Toulon et son histoire*, p. 47, 49 et 52.

ralement des côtes vers l'intérieur des terres et qu'elle progresse particulièrement lors de la belle saison le long des grands axes de circulation ou des fleuves.³⁰ On peut donc légitimement se poser la question suivante : comment agit l'intérieur des terres pour se prémunir face à la peste ? Comment cette vigilance à distance se met-elle en place ?

Formellement, la lutte contre la peste dépend du secrétariat d'État de la Marine. Il s'agit d'un des quatre secrétariats d'État traditionnels avec les Affaires étrangères, la Guerre et la Maison du Roi. Simples scribes dévoués aux ordres du roi à l'origine, les secrétaires d'État prennent de l'importance au moment où l'administration du royaume se complexifie (pouvoirs étendus, participation aux décisions royales et propositions de décisions).³¹ Créé le 7 mars 1669, date à laquelle Louis XIV le confie à Colbert, le secrétariat d'État de la Marine est la seconde tentative de concentration des affaires maritimes dans les mains d'une personne (une première tentative avait eu lieu sous Richelieu, mais elle s'était avérée éphémère).³² Les affaires sanitaires sont intrinsèquement liées aux affaires maritimes puisque les villes portuaires font office de barrières sanitaires. En l'absence de ministère de la Santé, il n'est donc pas si étonnant que la responsabilité de la santé publique revienne au secrétaire d'État de la Marine.

3.2.1 De Pontchartrain à Maurepas : les secrétaires d'État de la Marine face à la peste

Les archives départementales des Bouches-du-Rhône renferment la correspondance du secrétaire d'État de la Marine aux intendants de la santé de Marseille sous la cote 200 E 287 (pour la première moitié du XVIIIe siècle). La correspondance du secrétariat d'État de la Marine avec les autorités portuaires est très peu traitée dans la recherche.³³ Sébastien Martin l'a constaté et a comblé cette lacune en ce

---

30 Biraben, *Les hommes et la peste*, T. 1, « La Peste Noire : rythmes et modalités », pp. 85–92. Jean Delumeau qualifie la peste de « nuée dévorante venue de l'étranger et qui se déplace de pays en pays, des côtes vers l'intérieur et de l'extrémité d'une ville à l'autre en semant la mort sur son passage » (Delumeau, *La peur en Occident*, p. 103).
31 Boulant/Maurepas, *Les ministres*, p. 32 et s.
32 Ulbert, *Le secrétariat d'État de la Marine*, p. 9.
33 Cette correspondance est archivée dès la fin du XVIIe siècle. Un mémoire sur le nouveau département de la Marine est rédigé en 1690 à l'intention de Pontchartrain père, et en 1699 sous Pontchartrain fils, les archives de la Marine sont installées dans un pavillon situé proche de l'Hôtel Colbert (voir Ulbert, Les bureaux du secrétariat d'État de la Marine). Aujourd'hui, les dépêches du secrétaire d'État de la Marine concernant le Ponant et le Levant (ces deux bureaux fusionnent en 1738) sont conservées aux AN sous la cote MAR/B/2.

qui concerne la correspondance militaire adressée aux arsenaux.[34] Cette analyse permet de concevoir l'administration de la Marine en termes de structures et de processus de communication, au sein desquels la pratique épistolaire joue un rôle central.[35] Dans le domaine sanitaire, ces analyses font encore défaut. Partant de ce constat, j'ai procédé à un dépouillement complet des lettres du secrétariat d'État de la Marine aux intendants de la santé de Marseille entre la fin du XVIIe siècle et 1750.[36] Il en ressort les conclusions suivantes.

Tout d'abord, la communication entre les deux instances n'attend pas la peste de Marseille pour se nouer. Mise à part une lettre datée de 1696, c'est au tout début du XVIIIe siècle que cette communication débute vraiment. De douze lettres entre 1700 et 1710, on passe à 50 lors de la décennie suivante. Après la peste de 1720, la communication s'accroît encore, prouvant ainsi la volonté toujours plus grande du pouvoir central de contrôler la menace sanitaire à distance. La décroissance des années 1731–1740 n'est pas véritablement significative et ne remet pas en question cette bureaucratisation. Elle est en effet corrélée au danger de peste qui semble moins aigu durant cette décennie que durant la suivante.[37] À l'inverse, lors des années 1743–1744 où Messine et la Calabre affrontent une forte épidémie de peste causant plusieurs dizaines de milliers de décès[38], j'ai relevé pas moins de 44 lettres du secrétaire d'État Maurepas[39] aux intendants de la santé de Marseille. La vigilance est donc particulièrement accrue en temps d'épidémie dans les régions méditerranéennes.

---

34 Martin, La correspondance ministérielle.
35 Ibid., p. 36.
36 Les lettres adressées à d'autres destinataires (tels que les échevins de Marseille) ont été volontairement laissées de côté dans le cadre de cette étude sérielle.
37 Seules quelques épidémies de moindre importance sont mentionnées (en Bosnie en 1731, en Alsace et à Smyrne en 1735, à Barcelone en 1737), mais il s'agit moins de grandes vagues pesteuses que de maladies suspectes dont le diagnostic n'est pas toujours clairement établi. La correspondance évoque davantage les infractions au régime sanitaire ou d'autres menaces telles que les corsaires.
38 Bedini, La morte per epidemia.
39 Jean-Frédéric Phélypeaux, comte de Maurepas, secrétaire d'État de la Marine de 1723 à 1749. Il signe simplement «Maurepas».

Tableau 2 : Lettres du secrétaire d'État de la Marine aux intendants de la santé de Marseille : nombre de lettres par décennie.

Décennie	Nombre de lettres
Avant 1700 (1696)	1
1700–1710	12
1711–1720	50
1721–1730	110
1731–1740	57
1741–1750	166

De plus, le schéma de ces lettres se standardise au niveau de la forme. Elles commencent très souvent[40] par un accusé de réception de la/des lettre(s) des intendants à laquelle/auxquelles le secrétaire d'État répond. Cette information permet d'évaluer le délai de réponse et donc de mieux cerner la rapidité de la communication. Pour l'année 1713, le délai moyen est de 13,5 jours, pour l'année 1727 de 13,2 et pour l'année 1747 de 10,25.[41] L'accusé de réception est également intéressant sur le plan du contenu, puisqu'en plus d'indiquer la lettre des intendants à laquelle le secrétaire d'État répond, il en signale également la teneur. Ainsi, Pontchartrain[42] écrit aux intendants de la santé de Marseille : « Jay receu la lettre que vous m'avez escrit le 26 du mois passé pour m'informer des nouvelles que vous avez eu que la peste avoit recommencé a se faire sentir a alger, et des precautions que vous avez estimé necessaire de prendre a l'arrivée d'un bastiment qui en venoit. »[43] Ce résumé est précieux car il permet une contextualisation sans

---

40 Pas dans 100 % des cas mais dans la grande majorité.
41 Ces trois années ont été choisies de manière aléatoire dans la tranche 1700–1750. Force est de constater que la moyenne de jours nécessaires à la réponse tend à baisser durant cette période. Le délai de réponse le plus rapide que j'ai relevé est de 8 jours, le plus lent de 17. Ce constat indique une grande efficacité dans le traitement du courrier par le secrétariat d'État et dans la production d'une décision qui vient en réponse. La durée d'acheminement de ces dépêches nous est malheureusement inconnue, mais on peut légitimement supposer qu'il s'agit de moins d'une semaine. Il arrive que le secrétaire d'État réponde à deux lettres à la fois (souvent dans le cas de deux lettres très proches, à un ou deux jours d'écart). Dans ce cas, j'ai considéré la première lettre dans le calcul du délai de réponse.
42 Jérôme Phélypeaux, comte de Pontchartrain, secrétaire d'État de la Marine de 1699 à 1715 et père de Maurepas. Il signe simplement « Pontchartrain ». Saint-Simon voit en lui le « ministre de la Mer » tant le cumul de ses attributions est important : la Marine proprement dite, le commerce extérieur et les colonies relèvent de sa compétence. Voir Frostin, *Les Pontchartrain*, p. 343.
43 AD13, 200 E 287, lettre du 4 août 1700.

avoir recours à la correspondance des intendants de la santé au secrétaire d'État.[44] S'ensuit la partie centrale de la lettre où le secrétaire d'État transmet ses ordres (généralement après consultation du roi et conformément à l'avis de ce dernier). Enfin, la lettre se termine par une formule de soumission telle que «Je suis, Messieurs, entièrement à vous».[45] Ainsi, la lettre apparaît comme le vecteur d'un gouvernement à distance et, comme le dit justement Sébastien Martin, elle a pour vocation «d'obtenir l'application uniforme d'une politique en l'absence de toute présence physique de l'autorité gouvernementale».[46]

En ce qui concerne le contenu, la lettre fait part de la décision royale. Il est intéressant de relever qu'il s'agit moins ici de directives générales (celles-ci sont diffusées par le biais d'ordonnances, d'arrêts du conseil ou encore de lettres patentes) que d'affaires singulières. À titre d'exemple, un marchand français nommé Jaquemin, se trouvant dans le lazaret de Marseille, demande la permission d'en sortir avant d'avoir fini sa quarantaine pour embarquer à destination du Levant. Maurepas transmet la décision royale aux intendants de la santé de Marseille : «Le Roy m'a ordonné de vous ecrire que son intention est que vous le luy permettiez et que vous le fassiez conduire a bord dud[it] batiment lors qu'il sera prest a mettre a la voile si le capitaine qui le commande consent a le recevoir.»[47] La clémence royale peut surprendre dans le domaine de la quarantaine, mais force est de constater que, selon les circonstances, des exceptions à la législation sanitaire peuvent avoir lieu. La correspondance est un moyen privilégié pour en mesurer l'historicité.

La correspondance du secrétaire d'État de la Marine cristallise le gouvernement à distance par le biais d'appels à la vigilance, au zèle et à l'attention des intendants de la santé. Cette sémantique est déjà présente chez Pontchartrain au début du XVIIIe siècle. Dans une lettre aux intendants, il leur transmet la satisfaction du roi à propos des décisions qu'ils ont prises et les exhorte à poursuivre leur application et leur vigilance.[48] Mais c'est davantage sous Maurepas qu'elle se

---

44 Cette correspondance existe néanmoins sous les cotes 200 E 166–183.
45 On rencontre également d'autres variantes telles que «Je suis parfaitement à vous», «Je suis tout à vous» ou le très elliptique «Je suis».
46 Martin, La correspondance ministérielle, p. 40.
47 AD13, 200 E 287, lettre du 22 avril 1740.
48 Ibid., lettre du 7 juin 1702 : «J'ay receu la lettre que vous m'avez écrit le 24 du mois passé pour m'informer de l'arrivée dans les rades de Marseille d'une barque venant de St Jean d'Acre dont trois matelots sont morts de la peste et rendû compte au Roy des precautions que vous me marquez avoir pris pour empescher la communication de ce mal. Sa Ma[jes]té m'a parû satisf[ai]te de vos soins et m'a commandé de vous exhorter de les continuer avec l'application et la vigilance necessaire pour prevenir tout inconvenient.»

systématise. « On ne peut qu'approuver le zele avec lequel vous veillez a l'observation des Reglemens que votre Bureau a fait pour la Seureté de la Santé », écrit-il notamment aux intendants.[49] Lorsque la peste frappe Messine et que des mesures sont appliquées à Marseille pour en prévenir le danger (quarantaine de dix jours pour les bâtiments d'Italie, et refus de quarantaine pour les bâtiments anglais venant de Messine), Maurepas fait part aux intendants que sa Majesté « a paru satisfaite du zele et de la vigilance que vous avez fait paroitre dans cette occasion pour la santé du Royaume ».[50] Le transfert de l'obligation d'être vigilant aux intendants de la santé illustre une forme de délégation du pouvoir par le secrétaire d'État de la Marine plutôt que l'exercice d'un pouvoir monolithique de haut en bas. Il y a chez les intendants de la santé une certaine liberté de manœuvre bien visible dans un dicton du bureau de la santé selon lequel les intendants parleraient toujours aux ministres du danger de peste pour obtenir de lui ce qu'ils veulent.[51] Ce transfert de vigilance concorde avec l'interprétation de Françoise Hildesheimer d'un pouvoir central qui « se décharge de la quotidienneté sur les instances locales et n'est atteint que par l'accidentel », preuve d'un absolutisme limité qui doit composer avec les institutions en place.[52]

Enfin, le secrétaire d'État de la Marine cherche à systématiser la vigilance sanitaire par le biais d'enquêtes et de mémoires. Cette évolution est surtout visible après la peste de 1720 et caractérise la volonté de Maurepas d'être exactement informé de toutes les affaires relatives au bureau de la santé.[53] La rédaction de

---

49 Ibid., lettre du 6 mars 1739.
50 Ibid., lettre du 24 juillet 1743.
51 Hildesheimer, La monarchie administrative, p. 308.
52 Ibid., p. 309 et s.
53 « L'attention que je dois donner a tout ce qui a raport a la santé, Messieurs, ne s'etendant pas seulement a loccasion des ordonnances et reglemens rendus pour preserver le Royaume de la peste, mais encore a la direction, police et administration des lazarets establis pour en empecher la communication ; il est nécessaire que je sois informé plus exactement que je ne l'ay été jusqu'a present de tout ce qui est relatif a ces objets, et pour cela que vous m'envoyiez incessamment un etat des differents engagemens que le Bureau de la santé de Marseille a eté obligé de contracter pour fournir aux depenses qui sont a sa charge [...]. Je seray bien aise que vous y joigniés un memoire qui fasse connoitre la situation presente de ses affaires, en quel etat se trouvent les bastimens du lazaret et du bureau de la santé, si l'on a soin de les entretenir exactement, dans quelle forme le compte de son tresorier est arresté annuellement et par qui, enfin s'il ne seroit pas possible de soulager le commerce des interets des sommes que le Bureau a eté obligé d'emprunter en differents tems en remboursant peu a peu les principaux. Votre zele pour le bien du service et l'interest du commerce ne me permet pas de doutter que vous ne satisfassiés exactement aux eclaircissemens que je vous demande a cet egard, et que vous ne me proposiés meme les mesures que l'on pourroit prendre pour liberer le Bureau de ses engagemens et soulager d'autant le commerce » : AD13, 200 E 287, lettre du 21 septembre 1742.

mémoires détaillant les règles en vigueur au bureau de la santé de Marseille est censée être utile tant à l'interne (en particulier pour la postérité du bureau[54]) qu'aux administrations étrangères.[55]

3.2.2 La Régence et la peste de 1720

L'historiographie dépeint la fin du XVIIe siècle comme une époque de grande stabilité ministérielle avec des familles comme les Colbert et les Le Tellier qui apparaissent comme des piliers du gouvernement au début du règne de Louis XIV. C'est le temps des «grands ministres» (1661–1691).[56] Puis, entre 1691–1715, c'est l'époque des favoris et porphyrogénètes (c'est-à-dire ceux qui sont nés dans la pourpre, suivant l'expression de Saint-Simon empruntée à l'histoire byzantine), où se perpétuent les grandes familles.[57] Ainsi, Jérôme Phélypeaux de Pontchartrain, nommé à la Marine en 1699, est le fils de Louis Phélypeaux de Pontchartrain, son prédécesseur à la Marine.[58]

La fin du XVIIe siècle et le début du XVIIIe siècle marquent un tournant dans le règne de Louis XIV dans la mesure où l'État rencontre des difficultés à plusieurs égards. Au niveau ministériel, la rapide rotation du personnel crée une certaine instabilité administrative. Colbert meurt en 1683, suivi par son successeur à la Marine, le marquis de Seignelay, en 1691. Les fonctions clés de contrôleur général des Finances, chancelier et ministre de la Guerre changent de mains en l'espace de 8 ans. Au niveau militaire, la France doit faire face à une coalition européenne massive (Angleterre, Hollande, Autriche) dans le cadre de la guerre de la Ligue d'Augsbourg (1689–1697) et de la guerre de Succession d'Espagne (1702–1713) qui mettent à mal l'ordre établi par Louis XIV dans les décennies précédentes. Sur le

---

54 «Ce mémoire ne peut estre que très utile pour mettre les Intendants qui seront nommez après vous au fait des regles qui doivent estre observées par le bureau» : Ibid., lettre du 25 janvier 1731.
55 Maurepas mandate les intendants de la santé de Marseille de rédiger un mémoire pour la cour d'Espagne. Suite à certains soucis sanitaires en Espagne (problèmes de patentes de santé à Cadix entre autres), Maurepas désire faire part à la cour espagnole des procédures en vigueur sur la côte méditerranéenne française. Il exige des intendants «un memoire qui ne contienne que le précis des précautions les plus essentielles que vous pratiquez. Vous y expliquerez un peu plus en detail quelles sont les quarantaines que vous faites observer aux V[aisse]aux venant des differentes Echelles, suivant que la santé y est bonne ou mauvaise, quels sont les derniers avis que vous en avez, et avec combien de rigidité vous faites observer les reglemens rendus pour empescher la communication du mal contagieux». : Ibid., lettre du 25 mai 1729.
56 Sarmant/Stoll, *Régner et gouverner*, pp. 67–104.
57 Ibid., pp. 105–139.
58 Frostin, *Les Pontchartrain*, pp. 273–322 (chapitre 6 : «Père et fils»).

plan démographique, la croissance du XVIIe siècle est interrompue par les famines de 1693–1694 et 1709–1710. Conséquences d'hivers très rudes, ces crises frumentaires provoquent la mort de deux millions de personnes en France. Enfin, sur le plan économique, le système du financier écossais John Law basé sur la création d'une banque nationale et l'émission massive de billets s'effondre à l'été 1720 sous l'effet de la panique des investisseurs.[59]

Comme le reste de l'État français, le secrétariat d'État de la Marine est également concerné par cette phase de transition. Entre les longs mandats de Pontchartrain (1699–1715) et de Maurepas (1723–1749), le secrétariat d'État de la Marine est remplacé par un Conseil de Marine, composé du maréchal Victor Marie d'Estrées et du comte de Toulouse Louis-Alexandre de Bourbon (1715–1723).[60] Pendant la peste de 1720 à Marseille, ces derniers sont informés du désastre sanitaire et écrivent aux intendants de la santé de Marseille :

> Le conseil de marine a receu votre lettre du 2 de ce mois sur les nouveaux accidents du mal contagieux survenus dans les infirmeries et dans Marseille, sur le compte qui en a esté rendu a M. le Regent, S.A.R [Son Altesse Royale] en a esté tres touchée, elle a donné ses ordre pour faire donner aux habitants les secours dont ils peuvent avoir besoin dans une pareille conjoncture, et elle vous recommande continuer vos soins et vostre vigilance pour arrester le progrés de ce mal, et empescher qu'il ne se communique ny au dedans ny au dehors, s'il est possible. Le con[se]il ne doutte pas que vous n'y ayiez toutte l'attention qu'on peut desirer de vos devoirs part[iculi]ers et de votre zele pour le bien public.[61]

Le Conseil de Marine fait appel à la vigilance des intendants de la santé non plus pour prévenir la peste mais pour éviter sa propagation. Il s'agit d'une vigilance plus brève et plus urgente, renforcée par la sémantique du zèle et de l'attention en vue du bien public. Mais les appels à la vigilance en temps de peste ne sont pas l'apanage du Conseil de Marine et ne sont pas exclusivement adressés aux auto-

---

59 Ces données contextuelles sont tirées de Collins, *The state in early modern France*, pp. 125–175 (chapitre intitulé «The Deblacle» couvrant la période entre 1690 et 1720).
60 En réaction à l'omnipotence des ministres à la fin du règne de Louis XIV, le duc d'Orléans devenu Régent fait supprimer tous les secrétariats d'État au profit de conseils (Conseil de Conscience, Conseil des Affaires étrangères, Conseil de la Guerre, Conseil de Finance, Conseil de Marine, Conseil du Dedans, Conseil du Commerce). Il s'agit d'une nouvelle expérience de gouvernement nommé Polysynodie qui est en vigueur de manière éphémère de 1715 à 1718. Le Conseil de Marine se maintient bien après la fin de la Polysynodie, et n'est supprimé qu'en février 1722 avec la nomination de Fleuriau de Morville comme secrétaire d'État de la Marine. Voir Boulant/Maurepas, *Les ministres*, pp. 23–26.
61 AD13, 200 E 287, lettre du 13 août 1720.

rités sanitaires marseillaises. Le contrôleur général des Finances et le chancelier[62] coordonnent également la lutte contre la peste à distance et notamment dans le Languedoc. Ainsi, le contrôleur général des Finances Félix le Peletier de la Houssaye remercie l'intendant du Languedoc Louis de Bernage de l'avoir informé des mesures prises pour empêcher la communication de la peste à La Canourgue et à Corréjac, et le prie en outre de continuer à l'informer de tout ce qui se passe sur le sujet.[63]

Lorsque l'épidémie est plus avancée, son successeur Charles-Gaspard Dodun coordonne l'envoi de remèdes mais s'appuie sur l'avis des personnes qui les distribuent aux malades : « ces personnes sont en etat de juger quels sont entre ces remedes ceux qui leur ont paru les plus utiles, afin d'envoyer une plus grande quantité de ceux là. »[64] Mais c'est dans la correspondance du chancelier Henri François d'Aguesseau que les appels à la vigilance sont les plus nets. Au début septembre 1721, lorsqu'il apprend par le gouverneur du Languedoc, le duc de Roquelaure, que la peste se répand dans le Gévaudan et qu'il est à craindre qu'elle ne passe la barrière du Tarn, il en appelle aux « soins » à la « vigilance continuelle » de Bernage et procède à l'envoi de chirurgiens à Marvejols où les malades sont en nombre.[65] Un mois plus tard, déplorant l'opiniâtreté des malades qui refusent les secours nécessaires, il souhaite davantage d'autorité à Marvejols : « On ne peut pas s'imaginer que cet inconvenient arrivast, s'il y avoit dans Marvejols un commandant aussy ferme, et aussy vigilant qu'il seroit a desirer. »[66] L'obligation de se faire soigner est même exigée.[67] À la fin octobre 1721, le mal est sur la fin à Marvejols, modéré à Mende, mais il a gagné le faubourg d'Alais (actuelle Alès) et menace directement Montpellier, nécessitant une militarisation de la vigilance par la mise en place de cordons sanitaires.[68]

---

62 Avec les quatre secrétaires d'État, il s'agit des deux autres personnages principaux de l'État. Voir Boulant/ Maurepas, *Les ministres*, p. 16.
63 AD34, C 590, f° 18–19, lettre du 9 juillet 1721.
64 AD34, C 591, f° 108–109, lettre du 5 mai 1722 à Louis de Bernage.
65 AD34, C 590, f° 604–605, lettre du 9 septembre 1721 à Louis de Bernage.
66 AD34, C 590, f° 618, lettre du 8 octobre 1721 à Louis de Bernage.
67 AD34, f° 619 v° : « [...] dans une si triste conjoncture, il faut sauver les hommes malgré eux mesmes, s'ils n'entendent pas leur veritable interest ».
68 AD34, C 590, f° 634, lettre du 27 octobre 1721 à Louis de Bernage : « Il faut esperer que votre vigilance et celles des commandants militaires y mettra des bornes, et que la qualité de la maladie pâroissant s'adoucir, vous aurés la consolation de voir enfin votre Province delivrée d'un si grand fleau ».

Si la concentration des affaires sanitaires au niveau étatique est déjà présente dans les premières années du XVIIIe siècle[69], la peste de 1720 en est un véritable catalyseur. Plusieurs personnages parmi les plus haut placés de l'État (secrétaire d'État de la Marine, contrôleur général des Finances et chancelier) sont en contact étroit avec les autorités provinciales et sanitaires de la côte méditerranéenne, ce qu'on peut mesurer par l'assiduité de leur correspondance.

L'ensemble du littoral méditerranéen français est vigilant face à la peste, contrairement à ce que peut laisser suggérer l'histoire événementielle qui se désintéresse de l'épidémie comme éventualité à éviter pour se concentrer uniquement sur le récit de l'événement, la propagation de la peste, ses ravages, le nombre de personnes emportées, etc. La recherche événementielle se focalise en effet en grande partie sur la Provence. En Languedoc, seules les zones touchées lors de l'épidémie de 1720–1722 sont analysées.[70] Il s'agit toutefois surtout de zones éloignées de la côte. Or ce sont précisément ces zones côtières de Montpellier à Perpignan, où la peste n'est pas parvenue, qui sont particulièrement intéressantes du point de vue de la vigilance. En effet se pose la question du risque épidémique qui entretient un rapport intrinsèque avec la vigilance des individus. La perception du danger repose en effet sur une attention aiguë et une politique d'information sanitaire. Dans un des rares articles parus sur la question, Sébastien Saqué propose le concept d'« arc méditerranéen de l'alerte », allant de Livourne à Carthagène en passant par la côte méditerranéenne française, dans le cadre duquel la communication de nouvelles sanitaires est systématique.[71]

Ces échanges entre autorités sanitaires, municipales et étatiques renforcent la thèse d'une volonté du pouvoir central de mettre en place une politique de gestion d'une crise sanitaire à distance dans le cadre de l'épidémie de 1720, mais aussi d'une gestion de la vigilance sanitaire dans le temps long. Cette politique sanitaire ne s'exerce pas de manière monolithique par le gouvernement central, mais repose sur un système très complexe d'interactions multi-scalaires, dans lequel les intendants de province jouent un rôle important qu'il s'agit de détailler dans le sous-chapitre suivant.

---

69 Ce serait même le cas dans la seconde moitié du XVIIe siècle déjà. Voir notamment la thèse en cours de Thorsten Busch (Tübingen), avec qui j'ai pu beaucoup échanger tant par visioconférence que par courriel, et qui porte sur les rapports entre peste et politique en France entre 1625 et 1725.
70 Voir notamment Chauvet, *La lutte contre une épidémie* ; Mouysset, *La peste en Gévaudan*.
71 Saqué, La gestion du risque de peste, p. 163.

3.2.3 Le rôle des intendants de province dans la lutte sanitaire

Après avoir mis en lumière le rôle de la tête de l'État dans la vigilance sanitaire, il s'agit désormais de s'intéresser à l'importance de l'échelon provincial, représenté par l'intendant de province, dans la prévention épidémique. L'origine des intendants de province se trouve dans les chevauchées militaires pour inspecter les provinces et, d'après Roland Mousnier, la première occurrence du nom «intendant» remonte à 1555 dans une commission pour Pierre Panisse, président de la Cour des aides de Montpellier et chargé de «l'intendance de la justice en l'isle de Corse».[72] L'institution des intendants résulte de la volonté du souverain de contrôler l'administration provinciale de façon à ressaisir une autorité risquant de lui échapper. Ainsi, Henri II généralise en 1553 la tournée des maîtres de requêtes, mais c'est surtout dans le deuxième quart du XVIIe siècle que la fonction se développe. Une première généralisation et spécialisation des intendants a lieu sous Louis XIII avec la formation de deux grandes catégories que sont les intendants de province et les intendants d'armée. Après la Régence d'Anne d'Autriche, on ne maintient que les intendants de trois généralités frontalières (Lyon, Amiens et Châlons) et ceux de trois pays d'états (Provence, Bourgogne et Languedoc). Les intendants sont supprimés pendant la Fronde puis rétablis dès 1653. C'est ensuite que leur emploi se généralise véritablement. Colbert qui les voyait d'abord comme des «commissaires-enquêteurs» devant achever leur enquête provinciale en quelques mois, les transforme en administrateurs permanents avec une tutelle sur les communautés. Sous Louis XIV, la quasi-totalité des provinces et généralités du royaume sont dotées d'intendants et leurs attributions en matière fiscale sont étendues. Vers 1690 s'achève l'évolution commencée sous Henri II et on ne constate plus d'interruption dans la succession des intendants. Si le gouverneur représente la personne du roi, l'intendant représente le maître de requêtes (membre du Conseil du roi) et incarne dans la province la réalité abstraite qu'est l'État.[73]

Nommé par le contrôleur général des Finances depuis 1661, l'intendant de province a trois grandes attributions[74] : la justice (droit d'entrer dans les parlements, de recueillir les plaintes et doléances des sujets[75]), la police (dans le sens d'Ancien Régime d'administration générale, ce qui comprend de nombreux sec-

---

72 Mousnier, *Les institutions*, p. 1058 et s.
73 Pour l'histoire de l'intendance, voir notamment Barbiche, *Les institutions*, pp. 383–406 (chap. XX : «Les intendants et les subdélégués») ; Bordes, *L'administration provinciale*, pp. 116–132 (chap. V : «Les origines et les pouvoirs des intendants») ; Mousnier, *Les institutions*, pp. 1056–1114 («Les intendants de province (origines-Révolution)»).
74 Barbiche, *Les institutions*, pp. 393–395.
75 L'intendant peut également parfois présider le parlement, comme c'est le cas en Provence.

teurs comme l'urbanisme, l'agriculture, le commerce et la santé publique) et les finances (principalement la levée de l'impôt). On parle ainsi plutôt d'intendant de justice, police et finances. Dans la première moitié du XVIIIe siècle, l'intendance est à son apogée. Elle apparaît comme une institution permanente et stable. Le chef-lieu de la généralité correspond au chef-lieu de l'intendance. L'intendant est désormais sédentaire et parcourt sa généralité au moins une fois par an. Il s'entoure de subdélégués qui l'assistent dans ses tâches auprès des communautés.[76] Dès 1750, l'institution connaît des difficultés liées à l'affaiblissement du pouvoir royal, aux querelles jansénistes ou encore à la guerre de Sept Ans. Les intendants voient leur liberté d'action réduite.[77]

Parmi les attributions policières de l'intendant, j'aimerais insister sur leur rôle dans la politique de santé publique sur la côte méditerranéenne, en m'appuyant sur la correspondance des intendants de Provence et du Languedoc aux intendants de la santé de Marseille dans la première moitié du XVIIIe siècle.[78] Le rôle sanitaire joué par les intendants de province est généralement cité dans l'historiographie, mais leur correspondance (tant les lettres écrites que les lettres reçues) demeure largement ignorée. Elle permet pourtant d'illustrer leur intégration dans le réseau de communication et de vigilance face à la peste. Cette correspondance est un peu moins abondante que celle du secrétaire d'État et également moins régulière. Toutefois, lorsque le besoin sanitaire l'exige, elle peut se faire très rapprochée. C'est par exemple le cas en avril 1713 lors de l'élaboration d'un projet de règlement sur la santé. L'intendant de Provence Cardin Lebret rapporte la satisfaction de Pontchartrain à l'endroit de ce règlement, mais prend également le soin de consulter les intendants de la santé de Marseille :

> Vous trouverez cy joint, Messieurs, un projet de reglement pour la santé dont M de Pontchartrain paroît assez content. Mais avant de me determiner absolument de le donner pour bon Il m'a parû necessaire de vous consulter. Je vous prie donc de le lire attentivement et d'y faire le plus promptement que vous pourrés les observations que vous trouverés a propos d'y faire. Il me semble qu'en l'article 37 on pourroit adjouter un plus grand detail des marchandises non susceptibles que j'ignore.[79]

---

76 Le cas de la Provence est assez bien documenté : Bordes, Le rôle des subdélégués ; Emmanuelli, À propos des subdélégations de l'intendance de Provence.
77 Bordes, *L'administration provinciale*, pp. 133–138.
78 AD13, 200 E 303–304 pour la Provence et 200 E 346 pour le Languedoc. La correspondance de l'intendance du Roussillon avec les intendants marseillais débute plus tard (voir cote 200 E 346). Elle est parfois présente de manière rapportée dans la correspondance de l'intendant du Languedoc.
79 AD13, 200 E 303, lettre du 5 avril 1713.

Après cette première lettre, Lebret en adresse encore deux à une semaine d'intervalle (le 13 et le 20 avril 1713). Dans la première, il prie les intendants de lui renvoyer le règlement le plus rapidement possible. Dans la seconde, il se fait plus insistant et relance franchement les intendants : «Comme il se commet assés souvent Messieurs, des fautes dans les petits ports par rapport a la santé, je vous prie de me renvoyer le projet de reglement que je vous ay addressé avec vos observations dans lesquelles il n'y a qu'a dire et mettre naturellement ce que vous pensés.»[80] Lebret accorde donc de l'importance à la rapidité et à l'efficacité du travail dans le domaine sanitaire. La prévention contre la peste est en effet une affaire de collaboration. Elle ne se résume pas à un pouvoir disciplinaire exercé du sommet vers la base sans participation de celle-ci. Pontchartrain lui-même souhaite une action concertée des autorités provençales et marseillaises face au danger que représente la peste dans les pays du Nord (Pologne, Prusse, Poméranie, Livonie, Finlande, Suède, Danemark principalement) :

> Elle [Sa Majesté] m'a ordonné d'escrire a M. le Bret d'examiner avec vous, les Eschevins et les off[ici]ers de ad[mirau]té de Marseille s'il y a d'autres precautions a prendre pour prevenir cette communication que celles qui s'observent pour les bastim[ents] de Levant qui viennent dans les ports de Provence, et qu'il le fasse suivre exactement. Elle veut qu'aucun bastiment neutre, ennemy, muni de ses passeports ou de quelq[ue] nation que ce soit, ne puisse entrer, ny debarquer personne de son equipage qu'il n'ayt auparavant esté interrogé a la consigne [...].[81]

Lors de la peste de 1720, l'intendant Lebret reste en contact avec les intendants de la santé de Marseille. Cependant, à l'instar du parlement de Provence, il s'éloigne de l'épicentre marseillais.[82] À la fin du mois de septembre, il écrit aux intendants depuis Aix au sujet des marchandises à l'origine de l'épidémie, leur annonçant que le duc d'Orléans est déjà informé que «les marchandises du Capitaine Chateaud ont donné la peste a Marseille pour avoir eté meler aux Infirmeries».[83] Trois semaines plus tard, Lebret se trouve à Saint-Rémy et rapporte la volonté du Régent selon laquelle les bâtiments venus de Seyde qui sont encore à l'île de Jarre doivent faire une quarantaine d'une année et les propriétaires doivent construire des

---

80 Ibid., lettre du 20 avril 1713.
81 AD13, 200 E 287, lettre de Pontchartrain aux intendants de la santé de Marseille, le 21 octobre 1711.
82 À partir de septembre 1720, le parlement de Provence siégeant traditionnellement à Aix se retire à Saint-Rémy, puis à Saint-Michel-de-Frigolet. Buti, *Colère de Dieu*, p. 177.
83 AD13, 200 E 303, lettre du 29 septembre 1720.

hangars pour les mettre à couvert sans quoi il menace de tout brûler.[84] Mais la peste poursuit l'intendant et la contrée de Saint-Rémy est à son tour décimée par la maladie, si bien que Lebret (dont la femme est sur le point d'accoucher) se résout à quitter Saint-Rémy avec le Bureau des états le 2 décembre pour se réfugier à Frigolet et Barbentane.[85] C'est principalement depuis Barbentane qu'il écrit aux intendants marseillais durant l'année 1721. Ainsi donc, l'intendance de Provence apparaît en temps d'épidémie davantage comme un relais d'information du pouvoir central que comme un coordinateur de la lutte active face au fléau dans les villes et villages provençaux.[86]

Il en va autrement en Languedoc, et en particulier dans les zones non touchées par l'épidémie mais directement menacées. Un mémoire remis par le chancelier de la Houssaye à l'intendant Bernage en octobre 1721 en atteste. Il s'agit de protéger Montpellier, car « il est fort a craindre que Montpelier n'echapera pas a la Contagion parce que cette ville est comme le rendez vous de tout le Languedoc ».[87] Dans cette optique, le maintien d'une autorité sur le peuple apparaît nécessaire : « Le petit peuple y est tres aisé a s'emouvoir, une etincelle les allume. Il seroit bon qu'un certain nombre de magistrats restat dans la ville pour imposer au peuple et le tenir dans le respect. »[88] Il y a là l'idée sous-jacente que le désordre favoriserait la propagation de la peste. Et ce d'autant plus dans une ville comme Montpellier, où la densité de population est jugée dangereuse. « La constitution de Montpelier est affreuse pour la Peste, les rues etroites, les maisons serrées et elevées et les familles du peuple comme entassées dans les maisons. Si le feu de la contagion saisit le petit peuple, ce sera un incendie. »[89]

L'intendant du Languedoc communique déjà avec les intendants de la santé de Marseille avant 1720, mais cette correspondance est assez éparse. Elle permet néanmoins de cerner les premières tentatives d'uniformisation sanitaire au niveau des intendances provinciales côtières. Ainsi, Lamoignon de Basville écrit aux intendants de la santé de Marseille en 1711 :

---

84 Ibid., lettre du 18 octobre 1720. Le *Grand Saint-Antoine* a déjà été incendié sur ordre du Régent à la fin du mois de septembre 1720. Les travaux d'archéologie sous-marine de Michel Goury ont permis d'identifier de manière quasi certaine l'épave du navire à l'origine de la peste. Goury, *L'épave présumée du Grand Saint-Antoine*.
85 Bonnet, *La peste de 1720 à Saint-Rémy-de-Provence*.
86 Les quarantaines générales de ville sont décrétées par les autorités municipales comme à La Valette. Buti, *Structures sanitaires et protections d'une communauté*, p. 71.
87 AD34, C 590, f° 55.
88 Ibid., f° 55 v°.
89 Ibid., f° 56.

> Je vois, Messieurs, par la lettre que vous avés pris la peine de m'ecrire que la peste est en Barbarie et dans la Syrie. Je vous remercie de cet avis, et je vais donner votre ordre qu'on ne laisse entrer dans nos ports aucun batiment venant de ce costé la, aussi bien que de la coste d'Espagne afin que ce mal ne se communique point dans le païs.[90]

Les sondages que j'ai menés révèlent un net accroissement de la correspondance des intendances provinciales aux intendants de la santé de Marseille après l'événement de 1720. L'intendant de province voit son rôle prendre de l'importance dans la communication d'informations sanitaires et dans la supervision de prises de décisions des intendants de la santé. Lorsqu'un bâtiment en provenance de Smyrne arrive sur la côte méditerranéenne française à la hauteur d'Agay, sachant qu'il y a eu à bord des malades et des morts, Lebret fait part aux intendants de la santé de Marseille de son souci et les appelle à être particulièrement vigilants.[91] De plus, il chapeaute les bureaux de la santé côtiers, tout en réaffirmant le monopole de Marseille et de Toulon :

> Les Consuls d'Antibes me demandent Messieurs ce qu'ils doivent faire et je leur mande qu'ils doivent se conformer a vos deliberations comptant que vous les en instruisés comme tous les autres bureaux de la santé de la coste soit directem[ent] soit mediatement par le bureau de Toulon auquel vous faittes sans doute part de tout ce que vous resolvés.[92]

Face à la menace d'une contagion présente dans l'Albanie turque, l'intendant du Languedoc Bernage de Saint-Maurice se plaint d'être tenu à l'écart et insiste vivement sur sa volonté d'être informé : « Je crois Messieurs qu'il conviendroit a l'avenir que vous voulussiés bien m'en informer directement pour que je puisse moy même donner les ordres aux intendants de la santé de Narbonne, d'Agde et de Cette de se conformer a ce que vous aurez deliberé. »[93]

Outre l'intendant de Provence et du Languedoc, celui du Roussillon communique également des informations sanitaires. Le Roussillon est toutefois un territoire avec un statut différent pour plusieurs raisons. Premièrement, il s'agit d'un territoire récent. Alors que la Provence et le Languedoc sont rattachés au royaume de France depuis la fin du Moyen Âge, la domination française sur le Roussillon résulte d'une annexion militaire des comtés nord-catalans par le royaume de France en 1659, entérinée par le traité des Pyrénées. L'année suivante est consti-

---

90 AD13, 200 E 346, lettre du 17 juillet 1711.
91 AD13, 200 E 304, lettre du 9 septembre 1726 : « J'ay cru devoir vous donner avis de ce qui me revient par cet exprez afin que vous redoubliés vos attentions et votre vigilance sur un evenement aussy interessant. »
92 Ibid., lettre du 17 décembre 1726.
93 AD13, 200 E 346, lettre du 18 août 1735.

tuée la province étrangère du Roussillon qui, en tant que province frontière, est placée sous le contrôle du secrétariat d'État de la Guerre à la tête duquel se trouve Louvois. Alain Ayats y voit un « exemple d'intégration administrative, politique, économique, religieuse et militaire dans l'État louis-quatorzien ».[94] En 1679, Louis XIV fait doter le Roussillon d'un système défensif devant servir de point de départ pour les armées combattant en Catalogne.[95] La défense du territoire français sur la côte méditerranéenne, déjà illustrée par l'édification des forts marseillais quelques années plus tôt, de même que la domestication du littoral précitée, participent au développement d'un espace de vigilance.

Deuxièmement, le Roussillon diffère de la Provence et du Languedoc au niveau du type de territoire. S'appuyant sur une analyse exhaustive de la correspondance des intendants de toutes les provinces avec le contrôleur général des Finances de 1678 à 1689 (série G7 aux Archives nationales), Anette Smedley-Weill relève que le royaume de France est composé, en 1678, de 23 territoires répartis en trois groupes : les généralités ou pays d'élection, qui constituent le groupe le plus important et sont des territoires directement gérés par l'intendant ; les pays d'états ou provinces, qui sont gérés par des assemblées provinciales et dont le Languedoc et la Provence sont des exemples ; et les pays conquis ayant des institutions particulières qui sont réunis à la France. C'est le cas du Roussillon qui est administré par un conseil souverain créé par le roi et siégeant à Perpignan. L'intendant du Roussillon est le président de ce conseil.[96]

Enfin, il faut constater une longue présence moyenne des intendants en Languedoc et en Provence (13 ans en moyenne en Languedoc, 11 ans en Provence sous Louis XIV[97]), alors que les intendants se succèdent à un rythme plus rapide dans le Roussillon. Pour la période 1700–1750, j'ai indiqué les intendants des provinces méditerranéennes dans le tableau suivant. Ces longs règnes sont confirmés pour la Provence et le Languedoc qui ne connaissent que quatre intendants durant cette période et, qui plus est, souvent de la même famille (Lebret, Gallois, Bernage). Dans le même temps, le Roussillon voit se succéder pas moins de 10 intendants.

---

94 Ayats, Louvois et le Roussillon, p. 117.
95 Ibid., p. 120.
96 Smedley-Weil, *Les intendants de Louis XIV*, p. 9 et 14–16.
97 Ibid., p. 73.

Tableau 3 : Liste des intendants des provinces méditerranéennes.

Intendance	Intendant de justice, police et finances
Provence[98]	Pierre-Cardin Le Bret (1687–1704)
	Pierre-Cardin Le Bret fils (1704–1734)
	Jean-Baptiste de Gallois de la Tour (1734–1744)
	Charles-Jean-Baptiste de Gallois (1744–1771)
Languedoc[99]	Nicolas de Lamoignon de Basville (1685–1718)
	Louis de Bernage père (1718–1725)
	Louis-Basile de Bernage fils (1725–1743)
	Jean le Nain (1743–1750)
Roussillon[100]	Etienne de Ponte d'Albaret (1698–1710)
	Antoine de Barillon d'Amoncourt (1710–1711)
	Jean-Jacques de Barillon (1711–1712)
	Charles Deschiens de la Neuville (1712–1716)
	Jean-Baptiste-Louis Picon d'Andrezel (1716–1723)
	François Le Gras du Luart (1723–1724)
	Philibert Orry de Vignory (1724–1728)
	Barthélémy de Vanolles (1728–1730)
	Bauyn de Jalais (1730–1740)
	Antoine-Marie de Ponte d'Albaret (1740–1750)

À l'instar d'une partie du Languedoc, le Roussillon n'est pas touché par la peste de 1720, ce qui peut expliquer la part moins importante de documentation par rapport à la Provence. La crainte de la contagion se fait néanmoins déjà sentir à la fin du XVIIe siècle dans le cadre de la guerre de Hollande (1672–1678). Les armées espagnoles sont en effet touchées par la peste qui part de Carthagène et ravage leurs arrières, puis remonte et frappe Valence, Tortosa et Tarragone. Craignant une propagation de la peste par le déplacement de troupes, le Roussillon prend des mesures préventives telles que l'interdiction d'entrer à Perpignan pour tous les déserteurs. Finalement, la peste ne touche pas le Roussillon.[101]

Dans la première moitié du XVIIIe siècle, les rapports entre vigilance sanitaire et communication en Roussillon ne se font pas sentir avant la peste de 1720. Les structures de pouvoir relativement récentes et la succession d'intendants en sont peut-être des facteurs. En tout cas, la correspondance des intendants du Roussillon aux intendants de la santé de Marseille, à une ou deux exceptions près, ne contient

---

98 Saint-Allais, *La France législative*, p. 133 et s.
99 Thomas, *Inventaire-sommaire*, pp. XII–XIII.
100 Saint-Allais, *La France législative*, pp. 203–206.
101 Ayats, *Armées et santé en Roussillon*.

que des lettres de la toute fin de l'Ancien Régime, puis la correspondance de la préfecture des Pyrénées-Orientales (post-révolutionnaire).[102] Il est en revanche attesté que l'intendant du Roussillon communique directement avec l'intendant de Provence :

> M. Le Gras du Luart Intend[an]t du Roussillon ma envoyé Messieurs la copie cy jointe de la lettre du Resident dEspagne a Geneve qu'il me mande avoir eu de bon lieu. Il a adjoutte en me lenvoyant qu'il a deffendu lentrée du Roussillon a tous les bastimens venant de l'archipel et du Golfe de Venise qui n'auront pas fait quarantaine a Marseille ou a Toulon. J'apprends en meme tems que M. le M[ar]q[ui]s de la fare a donné de pareils ordres dans les ports de Languedoc et il me paroit que dans lune et lautre Province on fuit la bonne regle, je vous prie de voir ce qu'il conviendra de faire et de me mander quels avis et quels ordres vous aurés jugé a propos de donner sur la coste. J'en ecris aussy Intend[an]ts de la santé de Toulon.[103]

Il en va de même de la communication avec l'intendant du Languedoc qui sert en quelque sorte de relais entre l'intendant du Roussillon et les intendants de la santé de Marseille. Ainsi, l'intendant du Languedoc Bernage rapporte une lettre de l'intendant du Roussillon Antoine-Marie de Ponte d'Albaret qui informe des mesures prises dans les ports d'Espagne face au risque de contagion que représentent les corsaires africains. En attendant les directives des intendants de la santé de Marseille, Bernage leur recommande «de veriffier avec la plus grande exactitude les patentes des Bâtimens qui se presenteront, et de ne point donner lentrée à ceux qu'on soupçonnera venir des lieux suspects, ou avoir communiqué avec des corsaires d'affrique».[104]

La peste de 1720 semble avoir eu un impact direct sur la politique sanitaire en Roussillon quand bien même cette province ne fut pas directement touchée. En effet, un bureau de la santé est créé par les consuls de Perpignan en 1721. Le 6 novembre 1724, sur proposition de l'intendant du Roussillon François Le Gras du Luart, le Conseil du roi crée des intendances de la santé à Collioure et Port-Vendres, deux premiers postes sur la côte roussillonnaise. Deux autres postes sont créés à Saint-Laurent-de-la-Salanque et à Canet en 1752, lorsque la peste d'Alger réactive la vigilance épidémique. Ces intendances restent cependant sous la dépendance technique du bureau de la santé de Marseille.[105]

Ces multiples échanges entre les intendances des provinces côtières et les intendants de la santé de Marseille amènent à réfléchir à nouveau sur la figure de

---

102 AD13, 200 E 345.
103 AD13, 200 E 303, lettre de Lebret aux intendants de la santé de Marseille, 15 août 1724.
104 AD13, 200 E 346, lettre de Bernage aux intendants de la santé de Marseille, 29 mars 1741.
105 Lunel, Pouvoir royal et santé publique, pp. 362–369 («La protection sanitaire des côtes : les intendances de santé»).

l'intendant. L'intendance a souffert de la vision dépréciative que les contemporains ont véhiculée à son sujet. Saint-Simon fait figurer des intendants dans sa galerie de portraits d'incapables, Condorcet juge l'influence des intendants trop puissante, Mirabeau, Turgot et Necker font peser le discrédit sur eux. On les dépeint comme des dictateurs ou seigneurs omnipotents dans leurs provinces.[106] Dans *L'Ancien Régime et la Révolution*, Tocqueville entretient cette vision négative de l'intendant qui imprègne l'historiographie ancienne.

En revanche, la correspondance sanitaire brosse un portrait de l'intendant assez éloigné de celui de Tocqueville. Plus qu'un seigneur omnipotent, l'intendant est un administrateur de province qui communique avec les autorités versaillaises, les consuls des villes de la côte méditerranéenne française et les autorités sanitaires de cette même côte. Certes, il donne régulièrement des ordres aux intendants de la santé, mais il s'informe également auprès d'eux et les consulte lorsqu'il s'agit d'établir des règlements sanitaires. En d'autres termes, il s'appuie sur leur vigilance et leur expérience et prend en considération leur avis. La distance séparant l'intendant du pouvoir central lui laisse une certaine liberté d'esprit et de bonnes possibilités d'action, mais il se doit de composer avec les pouvoirs locaux de niveau protocolaire analogue tels que le gouverneur, le lieutenant général ou commandant en chef, les états, le Parlement et la chambre des comptes.[107] Ainsi, si la volonté centralisatrice de l'État dans la prévention des épidémies est incontestable, elle se fait moins au détriment des institutions locales que de concert avec elles. Avec Roland Mousnier, on pourrait parler de «régionalisme centralisé».[108]

3.3 La communication des institutions sanitaires de la côte méditerranéenne française

Après avoir analysé le rôle de l'intendant de province dans la vigilance sanitaire, il s'agit maintenant de descendre encore d'un cran pour s'intéresser aux autorités municipales et sanitaires de la côte méditerranéenne. À la tête des villes côtières se trouvent parfois des échevins (c'est par exemple le cas à Marseille, où ils sont quatre[109]), mais le plus souvent des consuls. Il s'agit, du moins en Provence et en Languedoc, de magistrats à la tête du corps de ville, organe permanent du pouvoir

---

[106] Emmanuelli, *Un mythe de l'absolutisme bourbonien*, pp. 1–33 («Comment se forge un mythe»), et en particulier p. 1, 4 et 5.
[107] Ibid., p. 69. Sarmant/Stoll, *Régner et gouverner*, p. 349.
[108] Mousnier, *Les institutions*, p. 1103.
[109] Depuis 1660 environ, les quatre échevins marseillais sont des bourgeois élus pour deux ans et placés sous l'autorité d'un gouverneur-viguier (charge héréditaire). Beauvieux, Épidémie, p. 33.

communal. Ces consuls sont élus par le conseil général, et il y a généralement un premier consul choisi parmi les gentilshommes.[110] Il ne faut donc pas les confondre avec les consuls de France qui représentent les intérêts français au Levant et en Barbarie. Les consuls à la tête des villes de la côte méditerranéenne sont souvent les principaux acteurs de la vigilance sanitaire. Néanmoins, au début du XVIIIe siècle, les prérogatives sanitaires sont de plus en plus déléguées à des autorités sanitaires spécifiques. C'est l'émergence des intendants de la santé sur la côte méditerranéenne. Dans le cadre de la politique sanitaire globale du royaume de France se pose donc la question de l'activité de ces instances qui en constituent la base. Quelle est la participation de la base à la lutte contre la peste ? Quel impact les décisions prises par cette base peuvent-elles avoir sur la préservation de la santé publique ? La correspondance des autorités municipales et sanitaires de la côte méditerranéenne interroge en effet sur l'horizontalité du pouvoir, sur les dessous de l'absolutisme.[111]

L'étude de la communication des plus petites instances a l'avantage d'offrir une relativisation de la vision foucaldienne selon laquelle la peste constituerait le rêve politique des gouvernants, la situation idéale de l'exercice du pouvoir disciplinaire.[112] Foucault fonde sa réflexion sur le *Panoptique* des frères Bentham, type idéal d'architecture carcérale développé à la fin du XVIIIe siècle. Plus qu'une simple prison, le *Panoptique* est imaginé comme un lieu de traitement des patients (hôpital), d'instruction des écoliers (école), d'enfermement des fous (asile) ou encore de contrôle des travailleurs. Plus qu'une architecture, il est une forme de gouvernement, un bio-pouvoir.[113]

Comme son étymologie l'indique, le *Panoptique* a pour caractéristique que le centre (en l'occurrence le gardien dans sa tour dans le modèle originel) voit le pourtour (donc les détenus) sans être vu, tandis que les détenus se trouvent dans l'état inverse : ils sont vus mais ne voient pas, si bien qu'ils développent le sentiment d'être surveillés constamment.[114] Cette surveillance constante s'exprime,

---

110 Bordes, *L'administration provinciale*, p. 212 et p. 226 et s.
111 Papp, Absolutisme, vu de dessous, pp. 95–104.
112 Foucault, *Surveiller et punir*, p. 200.
113 Elden, Plague, Panopticon, Police, pp. 246–248.
114 Michel Foucault en résume le fonctionnement : « Le *Panopticon* de Bentham est la figure architecturale de cette composition. On en connaît le principe : à la périphérie un bâtiment en anneau ; au centre, une tour ; celle-ci est percée de larges fenêtres qui ouvrent sur la face intérieure de l'anneau ; le bâtiment périphérique est divisé en cellules, dont chacune traverse toute l'épaisseur du bâtiment ; elles ont deux fenêtres, l'une vers l'intérieur, correspondant aux fenêtres de la tour ; l'autre, donnant sur l'extérieur, permet à la lumière de traverser la cellule de part en part. Il suffit alors de placer un surveillant dans la tour centrale, et dans chaque cellule d'enfermer un fou, un malade, un condamné, un ouvrier ou un écolier ». Foucault, *Surveiller et punir*, p. 201 et s.

selon Foucault, dans la France de l'âge classique par le «grand renfermement» (prise en charge des indigents, mendiants et malades en marge de la société).[115] Dans la France du début du XVIIIe siècle, la concentration des affaires sanitaires existe bel et bien, mais elle n'est pas panoptique dans la mesure où elle n'a pas les moyens de l'être. Elle n'a d'autre choix que de s'appuyer sur la vigilance d'institutions locales. Leur caractère municipal tend certes à fondre progressivement au profit de l'État, mais il ne disparaît pas totalement. Les intendants du bureau de la santé de Marseille ne sont pas en premier lieu des agents de l'État, mais des négociants, des gens qui ont l'expérience du Levant et donc de la peste. Il faut dès lors considérer la position inverse à celle de Foucault, représentée par Michel de Certeau. Ce dernier s'intéresse aux *Arts de faire*, c'est-à-dire à la créativité des gens ordinaires. Attaquant l'omniprésence du pouvoir et de la discipline chez Foucault, il renverse le postulat de la passivité de la base et s'intéresse à celui qu'il nomme «l'homme ordinaire».[116]

Ce chapitre veut démontrer que les intendants de la santé locaux jouent un rôle non seulement digne d'être souligné, mais qui s'avère même primordial dans la vigilance sanitaire. Il ne s'agit pas de prendre le contrepied complet de Foucault en proposant le schéma du panoptique inversé.[117] La base ne contrôle pas le sommet dans la vigilance sanitaire. Néanmoins, la passivité ne saurait la caractériser et l'étude de la correspondance de cette «base sanitaire» permet de le démontrer. La communication entre le bureau de la santé de Marseille et le reste de la côte méditerranéenne française comporte deux intérêts principaux. Premièrement, elle atteste une vigilance partagée sur un espace côtier d'une certaine envergure. Il est question d'un effort commun face à la peste : les intendants communiquent, s'informent, font part de leurs doutes ou transfèrent des lettres reçues par un autre bureau.[118] Deuxièmement, l'étude de cette correspondance a un potentiel heuristique important car, si le bureau de la santé de Marseille a déjà

---

115 Voir Foucault, *Folie et déraison*, pp. 54–96.
116 «Cet essai est dédié à l'homme ordinaire. Héros commun. Personnage disséminé. Marcheur innombrable. [...] Ce héros vient de très loin. C'est le murmure des sociétés. De tout temps, il prévient les textes. Il ne les attend même pas. Il s'en moque. Mais dans les représentations scripturaires, il progresse. Peu à peu il occupe le centre de nos scènes scientifiques. Les projecteurs ont abandonné les acteurs possesseurs de noms propres et de blasons sociaux pour se tourner vers le chœur des figurants massés sur les côtés, puis se fixer enfin sur la foule du public». Certeau, *L'invention du quotidien*, p. 11.
117 C'est ce que fait par exemple Steve Mann lorsqu'il invente le terme de «sousveillance» pour décrire la philosophie et les procédures par lesquelles un individu observe l'organisation qui l'observe, dans une forme de surveillance de la surveillance : Mann/Nolan/Wellman, Sousveillance.
118 J'ai assez fréquemment trouvé des copies de lettres d'une instance x à une instance y chez une instance z.

fait l'objet d'une thèse, les autres bureaux qui émergent fin XVIIe-début XVIIIe siècle (ou du moins qui prennent un caractère permanent à ce moment-là) sont bien moins connus. On peut même supposer que la correspondance adressée aux intendants de la santé de Marseille est une des seules sources, sinon la seule, pour nous en informer.[119]

3.3.1 Qui communique avec les intendants de la santé de Marseille, et à quelle fréquence ?

Les correspondants du bureau de la santé de Marseille sont soit des consuls ou gouverneurs de ville, soit des intendants de la santé. Au niveau municipal, ces deux autorités semblent collaborer. En l'absence des intendants de la santé, les consuls peuvent les remplacer. Ainsi, les consuls de Cassis écrivent aux intendants de la santé de Marseille : « Messieurs, a labsence des Intandans de la santé jay fait la lecture de vostre lettre, vous disant par cellecy que nous ne manquerons jamais de precautions po[ur] ce qui regarde la santé, dans le sentiment que nous sommes d'estre toujours hors de reproche, vous assurant que nous sommes ».[120] Il arrive régulièrement que les consuls de la ville remplissent également la fonction d'intendants de la santé. C'est le cas à Narbonne où les consuls signent régulièrement sous les deux étiquettes.[121] À Sète, dès les années 1680, ce sont exclusivement les intendants de la santé qui signent[122], alors qu'à Collioure les consuls cèdent leur place d'émetteurs de lettres sanitaires dans les années 1720.[123]

Afin d'évaluer la fréquence de ces lettres, j'ai procédé à quelques relevés complets pour la période allant de la fin du XVIIe siècle à 1750. Ces résultats sont synthétisés dans les tableaux suivants.

Tableau 4 : Lettres des intendants de la santé de Sète aux intendants de la santé de Marseille : nombre de lettres par décennie.

Décennie	Nombre de lettres
Avant 1700	3
1700–1710	4

---

[119] Des prospections systématiques dans les archives municipales des villes côtières pourraient peut-être démentir cette affirmation. Cela dépasse toutefois le cadre de cette thèse.
[120] AD13, 200 E 369, lettre du 8 août 1687.
[121] AD13, 200 E 356.
[122] AD13, 200 E 352.
[123] AD13, 200 E 350.

3.3 La communication des institutions sanitaires de la côte méditerranéenne française

Tableau 4 : Lettres des intendants de la santé de Sète aux intendants de la santé de Marseille : nombre de lettres par décennie. *(suite)*

Décennie	Nombre de lettres
1711 – 1720	6
1721 – 1730	9
1731 – 1740	19
1741 – 1750	21

Tableau 5 : Lettres des consuls et intendants de la santé d'Arles aux intendants de la santé de Marseille : nombre de lettres par décennie.

Décennie	Nombre de lettres
Avant 1700	1
1700 – 1710	0
1711 – 1720	2
1721 – 1730	9
1731 – 1740	3
1741 – 1750	33

Tableau 6 : Lettres des consuls et intendants de la santé de Collioure aux intendants de la santé de Marseille : nombre de lettres par décennie.

Décennie	Nombre de lettres
Avant 1710	0
1711 – 1720	2
1721 – 1730	4
1731 – 1740	8
1741 – 1750	17

Malgré un volume de lettres moins important que celles envoyées par le secrétaire d'État de la Marine analysées plus haut, le constat est le même. Cette correspondance tend à augmenter et à se systématiser avec les années. Si Sète communique déjà assez régulièrement avant 1720, ce n'est pas le cas d'Arles et de Collioure pour lesquelles la différence est significative. La décennie 1740–1750 témoigne particulièrement de cette hausse.

3.3.2 L'émergence des intendants de la santé locaux

Au-delà des considérations statistiques, cette correspondance mérite une analyse qualitative dans la mesure où son contenu permet de retracer l'émergence des intendants de la santé. Il est intéressant de constater que l'intériorisation de l'importance de la santé publique est déjà présente chez les intendants à la fin du XVIIe siècle. Ainsi, les intendants du bureau de la santé de La Ciotat écrivent aux intendants marseillais :

> Nous avons trop d'intherest, Messieurs a la conservation de la sancté Publique, & de nous acquitter des devoirs de l'employ qui nous est commis, pour avoir rien negligé n'y oublié, de ce qui est requis en cette occasion et de ce que nous sçavons estre pratiqué par tous les Bureaux de cette coste […] Soyez s'il vous plait Messieurs persuadéz qu'en ce qui regarde nostre conduite, vous n'aures jamais lieu de vous plaindre. Et quant nous serions assez malheureux de tomber dans cet inconveniant, nous justifierions toujours si bien nostre conduitte, que la Cour n'aura pas lieu de nous faire aucun Reproche ; a cest effet nostre bureau est toûjours composé des Personnes d'experiance au fait de la navigation, et si fort zelés pour le bien de l'Estat que jusques a presant il s'est garanti par une conduitte irreprochable de Blasme ; Il Recherchera pourtant avec soin les moyens d'entretenir la correspondance necess[ai]re au bien commun avec vostre bureau, comme aussi les occasions de se maintenir dans l'honneur de vos bonnes graces vous assurant en general et en particulier que nous sommes.[124]

Les intendants de La Ciotat se veulent irréprochables dans le domaine et considèrent le bien de l'État comme une priorité absolue. De plus, cette communication ne se produit pas que dans un sens, mais il y a la volonté d'opérer de manière concertée. C'est en tout cas ce qui est thématisé dans la correspondance des intendants toulonnais à ceux de Marseille qui, rappelons-le, détiennent le monopole théorique[125] dans la gestion des quarantaines :

---

124 AD13, 200 E 370, lettre du 25 février 1683.
125 Je dis bien théorique car ce monopole est prévu par les normes sanitaires. Néanmoins, j'ai pu relever des cas d'urgence (naufrages, mauvaises conditions météorologiques, etc.) où les quarantaines se sont faites dans d'autres ports. Ce point est traité dans le chapitre 4, consacré aux quarantaines et lazarets.

[...] vous nous faites un singulier plaisir de continuer a nous advertir quand vous scaures quelque chose qui regarde la santé, nous en faisons de mesme affin que tous ensembles nous puissions [ralantir] lentrée de se pernicieux Mal dans le Royaume et vous prions de croire que nous sommes avec un fort atachement.[126]

En Arles, on sait qu'un bureau de la santé a existé entre 1629 et 1630, mais il n'y a pas de documentation continue qui permette d'établir s'il a fonctionné de manière permanente dans les décennies suivantes. En 1640, Arles est à nouveau frappée par la peste. Des mesures sont prises, comme le partage de la ville par le service médical en cinq quartiers. L'épidémie se solde par quelques centaines de morts. Puis on sait très peu de choses sur les structures sanitaires d'Arles jusqu'en 1720 et la reconstitution d'un bureau de la santé, composé de 28 membres dont 9 nobles et 19 bourgeois, pour faire face à l'épidémie.[127] Ce bureau semble avoir été temporaire puisque dans les années suivantes, ce sont les consuls et gouverneurs de la ville d'Arles ou le commissaire aux classes Claude Perrault[128] qui échangent avec le bureau de la santé de Marseille. Dans cette correspondance, on apprend le rôle décisif d'Arles dans l'édification du bâtiment de la Consigne à Marseille. En effet, une lettre de Claude Perrault de février 1720 (donc plusieurs mois avant la peste qui arrive avec le *Grand Saint-Antoine* le 25 mai 1720) prouve que la construction d'un bureau de la santé était déjà envisagée à ce moment-là :

> Je voudrois de tout mon cœur estre en etat de pouvoir faciliter le transport des pierres de fontvieille qui vous sont necessaires pour la construction de votre edifice, mais je puis vous asseurer qu'il n'y a aucun batiment dans le port d'arles presentement, et que j'ay esté obligé par ce manque de faire mettre en magazin plus de 5 mille sacs de bled ou davoine destinez pour la subsistence des troupes qui sont en languedoc dont on a un très pressant besoin.[129]

Cette entreprise est mise en suspens pendant la peste. On en retrouve des traces dans les lettres des années 1722–1723 lorsque l'affaire est relancée.[130] En juillet 1723, la construction de l'édifice arrive à son terme, et Perrault consent à ce que le

---

126 AD13, 200 E 379, lettre du 1er novembre 1693.
127 Caylux, *Arles et la peste de 1720–1721*.
128 Ibid. : le commissaire aux classes est chargé de la surveillance des marins, des pêcheurs et des équipages.
129 AD13, 200 E 350, lettre du 8 février 1720.
130 «Je vous prie d'etre persuadés Messieurs que je faciliteray autant que je le pourray et que le service du Roy le permettra, le transport des pierres que vous souhaitez faire tirer de fontvieille pour finir la batisse de vostre Bureau, ainsy déz que vos entrepreneurs paroitront pour en faire l'embarquement, nous prendrons ensemble les arrangements necessaires pour faire passer ces pierres a marseille sans retardement». : AD13, 200 E 350, lettre du 3 mars 1722.

restant des pierres de Fontvieille soient acheminées « pour la perfection de votre bureau de santé ».[131]

Le Roussillon adopte également des mesures préventives face à la peste. En 1724, l'intendant de province nomme deux premiers intendants de santé à Port-Vendres et à Collioure. En janvier 1733, Isidore Gerbal, bourgeois de Collioure, est nommé intendant de la santé de la ville.[132] La correspondance sanitaire de Collioure adressée aux intendants de la santé de Marseille montre une évolution dans la communication : dès les années 1720, l'intendant de la santé remplace les consuls dans les échanges sanitaires. La correspondance d'Isidore Gerbal est particulièrement intéressante puisqu'elle permet d'esquisser le fonctionnement d'une autorité sanitaire locale. Gerbal se conforme aux directives tant de l'intendant du Roussillon que des intendants de la santé de Marseille : « Jay receu Celle [la lettre] que vous maves fait lhonneur de mecrire en datte du 8 du courant, qui est conforme aux ordres que M. lintendant de cette province mavoit deja donnes, je redoublerai mes soins sur tout ce que vous me prescrives jusque a nouvel ordre, jay lhonneur detre tres parfaitement. »[133]

L'intendance sanitaire de Collioure ne constitue pas un bureau avec du personnel, un lazaret à gérer, un registre de délibérations, un service d'archives, etc. Bien plus, l'intendant de province fait appel à la vigilance individuelle d'un homme dépêché sur place à Collioure. D'ailleurs, il est attesté qu'Isidore Gerbal avait un frère qui remplissait la fonction d'intendant de la santé à Port-Vendres.[134] On peut encore signaler au moins deux différences avec le bureau de la santé de Marseille. Premièrement, la fonction d'intendant de la santé ne semble pas limitée dans le temps. La correspondance de Gerbal s'étend en effet sur au moins 25 ans, jusqu'en 1757. Deuxièmement, l'intendant de la santé reçoit 300 livres d'appointements par an[135] et se distingue ainsi du service bénévole des intendants de la santé de Marseille. En 1752, la peste d'Alger suscite une grande crainte sur la côte méditerranéenne française. Pour contenir ce risque, deux intendants de la santé sont établis de manière provisoire à Saint-Laurent-de-la-Salanque et à Canet, et deux

---

131 Ibid., lettre du 23 juillet 1723.
132 Saqué, La gestion du risque de peste, p. 167.
133 AD13, 200 E 360, lettre du 16 juillet 1740.
134 « Jay receu celle [la lettre] que vous maves fait lhonneur de mecrire sur la deliberation que vous aves prise pour les batimens anglois et ceux qui viendront mouiller icy venant de nice et de villefranche, je lay communiquee a mon frere qui est intendant de la sante au porvendres et nous observerons exactement lun et lautre tout ce qui nous y est prescrit. » : AD13, 200 E 360, lettre d'Isidore Gerbal aux intendants de la santé de Marseille, 4 juillet 1742.
135 Saqué, La gestion du risque de peste, p. 168.

postes de surveillance sont créés à Torreilles et à Sainte-Marie.[136] La vigilance est alors étendue.[137]

Il convient également de signaler le cas de Narbonne où, à l'instar d'Arles, un bureau de la santé est attesté au XVIIe siècle. En 1628, ce bureau de la santé se constitue avant l'arrivée de la peste, lorsque la maladie sévit déjà à Lyon et à Toulouse. Il est composé de six consuls, de douze conseillers matriculés, du vicaire général, de l'archevêque et des officiers royaux que sont le viguier (juge à la tête d'une circonscription administrative dans le Midi), le juge et le procureur du roi.[138] Ce bureau de la santé ne semble toutefois pas avoir eu un caractère permanent. Dans la première moitié du XVIIIe siècle, ce sont les consuls de Narbonne qui écrivent aux intendants de la santé de Marseille. Ils signent également parfois « consuls de Narbonne et intendants de santé », preuve qu'ils remplissent les deux fonctions. Néanmoins, comme on l'a déjà constaté à Collioure et Port-Vendres, c'est la côte elle-même qui apparaît comme le lieu de vigilance par excellence, si bien que Narbonne, éloignée de quelques kilomètres de la côte, engage un intendant de la santé pour le mettre en poste à Port-la-Nouvelle. Les consuls de Narbonne lui relayent les directives sanitaires en provenance de Marseille : « Nous avons renvoyé d'abord Messieurs un Intendant de santé, à nôtre port au grau de la Nouvelle auquel nous avons remis Copie de votre lettre, avec ordre de s'y conformer ; nous vous prions cepend[ant] de nous informer du progrès, ou de la cessation de cette contagion. »[139] En cas de risque aigu de contagion, cet intendant est chargé d'éviter que des bâtiments suspects ne soient admis au port de la Nouvelle et doit impérativement les renvoyer à Marseille ou à Toulon pour faire la quarantaine.[140] L'engagement de cet intendant est temporaire et, lorsque le risque de contagion est moins important, les consuls de Narbonne le rappellent avec l'aval des intendants de la santé de Marseille :

> Vous nous avés fait lhonneur de nous mander par vos lettres de 8e et 15e juillet 1740, de ne point admettre dans notre port de la nouvelle les Batimens, venant de Gibraltar et de port mahon, et les vaisseaux de guerre anglois, et de les renvoyer a Marseille, ou a Toulon pour y faire quarantaine, nous avons fait executer ces ordres par l'intendant de la santé qui est etabli

---

136 Ibid., p. 169.
137 Annick Chèle a également démontré le rôle de l'amirauté de Collioure dans l'organisation de la surveillance des côtes roussillonnaises, avec l'aide des milices royales et des communautés villageoises. L'intendance sanitaire et l'amirauté sont deux organismes distincts qui agissent pourtant de concert. Chèle, L'Intendance de santé du Roussillon.
138 Larguier, Hôpitaux et assistance à Narbonne.
139 AD13, 200 E 356, lettre du 18 février 1731.
140 Ibid., lettre du 24 juillet 1731. Les navires en provenance de Gibraltar sont particulièrement suspects à ce moment-là.

de notre part audit port, mais comme nous n'avons recu aucune de vos nouvelles depuis ce temps la, et que nous sçavons par le bruit public qu'il ny a aucun soubçon de peste dans lesd[its] pais, ny dans aucun autre, nous serions bien aise de rapeller ledit intendant de santé si sa presence n'etoit plus necessaire aud[it] port, cependant nous n'avons pas vouleu le faire sans vous consulter, nous vous prions de vouloir bien nous donner votre avis a ce sujet et d'etre persuadés que nous sommes trés parfaitement.[141]

Ainsi, la vigilance des acteurs locaux est influencée par la rumeur de peste. La correspondance conservée illustre le fait que l'information sanitaire circule largement sur la côte méditerranéenne française, si bien que le « bruit public » ou le « soupçon de peste » constitue un indicateur sur lequel il est légitime de s'appuyer pour renforcer ou diminuer les mesures sanitaires. La rumeur jugule les mesures et a un véritable impact sur l'organisation sanitaire.

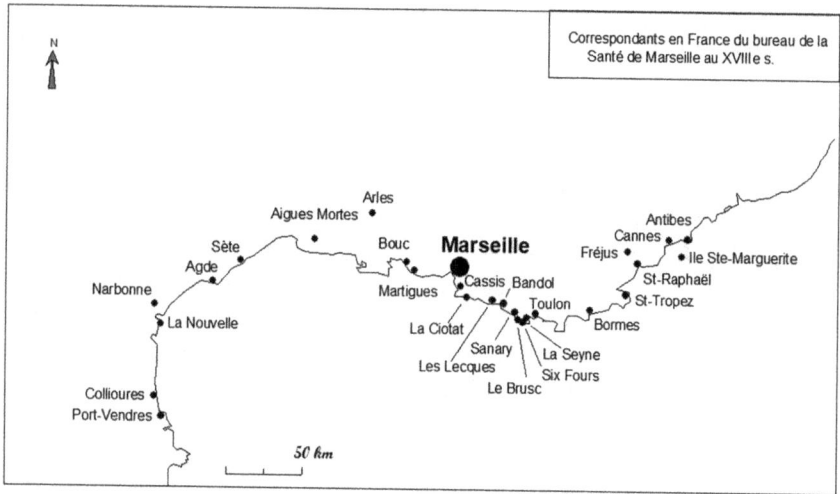

Figure 2 : Correspondants du bureau de la santé de Marseille sur la côte méditerranéenne française au XVIIIe siècle. Source : Buti, *Colère de Dieu*, p. 83.

3.3.3 Le cas du bureau de la santé de Sète

Le cas de Sète mérite qu'on s'y attarde quelque peu, car la mise en place d'un bureau de la santé y est assez rapide. Sète est fondée en 1666 pour servir de débouché au canal des Deux-Mers et ranimer l'économie locale, fondée sur la

---

141 Ibid., lettre du 23 novembre 1741.

production de draps pour le Levant.[142] En 1673, la monarchie octroie à la ville certains privilèges, comme la liberté de construire et de commercer, créant ainsi des conditions propices à l'établissement d'un commerce et d'un artisanat florissants devant faire de Sète le port de Montpellier.[143] Les ouvertures commerciales rendant nécessaire la vigilance sanitaire, le port de Sète se dote très tôt d'une intendance sanitaire. En 1685 déjà, on a la trace de lettres des intendants sétois aux intendants marseillais :

> Nous vous sommes bien obligez des avis que vous nous donnez de l'infection qu'il y a dans touttes les eschelles de Barbarie tant du midy que du ponent, nous proffiterons de vos avis et prendrons touttes les precautions necessaires non seulement sur tous les batiment qui en viendront pour leur faire faire les quarantaines que vous avez réglé dans vos assamblées : mais encore nous serons exactes aux batimens qui peuvent avoir communiqué nous avons remarqué qu'il est besoin d'une tres grande exactitude pour les batimens qui vienent des costes d'Espagne parce qu'ils communiquent avec les batimens de Barbarie et en ces endroits on donne facilement l'entree aux batimens qui viennent des lieux infets : et bien qu'ils portent des pattentes nettes nous ne laissons pas de prendre nos precautions a cause des abus dont nous sommes informez. Nous vous donnerons, Messieurs, tous les avis qui nous viendront touchant la sante a laquelle vous veillez et donnez tous vos soins. Nous vous prions [de] continuer de nous donner vos bons avis et nous apprendre les reglements que vous deliberez dans vostre bureau pour que vous soyez nos guides et que nous agissions en conformite de vos reglement a la chose la plus importante du Royaume.[144]

Les intendants sétois se conforment aux décisions prises par le bureau de la santé de Marseille et se placent naturellement sous sa tutelle. Ce n'est plus le cas par la suite lorsque Sète, mécontente de pâtir du monopole marseillais, essaie d'abord en vain d'obtenir une autorisation pour construire un lazaret, autorisation finalement obtenue après la peste de 1720 mais révoquée après la fin des travaux.[145] La construction d'un bureau de la santé est toutefois indépendante du lazaret, puisqu'avant 1720 un règlement du bureau de la santé de Sète est déjà attesté.[146]

En 1734, un *Projet d'ordonnance portant reglement pour le bureau de la santé au port de Cette*, signé par l'intendant du Languedoc Bernage, nous renseigne sur son fonctionnement.[147] Le bureau est composé de huit intendants et d'un semainier, mais le règlement prévoit une augmentation du nombre d'intendants selon l'exigence des cas. Les intendants sont nommés chaque année par le conseil de

---

142 Panzac, *Quarantaines et lazarets*, p. 189.
143 Le Mao, *Les villes portuaires*, p. 104.
144 AD13, 200 E 352, lettre du 5 [septembre] 1685.
145 Panzac, *Quarantaines et lazarets*, p. 189.
146 AN, MAR/B/3/217, f° 196, 198 et 203.
147 AD13, 200 E 352.

ville après l'élection des officiers municipaux. À la fin d'une année, sur les huit intendants, quatre sortent et sont remplacés par quatre nouveaux, si bien que chaque intendant sert deux années de suite. Les intendants sont choisis parmi les principaux habitants de Sète. Les artisans ainsi que les négociants qui ne résident pas continuellement à Sète ne peuvent pas être nommés. Les consuls en charge et sortants sont qualifiés d'«intendants-nés» et remplacent les intendants en cas d'indisponibilité. Le rôle le plus important est celui de l'intendant semainier. D'une part, il préside les assemblées du bureau. D'autre part, il est chargé de descendre au bureau chaque matin et chaque après-midi pour recevoir les déclarations des capitaines, examiner leurs patentes et leur donner ou non l'entrée. Le règlement insiste sur le fait que l'entrée doit être refusée aux bâtiments en provenance du Levant et de Barbarie. Enfin, le bureau bénéficie d'un secrétaire nommé par les intendants.

D'après ce règlement, le bureau de la santé de Sète s'inscrit véritablement dans la lignée de celui de Marseille, avec lequel il a un certain nombre de points communs : nomination des intendants pour deux ans avec l'exigence que les anciens forment les nouveaux, rôle prépondérant de l'intendant semainier, tâches analogues et recours à un secrétaire. Ainsi, Sète apparaît comme une place forte du contrôle sanitaire sur la côte méditerranéenne française. Bien qu'elle soit privée du commerce direct avec le Levant et la Barbarie, son intendance sanitaire connaît un grand développement dans la première moitié du XVIIIe siècle. On ne peut pas exclure, et c'est une piste à creuser, que le bureau de santé sétois joue un rôle primordial dans le «petit cabotage», navigation commerciale le long des côtes de province englobant la zone de la Catalogne à la Toscane, ou le «grand cabotage» qui intègre également les pays du Nord.[148]

3.3.4 Les bureaux de la santé de la côte entre autonomie et hétéronomie

La volonté centralisatrice de l'État dans le domaine sanitaire soulève des interrogations quant à l'autonomie des bureaux de la santé côtiers. Étymologiquement, une institution autonome se gouverne par ses propres lois, s'administre elle-même, alors qu'une institution hétéronome dépend de lois extérieures.

Le bureau de la santé de Marseille est certes en contact étroit avec les représentants de l'État que sont le secrétaire d'État de la Marine et l'intendant de Provence. Néanmoins, si ces derniers supervisent la prévention sanitaire à dis-

---

[148] Buti, Le «chemin de la mer», p. 299 et s. Le terme «cabotage» désigne toute forme de navigation commerciale qui n'est pas transocéanique.

tance, une grande liberté d'action est laissée aux intendants marseillais. Ceux-ci décident par exemple eux-mêmes des changements de personnel. L'intendant Lebret leur écrit à ce propos : « M[essieu]rs les Eschevins, Messieurs, mavoint mandé le changement que vous avés fait dans vostre secretariat et je ne doutte pas que vous n'ayiés eu de bonnes raisons ainsy je ne puis quen esperer laugmentation du bon ordre et de la regularité. »[149]

En outre, les intendants doivent eux-mêmes évaluer le risque sanitaire afin de garantir le difficile équilibre entre santé publique et prospérité commerciale. Pontchartrain leur demande « de preferer en cela la seureté a toutte autre considera[tion] mais lorsqu'elle est remplie, vous devez faire ensorte que le commerce souffre le moins qu'il est possible de ces precautions ».[150] Il s'agit d'une consigne ambivalente qui ne dit pas clairement comment les intendants doivent agir, mais leur laisse au contraire une importante marge de manœuvre. Cette autonomie n'est toutefois pas illimitée, et les prétentions marseillaises sont parfois invalidées par le secrétaire d'État de la Marine. Il en est ainsi en 1709 lorsque les intendants de la santé de Marseille rapportent à Pontchartrain des dysfonctionnements dans le lazaret de Toulon avec lequel ils partagent le monopole sanitaire, espérant sans doute détenir à eux seuls le monopole sanitaire. Leur démarche ne convainc pas Pontchartrain qui leur répond sans équivoque : « Vostre prevention a l'esgard de Toulon n'est pas bien fondée dans tous ses motifs. Il ne m'est pas revenu jusqu'a present qu'on s'y soit relasché d'aucunes mesures a prendre sur ce qui regarde la santé, et que les off[ici]ers ayent manqué d'application a leur devoir. »[151]

Les institutions sanitaires de la côte méditerranéenne disposent de moins de marge de manœuvre et doivent composer avec la tutelle du bureau de la santé de Marseille. Ce dernier a une obligation d'inspection sur l'ensemble de la côte, comme le souligne l'intendant Lebret : « Jay lû Messieurs vôtre requete au Roy et j'y remarque au commencement que vous dites avoir inspection sur partie des ports de provence jy ay adjouté Languedoc, et Roussillon, attendu que vous deves avoir inspection sur toutte la coste du costé de loüest jusqu'a port vendre. »[152] Face aux velléités d'autonomie des bureaux locaux, la suprématie marseillaise est régulièrement réaffirmée. Lorsque les intendants de La Ciotat ne respectent pas le monopole sanitaire, les intendants marseillais réagissent vivement : « Savoir faisons nous Intendans de la santé de cette ville de marseille qu'encore que tout le reste de la province et mesmes du Royaume se repose principalement sur nostre vigilance

---

149 AD13, 200 E 303, lettre du 16 avril 1723.
150 AD13, 200 E 287, lettre du 4 août 1700.
151 Ibid., lettre du 24 juillet 1709.
152 AD13, 200 E 304, lettre du 26 janvier 1726.

et sur l'exactitude que nous apportons a nous acquiter de tous les devoirs que nos employ[e]z nous imposent.»[153]

Devant les revendications des intendants de la santé d'Antibes, le secrétaire d'État de la Marine Maurepas réagit également avec fermeté : «Jespere que cet exemple servira a maintenir la subordination dans les petits Ports de Provence qui relevent des Bureaux de la santé de Marseille et de Toulon.»[154] Les intendants de la santé de Marseille font parfois parvenir leurs délibérations aux intendants de la santé du littoral. C'est le cas en Arles en 1728 à propos d'une suspension de commerce avec l'État ecclésiastique, ce à quoi les consuls gouverneurs d'Arles répondent : «Nous vous sommes bien redevables Messieurs de votre attention, la notre sera toujours de seconder votre zele et vos bones intentions en tout ce qui pourra dependre de nous.»[155] Les autorités arlésiennes se définissent elles-mêmes comme des acteurs secondaires au service des intendants de la santé de Marseille.

En conclusion, on constate une relative autonomie du bureau de la santé de Marseille. Les intendants de santé locaux agissent quant à eux de manière hétéronome. Cela ne signifie pas pour autant qu'ils sont passifs, car les intendants marseillais s'appuient sur leur vigilance. Ils sont en quelque sorte vigilants pour les intendants marseillais, de la même façon que les intendants marseillais sont vigilants pour le secrétaire d'État de la Marine, qui est trop éloigné pour l'être lui-même.

3.4 Vers une «bureaucratie sanitaire»

Le développement d'un réseau de communication sanitaire témoigne de la vigilance des individus face au péril que représente la peste. L'analyse de la communication sur la côte méditerranéenne qui est esquissée dans cette thèse gagnerait certainement à être complétée. Elle résulte du choix de séries de correspondances qui démontrent l'existence de réseaux de communication. On ne saurait prétendre à l'exhaustivité puisque les correspondances des amirautés, des officiers de marine, etc., permettraient sans doute de mieux cerner la complexité des réseaux. Cependant, la focale mise dans ce chapitre sur la correspondance administrative au niveau central, provincial et municipal semble suffire pour parler de l'émergence d'une véritable «bureaucratie sanitaire».

---

153 AD13, 200 E 370, lettre du 2 janvier 1682.
154 AD13, 200 E 287, lettre du 28 août 1743.
155 AD13, 200 E 350, lettre du 11 août 1728.

L'emploi du terme «bureaucratie» dans le contexte sanitaire du début du XVIIIe siècle relève d'un léger anachronisme, car le terme est créé par l'économiste Vincent de Gournay en 1759 et signifie étymologiquement le pouvoir des bureaux. Je ne l'emploie pas ici dans son sens péjoratif de «puissance excessive, pesante et routinière de l'administration», mais plutôt dans son sens métonymique d' «administration toute puissante».[156] Si on adopte la perspective diachronique de Françoise Dreyfus, le terme semble déjà pertinent dans la première modernité avec les serviteurs du roi qui constitueraient l'archéologie de la bureaucratie.[157]

La présence d'une bureaucratie est déjà suggérée, de manière métaphorique, dans le cadre de réflexions globales sur le concept d'État. Thomas Hobbes décrit en effet l'État ou la Chose publique comme un grand Léviathan «qui n'est rien d'autre qu'un Homme Artificiel, quoique d'une taille beaucoup plus élevée et d'une force beaucoup plus grande que l'Homme Naturel pour la protection et pour la défense duquel il a été imaginé».[158] Les magistrats et fonctionnaires de justice en sont les articulations artificielles.[159] Une autre métaphore volontiers invoquée est celle de la machine, avec par exemple Scudéry qui désigne l'État comme une «grande machine».[160] Mais le lien entre machine et État est également évoqué de manière plus spécifique pour la Marine qui, rappelons-le, détient la responsabilité sanitaire centrale. Colbert donne l'instruction suivante à son fils Seignelay : «Il faut qu'il s'accoutume à faire un mémoire de tous les ordres qu'il y aura à donner chacune semaine, et cela en son particulier, avec réflexion ; et ce sera cette méthode qui lui mettra insensiblement dans l'esprit tout ce qu'il y a à faire pour *faire mouvoir cette grande machine de la Marine.* »[161] Dans la France d'Ancien Régime, les acteurs de la bureaucratisation sont multiples. À côté des secrétaires d'État et du contrôleur général des Finances, de nombreux commis et secrétaires s'installent durablement comme agents de pouvoir administratif.[162]

---

156 Bureaucratie, *Centre national de ressources textuelles et lexicales* [consulté le 15.05.2023], URL : https://www.cnrtl.fr/definition/bureaucratie.
157 Dreyfus, *L'invention de la bureaucratie*, pp. 21–39.
158 Hobbes, *Léviathan*, p. 5 et s.
159 Ibid., p. 6.
160 Sarmant/Stoll, *Régner et gouverner*, p. 397.
161 Cité par ibid., p. 398.
162 Schapira, *Maîtres et secrétaires*. Dans cette récente étude qui se focalise sur les rapports entre maîtres et secrétaires, l'auteur démontre que la figure du secrétaire survit à l'émergence d'une bureaucratie rationnelle et joue même un rôle central au cœur de l'appareil de pouvoir, au même titre que les commis. La cellule maître/secrétaire coproduit une action politique. L'auteur émet en outre la thèse intéressante selon laquelle la monarchie administrative se trouve à l'état embryonnaire et domestique, mais atteint une sorte de perfection dans l'efficacité car, en voie de bureaucratisation, elle n'a pas encore les défauts de la bureaucratie (p. 171).

La réflexion la plus aboutie sur la bureaucratie est certainement celle de Max Weber lorsqu'il développe trois types de domination légitime : la domination légale à caractère rationnel (reposant sur des règlements et directives), la domination traditionnelle (reposant sur des traditions et la légitimité des gens appelés au pouvoir) et la domination charismatique (reposant sur le caractère sacré et la vertu héroïque d'une personne).[163] Dans son développement sur la domination rationnelle légale, Max Weber mentionne huit catégories parmi lesquelles la compétence (le ressort) d'une autorité constituée, le principe de hiérarchie administrative ou encore les règles (qu'elles soient techniques ou normatives). Dans cette domination légale, la structure la plus dominatrice est justement le « fonctionnariat » ou la « bureaucratie ».[164]

Weber cherche à dégager un idéal-type de bureaucratie, une bureaucratie la plus pure possible, qui certes ne peut pas être présente au niveau historique mais qui pose néanmoins une grille d'analyse pertinente. Cet idéal-type de domination légale est la *direction administrative bureaucratique* qui repose sur des fonctionnaires individuels personnellement libres, dans une hiérarchie bien établie, avec des compétences bien établies, qualifiés professionnellement, payés par des appointements fixes, professionnalisés et soumis à une discipline et à un contrôle.[165] Cette bureaucratie idéale s'exprime enfin par l'impersonnalité la plus formaliste : « sans haine et sans passion, de là sans « amour » et sans « enthousiasme », sous la pression des simples concepts du devoir », nous dit Weber.[166] Cette thèse de l'impersonnalité se trouve également chez Hannah Arendt qui ajoute la bureaucratie aux formes traditionnelles de gouvernement que sont la monarchie, l'oligarchie et la démocratie. Elle définit la bureaucratie comme un « pouvoir d'un système complexe de bureaux où ni un seul, ni les meilleurs, ni le petit nombre, ni la majorité, personne ne peut être tenu pour responsable, et que l'on peut justement qualifier de règne de l'Anonyme », ce qui en fait selon elle le régime le plus tyrannique.[167]

Dans quelle mesure ces concepts philosophico-sociologiques peuvent-ils être appliqués à la vigilance sanitaire dans la première moitié du XVIIIe siècle ? Quelles sont les caractéristiques que l'on rencontre dans ce que j'ai nommé « bureaucratie sanitaire » ? Il convient premièrement de citer les caractéristiques wébériennes que l'on retrouve dans la lutte sanitaire. Avec le secrétaire d'État de la Marine et les intendants de province, on a affaire à des fonctionnaires individuels prenant

---

163 Weber, *Économie et société*, T. 1 : *Les catégories de la sociologie*, p. 289.
164 Ibid., pp. 290–294.
165 Ibid., p. 294 et s.
166 Ibid., p. 300.
167 Arendt, *Du mensonge à la violence*, p. 147.

place dans une hiérarchie administrative, ayant des prérogatives bien établies et travaillant comme professionnels.

Les consuls de France sur le pourtour méditerranéen qui participent également à la prévention sanitaire sont rémunérés par la Chambre de commerce de Marseille dès 1691 sous la forme d'appointements fixes.[168] La qualification professionnelle des consuls se remarque aussi dans l'*Ordonnance de la marine* qui détaille en 27 articles leurs prérogatives.[169] Toutefois, sur la côte méditerranéenne française, les intendants de la santé de Marseille ne remplissent pas une condition importante puisqu'ils œuvrent bénévolement et pour une durée brève de deux ans. En revanche, l'intendant de la santé de Collioure Isidore Gerbal assure sa fonction sur au moins 25 ans pour 300 livres d'appointements par an. La professionnalisation des acteurs n'est donc pas égale, mais les critères wébériens de discipline et de contrôle sont visibles dans la tutelle qu'exerce le bureau de la santé de Marseille sur les intendants de la santé de la côte méditerranéenne française.

L'écart le plus important avec l'idéal-type wébérien se situe au niveau de la procédure. Empiriquement, on ne peut que constater les échanges inter-institutionnels et un certain formalisme dans les lettres, mais les procédures ne sont pas impersonnelles. Le secrétaire d'État de la Marine, l'intendant de province ou les intendants de la santé, tous parlent en « je » et en « nous » et signent de leur propre main.

L'émergence d'une bureaucratie sanitaire n'est visible dans la correspondance que si une volonté archivistique coexiste. Sans conservation systématique ou occasionnelle des lettres, il n'est en effet pas possible de démontrer l'historicité d'une bureaucratie sanitaire. La lettre apparaît donc comme une condition *sine qua non* pour la recherche des réseaux de vigilance sanitaire et le secrétariat d'État de la Marine lui-même participe à la « monarchie de papier ».[170] À Marseille, l'effort archivistique est particulièrement visible au début du XVIIIe siècle. L'année 1713 marque une intensification bureaucratique dans la mesure où les intendants de la santé commencent à conserver leurs délibérations, font des copies des lettres qu'ils envoient et archivent de manière systématique les lettres reçues. La communication épistolaire existe déjà avant, mais elle n'en est qu'à ses balbutiements et les lettres conservées sont éparses. Ce tournant de 1713 est difficile à expliquer. La

---

168 Boulanger, Les appointements, p. 128.
169 *Ordonnance de la marine, du mois d'aoust 1681*, titre IX. Des consuls de la Nation Françoise dans les Pays Etrangers, pp. 71–86.
170 Martin, La correspondance ministérielle, p. 35.

peste qui sévit à Vienne cette année-là est peut-être la cause de cette vigilance accrue.[171]

En conclusion, certains critères de la bureaucratie wébérienne sont pertinents pour décrire l'administration sanitaire du XVIIIe siècle, d'autres ne le sont pas. Empiriquement, on ne peut de toute manière que tendre vers cet idéal-type sans jamais l'atteindre. Il ne s'agit donc pas d'une bureaucratie achevée. Néanmoins, l'émergence de caractéristiques bureaucratiques dans le domaine sanitaire est incontestable. Elle repose largement sur la volonté archivistique tant du secrétariat d'État de la Marine que du bureau de la santé de Marseille. La lettre normalise la mise en forme de l'information et devient un instrument de pouvoir dans une forme de rationalisation routinière.[172] Toute l'articulation entre vigilance sanitaire et communication se fait par ce biais.

---

171 Elle a en tout cas un écho important dans la correspondance de l'intendant de Provence Lebret et du lieutenant-général de Provence Grignan. Voir AD13, 200 E 303.
172 Martin, La correspondance ministérielle, p. 39.

Partie II **Normes et pratiques de la vigilance sanitaire**

4 Des mesures concrètes, quarantaines et lazarets

Après avoir analysé la dimension informative et communicationnelle de la vigilance sanitaire, il s'agit désormais de s'intéresser à la concrétisation et à la matérialisation de celle-ci : quelles sont les mesures concrètes mises en œuvre pour empêcher une épidémie de peste ? Comment les régions littorales et l'arrière-pays du sud du royaume de France abordent-ils la prévention ? Finalement, sur quelles méthodes et ressources la vigilance sanitaire s'appuie-t-elle ? Les appels à la vigilance et au zèle présents dans la correspondance entre autorités sanitaires, étatiques et municipales illustrent une vigilance abstraite. Les individus concernés doivent faire preuve d'une attention soutenue face à la menace que représente la peste. Mais si ces appels restent sur un plan abstrait, la vigilance sanitaire ne peut être véritablement mise en œuvre. Considérant cela, l'objectif de ce chapitre est précisément de démontrer qu'il y a une application pratique de la vigilance sanitaire qui repose principalement sur deux piliers, intrinsèquement liés : les quarantaines et les lazarets. Les quarantaines désignent le procédé, la méthode (isolement de navires, de passagers, de marchandises durant une certaine durée), alors que le lazaret désigne l'établissement où a lieu la quarantaine. Ce sont pour ainsi dire les clés de voûte de la vigilance sanitaire sur la côte méditerranéenne française.

4.1 Définitions, histoire, interprétations

Le terme « quarantaine » signifie à l'origine l'espace de quarante jours et s'emploie volontiers pour désigner le temps du carême. À l'époque moderne, il a un sens plus spécifique et désigne « le tems que les vaisseaux venans du levant & les passagers qui sont dessus ou leurs équipages doivent rester à la vue des ports avant que d'avoir communication libre avec les habitans du pays ».[1] Ce temps devait théoriquement durer quarante jours, mais dans la pratique il variait selon le degré de suspicion des marchandises et des passagers susceptibles de véhiculer la peste. L'*Encyclopédie* relève que leur séjour dans un lazaret « se nomme toujours *qua-*

---

[1] Diderot/d'Alembert, *Encyclopédie ou Dictionnaire raisonné des sciences, des arts et des métiers*, vol. 13, p. 658.

rantaine, quoiqu'il ne soit souvent que de huit ou quinze jours, & quelquefois de moins. Ce langage n'est pas exact, mais l'usage l'a confirmé».[2]

Furetière définit le lazaret comme un bâtiment public en forme d'hôpital destiné à recevoir les pauvres, lépreux et pestiférés, mais il précise en outre : «Il est destiné en quelques endroits à faire la quarantaine par ceux qui viennent des lieux suspects de peste.»[3] C'est particulièrement le cas sur les littoraux. La définition de l'*Encyclopédie* est plus complète dans la mesure où elle souligne la situation géographique périphérique des lazarets : «C'est un vaste bâtiment assez éloigné de la ville à laquelle il appartient, dont les appartemens sont détachés les uns des autres, où on décharge les vaisseaux, & où l'on fait rester l'équipage pendant quarante jours, plus ou moins, selon le lieu d'où vient le vaisseau & le tems auquel il est parti.»[4] D'abord synonyme de léproserie, le mot «lazaret» a ensuite évolué en suivant le glissement sanitaire marqué par le recul de la lèpre et la présence endémique de la peste au XVIe siècle pour désigner en premier lieu l'établissement où se déroulent les quarantaines anti-peste. Le terme est emprunté à l'italien *lazzaretto*, attesté depuis la fin du XVe siècle, qui croise les noms de *San Lazzaro*[5], patron des lépreux, et *Santa Maria di Nazareth*, nom d'une île vénitienne où l'on mettait en quarantaine les malades contagieux au retour de Terre Sainte.[6]

L'historiographie des quarantaines a été renouvelée par un recueil collectif paru en 2016 qui intègre le concept de quarantaine dans une perspective à la fois locale et globale, mais surtout qui l'étudie dans le temps long, depuis son invention à la fin du XIVe siècle jusqu'à ses emplois contemporains.[7] Alison Bashford constate l'émergence d'un archipel de lieux de quarantaine en lien avec les circuits maritimes commerciaux.[8] Au niveau historique, elle remarque la persistance des architectures, rituels et pratiques des sites de quarantaine à travers les siècles.[9] Les

---

2 Ibid.
3 Furetière, *Dictionnaire universel*.
4 Diderot/d'Alembert, *Encyclopédie ou Dictionnaire raisonné des sciences, des arts et des métiers*, vol. 9, p. 329.
5 Son histoire est racontée dans l'évangile de Luc (16, 19–31). Dans le récit biblique, Lazare est couché, couvert d'ulcères et affamé, devant la porte d'un homme riche qui s'habille des vêtements les plus fins et vit dans l'opulence. Lorsque les deux protagonistes meurent, Lazare est porté par les anges auprès d'Abraham, alors que le riche fait face à de grandes souffrances dans le monde des morts et supplie Abraham de le délivrer.
6 «Lazaret», *Centre national de ressources textuelles et lexicales* [consulté le 15.05.2023], URL : https://www.cnrtl.fr/etymologie/lazaret.
7 Bashford, *Quarantine*.
8 Bashford, Maritime Quarantine, p. 1.
9 Ibid., p. 10.

travaux historiques sur les quarantaines et lazarets dans des régions particulières sont nombreux.[10] Plus rares sont les travaux qui adoptent une perspective européenne et méditerranéenne transnationale.[11] S'intéresser aux quarantaines de la côte méditerranéenne française, en perpétuel contact avec les autres ports méditerranéens, relève tant de l'histoire locale que de l'histoire transnationale.

L'histoire des quarantaines débute véritablement après l'arrivée de la peste noire en Europe au milieu du XIVe siècle. Face à la gravité de cette épidémie, les populations européennes se trouvent totalement démunies, d'autant plus qu'elles n'ont plus l'habitude d'être confrontées à la peste, qui est absente depuis plusieurs siècles. Le choc est donc immense et, dans un premier temps, complètement subi.

Cependant, dès la fin du XIVe siècle, les ports méditerranéens cherchent à mettre en place des mesures préventives. C'est ainsi que la première quarantaine a lieu à Raguse en 1377.[12] La République de Venise emboîte le pas dans les décennies suivantes et les autorités vénitiennes décident, en 1423, d'édifier un lazaret pour les malades de la peste et pour les voyageurs en provenance des zones suspectes, sur le modèle des léproseries et maladreries pour lépreux situées hors des villes.[13] En outre, des magistratures sanitaires s'établissent de manière précoce en Italie du Nord. Durant la peste noire, en 1348, Venise crée déjà un comité d'urgence à caractère provisoire.[14] Ces magistratures temporaires prennent ensuite progressivement un caractère permanent et se centralisent dans les capitales des différents états. Venise, Florence, Milan et Gênes se dotent de telles autorités durant le XVe et au début du XVIe siècle.[15]

Daniel Panzac a montré qu'au XVIe, puis surtout au XVIIe siècle, se constitue un véritable réseau de lazarets en Europe, qui demeure néanmoins peu dense dans la mesure où le trafic méditerranéen est réduit à quelques ports pour des raisons

---

10 Pour l'Angleterre : Booker, *Maritime quarantine* ; Maglen, *The English System*. Pour l'Empire ottoman : Bulmus, *Plague, quarantines*. Pour l'Italie : Cipolla, *Contre un ennemi invisible*. Pour les régions balkaniques : Andreozzi, The «Barbican of Europe».
11 Panzac, *Quarantaines et lazarets* ; Chircop/Martínez, *Mediterranean quarantines*.
12 La littérature secondaire s'est longtemps focalisée sur le rôle pionnier de l'Italie dans les mesures préventives face à la peste. Une étude récente donne également de la visibilité au développement d'une vigilance sanitaire dans la République de Raguse : Blazina Tomić/Blazina, *Expelling the plague*.
13 Viallon, *Les lazarets de Venise*. Sur le rôle pionnier de Venise dans la mise en place de lazarets et de la quarantaine, voir Stolberg, *Wolken über der Serenissima*.
14 «Puisqu'alors, pour la sauvegarde et la conservation des hommes, nous avons demandé de l'aide et nous devons continuellement l'invoquer [...] qu'on se réunisse et que soient choisis par une élection trois sages du Grand Conseil qui prendront toutes décisions [...] afin que la santé soit conservée.» : Cipolla, *Contre un ennemi invisible*, p. 11 et s.
15 Ibid., pp. 12–15.

sanitaires. Le premier lazaret moderne est édifié à Livourne entre 1590 et 1595 et porte le nom de lazaret de Saint-Roch ; s'ensuivent les lazarets de Naples (1626), Palerme (1628), Gênes (après la peste de 1656) ou encore Malte (1683). Panzac dénombre 36 lazarets répartis dans 18 ports méditerranéens, sachant qu'il y a parfois une utilisation simultanée ou successive de plusieurs lazarets.[16]

La côte méditerranéenne française n'échappe pas à ce mouvement de généralisation des lazarets en Europe. À Marseille, des délibérations municipales font état de délégués à la santé à la fin du xve siècle déjà. À cette époque, un premier lazaret existe déjà dans la rue Roudeau.[17] En 1526, un lazaret est édifié à la porte de l'Ource, puis en 1558 une plus vaste installation est bâtie au port Saint-Lambert (actuels Catalans), connue sous le nom d'Anciennes ou Vieilles infirmeries. Celles-ci sont agrandies après l'épidémie de 1630.[18] Au cours du xviie siècle, ces Vieilles infirmeries sont désaffectées et remplacées par les Nouvelles infirmeries construites entre 1663 et 1669 à Saint-Martin d'Arenc. Le lazaret proprement dit se situe à 300 mètres au nord de la ville et s'étend sur 17,8 hectares. Il ne peut fonctionner sans deux autres sites d'importance majeure : la Consigne, qui fait office d'administration et de lieu de déclaration des capitaines, et l'île de Pomègues, qui accueille les navires en quarantaine dans une de ses anses. Au xixe siècle, les Nouvelles infirmeries sont démolies et l'hôpital Caroline, construit sur l'île de Ratonneau, devient le seul lazaret.[19]

À Toulon, un bureau de la santé est attesté dès 1576. Il est à l'origine d'un premier lazaret situé à Lagoubran, à l'ouest de Toulon. Dès 1622, année où un arrêt du parlement de Provence attribue à Marseille et Toulon le monopole sanitaire, les consuls souhaitent établir un nouveau lazaret à la presqu'île de Cépet à Saint-Mandrier, en face de la rade de Toulon. Ce projet se concrétise en 1657–1658. La communauté de Toulon achète à des particuliers de Six-Fours les terrains pour bâtir le lazaret et édifie une infirmerie, des magasins et une chapelle dédiée à saint Roch.[20] Le nouveau lazaret est composé de cinq zones distinctes : le grand enclos (pour les officiers de marine et passagers de marque), le petit enclos (pour les équipages et marchandises de navires à patente brute), l'entre-deux, la zone réservée à l'administration (intendants de la santé, capitaine des infirmiers, gardien, chapelle) et les quais (installations portuaires).[21] Le site de Saint-Mandrier semble particulièrement propice aux établissements sanitaires. « C'était un lieu parfaite-

---

16 Panzac, *Quarantaines et lazarets*, pp. 34–36.
17 François, Les lazarets de Marseille, p. 1.
18 Hildesheimer, *La terreur et la pitié*, p. 27 et s.
19 Panzac, *Quarantaines et lazarets*, p. 180 et s.
20 Mongin, *Toulon*, p. 120 ; Vergé-Franceschi, 1720–1721 : la peste ravage Toulon, p. 57.
21 Faivre-Chevrier/Marras, Histoire et histoires du lazaret, p. 13.

ment disposé par la nature pour être isolé du restant de la population et où il y avait un établissement religieux d'une certaine importance, c'est-à-dire qui pouvait donner des secours matériels en même temps que les consolations spirituelles. »[22] En 1670, un hôpital militaire y est créé sous le nom d'hôpital Saint-Louis. On sait que le lazaret et l'hôpital de Saint-Mandrier ont joué un rôle conjoint durant la peste de 1720, le premier accueillant les passagers des navires de patente brute, le second ceux des navires de patente nette.[23]

De façon analogue à Marseille, le complexe sanitaire toulonnais se compose du lazaret proprement dit qui, au XVIIIe siècle, consiste en un vaste enclos de 41 000 m², et de la Consigne bâtie sur les quais de la Darse Vieille, près de l'Arsenal. Ce bâtiment est détruit dans un incendie en 1691 et remplacé par un bâtiment provisoire. En 1722–1723, la Consigne occupe une élégante construction, à son tour détruite par les Allemands en 1944.[24]

Les lazarets de Marseille et de Toulon sont les deux seuls établissements permanents sur la côte méditerranéenne française à la fin du XVIIe siècle, consécutivement au monopole sanitaire conféré à ces deux ports. Néanmoins, comme il a déjà été souligné dans un chapitre sur le bureau de la santé de Sète (chap. 3.3.3), la ville de Sète reçoit également l'autorisation de bâtir un lazaret après la peste de 1720 pour recevoir les navires venant en droiture du Levant avec patente nette. Les travaux se déroulent en 1721 et 1722, mais en 1723 l'autorisation est finalement révoquée et, en dépit des plaintes sétoises durant les décennies suivantes, le monopole marseillo-toulonnais est maintes fois réaffirmé.[25]

Le lazaret est un lieu de vigilance recourant à l'attention d'un certain nombre d'acteurs (gardes, portefaix, capitaine du lazaret, etc.), et il est légitime de s'interroger sur le maintien de cette vigilance sur la longue durée et donc sur son étanchéité. La peste de 1720 ou plus précisément le fait qu'elle ait pu se produire laisse à penser que le lazaret de Marseille avait des failles. En réalité, les historiens ont démontré que cette épidémie a résulté d'une non-application des mesures sanitaires à prendre pour un navire suspect.[26] Il n'en demeure pas moins que le lazaret est un lieu ambivalent. À la fin du XVIIIe siècle, le voyageur anglais John Howard visite les lazarets européens et en rédige la première histoire, dans laquelle il insiste particulièrement sur la dimension carcérale et oppressive de l'institution :

---

22 Bérenger-Féraud, *Saint-Mandrier près Toulon*, p. 199.
23 Ibid., *passim*.
24 Panzac, *Quarantaines et lazarets*, pp. 193–194.
25 Ibid., p. 189.
26 Gilbert Buti évoque un « mélange d'imprudence, d'ignorance, de complicité et d'irresponsabilité, guidé par la raison d'être du négociant : la recherche du profit » : Buti, *Colère de Dieu*, p. 62.

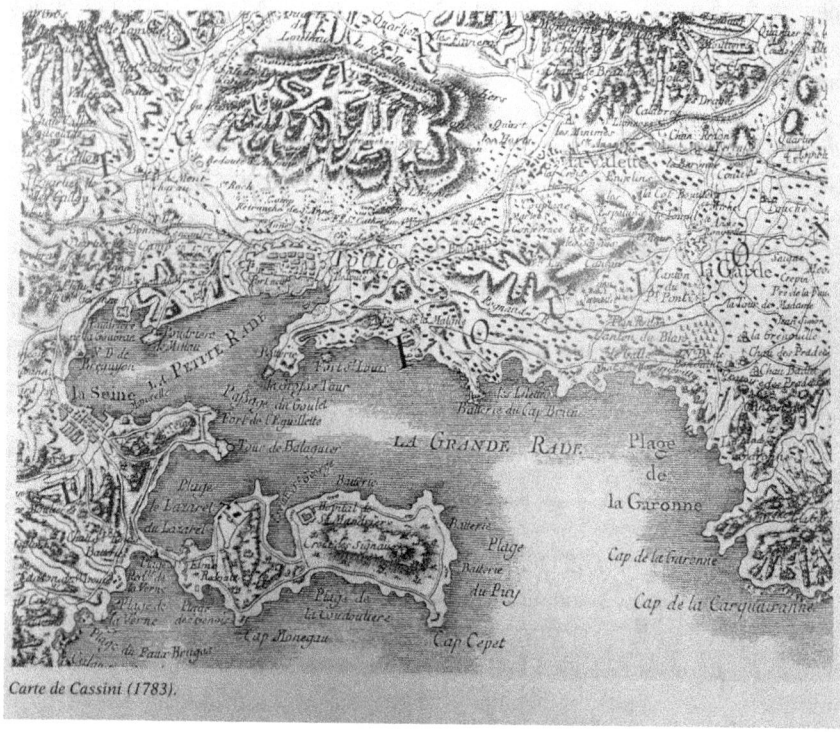

Carte de Cassini (1783).

Figure 3 : Plan de Toulon et de sa rade, presqu'île de Saint-Mandrier, tiré de : Marmottans, *Toulon et son histoire*, p. 14.

> La plupart des lazarets sont fermés de murs, ils offrent trop l'aspect d'une prison, et j'ai souvent entendu dire aux capitaines qui font le commerce du Levant, que la gaité de leurs passagers s'évanouissait à la seule idée de s'y trouver renfermés. J'ai observé dans tous ceux que j'ai visités, des figures pâles et abattues et beaucoup de fosses nouvellement creusées. Pour prévenir autant qu'il est possible ces malheureuses circonstances, un lazaret devrait avoir l'aspect le plus récréatif, et un jardin spacieux et agréable y serait aussi commode que salubre.[27]

Dans son traité de peste, le médecin Philippe Hecquet adopte également une vision très dépréciative du lazaret et dénonce :

> [...] ces airs d'inhumanité & de ces maximes dures & barbares qu'il faut suivre en arrachant les peres aux enfans, les enfans aux peres, les femmes a leurs maris, & les maris a leurs femmes pour les enfermer bon gré mal gré dans des infirmeries publiques & banales dont on

---

27 Howard, *Histoire des principaux lazarets de l'Europe*, p. 79 et s.

fait des lieux d'anathême, au lieu qu'elles ne devroient servir que d'hospices ou de refuges aux pauvres ou indigens, aux étrangers qui voudroient y aller volontairement.[28]

Dans ses *Confessions*, Jean-Jacques Rousseau offre un témoignage plus ambivalent d'un séjour au lazaret de Gênes qu'il a lui-même vécu à l'époque de la peste de Messine. Astreint à une quarantaine de 21 jours qu'il peut effectuer sur la felouque ou dans le lazaret, il préfère ce dernier. La première représentation du lazaret qu'il se fait correspond à la vision carcérale d'Howard :

> Je fus conduit dans un grand bâtiment à deux étages absolument nu, où je ne trouvai ni fenêtre, ni lit, ni table, ni chaise, pas même un escabeau pour m'asseoir, ni une botte de paille pour me coucher. On m'apporta mon manteau, mon sac de nuit, mes deux malles ; on ferma sur moi de grosses portes à grosses serrures, et je restai là, maître de me promener à mon aise de chambre en chambre et d'étage en étage, trouvant partout la même solitude et la même nudité.[29]

Les jours passant, Rousseau finit toutefois par s'acclimater au lazaret au point d'y trouver un certain confort. Il change de linges, aménage sa chambre, se fait un bon matelas avec ses vestes et chemises, coud des draps, ordonne ses livres en bibliothèque, de telle sorte qu'il conclut : « Bref, je m'accommodai si bien, qu'à l'exception des rideaux et des fenêtres, j'étais presque aussi commodément à ce lazaret absolument nu qu'à mon jeu de paume de la rue Verdelet. »[30] Enfin, il faut mentionner que le séjour de Rousseau est raccourci de huit jours grâce à l'intervention de l'envoyé de France M. de Joinville, au gîte duquel l'écrivain va terminer sa quarantaine.[31]

Les traitements de faveur dans les quarantaines maritimes existent donc bel et bien et l'exemple le plus frappant est sans aucun doute celui de Bonaparte. Lors de la campagne d'Égypte et en particulier dans le contexte de la prise de Jaffa en 1799, ce dernier instrumentalise la peste à des fins personnelles et se laisse volontiers représenter en héros invulnérable parmi les pestiférés de Jaffa, s'insérant ainsi dans la tradition du geste royal du toucher des écrouelles.[32] En revanche, lors de son retour en France le 9 octobre 1799, Bonaparte bénéficie d'un traitement de faveur totalement déraisonnable du point de vue sanitaire. En provenance de

---

28 Hecquet, *Traité de la peste*, p. 254 et s.
29 Rousseau, *Les confessions*, p. 347 et s. Son témoignage est retranscrit en intégralité dans l'annexe 11.7.
30 Ibid., p. 348.
31 Ibid., p. 349.
32 Voir notamment Hildesheimer, *La terreur et la pitié*, p. 143. Le tableau commandé par Napoléon à Antoine-Jean Gros (1804) relate cet épisode glorifiant le général Bonaparte.

zones frappées par la peste, sa quarantaine aurait dû être extrêmement lourde. D'autant plus que durant la campagne de Syrie et le siège d'Acre, pas moins de 1 000 soldats napoléoniens sur 13 000 au total sont morts de la peste. Néanmoins, Bonaparte ne veut pas s'encombrer d'un séjour au lazaret de Marseille ou de Toulon. Avec l'aide du conservateur de santé d'Ajaccio Jean-Baptiste Barbieri, qui lui est totalement dévoué, il obtient une dispense de la quarantaine traditionnelle et peut débarquer à Saint-Raphaël avec pour seule exigence la purification du visage et des mains avec du vinaigre. Il peut ensuite marcher sur Paris, qu'il atteint le 16 octobre, et s'empare du pouvoir le 9 novembre dans le cadre du coup d'État dit du 18 Brumaire.[33] À la suite de cet épisode, la peste ne se déclare heureusement pas sur le territoire français. Néanmoins, les intendants de la santé condamnent sévèrement cette entorse au règlement sanitaire. Les intendants de la santé de Marseille écrivent à ceux de Toulon :

> Il ne faut point, citoyens collègues, nous dissimuler ni passer sous silence l'intolérable et dangereuse atteinte qui vient d'être portée aux lois et règlements qui doivent préserver la France du terrible fléau de la peste et maintenir chez les nations européennes la confiance qu'elles eurent toujours pour nos mesures sanitaires.[34]

Au XIXe siècle, les impressions sur le lazaret divergent beaucoup. Marcel Faivre-Chevrier rassemble plusieurs témoignages de séjours dans le lazaret de Toulon.[35] L'archiviste toulonnais Henri Vienne y voit un lieu presque idyllique (appartements, cours, jardins pour se promener), tandis que l'historien Augustin Jal insiste sur le caractère inhospitalier du lazaret, l'incompétence des intendants et l'absence d'hygiène, ce qui lui fait dire que l'établissement est digne d'un pays sauvage. Même son de cloche chez l'égyptologue Jean-François Champollion qui témoigne : «[...] il a fallu me laisser traiter en pestiféré et renfermer dans un sale et triste lazaret». Le voyageur J.-A. Bolle partage également cette perception négative et considère le lazaret comme une espèce de purgatoire où le quarantenaire est «un paria, un réprouvé, une brebis galleuse».

On peut voir un fort écho de l'interprétation carcérale dans le «grand renfermement» foucaldien ou dans l'analyse de Françoise Hildesheimer qui décrit le lazaret comme un hôpital-prison.[36] Le terme «hôpital» a ici davantage le sens de

---

[33] Les données relatives à cet épisode sont empruntées à Daniel Panzac : Panzac, Un inquiétant retour d'Égypte, pp. 271–280.
[34] Ibid., p. 277.
[35] Faivre-Chevrier, Histoires du lazaret de Toulon, pp. 25–30. Les quatre exemples suivants en sont tirés.
[36] Hildesheimer, Le bureau de la santé, p. 213.

lieu d'accueil pour les passagers et les marchandises que de lieu de soin. Quim Bonastra, appuyant sa démonstration sur les lazarets de Messine et de Naples réalisés autour de 1800, souligne la complémentarité de ses deux fonctions :

> La métaphore de la contagion et celle de la justice servent à l'architecte aussi bien pour le lazaret que pour la prison, se renforçant l'une l'autre. La quarantaine imposée doit être juste, on ne peut mélanger des suspects et des contagieux, chacun doit avoir la place qui lui revient, selon le degré de soupçon qui pèse sur lui ; de même, les assassins ne doivent en aucun cas contaminer à de simples voleurs leur déviation morale.[37]

Des recherches plus récentes nuancent l'interprétation purement carcérale et dépeignent le lazaret comme un lieu de contraste[38], voire comme un microcosme ouvert sur la ville par le mouvement des employés.[39] À Marseille, on dénombrait cinq maisons de convalescence où étaient transférés les survivants de l'épidémie après leur guérison, ce qui présuppose des échanges entre le lazaret et d'autres lieux, du moins en temps de peste.[40]

4.2 Le perfectionnement des quarantaines maritimes dans la première moitié du XVIIIe siècle

Après l'essor des lazarets de la Méditerranée française au XVIIe siècle, on assiste dans la première moitié du XVIIIe siècle à un développement et un perfectionnement du système sanitaire. Marseille s'affirme comme la capitale sanitaire du royaume. Le nombre de bâtiments qui y font leur quarantaine se situe entre 250 et 300 par année en moyenne.[41]

Ce mouvement est particulièrement visible dans les travaux qui sont effectués dans le lazaret de Marseille. En 1714, l'intendant de Provence Lebret écrit aux échevins de Marseille : « La deliberation que vous m'avés envoyé Messieurs au sujet des ouvrages a faire aux infirmeries me paroit de grande consequence et meriter d'en rendre compte a M. Desmarets c'est pourquoy il faudroit m'envoyer

---

37 Bonastra, Le lazaret, p. 67.
38 Junko Thérèse Takeda prend l'exemple du lazaret de Venise et démontre plusieurs ambivalences : le lazaret lui-même est immense, alors que les chambres d'isolement sont petites ; la purge des marchandises par l'aération se fait à l'extérieur, alors que leur quarantaine s'effectue à l'intérieur ; les intendants de la santé circulent dans des couloirs spacieux, alors que les quarantenaires sont cantonnés dans de petits espaces : Takeda, *Between Crown and Commerce*, p. 121.
39 Henderson, *The Renaissance hospital*.
40 Beauvieux, Épidémie, p. 47 et s.
41 Hildesheimer, Le poids de la peste, p. 12.

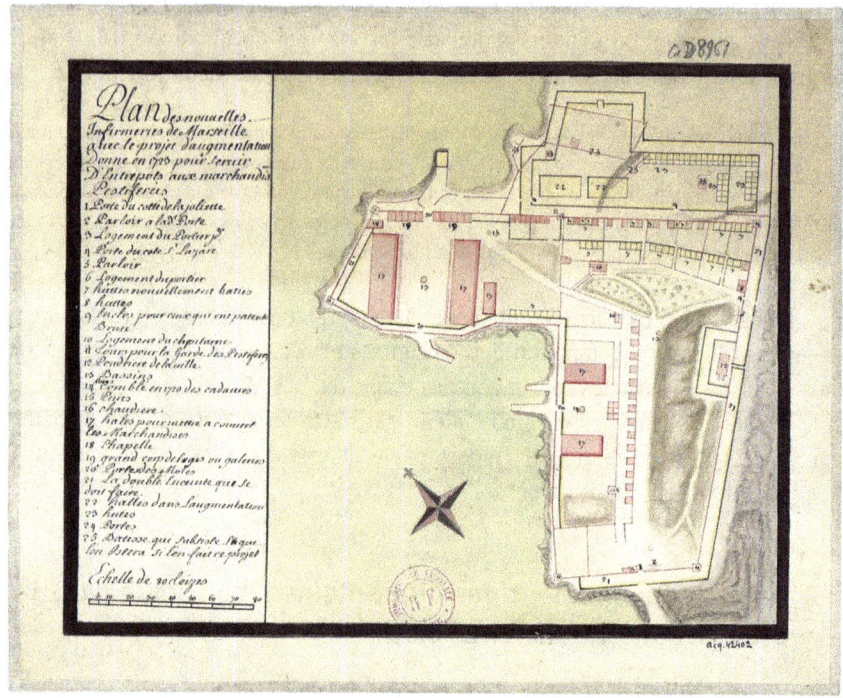

Figure 4 : Plan des nouvelles infirmeries de Marseille avec le projet d'augmentation donné en 1723 pour servir d'entrepôts aux marchandises pestiférées, 1723, URL : https://gallica.bnf.fr/ark:/12148/btv1b8459298n#

un memoire des raisons qui vous ont determiné avec le devis des ouvrages. »[42] Si les projets de travaux dans le lazaret datent d'avant 1720, leur réalisation ne s'est faite qu'après l'épidémie de 1720, qui a certainement servi de catalyseur. En 1726, la menace de peste est redoutée à tel point que Lebret souhaite voir une accélération des travaux. Dans une forme de politique de gestion du risque, il presse les échevins d'accélérer les travaux :

> Les intendants de la santé de Marseille m'ayant informé Messieurs de l'avis qu'ils ont eu que la peste etoit déclarée a Smyrne aussy bien que dans plusieurs autres eschelles il convient que vous pressiés les travaux qui restent à faire pour mettre le lazaret en etat de renfermer les marchandises venües sur des vaisseaux avec patentes brutes et que vous donniés les ordres les plus pressants pour y faire travailler le plus grand nombre douvriers quil se pourra.[43]

---

42 AMM, DD 47, lettre du 8 décembre 1714.
43 Ibid., lettre du 3 août 1726.

Parmi les ouvrages, il convient de citer le cannage des murailles en 1727 et l'édification d'un môle en 1729 dont les coûts s'élèvent à plus de 30 000 livres.

Outre les travaux de perfectionnement du lazaret, la gestion de l'espace du lazaret atteste également d'une hausse de la vigilance face à la peste. Les murailles de la double enceinte ont quatre toises de hauteur et sont à six toises de distance l'une de l'autre[44], de telle sorte qu'on ne peut rien jeter à l'intérieur du lazaret par les airs. La porte sous le pavillon à l'entrée du lazaret est la seule issue terrestre pour le service du lazaret. Elle est gardée par un concierge et un aide, qui respectent scrupuleusement les règlements établis en décembre 1730. Les sujets avec une patente nette sont séparés de ceux avec une patente brute. Ces derniers ne peuvent sortir de leur enclos qu'après un temps prescrit. Les passagers arrivant sur un bateau pestiféré sont quant à eux enfermés dans un enclos d'où ils ne sortent pas.[45]

Les procédures sanitaires tendent aussi à se systématiser sur la base de règles plus générales. Ainsi, tous les vaisseaux en provenance du Levant et de Barbarie sont astreints à la quarantaine, quelles que soient leurs patentes de santé. En revanche, le bâtiment ayant une autre provenance n'est pas soumis à la quarantaine s'il dispose d'une patente nette.[46] Dans le domaine du financement de la vigilance sanitaire, la tendance à l'uniformisation est également visible. À titre d'exemple, les droits de quarantaine perçus par le bureau de la santé et destinés à couvrir ses dépenses (mais non pas à faire un bénéfice), sont conditionnés par le type de bateau et de marchandise. Ainsi, les droits de quarantaine perçus sur les polacres et les corvettes sont plus élevés que pour les barques et les pinques. De même, la purge d'une balle de coton coûte entre 12 et 16 sols, alors que pour une balle de laine, il faut compter entre 14 et 20 sols. En plus du type de marchandise, l'échelle de provenance a également une influence sur le tarif de quarantaine.

---

44 Une toise équivaut à 1,949 mètres.
45 AD13, C 4410, *Memoire instructif du plan general du lazaret ou infirmeries de marseille*, p. 1 et s.
46 Hildesheimer, *Le bureau de la santé*, p. 95 et 100.

Tableau 7 : Tarif des droits de quarantaine perçus sur les bâtiments et marchandises au profit du bureau de la santé de Marseille (AD13, C 4410).

Différents droits à percevoir (par jour)	Pour les vaisseaux, polacres, corvettes (en livres)	Pour les barques et pinques (en livres et sols)	Pour les tartanes (en livres et sols)
Pour le bateau de service	2	1,10	1,5
Pour le garde du bâtiment	1	1	1
Pour la garde intendante	2	1,10	1,5
Pour le garde détaché à Pomègues	12	10	9
Pour l'aumônier de la chapelle	5	3,10	3
Pour le parfum	3	2,10	2,10
Pour le bateau de garde à la chaîne	2	1,10	1,5

Il arrive que ces droits de quarantaine suscitent des plaintes et soient assouplis dans des conditions exceptionnelles. C'est par exemple le cas de religieux astreints à une quarantaine au retour de Terre sainte, qui doivent débourser 20 sols par jour pour le salaire d'un garde qu'on leur donne. Le secrétaire d'État de la Marine Maurepas est compétent pour ces entorses à la réglementation. N'écrit-il pas aux intendants de la santé de Marseille :

> Vous sçavez que la protection particuliere que le Roy accorde a ces Religieux vous oblige a les traiter plus favorablement que tous autres, c'est ce que je vous recommande de faire a l'avenir en supprimant en partie ou en reduisant au simple necessaire les frais de quarantaine que les Religieux de terre sainte feront desormais dans votre lazaret.[47]

L'émergence chaotique du lazaret de Sète (orthographiée Cette dans les sources) illustre bien les revirements qu'il peut y avoir dans le domaine sanitaire. La construction du lazaret de Sète est principalement consécutive à des préoccupations économiques. Le port dont l'édification a coûté plus de 2 millions de livres à la province et dont les travaux d'entretien et de perfectionnement sont considérables chaque année, doit bénéficier de rentrées d'argent. Le Conseil d'État du roi

---

47 AD13, 200 E 287, lettre du 7 février 1745.

souligne en effet «que toutes ces depenses deviennent inutiles, sil ny a au voisinage de ce port, un lazaret pour faire faire quarantaine aux Batimens qui viendront des pays suspecz de maladie contagieuse».[48] Cependant, une fois que le lazaret est opérationnel, il n'est vraisemblablement pas utilisé, ce qui suscite l'ire de l'intendant du Languedoc Bernage :

> [...] mais je ne croy pas que sous pretexte de la liberté que vous avés de faire le commerce du Levant vous puissiés pretendre que les batimens qui viendront des cottes de Portugal Espagne et d'Italie soient assujetis d'aller dans vos Isles ou a Toulon de prefferance au port de Cette ou il y a un lazaret et ou les [quarantaines] se peuvent faire avec autant de seureté qu'en provence, les Commercans doivent avoir sur ce la toute liberté et cette sujetion seroit trop onereuse a ceux du Languedoc ainsy j'espere que vous voudrés bien que le port de cette entre en concurrence.[49]

Il semblerait que le lazaret de Sète soit le seul lazaret de la côte méditerranéenne française à ne pas avoir été utilisé ou très peu. Il n'a même pas servi en tant que lazaret temporaire durant l'épidémie de 1720–1722, ce qui a été le cas d'autres lazarets comme ceux de Béziers et d'Agde. L'État est persuadé que le perfectionnement de la vigilance sanitaire passe par le maintien du monopole marseillo-toulonnais, qui limite le risque d'entrée de la peste sur le territoire français.

Dans le lazaret de Marseille, en plus des travaux de perfectionnement, il faut également constater le caractère plus régulier de la présence de médecins et chirurgiens. Un chirurgien y est affecté pour la première fois en 1692 et, après la peste de 1720, le sieur Fondoume, maître chirurgien, s'établit au lazaret.[50]

Les communications entre l'intérieur et l'extérieur du lazaret sont réduites au minimum comme en atteste le recours à des parloirs.[51] Le capitaine du lazaret est secondé par un lieutenant, de sorte que tous deux sont «sédentaires dans le Lazaret et sans famille. Ils veillent continuellement à l'exécution des ordres qui sont donnés par les Intendants de la Santé, relativement aux précautions qu'exi-

---

48 AD34, C 602, f° 298, *Extrait des Registres du Conseil d'État*, 21 octobre 1710.
49 AD13, 200 E 346, lettre de Bernage aux intendants de la santé de Marseille, 14 décembre 1723.
50 Hildesheimer, *Fléaux et société*, p. 126 et s.
51 «Les parloirs sont de longues galeries pourvues de bancs, situées entre les grilles et séparées par des palissades de bois et un grillage de fil de fer : à dix pieds de ces balustrades il y en a d'autres à travers lesquelles les personnes qui observent la quarantaine peuvent converser avec leurs parens ou leurs amis qui viennent les voir. Les grillages sont faits pour empêcher qu'elles ne donnent ou ne reçoivent rien : et pour que l'on ne puisse jetter aucune chose par-dessus les palissades ou s'échapper du lazaret ; il est entouré d'un double mur.» : Howard, *Histoire des principaux lazarets de l'Europe*, p. 6.

gent les objets en quarantaine».[52] La vigilance sanitaire comporte donc des exigences sacrificielles pour les officiers du lazaret.

En outre, les enclos du lazaret contiennent des avenues délimitées par des doubles portes dont la garde est confiée à un concierge qui n'est autorisé à ouvrir les portes que sur ordre du capitaine du lazaret, lorsqu'il s'agit de faire entrer ou sortir des marchandises. Celles-ci sont transportées de Pomègues au lazaret « sans qu'il y ait aucune communication entre les personnes occupées auxdits transports, et entre les marchandises de différente position ».[53] Les personnes en quarantaine (les équipages, les passagers, les écrivains et les portefaix) sont enfermées à clé par le concierge. Elles sont nourries par un aubergiste qui prépare et distribue les aliments. L'aubergiste effectue le service intérieur, alors qu'un pourvoyeur assure le service extérieur, c'est-à-dire qu'il fournit les provisions sans entrer dans le lazaret. On redouble de vigilance lorsque des maladies et des morts sont constatées. Généralement, elles entraînent une prolongation de la quarantaine. Les personnes mortes sur un bâtiment avant leur transfert au lazaret y sont examinées.[54] Enfin, les personnes mortes en quarantaine sont dans tous les cas ensevelies dans le cimetière du lazaret.[55]

4.3 Les objets de la vigilance sanitaire et le système des patentes de santé

Le système de quarantaines et lazarets met en exergue plusieurs objets de la vigilance sanitaire, c'est-à-dire des objets vers lesquels s'oriente l'attention individuelle et collective à la santé publique.[56] Trois catégories principales sont suspectées de pouvoir amener la peste sur le territoire français : les bâtiments, les hommes et les marchandises. À propos des bâtiments, il convient de noter que tous les vaisseaux en provenance du Levant et de Barbarie sont concernés par une quarantaine obligatoire, la quarantaine demeurant extraordinaire dans les autres

---

52 AD13, 200 E 2, *Mémoire sur le bureau de la santé*, p. 48.
53 Ibid.
54 « Le cadavre est porté au Lazaret, pour y être examiné extérieurement et intérieurement par les médecin et chirurgien du bureau, qui font un rapport bien détaillé des symptômes qu'ils ont reconnus et de l'état des viscères » : Ibid., p. 50.
55 Ibid.
56 L'orientation (*Orientierung*) de l'attention est une des grandes problématiques du SFB *Vigilanzkulturen*. Il s'agit non seulement d'analyser sur quel(s) objet(s) s'exerce l'attention individuelle, mais également de considérer en vue de quel but supra-indivduel. Ainsi, l'attention ne s'exerce pas uniquement sur quelque chose, mais pour ou contre quelque chose. Sonderforschungsbereich 1369 Vigilanzkulturen : Antrag auf Finanzierung, p. 24.

cas.[57] Les bâtiments font quarantaine dans un lieu éloigné de la ville avec un garde à bord afin d'empêcher toute communication avec la terre ferme, « et au cas de quelque contravention le garde en avertira les intendants pour y pourvoir et faire punir les coupables ».[58] À Marseille, les bâtiments font quarantaine sur l'île de Pomègues, l'une des îles du Frioul qui accueille les navires dans une de ses anses. À Toulon, la quarantaine des navires s'effectue sur la presqu'île de Saint-Mandrier.[59] Marseille opère encore une distinction entre les navires en provenance de lieux suspects faisant quarantaine dans la Grande prise, petite anse de Pomègues où quatre à cinq bâtiments peuvent mouiller séparés les uns des autres, et les navires effectivement contaminés qui font un certain temps leur quarantaine à l'île de Jarre, puis au Frioul dans un petit port appelé Galiane.[60]

La quarantaine des hommes et des marchandises s'effectue dans le lazaret, aussi appelé infirmeries. Avant cela, le contrôle des équipages est effectué de la manière suivante : le commandant s'avance et fait une déclaration détaillée de tous les mouillages pendant la campagne et de l'état de santé des équipages. En cas de soupçon, l'intendant peut empêcher la descente des équipages jusqu'à ce que le bureau de la santé délibère dans le cadre d'une assemblée extraordinaire. Lorsque le soupçon est levé, la déclaration du commandant est signée, puis consignée au bureau pour y être enregistrée.[61] Lorsqu'il y a transfert d'hommes ou de marchandises du bâtiment aux infirmeries, tout contact est proscrit et les règlements insistent sur la nécessité d'isoler les hommes et les marchandises. Un mémoire relève que :

> Les personnes embarquées de passage sur les v[aisse]au seront debarquées comme il a esté di sy dessus avant que le v[aisse]au ait ouvert les ecoutilles, et seront remises dans un lieu éloigné de la ville, clos par de bonnes murailles fort eslevées, et ne pourront point communiquer avec les gens de la ville, ce lieu doit estre fermé et gardé par des gens qui ne communiqueront point avec ceux qui seront en quarantaine.[62]

---

57 Hildesheimer, *Le bureau de la santé*, p. 95.
58 AN, MAR/B/3/209, f° 551 v°., *Memoire pour establir des infirmeries dans les ports & de ce qui se pratique dans celle de Marseille*, 18 mars 1712.
59 Caroline Le Mao mentionne plusieurs atouts géographiques des ports de Marseille et Toulon : rade vaste et profonde avec goulet resserré à Marseille, rade sûre et triplement protégée à Toulon : Le Mao, *Les villes portuaires*, p. 36.
60 AD13, 200 E 2, *Mémoire sur le bureau de la santé*, p. 7.
61 Ibid., p. 6.
62 AN, MAR/B/3/209, f° 551, *Memoire pour establir des infirmeries dans les ports & de ce qui se pratique dans celle de Marseille*, 18 mars 1712.

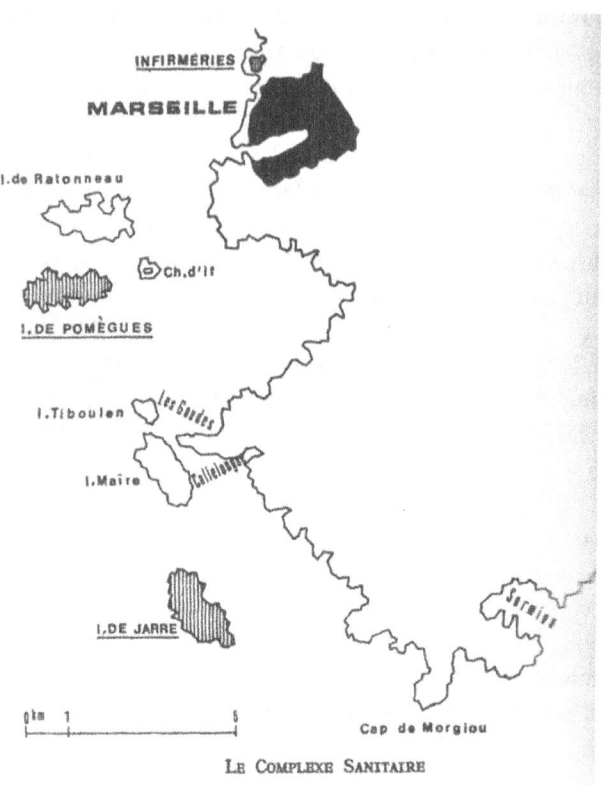

Figure 5 : Plan du complexe sanitaire marseillais, tiré de : Carrière/Courdurié/Rebuffat, *Marseille ville morte*, p. 210.

Afin de déterminer la durée des quarantaines et d'évaluer le degré de suspicion d'un bâtiment et de sa cargaison, les autorités sanitaires s'appuient sur le système des patentes de santé. Il s'agit d'un document assez rare dans les archives, car il n'a généralement pas été conservé. La patente est attestée dès le XVIe siècle et se généralise avec la multiplication des consulats européens dans les régions ottomanes. Au XVIIe siècle, elle devient obligatoire. Le document est produit par le consul de la nationalité du navire concerné, d'après les renseignements qu'il se procure sur place.[63] La vigilance des consuls est mobilisée dans la mesure où les renseignements fournis par la patente de santé qu'ils délivrent jouent un rôle

---

63 Panzac, *Quarantaines et lazarets*, p. 41.

majeur dans la prévention épidémique sur le territoire français. Parmi les actes et procédures de la chancellerie, un *Traité sur la marine* relève à ce sujet :

> Les consuls qui résident dans les échelles du Levant et de Barbarie et qui donnent de semblables passeports y doivent prendre garde de bien près, car comme on n'use en ce pays là d'aucune précaution pour la santé, la peste y est presque toujours, si ce n'est en un endroit, c'est du moins en un autre, ce qui fait qu'à Marseille on limite le temps de la quarantaine suivant que lieu d'où le navire est party se trouve plus ou moins éloigné de ce danger.[64]

Sur la côte méditerranéenne française, le système des patentes s'affirme véritablement sous l'impulsion du parlement d'Aix. Dans son arrêt du 10 janvier 1622 fondant le monopole sanitaire de Marseille et de Toulon, le parlement d'Aix règlemente en effet les patentes de santé et l'accueil dans lesdits ports des bâtiments en provenance du Levant et de Barbarie.[65]

La patente de santé peut être définie comme un certificat sanitaire règlementant la quarantaine. Elle peut être de trois natures différentes : nette, soupçonnée ou touchée, et brute. Les mémoires sur le bureau de la santé en offrent des définitions complètes :

> On appelle patente nette, celle qu'on délivre au capitaine du bâtiment, dans une échelle exempte de tout soupçon de peste, et lorsque la santé des équipages n'a offert aucune altération pendant le voyage. La patente soupçonnée ou touchée est celle dans laquelle le Consul qui l'a délivrée fait mention des avis qu'il a eu de quelques ports ou villages voisins du lieu de sa résidence où le mal contagieux se fait sentir, ou de l'abord dans son département de quelque bâtiment venant d'une autre échelle contaminée. On nomme enfin patente brute, celle qui est délivrée aux capitaines qui partent d'une échelle où la peste fait actuellement du ravage.[66]

Il convient encore de noter que, s'il y a eu pendant le voyage des morts et des maladies, la règle des patentes brutes tombe et la quarantaine est encore renforcée. Le capitaine a en outre l'interdiction de se dessaisir de la patente qu'on lui a délivrée dans son port de départ. Il lui est ordonné de faire viser cette patente dans tous les ports où il est obligé de mouiller, «afin qu'à son arrivée aux ports de Marseille ou de Toulon, les Intendans de ces deux bureaux (qui sont les seuls du Royaume qui peuvent ordonner la quarantaine) soient en état de juger avec une entière connaissance de la classe sous laquelle ils doivent ranger le bâtiment».[67]

---

64 Ce traité se trouve à la BNF (500 Colbert, 200, f° 204 v°) : cité par Cras, Une approche archivistique, p. 65.
65 Hildesheimer, Les parlements et la protection sanitaire du royaume.
66 AD13, 200 E 2, *Mémoire sur le bureau de la santé*, p. 40.
67 Ibid.

Ainsi donc, les patentes de santé ne constituent pas un système figé. Au contraire, le fait que le capitaine doive faire viser sa patente lors de chaque escale, illustre bien l'actualisation de la menace de peste et donc, en quelque sorte, le traçage du navire. En outre, la patente de santé met en exergue une vigilance nouvelle et réfléchie. Les trois niveaux de patente, auxquels il faut ajouter le cas particulier des morts et malades pendant le trajet, prouvent qu'il y a une forme de gradation ou d'échelonnage dans la menace, au-delà d'un antagonisme simple entre danger et sécurité.[68] L'état du port de départ, mais également celui des ports intermédiaires, a une influence sur la quarantaine.

Le mémoire sur le bureau de la santé détaille ensuite les « opérations » effectuées selon les patentes. L'opération de patente nette consiste en une quarantaine des passagers au lazaret dans une halle en forme de galerie. Les passagers sont surveillés par des gardes qui font la quarantaine avec eux. Les marchandises font elles aussi leur quarantaine au lazaret, mais cette dernière est plus longue de dix jours. Il faut noter que la quarantaine ne débute qu'après la rémission de la dernière balle au lazaret.[69] L'opération de patente soupçonnée ou touchée est différente dans la mesure où la vigilance face aux marchandises est supérieure. Celles-ci doivent en effet effectuer une petite sereine (période d'aération des marchandises) à Pomègues sur le bâtiment avant d'être mises en purge dans le lazaret avec plus de rigueur.[70] L'opération de patente brute est encore plus stricte dans la mesure où la sereine doit être faite sur le bâtiment avec mouillage séparé des bâtiments de patente nette ou soupçonnée. La sereine est en outre doublée par une seconde sereine au lazaret et atteste d'une vigilance toute particulière :

> Il a été reconnu que la sereine, dite *sur fer*, c'est-à-dire, sur la couverte du navire, sert de première épreuve pour reconnaître si le maniment fait par l'équipage produit quelque développement de contagion, afin de statuer, s'il y a lieu, sur la manière de procéder au transport des balles infectées de peste et sur la place à leur assigner au Lazaret. Le principal but de cette méthode est d'éviter que la peste ne se communique à la fois dans le bâtiment à l'équipage, et dans le Lazaret aux porte-faix qui porte les balles de dessus les quais, dans les enclos où elles sont mises en purge. Cette pratique ménage aux administrateurs les moyens d'ordonner les précautions nécessaires, en cas qu'il survienne quelque maladie parmi l'équipage, pendant le cours des sereines faites sur le bâtiment.[71]

---

68 Le SFB *Vigilanzkulturen* a développé le concept de *Skalierung* pour expliquer cette multiplicité de niveaux. Il s'agit de l'échelonnement et de l'organisation culturelle de la vigilance en différents stades ou niveaux tels que la normalité, le soupçon, l'alarme, etc. Il est également question du seuil de vigilance, allant de la tranquillité à la paranoïa : Sonderforschungsbereich 1369 Vigilanzkulturen, Antrag auf Finanzierung, p. 24 et s.
69 AD13, 200 E 2, *Mémoire sur le bureau de la santé*, pp. 50–52.
70 Ibid., p. 52.
71 Ibid., p. 53.

Enfin, quand le navire a connu des cas de peste à bord, la patente n'est plus considérée et le navire fait l'objet de la vigilance la plus haute. Il est amarré au lieu appelé Galiane, mouillage qui est une anse de l'île Ratonneau, au nord de Pomègues. Le navire suspect est gardé à vue par terre et par mer par des gardiens armés. Lorsqu'il passe à Pomègues, on procède à la purification des marchandises. Quant aux malades de la peste, ils sont mis à l'écart dans le lazaret :

> Les malades de la peste sont logés au Lazaret dans des enclos dits de *St. Roch*, construits sur un terrain élevé, bien aérés, fort éloignés de ceux où sont les marchandises et les personnes saines, et disposés de manière que les malades sont vus et questionnés toujours en présence de quelqu'un des Intendants de la Santé, par les médecin et chirurgien au travers d'une double barriere de fer, et à une distance d'environ six toises. Lorsque les pestiférés ont besoin d'un secours manuel, on a recours à des garçons chirurgiens de la ville, qui, excités par des récompenses analogues à leur état, s'enferment avec les malades, les soignent, et font la quarantaine rigoureuse, usitée pour les objets qui ont été frappés de peste.[72]

Parmi les marchandises, les mémoires opèrent encore plusieurs distinctions qui ont une influence sur la durée des quarantaines (en plus des patentes de santé). Premièrement, les marchandises peuvent être de genre susceptible ou non susceptible. Les marchandises susceptibles sont considérées comme capables de transporter la peste (textiles, cotons, laines, etc.), alors que les marchandises non susceptibles (denrées alimentaires, métaux, café) sont impropres à la transporter et bénéficient de quarantaines plus brèves.[73] Ces marchandises sont rigoureusement classées par les mémoires comme suit.

Tableau 8 : Mémoire sur le bureau de la santé de Marseille et sur les règles qu'on y observe, 1753, p. 61 (AD13, C 4408).

Genre susceptible	Genre non susceptible
Laine de toute espèce, coton en laine ou filé, crin, lin, chanvre, étoupe, bourre de soie, fil de chèvre, soie, pelleteries, toileries, étoffes, draperies, éponges, maroquins, cuirs secs, courdouans, basanes, papier, livres, parchemin, carton, plume, cordages non goudronnés, corail, chapelets, clincailleries, hardes, monnaies, dorures sur fil, coton, crin, laine ou soie, fleurs fraîches	Drogueries, café, orpiment, tabac en balle, corail brut, cuivre ouvré, cuirs salés et mouillés, lizaris, graines ou herbes pour la teinture, cires, dents d'éléphant, sel natron, galles et grains en sac (avec l'option de les vider à bord, et de ne porter au lazaret que les sacs vides avant les dix derniers jours de la quarantaine), euphorbe, potasse

---

72 Ibid., p. 57.
73 Panzac, *Quarantaines et lazarets*, p. 45.

Deuxièmement, les mémoires distinguent parfois les bâtiments avec marchandises et les bâtiments avec denrées avec et sans pacotilles. La pacotille est, en histoire du droit maritime, une marchandise ne payant pas de fret, embarquée par les hommes d'équipage pour leur propre compte.[74] Les marchandises susceptibles et les pacotilles sont soumises aux quarantaines les plus longues. Si on prend l'exemple des navires en provenance de Constantinople (exemple synthétisé dans le tableau ci-dessous), on constate une grande variabilité dans la durée de la quarantaine. Un bâtiment avec denrées sans pacotille et détenteur d'une patente nette est astreint à une quarantaine de 18 jours, ses passagers également. Si sa patente est brute, ce même navire ainsi que sa cargaison subissent une quarantaine de 30 jours. Dans le cas d'un bâtiment avec marchandises ou pacotilles, la quarantaine de la cargaison est fixée à respectivement 38 et 33 jours en cas de patente nette, et monte à 40 à partir de la patente soupçonnée. Le chiffre de 40, lié à l'étymologie de la quarantaine, semble souvent synonyme de plafond. Néanmoins, plus la quarantaine est longue, plus elle est préjudiciable à la santé du commerce et les quarantaines les plus courtes possible sont souvent souhaitées.

Lors de l'épidémie de peste calabraise de 1743–1744, la vigilance est renforcée à Marseille et les quarantaines durcies pour les navires en provenance de cette région. Puis, devant le recul de l'épidémie, les autorités prennent en considération les enjeux commerciaux. Ainsi Maurepas écrit-il aux intendants de la santé de Marseille : « […] je ne vous sçay pas moins de gré de l'attention que vous apportés à faire cesser les précautions contre la peste lorsqu'elles deviennent inutiles et onéreuses au commerce, que de votre vigilance à les établir lorsqu'elles vous paroissent nécessaires à la santé du Royaume ».[75] Il s'agit pour les intendants de trouver un équilibre, une voie médiane entre sécurité sanitaire et prospérité commerciale.

---

74 « Pacotille », *Centre national de ressources textuelles et lexicales* [consulté le 15.05.2023], URL : https://www.cnrtl.fr/definition/pacotille.
75 AD13, 200 E 287, lettre de Maurepas, 30 mai 1745.

Tableau 9 : Durée de la quarantaine des navires en provenance de Constantinople : Mémoire sur le bureau de la santé de Marseille et sur les règles qu'on y observe, Marseille, Brebion, 1731, p. 45 (ACCIAMP, G 20).

Bâtiments, effets, sujets à la quarantaine	Nombre de jours (patente nette)	Nombre de jours (patente soupçonnée)	Nombre de jours (patente brute)
1. Bâtiments avec marchandises	28	30	30
1.1 Marchandises	38	40	40
1.2 Passagers	28	30	30
2. Bâtiments avec denrées sans pacotilles	18	20	30
2.1 Passagers	18	20	30
3. Bâtiments avec denrées avec pacotilles	23	28	30
3.1 Pacotilles	33	40	40
3.2 Passagers avec pacotilles	28	28	30

Les patentes de santé participent à la vigilance et au contrôle de la mobilité individuelle en Méditerranée. Elles illustrent le mouvement de production de documents d'identification qui se concrétise à l'époque moderne sur la côte méditerranéenne. Gilbert Buti constate que les ports provençaux s'intéressent davantage à la provenance d'un navire avec équipages, passagers et marchandises qu'à l'identification individuelle des gens par des fiches d'identité.[76] Ceci est particulièrement vrai pour les navires en provenance du Levant et de Barbarie. Néanmoins, le système des patentes de santé n'est pas réservé à la navigation transméditerranéenne, mais également au petit cabotage sur la côte méditerranéenne française. Au milieu du XVIIIe siècle, une ordonnance royale décrit cette vigilance renforcée :

> Tout Capitaine, Patron ou Marinier naviguant d'un Port à un autre des Provinces de Provence, Languedoc & Roussillon, sera obligé, avant son départ, de prendre une patente de santé, contenant le nombre d'hommes qui composeront son équipage, [...] & ne pourra embarquer aucuns passagers, s'ils ne sont pourvûs d'une patente de santé, laquelle ne pourra être expédiée qu'en vertu d'un billet que lesdits passagers auront pris préalablement au Bureau

---

[76] Buti, Contrôles sanitaire et militaire, pp. 169–174.

des Classes, pour justifier qu'ils se sont présentés audit Bureau, & qu'ils y ont été inscrits sur le rôle d'équipage, conformément à ce qui est porté par le règlement du 2 mars 1737.[77]

Dans le cas de la navigation côtière, tant l'équipage que les passagers sont soumis à un traçage. La patente de santé ne renvoie plus simplement au lieu de provenance, mais considère l'état sanitaire de chaque passager qui doit être justifié par un billet. Ainsi, la patente n'est plus liée uniquement au navire, mais aussi aux individus voyageant par voie maritime. Le recours aux billets de santé s'est en effet généralisé durant l'épidémie de 1720–1722. Il en sera question dans la dernière partie du travail sur la vigilance en temps de peste. L'article II de l'ordonnance royale sur les patentes exige des capitaines, lors de leur déclaration, une information exhaustive sur les événements vécus durant le trajet :

> Lesdits Capitaines, Patrons ou Mariniers feront viser leur patente par les Officiers de la santé, dans tous les Ports où ils relâcheront ; et seront leur déclaration non-seulement du lieu de leur départ, des relâches qu'ils auront faits pendant leur route, mais encore des Bâtimens qu'ils auront rencontrés, soit qu'ils ayent communiqué avec eux ou non, sous les peines portées dans le précédent article.[78]

À défaut de pouvoir analyser des larges séries de patentes de santé (les archives ne contiennent généralement que des exemples épars, comme sur la figure 6), l'historien peut en mesurer la circulation relativement facilement grâce aux correspondances, aux mémoires et aux dépositions des capitaines. Elles concourent à faire de la Méditerranée une mer intérieure et contingente où s'exerce une vigilance toute particulière face à la menace de peste. Guillaume Calafat considère que les patentes de santé participent de cette transformation de la Méditerranée en « une mer de procédures et de papiers où la surveillance des navires, alliée à la projection souveraine des États sur l'espace maritime adjacent, n'est pas sans entraîner une forme de "juridictionnalisation" des mers […] ».[79]

---

77 AD13, C 4405, *Ordonnance du Roy, portant Réglement au sujet des Patentes de santé que les Capitaines, Patrons & autres Mariniers qui naviguent d'un port à l'autre de Provence, Languedoc & Roussillon, doivent prendre, tant pour eux que pour les Passagers qu'ils embarquent*, 28 janvier 1748, article I.
78 Ibid., article II.
79 Calafat, *Une mer jalousée*, p. 314.

Figure 6 : Patente de santé signée par les consuls d'Agde (AMM, GG 226).

4.4 Des quarantaines en l'absence de lazaret

Il paraît de prime abord impossible de dissocier l'histoire des quarantaines et celle des lazarets. Dans le cas normal d'une quarantaine à Marseille ou à Toulon, les marchandises et les passagers passent quoi qu'il arrive par la case lazaret, même après une quarantaine sur le navire. Pourtant, le cas sétois montre qu'il peut y avoir un lazaret sans quarantaine puisqu'il n'a pas ou très peu été utilisé. Cependant, l'objectif de ce sous-chapitre est de démontrer qu'il a existé des quarantaines en l'absence de lazaret. Ce n'est pas un cas souhaité par les autorités sanitaires, mais la quarantaine improvisée est un procédé bien attesté historiquement. À cette occasion, la nécessité d'être vigilant est plus importante, car les structures faisant office de barrières sanitaires sont absentes. La quarantaine hors lazaret interroge également sur la capacité d'adaptation des autorités sanitaires locales face à un imprévu tel qu'un naufrage ou un dégât à un navire qui oblige le capitaine à accoster dans un endroit inadéquat.

Le naufrage constitue en premier lieu un danger économique sur la côte méditerranéenne française. Alain Cabantous relève que le naufrage est la genèse du pillage. Si tout naufrage ne provoque pas automatiquement une exaction, tout pillage riverain résulte d'un naufrage préalable d'antériorité variable.[80] Face à la menace des pirates et corsaires, la Provence et le Languedoc se dotent de postes de guet matérialisés par des tours ou logettes communiquant les unes avec les autres par des signaux.[81] Mais le naufrage constitue également une menace sanitaire. La crainte de la contagion et l'impossibilité immédiate de procéder à une quarantaine en bonne et due forme obligent les autorités sanitaires à prendre des mesures d'urgence.

Dans le Roussillon, cette capacité d'adaptation est particulièrement sollicitée en 1747 lorsque la polacre *La Vierge du Carme* venant de Barbarie est attaquée par une frégate anglaise et que l'équipage restant, laissé sans vivres, accoste à Collioure. Les quinze matelots sont mis en quarantaine sur l'île Saint-Vincent sous la surveillance d'une sentinelle pour une durée de 18 jours. Les matelots sont parfumés et purifiés au moyen de plantes aromatiques et de vinaigre avant d'être libérés et reçoivent enfin un certificat qui leur permet de circuler.[82] Lorsqu'il n'y a pas d'île à proximité, les autorités sanitaires doivent trouver une alternative. C'est le cas en 1764 lorsqu'un chébec algérien s'échoue à Saint-Laurent-de-la-Salanque. L'équipage, en état d'hypothermie et de sous-nutrition, est transféré dans quatre bergeries à proximité du village, sous le contrôle d'hommes de troupe et de paysans.[83]

Des cas de naufrage débouchant sur des quarantaines improvisées sont également attestés en Languedoc et en Provence. Ainsi, l'intendant du Languedoc Bernage informe les intendants de la santé de Marseille de l'accident suivant :

> Je vois avec plaisir Messieurs par la lettre que vous m'avez fait l'honneur de m'ecrire le 11 de ce mois que vous avez approuvé la conduite des intendants de la santé a agde, a l'occasion du naufrage de la barque de patron antoine Raneurel, et que vous trouvez juste que les personnes de l'équipage qui ont echapé fassent la quarantaine sous leurs yeux, je ne doute pas qu'ils ne se conforment exactement a tout ce que vous leur avés marqué a cet egard, et a ce que je leur en mande moy même.[84]

Lorsqu'un vaisseau suédois venant de Salé (Maroc actuel) chargé de laine s'échoue sur les côtes arlésiennes, le lieutenant de l'amirauté d'Arles et les consuls gouver-

---

80 Cabantous, *Les côtes barbares*, p. 29 et s.
81 Ibid., p. 37.
82 Saqué, La gestion du risque de peste, p. 171 et s.
83 Ibid., p. 172 et s. Voir également Lunel, Pouvoir royal et santé publique, p. 369.
84 AD13, 200 E 346, lettre du 15 septembre 1739.

neurs de la même ville sont empruntés et demandent aux intendants de la santé de Marseille la procédure à suivre. Ils rapportent qu'ils ont trouvé douze hommes de l'équipage (sept Suédois et cinq Turcs) nus et broutant de l'herbe, après s'être sauvés à la nage. Ils les ont mis en quarantaine dans la tour Saint-Louis sous la surveillance de gardes. De plus, dix à douze corps morts ont été retrouvés flottant sur l'eau.[85] Visiblement peu habitués à la procédure sanitaire en cas de naufrage, les consuls gouverneurs de la ville d'Arles expriment leurs doutes :

> Tous ces differents cas dont nous n'avons pas l'experience ny les moyens de prendre les suretes convenables, nous engagent de vous prier, Messieurs, de vouloir bien prescrire tout ce qu'il convient faire en pareille occasion par raport à la santé. Si vous jugiés à propos, Messieurs, que les hommes puissent etre transferés a votre lazaret, la sureté y seroit toute entiere, nous attendons sur le tout votre determination.[86]

Avant la réponse des intendants de la santé de Marseille, les autorités arlésiennes doivent agir selon leur propre jugement. La quarantaine qu'elles imposent aux passagers suédois et turcs comporte des coûts qui sont répertoriés : nourriture, tabac, savon, mulets (pour porter les vivres de la ville à la tour Saint-Louis), gardes. La quarantaine dure un mois (du 27 avril au 26 mai 1750) et s'élève à 531 livres, 6 sols, 6 deniers. Les consuls d'Arles paient ces frais mais sont par la suite remboursés par les intendants de la santé de Marseille. L'intendant de la santé Remuzat atteste avoir reçu un remboursement de Butiny, consul de Suède, d'une somme de 314 livres, 18 sols et 6 deniers qu'il se charge de faire parvenir aux consuls d'Arles.[87]

Outre le naufrage, un autre imprévu lié au navire peut entraîner une quarantaine hors lazaret : le dégât ou la défectuosité d'un bâtiment. La correspondance des intendants de la santé de Cassis en offre plusieurs exemples. Ils écrivent par exemple à propos de la barque *Saint-Michel* commandée par le capitaine Guillaume Bremond qui arrive de Tunis avec une patente nette :

> Il [le Capitaine Bremond] nous a prié, Messieurs, de vous demander pour luy la grace de faire icy sa quarantaine. L'estat ou sa barque se trouve ne luy permet d'aller a Marseille qu'avec danger. Son grand mât est rompu, et s'il faut necessairement qu'il y aille ce n'est qu'avec beaucoup de peine et de [peur]. Nous vous prions donc, Messieurs, de vouloir bien consentir qu'il fasse icy sa quarantaine sur laquelle nous veillerons avec attention.[88]

---

85 AD13, 200 E 350.
86 Ibid., lettre du 3 mai 1750.
87 Ibid., lettre du 18 juin 1750.
88 AD13, 200 E 369, lettre du 17 janvier 1723.

Il convient également de mentionner la mésaventure du capitaine Longis qui, parti de Cassis en direction de Marseille pour aller y effectuer sa quarantaine, « trouva dans sa route le vent si contraire qu'il fut obligé de revenir son petit vaisseau ayant une voye d'eau ».[89] Une quarantaine à Port-Miou, port de Cassis, semble être une solution plus prudente.

Aux problèmes affectant les navires, il faut encore ajouter les difficultés frumentaires. Une pénurie alimentaire peut en effet entraîner une quarantaine hors du lazaret si le port qui reçoit le navire est menacé de famine et souhaite se réapprovisionner. C'est particulièrement le cas à Cassis en 1709. Après le « grand hiver » de 1708–1709, les problèmes frumentaires sont tels qu'en avril 1709, les autorités de Cassis retiennent dans leur port un bâtiment chargé de blé et expliquent que « lextreme necessité dans la quelle nostre lieu se trouve reduit nous a contraint de le retenir icy pour secourir tous nos habitans ».[90] De plus, elles demandent l'autorisation de faire la quarantaine dans leur port, d'y décharger le blé et proposent que le navire finisse sa quarantaine à Marseille. Elles précisent enfin : « Nous n'aurions osé retenir le Batiment si lextreme besoin ne nous y eut engagé. »[91]

Ces quarantaines particulières remettent en question le monopole marseillo-toulonnais et entretiennent les prétentions sanitaires des ports de la côte. Les uns se soumettent volontiers à ce monopole tandis que d'autres ne cachent pas leur opposition. En 1742, les intendants de la santé de Sète, qui s'étaient sentis lésés par les intendants de la santé de Marseille quelques années auparavant, semblent se conformer au monopole en promettant de refuser l'entrée dans leur port à tous les navires en provenance de Gibraltar et de Mahon ainsi qu'à ceux qui ont été visités par les Anglais lors de leur trajet en Méditerranée. Ils s'engagent à les renvoyer systématiquement vers Toulon ou Marseille.[92] Il en va de même en Arles, où les consuls gouverneurs ont commis des personnes de confiance à l'embouchure du Rhône avec ordre de renvoyer à Marseille ou à Toulon tous les bâtiments venant du comté de Nice, de Villefranche ainsi que tous les vaisseaux anglais ou visités par ceux-ci. Le sieur Rouvière est chargé de filtrer les navires et de laisser passer uniquement ceux qui ne sont pas sujets à la quarantaine.[93]

Dans d'autres cas, le monopole est largement contesté et le secrétaire d'État de la Marine est obligé d'intervenir pour calmer les tensions. À titre d'exemple, les

---

89 Ibid., lettre du 7 juillet 1723.
90 Ibid., lettre du 18 avril 1709.
91 Ibid.
92 AD13, 200 E 352, lettre du 28 avril 1742.
93 AD13, 200 E 350, lettres du 8 et du 10 juillet 1742.

intendants de la santé d'Antibes pointent les dangers sanitaires liés au monopole marseillo-toulonnais. Ils avancent que l'obligation de se rendre à Marseille ou à Toulon depuis Antibes augmente les risques d'être visité par un navire anglais et demandent l'autorisation de recevoir dans leur port la quarantaine des bâtiments de Provence et des courriers espagnols venant d'Italie.[94] Les intendants de la santé de Marseille s'étant opposés à cette demande et l'ayant relayée à Maurepas, ce dernier désapprouve également la prétention antiboise. «Il m'a paru comme a vous qu'il seroit dangereux pour la santé de permettre ces quarantaines particulieres» écrit-il à Marseille.[95]

4.5 Le recours à la quarantaine en temps de peste

Le recours à la quarantaine n'est pas uniquement un procédé maritime propre aux côtes. Jane Stevens Crawshaw explique que, du XVe au XVIIIe siècle, les villes ont entrepris des quarantaines tant maritimes que civiles, souvent dans le même espace institutionnel.[96] Néanmoins, sur la côte méditerranéenne française, si les quarantaines maritimes sont permanentes, les quarantaines civiles sont avant tout une réponse à une épidémie déclarée. Il s'agit d'une action pragmatique et radicale face à une maladie en train de se répandre comme une traînée de poudre.

Cependant, décréter une quarantaine générale face à une épidémie n'est pas un automatisme car les conséquences économiques peuvent être lourdes. Jean Delumeau insiste sur cette passivité qui caractérise les débuts d'épidémies : «Car la quarantaine pour une ville signifiait difficulté de ravitaillement, effondrement des affaires, chômage, désordres probables dans la rue, etc. Tant que l'épidémie ne causait encore qu'un nombre limité de décès on pouvait encore espérer qu'elle régresserait d'elle-même avant d'avoir ravagé toute la cité.»[97] C'est ce qui se produit à Marseille en 1720. La peste arrive fin mai, mais elle n'est reconnue que deux mois après, si bien que Marseille est mise en interdit (donc isolée du reste du royaume de France) le 31 juillet 1720, alors que la peste s'est déjà largement répandue dans la ville et au-delà.[98]

De plus, l'irruption de la peste entraîne une reconfiguration de la quarantaine. Le lazaret de Marseille n'est plus la seule institution censée renfermer la conta-

---

[94] AD13, 200 E 287, copie de la lettre des intendants de la santé d'Antibes au comte de Maurepas, 31 août 1743.
[95] Ibid., lettre de Maurepas du 5 octobre 1743.
[96] Stevens Crawshaw, The Places and Spaces, p. 16.
[97] Delumeau, *La peur en Occident*, p. 109.
[98] Biraben, *Les hommes et la peste*, T. 1, p. 233.

gion, mais cette responsabilité est étendue à d'autres structures urbaines telles que les hôpitaux. Habituellement structure d'accueil et de charité, l'hôpital se voit transformé en lazaret, dont la prétention est davantage la protection de la collectivité que la cure ou l'accueil. La charité cède du terrain au profit de la mise en place d'une police sanitaire.[99] L'hôpital de peste est temporaire et cristallise la lutte face à l'épidémie lorsqu'elle sévit. Il s'inscrit dès lors dans une vigilance de courte durée, censée endiguer la propagation du fléau par des mesures radicales. Fleur Beauvieux a récemment démontré le rôle de ces hôpitaux temporaires en dépit des limites archivistiques dues tant à la désorganisation liée à l'état de peste qu'à l'incendie des archives municipales de Marseille en 1941, qui a détruit plus du tiers du fonds GG/Santé.[100] Les sources restantes et leur croisement avec les « relations de peste » et les fouilles archéologiques permettent de situer avec précision les hôpitaux de peste dans l'espace urbain marseillais.[101] Fleur Beauvieux distingue les hôpitaux de peste eux-mêmes (Infirmeries, Rive Neuve, Convalescents, Hôtel-Dieu, Charité, Mail) et les maisons de convalescence qui sont, à une exception près, des couvents réquisitionnés par la municipalité (Augustins réformés, Observance, Enfants abandonnés, Minimes).[102]

Les quarantaines du temps de peste ne se limitent pas à Marseille mais concernent l'ensemble de la côte méditerranéenne française ainsi que l'arrière-pays provençal et languedocien. À Toulon, devant les progrès de la contagion, les fêtes de Noël 1720 sont supprimées et la quarantaine générale est décrétée le 28 janvier 1721. Les Toulonnais sont confinés chez eux et nourris par 600 « pourvoyeurs » (généralement des galériens) sillonnant quartiers et faubourgs.[103] À La Valette, petite bourgade proche de Toulon étudiée en profondeur par Gilbert Buti, le conseil de ville admet fin mars 1721 que la peste est dans le bourg et décrète la quarantaine générale de la population (Buti parle de « grand renfermement » ou « serrado ») : les habitants sont enfermés dans leur demeure, leurs sorties sont réglementées, un chirurgien est désigné pour rendre visite aux malades, tandis que les autorités de la cité sont enfermées à l'intérieur de l'hôtel de ville pour prendre des décisions.[104] Dans ce cas précis, on peut se questionner sur l'efficacité de la quarantaine générale qui a été décrétée à la fin de la période d'incubation et

---

99 Hildesheimer/Gut, *L'assistance hospitalière*, p. 33.
100 Beauvieux, Constitution, pp. 158–160.
101 Ibid., p. 161.
102 Ibid., p. 165 et pp. 167–169 (listes et plans).
103 Vergé-Franceschi, 1720–1721 : la peste ravage Toulon, p. 60.
104 Buti, Structures sanitaires, p. 71.

qui, s'apparentant à un «suicide collectif», a condamné deux tiers de la population à mourir à l'intérieur des murs de la bourgade.[105]

En Agde, des mesures d'exception sont également prises : les portes de la ville sont fermées et gardées, des baraques avec des sentinelles forment un cordon sanitaire, on procède au nettoyage des rues, et enfin on surveille marchandises et équipages grâce à un lazaret construit à proximité du Grau.[106] Un mémoire nous renseigne sur la situation et le fonctionnement de ce lazaret peu connu. Il consiste en des hangars situés entre la ville d'Agde et Le Grau où les navires font quarantaine. Ces hangars sont bordés d'une palissade haute de huit pieds et d'un fossé large et profond. Le lazaret est dirigé par un capitaine choisi parmi les habitants de la ville. Il se place à la tête des portefaix, responsables du transport des marchandises. Ces dernières sont soumises à des droits de quarantaine pour dédommager la communauté de la dépense exceptionnelle.[107] Il est aisé de constater des points communs avec le lazaret de Marseille, à la différence près que ce dernier fonctionne de manière continue. L'urgence entraîne toutefois la nécessité de multiplier les lazarets et un resserrement de la vigilance sur toute la côte.

Un lazaret provisoire est également édifié à Béziers. Ouvert le 28 mars 1722, le lazaret de Béziers fonctionne selon un système de classes, c'est-à-dire de groupes qui font la quarantaine. La première classe est ouverte le 28 mars, la deuxième le 11 avril et la troisième le 21 avril. Ainsi, les personnes et marchandises sont reçues environ chaque 10 jours pour permettre un flux continu.[108] Cette quarantaine est relativement bien documentée puisqu'on connaît le détail des employés et de leurs appointements (tableau 10) ainsi que l'état des personnes entrées dans le lazaret à une date précise (tableau 11).

---

[105] Ibid., p. 73 et 75.
[106] Gaussent, Agde pendant la peste de Marseille, pp. 225–227.
[107] AD34, C 603, *Memoire contenant la maniere dont les marchandises venant de Marseille feront quarantaine au port d'Agde*, s. d.
[108] AD34, C 603, *Quarantaine de Béziers*.

Tableau 10 : État des appointements qui seront payez aux employés de la quarantaine etablie a Beziers a commencer du jour de leur installation sur le produit des droits de la quarantaine et les ordres de M. Hocquard Commissaire ordonnateur (AD34, C 603).

Employés de la quarantaine	Appointements (livres)
Sieur Dolgues, directeur	150
Sieur Bailhot, sous-directeur	100
Père Mouchet, aumônier	50
Frère Denis, son compagnon qui fera la recette des droits	30
Sieur Farin, chirurgien	50
Sieur Savoye, garde magasin	50
Brunet, garde	30
Gouiran, garde	30
Marguaillan, garde	30
Parfumeur	30
Caporal de garde	48,15
Total	598,15

Tableau 11 : État des personnes entrées au lazaret de Béziers le 1er juin 1722 (AD34, C 603).

- M. Desbouchet, Capitaine au régiment de Nouailles Cavalerie, avec son valet et ses hardes venant de Beaucaire
- Messires Pierre Roch et André Millot, docteurs en médecine venant de Montpellier
- M. De Rat, ancien conseiller au présidial de Montpellier venant de Pézenas
- Le sieur Jacques Hauty du lieu de Dieu le fils en Dauphiné, venant de Grenoble
- Dominique Dayt de Bellebrune, soldat au régiment de Blefois Compagnie de la Motte venant du St Esprit
- Bernard Loup dit Champagne, soldat audit régiment de ladite Compagnie venant du même lieu
- Pierre Bret, soldat audit régiment de la compagnie de Grissac venant du même lieu
- Anne Marie Robertin native de Comberg en Prusse avec son enfant venant de Tournon
- Guillaume Fort, petit garçon venant du St-Esprit
- Le sieur Bellegarde, marchand de Tours en Touraine, venant de Montpellier

Les règles à appliquer lors de la quarantaine de Béziers sont très strictes. Les voituriers et conducteurs des marchandises sont tenus d'apporter des certificats de santé qui doivent être purifiés dans un baquet rempli de vinaigre. Les personnes ainsi que leurs hardes sont parfumées en entrant et en sortant de la quarantaine. Le directeur et le sous-directeur de la quarantaine tiennent le registre des personnes et des marchandises qui entrent en quarantaine. En ce qui concerne la dimension religieuse, un aumônier est chargé de célébrer la messe et d'administrer les sacrements aux officiers et employés. Sont également présents un médecin et un chirurgien pour prendre en charge les éventuels malades. Enfin, les gardes sont choisis parmi « des gens forts et robustes qui soient en estat de faire toutte la mannoeuvre et les operations de la quarantaine a legard des marchandises ».[109]

À l'instar de Béziers, Montpellier est épargnée par la peste de 1720 grâce à l'instauration d'une police exceptionnelle et des mesures efficaces telles que l'expulsion de personnes potentiellement contaminées, le strict contrôle du commerce ou encore des quarantaines sur les personnes et les marchandises.[110] Saint-Tropez voit la peste rôder autour d'elle mais en réchappe de justesse. En effet, dès septembre 1720, trois Tropéziens reviennent de Marseille après s'y être contaminés et succombent aux portes de la ville. Mais Saint-Tropez est préservée grâce à des quarantaines individuelles efficaces.[111]

En plus des quarantaines dans les villes côtières, il convient également de relever que l'arrière-pays languedocien a également recours à cette méthode pour empêcher la propagation de la peste. La quarantaine générale y est même systématisée en 1722 dans les villes touchées par la peste, par un arrêt du conseil d'État du roi « portant défenses aux Habitants des Villes, Bourgs & Villages de la province du Languedoc, qui ont été affligez du Mal contagieux, de sortir des Maisons qu'ils habitent, pour aller demeurer dans d'autres, ni en faire transporter leurs Meubles, Hardes ou Marchandises, pendant le cours de la présente année, sans en avoir préalablement obtenu la permission ».[112] Une fois la contagion passée, la vigilance demeure face aux mouvements d'individus et de marchandises qui pourraient raviver l'épidémie.[113] À Mende, un regain de l'épidémie se produit en août 1722 peu

---

109 AD34, C 605, *Memoire concernant letablissement de la quarantaine de Beziers*, s. d. (pour l'ensemble du paragraphe).
110 Vidoni, The Plague, p. 82.
111 Les trois individus en question sont Anne Raybaud qui « faisait quarantaine dans le bateau du patron Coste » (8 septembre), Jean Joseph Meiffredi « en quarantaine à la bastide de la madrague » (11 septembre) et Jean Augier (23 septembre), également quarantenaire à la madrague. Les intendants de la santé les font mettre en terre « au port des Canebiers, proche de la madrague » : Buti, *Les Chemins de la mer*.
112 AD34, C 589, *Arrest du conseil d'Estat du Roy*, 10 février 1722.
113 Le même arrêt note « qu'à l'occasion des Demenagemens qui se font en Languedoc, on remue souvent des Meubles & Hardes qui étoient dans l'oubli, pour les transporter d'une Maison à une autre ; lesquels cependant étant peut-être infectez, pourroient faire revivre la Contagion » : Ibid.

avant l'expiration de la quarantaine générale. Il s'ensuit des mesures de type hygiéniste : recherche des effets suspects afin de les brûler, nettoyage des rues et des maisons afin d'évacuer les immondices et désinfection générale des maisons au parfum et à la chaux vive.[114]

Outre les quarantaines générales, l'arrière-pays a parfois recours à des quarantaines dans des lieux isolés, souvent des points de passage où il s'agit de contrôler le trafic de marchandises et les passagers. Nombreux sont les projets de quarantaine ou du moins la recherche de lieux adaptés aux quarantaines, sans que les sources permettent d'établir si la quarantaine a véritablement été effective. C'est le cas par exemple de la *Maison du Masneuf*, située à proximité de l'Allier et du pont de Langogne, dont la description rigoureuse indique :

> Lemplacement du masneuf est parfaitement beau pour y establir une quarantaine, et plus convenable que tout autre endroit, soit parce qu'il est fort eslevé dans un lieu sec, soit aussi parce que les personnes et marchandises, peüvent y arriver de tous les côtés du gevaudan, par le pont de lallier, quelque temps qu'il fasse, et sans aucune communication, n'y ayant pas de maison en vivaret, entre le pont, et le masneuf.[115]

Dans la même région, la quarantaine au château de Mazigon a en revanche bel et bien fonctionné. Maison carrée avec une grande cour à proximité d'un grand bois, cet édifice avait le profil idéal pour accueillir une quarantaine : grande taille, espace compartimenté en de nombreuses pièces pour les quarantenaires, isolement du lieu, chapelle, cave pouvant renfermer les parfums, fontaine, granges pour éventer les marchandises, etc.[116] Cette quarantaine est placée sous la responsabilité d'un directeur de quarantaine, Antoine Gauteron, qui applique les ordres de l'intendant de la province du Languedoc Bernage. Elle mobilise, en plus du directeur, un sous-directeur, un commis à la direction, un aumônier, un parfumeur ainsi que des gardes remplissant plusieurs fonctions en lien avec les marchandises (crocheteurs, plieurs, emballeurs).[117] Il s'agit en outre d'une quarantaine temporaire puisque, lorsque les lignes sanitaires sont levées le 1er décembre 1722, elle devient aussitôt caduque.[118]

Les sources permettent également de documenter la quarantaine de la Valensolle près de Tournon. Ordonnée par un arrêt royal du 20 janvier 1722, cette

---

[114] AD34, C 589, *Instruction pour la nouvelle quarentaine de la ville de Mende*, 5 octobre 1722.
[115] AD34, C 603, *Description de la maison du masneuf scituée sur une hauteur a 200 pas de la Riviere de lallier et a 500 pas du pont de Langogne*, s. d.
[116] AD34, C 603, *Description du chateau de Mazigon scitué dans la paroisse de St clement, et dans la plaine, a un demy quart de lieüe de pradelles et a demy lieüe du pont de langogne*, s. d.
[117] AD34, C 603, *Estat des employes qui seront necessaires a la 40^{ne} de Mazigon*, s. d.
[118] AD34, C 11855, *Rapport d'Antoine Gauteron sur la quarantaine de Mazigon*, 10 décembre 1722.

quarantaine est placée sous la tutelle du duc de Roquelaure, commandant pour sa Majesté dans la province du Languedoc, et de l'intendant du Languedoc Bernage. Elle fait office de point de contrôle pour les marchandises à destination de Lyon. Son fonctionnement est sélectif : les vins, les huiles, les olives, les anchois, eaux de vie, eaux distillées et autres liqueurs sont dispensés de quarantaine à Tournon, mais leurs contenants (tonneaux, futailles) sont incendiés hors de la ville ou mouillés avec de la chaux vive. Par conséquent, ils doivent être refaits à neuf à Tournon. Les savons, les raisins, la manne, les drogues servant à la médecine ou à la teinture et les fruits de toutes espèces sont désemballés, mis hors des caisses et éventés pendant dix jours. L'évent peut même atteindre vingt jours dans le cas des étoffes de laine, draperies et soieries.[119]

Les quarantaines temporaires tiennent leur comptabilité et veillent à l'équilibre financier. Les plus grosses dépenses concernent les appointements du personnel engagé pour la quarantaine auxquelles il faut ajouter le matériel (achat de parfums par exemple). Les recettes sont essentiellement constituées des droits de quarantaine réglementés comme suit par l'intendant Bernage : 30 sols par personne pour le parfum ; 30 sols pour chaque quintal de marchandises (20 pour le droit de garde, 10 pour le parfum) ; 5 sols pour chaque sceau apposé sur les balles, ballots et paquets avant de sortir de la quarantaine ; 10 sols pour chaque tonneau flambé ou mouillé avec de l'eau de chaux vive ; 5 sols pour chaque baril flambé ou mouillé avec de l'eau de chaux vive.[120] Enfin, à l'issue d'une quarantaine temporaire, les marchandises restantes sont généralement vendues aux enchères. La quarantaine de la Valensolle en offre un bon exemple :

> Le Public est adverti que les matériaux, et les effets de la quarantaine de la Valensolle pres la ville de Tournon, seront vendus en gros ; ou en detail, et que l'adjudication en sera faite au plus offrant, et dernier encherisseur le mardy 15ᵉ du mois de Juin, de la presante année 1723 par Monsieur Dumolard Subdelegue de l'intendance ; les materiaux consistants en bois de charpente, planches, & tuilles, et les effets en une grande chaudiere de cuivre, des grandes et grosses Verges de fer, des grands rideaux de corde, plusieurs licts, & tables de bois de sapin.[121]

---

119 AD34, C 589, *Arrest du Conseil d'Estat du Roy du 20 janvier 1722 pour l'Establissement d'une Quarantaine à Tournon.*
120 AD34, C 605, Ordonnance de Bernage sur les droits de quarantaine qui doivent être payés aux quarantaines de Béziers, Agde, Cette et Tournon, 12 février 1722. Il est précisé : « Le payement desdits Droits sera fait sans délai, à fur & à mesure des opérations, & le produit employé, en premier lieu, au payement des Appointemens des Aumonier, Directeur, Sous-Directeur & autres Commis de la Quarantaine à l'effet de quoi ils seront perçûs par celui qui sera par Nous commis, lequel en rendra compte ».
121 AD34, C 11855.

L'épidémie de peste et la multiplication des quarantaines posent la question de la temporalité de la vigilance. Lorsque la peste est une menace à éviter, les quarantaines sont exclusivement maritimes et sont gérées par les intendants de la santé des villes côtières. Ces derniers sont au cœur de réseaux de communication et d'information, et échangent de manière particulière avec le secrétariat d'État de la Marine, qui supervise à distance la prévention face à la peste et qui s'appuie sur la vigilance des mêmes intendants.

Le pouvoir central ne peut se passer des autorités locales et la centralisation, même si elle représente une forte tendance, ne se fait pas au détriment des instances locales. Il semble plus adapté de parler de concentration, comme cela a été évoqué dans le chapitre précédent. Cette concentration des prérogatives sanitaires par l'État est particulièrement visible lors d'une épidémie déclarée et, de manière paradigmatique, lors de l'épidémie de 1720–1722. Les quarantaines constituent un des moyens (avec les billets de santé et la mobilisation des troupes, points sur lesquels je reviendrai) auxquels la couronne a recours pour gérer une crise épidémique. Selon Cindy Ermus, cette réponse forte du pouvoir central n'est pas une surprise et s'inscrit dans le cadre d'une bureaucratie plus professionnelle et plus intrusive. La gestion de l'épidémie provençale serait dès lors une des réponses étatiques les plus précoces et les plus prononcées à un désastre d'envergure européenne.[122]

Cette concentration des préoccupations sanitaires illustre également la politisation du phénomène. Le XVIIe siècle marque un tournant important à cet égard. Auparavant, on cherche avant tout à se protéger de la peste au niveau municipal, alors qu'au XVIIe siècle, la constitution de l'État, tant au niveau territorial qu'administratif et institutionnel, permet l'émergence des politiques de santé. Les ressources dévolues à la santé sont plus importantes, les mesures de quarantaine se perfectionnent et la communication institutionnelle se resserre. La lutte contre la peste devient une affaire d'État et la prévention se produit même de manière transnationale.[123] S'il y a bel et bien politisation et concentration de la lutte contre la peste, il est difficile d'admettre l'instrumentalisation de la peste à des fins disciplinaires que suggère Michel Foucault.[124] Bien plus, et les quarantaines traitées dans ce chapitre en sont une illustration particulière, l'État a voulu offrir une réponse pragmatique face à un problème réel dans le but de garantir la santé publique. Les quarantaines constituent naturellement des mesures coercitives, mais elles sont mises en place moins pour leur caractère disciplinaire que pour

---

122 Ermus, The Plague of Provence.
123 Dinges, Pest und Politik, pp. 304–306.
124 Foucault, *Surveiller et punir*, p. 200.

leur efficacité, empiriquement constatée, à lutter contre la contagion. D'ailleurs, les quarantaines générales de villes ou les quarantaines installées à des points stratégiques comme à Tournon sont limitées dans le temps, et généralement révoquées par une décision royale ou provinciale. L'État n'a aucun intérêt à voir les quarantaines se prolonger et les lève dès que la situation sanitaire le permet, pour ne pas entraver le commerce trop longtemps.

La quarantaine civile apparaît dès lors comme un ordre social temporaire forcé, résultat d'une situation exceptionnelle qui prend les traits d'une normalité secondaire[125], au contraire de la quarantaine maritime qui ne concerne que l'équipage et les passagers des navires (ainsi que les marchandises et le navire lui-même) et qui s'effectue de manière permanente face à la menace de peste constamment présente.

4.6 La quarantaine projetée : une extension de la vigilance hors du cadre provençal et languedocien

Si, dans la France du XVIIIe siècle, la côte méditerranéenne constitue indéniablement le pôle de la vigilance sanitaire, il faut relever que la côte atlantique (ou Ponant) a également recours à la quarantaine pour prévenir la peste, mais de manière moins systématique car elle n'est pas confrontée directement à la menace de peste. Cela résulte de deux facteurs : le monopole marseillo-toulonnais pour le commerce avec le Levant et la Barbarie, qui concentre la majorité des navires suspects sur les deux ports méditerranéens en est certainement le facteur principal. À cela, Françoise Hildesheimer ajoute la plus longue traversée qui tient lieu de barrière sanitaire.[126]

Le Ponant ne connaît donc pas les mêmes institutions permanentes que le Levant. À Bordeaux et à La Rochelle par exemple, l'annonce d'une épidémie provoque la mise en place de bureaux de la santé et de quarantaines pour les navires suspects. Lorsque la peste frappe le Languedoc en 1721, les mesures maritimes sont complétées par des mesures urbaines avec l'installation de gardes aux portes de la ville et une circulation interdite sans billet de santé. La vigilance est particulièrement forte envers les pauvres, les étrangers et les mendiants.[127] Il s'agit

---

125 L'expression luhmanienne de « sekundäre Normalität » est employée par Franz Mauelshagen pour caractériser les lois de la situation d'exception dont font partie les quarantaines, les interdictions de rassemblement ou encore l'enterrement des morts dans des fosses communes effaçant la culture du souvenir individuel posthume. Voir Mauelshagen, Pestepidemien, p. 259 et s.
126 Hildesheimer, *La terreur et la pitié*, p. 32.
127 Barry/Even, Perceptions et réactions, p. 70 et 73.

cependant uniquement de mesures temporaires qui disparaissent aussitôt le danger évacué. La peste n'a d'ailleurs pas touché ces deux villes.

Il convient néanmoins de mentionner une exception, Le Havre, qui est la seule ville du Ponant à s'être dotée d'un système anti-peste permanent. Dès le XVIe siècle est attesté un lazaret Saint-Roch, qui devient obsolète au XVIIIe siècle. Un autre lazaret est édifié dans la rade du Hoc en amont de la ville en 1713 (quelques années après la peste baltique de 1709-1711), doté des installations suivantes : mur de clôture, 17 chambres de malades, corps de garde, logement du capitaine, chapelle, 12 bureaux, magasin à poudre.[128] Relativisant la surexposition phocéenne liée aux sources, Claire Rioult a démontré que Le Havre a également développé un système sanitaire à l'image de celui de Marseille.[129] S'appuyant sur la correspondance ministérielle, elle constate que Marseille demeure la cheville ouvrière des informations sanitaires, mais Le Havre est de mieux en mieux informé des dangers de peste tant par Versailles que par Marseille.[130] Les archives municipales de Saint-Malo contiennent même un mémoire sur le bureau de la santé de Marseille[131], tendant à prouver l'exportation de la vigilance sanitaire méditerranéenne sur la façade ponantique.

La peste de 1720-1722 est aussi l'occasion d'une extension de la vigilance hors du royaume de France. À Genève, une république située au carrefour des marchés économiques que sont les cantons helvétiques et la vallée du Rhône, la peste de Provence fait peur à tel point que le Petit Conseil et la Chambre de la Santé prennent des mesures concrètes (évacuation des mendiants, surveillance aux portes, instauration de billets de santé, construction de deux lazarets), mais surtout dotent la ville d'un règlement à vocation prophylactique.[132] Ce *Projet d'un Règlement général pour l'ordre qui devra être observé en cette Ville, au cas qu'elle vint à être affligée de la Peste* a été rédigé dans une perspective entièrement prévisionnelle et n'a finalement pas été utilisé, Genève ayant été épargnée par le fléau.[133]

La peste de Provence a également un grand retentissement en Espagne qui se manifeste par une vigilance renforcée. Cadix prend par exemple une série de mesures coercitives, telles que la quarantaine pour tous les navires passés par

---

[128] Etienne-Steiner, Quatre générations de lazarets au Havre.
[129] Rioult, Le Havre.
[130] Ibid., p. 26.
[131] Ibid., p. 27.
[132] Wenger, Un règlement pour lutter contre la peste, p. 63 et s.
[133] Ibid., p. 67. À noter que les 72 articles de ce règlement ont été intégralement transcrits par Alexandre Wenger (pp. 75-82).

Marseille ou l'interdiction de circulation des personnes en provenance de Marseille sauf avec billet de santé. Une nouvelle police sanitaire avec des lazarets et des cordons sanitaires, la régulation de la navigation commerciale et l'interdiction d'événements publics non religieux se met en place. Au niveau central, la monarchie espagnole crée même une autorité sanitaire, la *Junta Suprema de Sanidad*, à Madrid, le 18 septembre 1720.[134]

Ce chapitre a voulu démontrer que les confinements et les quarantaines ne sont pas que des expériences contemporaines. Si la pandémie de Covid-19 a remis au goût du jour des procédés qui n'étaient plus pratiqués depuis des décennies, les réactions humaines face à un fléau difficilement maîtrisable semblent atemporelles. Au début du XVIIIe siècle, la côte méditerranéenne française est un laboratoire privilégié pour mesurer ces phénomènes. Avec les lazarets de Marseille et de Toulon et la systématisation des quarantaines maritimes est exercée une vigilance de longue durée. Certains accidents (naufrages, navires défectueux) ou problèmes de nature frumentaire contraignent parfois les embarcations à faire des quarantaines hors des lazarets de Marseille et Toulon, mettant à mal le monopole des deux villes. Ces cas sont rares, mais historiquement très intéressants dans la mesure où ils illustrent la capacité d'adaptation des autorités sanitaires locales.

Même si la sécurité sanitaire passe par une concentration des quarantaines dans peu de sites, c'est bien l'ensemble de la côte qui doit faire preuve de vigilance face à la peste. L'épisode de 1720–1722 étend et généralise les confinements au niveau urbain et nécessite une nouvelle vigilance sur une temporalité plus brève. La santé publique exige dès lors une nouvelle façon de surveiller les individus, qui passent du statut de sujet à celui de corps ou populations. C'est ce phénomène que Michel Foucault caractérise par le concept de biopouvoir ou d'étatisation du corps. On n'a plus besoin d'être malade pour être suspect : présenter des facteurs de risque suffit.[135] Le système des patentes de santé, classant navires et individus dans des catégories selon le degré de suspicion de peste, en est un bon illustrateur. Les passagers d'un navire à patente nette ne sont en aucun cas mélangés avec les passagers d'un navire à patente brute, et la communication entre eux est à proscrire. Cependant, il ne faut pas y voir une ruse étatique pour oppresser les individus, mais bien une conséquence d'une augmentation de la vigilance sanitaire littorale.

---

134 Ermus, The Spanish Plague That Never Was, p. 174 et s. On pourrait certainement multiplier les exemples européens de prises de mesures strictes suite à la peste de Provence. Voir notamment l'histoire transnationale de la peste de Provence : Ermus, *The Great Plague scare of 1720*.
135 Marzano, Foucault et la santé publique, pp. 39–41.

Au XIXᵉ siècle, le lazaret d'Arenc est abandonné et démantelé dans le cadre de l'agrandissement des institutions portuaires. L'intendance sanitaire de Marseille devient officiellement un service d'État, confiée à des fonctionnaires placés directement sous son autorité. Le lazaret d'Arenc est remplacé par l'hôpital Caroline, construit sur l'île Ratonneau en 1820 afin de lutter contre la fièvre jaune.[136] À Toulon, le lazaret ne connaît pas de fermeture à proprement parler, mais la quarantaine qu'il accueille devient obsolète dans la seconde moitié du XIXᵉ siècle. Le lazaret n'étant pratiquement plus utilisé, il est reconverti en 1895 en lieu de convalescence pour soldats.[137]

Pour Patrick Zylberman, au cours du XIXᵉ siècle la frontière sanitaire passe d'une frontière absolue qu'il nomme quarantaine à une frontière relative qu'il voit dans la surveillance et la désinfection des navires.[138] Les quarantaines ne sont pas pour autant éliminées, mais leur importance décroît largement, notamment avec la Convention de Paris de 1903.[139] On assiste dès le milieu du XIXᵉ siècle à plusieurs conférences sanitaires internationales. En 1923, la jeune Société des Nations (SDN) crée l'Organisation d'hygiène (OH), avec une attention particulière portée sur les cinq grandes maladies contagieuses : peste, choléra, fièvre jaune, variole et typhus. L'internationalisation de la vigilance sanitaire se concrétise enfin avec la fondation de l'Organisation mondiale de la Santé (OMS) en 1948.[140]

---

136 François, Les lazarets de Marseille, p. 5 ; Buti, L'intendance de la Santé, p. 57.
137 Faivre-Chevrier/Marras, Histoire et histoires du lazaret, p. 18 et s.
138 Zylberman, Progrès et dérives de la santé publique, p. 63.
139 Ibid., p. 68.
140 Voir Paillette, De l'organisation d'hygiène de la SDN à l'OMS.

5 La rigidité des normes

Si le chapitre précédent s'est principalement intéressé aux pratiques de la vigilance sanitaire, celui-ci est davantage consacré aux normes et aux écarts par rapport à ces normes. Le mot «norme» renvoie dans ce contexte à une règle, une prescription ou une directive. La prévention et la lutte contre la peste sont deux domaines qui sont régis par un certain nombre de normes, dont il est possible de dégager deux grandes catégories : les normes politiques ou politico-sociales (qui donnent les directives sanitaires concrètes), et les normes religieuses ou morales (qui régissent davantage la conduite du sujet chrétien). Il sera question dans un premier temps des normes politiques et de la responsabilisation des sujets dans leur application. Une deuxième partie étudiera les normes religieuses face à la peste, et certaines pratiques comme les processions et les prières de dévotion et d'intercession. Enfin, la partie conclusive s'intéressera à l'écart par rapport aux normes politico-sanitaires, en étudiant les infractions au régime préventif et les sanctions encourues.

5.1 Normes politiques et responsabilisation

Dans l'Ancien Régime et en particulier dès la fin du XVIIe siècle, la lutte contre la peste est réglementée par des normes sanitaires strictes.[1] Si les politiques de santé publique sont bien connues[2], les normes sanitaires elles-mêmes sont moins étudiées, ou uniquement les décisions prises lors d'épidémies déclarées qui accompagnent le récit du déroulement de l'épidémie. Les normes sanitaires publiées lorsque la peste n'est qu'une menace ont très peu de visibilité historique. Didier Jourdan souligne un glissement entre le régime de crise (mesures d'exception lors d'une épidémie) et le contrôle permanent qui, selon lui, s'appuie sur le régime de crise pour prendre en charge l'état normal.[3] L'expérience acquise lors des épidémies de peste de la fin du Moyen Âge et du début de l'époque moderne est visible dans les textes juridiques publiés à la fin du XVIIe et au XVIIIe siècles dont il va être question ci-dessous.

---

1 Sur les rapports entre peste et politique, voir Dinges, *Pest und Politik* ; Jillings, *An urban history of the plague*. Concernant la figure du «medicus politicus» : Förg/Gadebusch Bondio/Kaiser, *Menschennatur in Zeiten des Umbruchs*.
2 Séguy, *Les conditions sanitaires des populations du passé*.
3 Jourdan, *La santé publique au service du bien commun ?*, p. 36.

5.1.1 La publication des normes politico-sanitaires

Sur la côte méditerranéenne française, les textes réglementaires sur les questions sanitaires se trouvent principalement dans deux fonds : celui du bureau de la santé de Marseille, et celui des intendances de Provence et du Languedoc.

Le fonds du bureau de la santé renferme principalement des règlements issus du pouvoir royal qui se subdivisent en arrêts, ordonnances, extraits des registres du conseil d'État et lettres patentes.[4] Ces textes sont diffusés dans l'ensemble du royaume et se retrouvent, à l'identique, dans d'autres services d'archives. Concernant les intendances provinciales, le fonds de l'intendance de Provence contient les arrêts du Parlement relatifs aux précautions à prendre contre la peste (1621–1676)[5] et les arrêts publiés lors de l'épidémie de 1720.[6] Celui de l'intendance du Languedoc renferme en revanche surtout des décisions royales liées à la peste de 1720[7] et postérieures à celle-ci.[8]

Chronologiquement, les normes parlementaires précèdent les normes royales. L'historiographie récente ne réduit plus les rapports entre les parlements et les pouvoirs centraux à des conflits et tensions, mais envisage les villes et provinces comme des laboratoires politiques, où les parlementaires apparaissent comme des acteurs de la vie publique.[9] Le parlement de Provence a une longévité remarquable puisqu'il est fondé en 1501 et perdure jusqu'à la Révolution. Il s'agit de la principale institution judiciaire de la province, cour souveraine qui exerce la justice mais détient également un pouvoir administratif et réglementaire, et sert d'intermédiaire entre le roi et les habitants puisqu'il enregistre les décisions royales.[10]

Le premier arrêt sanitaire conservé du parlement de Provence remonte à 1621 et interdit les foires et autres assemblées publiques. Les consuls doivent mettre en place des gardes aux portes des villes et supprimer les cabarets. Les billets de santé

---

4 AD13, 200 E 1 (1655–1750) et 200 E 2 (1751–1788).
5 AD13, C 904–907.
6 AD13, C 908–911.
7 AD34, C 601–605.
8 AD34, C 606 (1721–1781). En revanche, je n'ai pas pu collecter les décisions parlementaires de la fin du XVIIe siècle et du début du XVIIIe siècle. Le parlement du Languedoc se trouvant à Toulouse durant l'Ancien Régime, on peut imaginer que les arrêts parlementaires liés aux épidémies de peste se trouvent aux archives départementales de la Haute-Garonne à Toulouse. Ce travail serait encore à mener.
9 Dauchy/Demars-Sion/Leuwers/Sabrina, *Les parlementaires*. Pour une histoire des parlements d'Ancien Régime, voir Le Mao, *Faire l'histoire des parlements*.
10 Cubells, Préface. Voir également la monographie : Cubells, *La Provence des Lumières*.

(appelés ici *bullettes*) sont en outre exigés des passants.[11] L'année suivante, l'arrêt du 10 janvier 1622 règlemente les patentes de santé et fonde le monopole de Marseille et de Toulon, qui deviennent les seuls ports méditerranéens à pouvoir recevoir les bâtiments en provenance du Levant et de Barbarie. Les autres arrêts ou extraits de registre évoquent par exemple une épidémie dans l'armée d'Italie (1625) ou autorisent le commerce dans une région et l'interdisent dans une autre (1628). En 1629, un règlement est même produit et affiche comme ambition « la conservation de la santé publique en cette Province, & rétablissement d'icelle aux Lieux infectés de Peste ».[12] Le document est détaillé en 127 points qui réglementent la circulation des marchandises, la fermeture des lieux publics, la remise en état des infirmeries, la mobilisation des médecins, apothicaires et chirurgiens, etc.

Au début de la peste de 1720, le parlement de Provence est très actif dans la publication de normes, à commencer par l'extrait des registres du 31 juillet 1720 qui met Marseille en interdit.[13] Le règlement de 1629 est même réimprimé à Aix chez Joseph David, ce qui dénote le manque d'expérience récente du parlement d'Aix dans le domaine sanitaire.[14] Il s'agit de rechercher dans les expériences passées la méthode à suivre, illustration du fait que la génération de 1720 n'est plus habituée à la peste qui a perdu son caractère endémique. De multiples décisions parlementaires se suivent ensuite de manière très rapprochée. Françoise Hildesheimer en dénombre 46 entre août et septembre 1720.[15] À ce stade, le pouvoir royal craint davantage la réduction de la liberté du commerce que la menace sanitaire, même s'il cherche tout de même à endiguer cette dernière. Hildesheimer voit dans la peste de 1720 un tournant sanitaire marqué par une substitution du pouvoir parlementaire par le pouvoir central.[16] Si cette tendance est bien visible, elle doit être nuancée sur trois points.

Premièrement, le pouvoir royal publie déjà des décisions dans le domaine avant 1720, depuis les années 1670. Il convient de remarquer que les préoccupations sanitaires du pouvoir central existent déjà en l'absence de peste. Ainsi est par exemple publié en 1672 un arrêt du Conseil d'État *qui ordonne que toutes les Soyes & autres Marchandises venans de l'Asie, Egypte, & autres Païs du Levant, qui seront entrées en fraude, & par d'autres lieux que ceux portez par l'Arrest dudit Conseil du*

---

11 AD13, C 904, *Arrest de la cour de Parlement de Provence sur le faict de la contagion*, 17 août 1621.
12 AD13, C 904, *Arrest de la cour de Parlement tenant la chambre des vacations contenant le Reglement sur le fait de la peste*, 17 juillet 1629.
13 AD13, C 908.
14 AD13, C 909.
15 Arrêt du 14 septembre 1720 cité par Hildesheimer, Les parlements.
16 Ibid.

9. Aoust 1670 seront confisquées.[17] Cet arrêt stipule en outre que le tiers des marchandises confisquées appartiendra au roi, le deuxième tiers au dénonciateurs et le dernier tiers à l'hôpital du lieu.

Les documents royaux prennent différentes formes : règlements, déclarations, arrêts, ordonnances, extraits des registres du conseil d'État, lettres patentes.[18] Ils concernent principalement Marseille et la Provence, aussi bien pendant l'épidémie de 1720 que sur la longue durée (rappel du monopole sanitaire, administration du bureau de la santé), mais aussi les côtes non méditerranéennes menacées par la peste du Nord et l'intérieur des terres (gardes, maisons de quarantaine, etc.).[19]

Deuxièmement, en dépit du recul du rôle sanitaire du Parlement, il arrive que les déclarations royales soient encore enregistrées au Parlement après 1720. Il en est ainsi de la déclaration du roi *concernant le Commerce dans les Echelles du Levant*, publiée en 1729.[20] Parfois, le Parlement est lui-même auteur de la décision. C'est par exemple le cas à la toute fin de l'épidémie lorsque le parlement de Provence publie un arrêt *Qui Supprime les Gardes Bourgeoises établies dans les Villes & Lieux de la Province ; Ordonne que les Portes & autres Lieux qui avoient été fermez à l'occasion de la Contagion, seront ouverts.*[21] Cet arrêt, consécutif à la décision royale de lever les lignes sanitaires, révoque ceux du 31 juillet et du 5 août 1720 qui avaient muré les villes de Provence. Il arrive en outre que le Parlement prenne des mesures répressives face aux coupables d'infractions aux règles sanitaires, pouvant aller jusqu'à la peine de mort.[22] Ainsi, les décisions royales

---

[17] AD13, 200 E 1, 31 mai 1672.

[18] Pour une typologie des décisions royales, voir Mousnier, *Les institutions*, pp. 806–810 ; Barbiche, *Les institutions*, pp. 59–75 (chap. 3 «Le roi législateur»). Ces catégories sont parfois bien difficiles à délimiter. L'ordonnance est par exemple un mot polyvalent désignant tout acte communiquant une décision émanant d'une autorité civile ou religieuse. Les grands textes législatifs (Grandes Ordonnances) en font partie, tout comme les décisions plus ponctuelles.

[19] Hildesheimer, La monarchie administrative, p. 305 et s.

[20] AD13, 200 E 1, déclaration du 16 novembre 1729.

[21] AD13, C 4745, arrêt du 1er décembre 1722.

[22] Voir notamment l'*Arrest de la cour de parlement de Provence, tenant la chambre des vacations, Qui déclare Emmanuel Fracarto, Augustin Espagnol, défaillant, atteint & convaincu d'infraction aux loix établies pour la sûreté de la santé publique, & le condamne à être pendu & étranglé en effigie ; & renouvelle les Ordonnances & Arrêts de Règlement rendus sur le fait de la santé publique*. Cette condamnation se veut exemplaire : «Pour réparation de quoi l'a condamné & condamne à être livré ès mains de l'Exécuteur de la haute Justice, pour le mener & conduire par tous les lieux & carrefours de cette Ville accoûtumés, & au devant la principale porte de l'Eglise Métropolitaine St. Sauveur, y faire amende honorable, en chemise, tête & pieds nuds, la hart au col, tenant un flambeau ardent en ses mains, & à genoux, demander pardon à Dieu, au Roi & à la Justice, & de là à la place dite des Prêcheurs, pour, à la potence qui y est dressée, être ledit Emmanuel Fracarto pendu & étranglé jusques à ce que mort naturelle s'ensuive, & ce en effigie, à la forme de l'Ordonnance».

générales peuvent être appliquées de manière provinciale par des arrêts parlementaires.

Enfin, le temps de peste est loin d'être une occasion dont le pouvoir royal profite pour exercer sa tutelle sur les instances locales. Les intendants et gouverneurs de province, les lieutenants généraux et les consuls et échevins des villes publient également des normes sanitaires. Ainsi, le premier consul d'Aix Vauvenargues publie une ordonnance dans laquelle il souligne le rôle primordial de la vigilance des commissaires de quartier et où il donne des instructions de police sanitaire urbaine.[23] Face à la situation sanitaire « exigeant une severité des plus rigides, tant contre les gens mal intentionnés, que contre ceux qu'une avidité sordide du gain, pourroit induire à favoriser des fraudes si pernicieuses », le marquis de Brancas, lieutenant général des armées du roi et commandant pour Sa Majesté en Provence, désire « pourvoir à tous les abus, en ordonnant des peines contre les contrevenans à nos Instructions, & à nos Ordonnances precedentes ».[24]

Les acteurs provinciaux s'orientent sur les arrêts royaux, mais publient leurs propres ordonnances qu'ils signent de leurs noms mais sur lesquelles figure aussi la mention « De par le Roy ». C'est particulièrement le cas des intendants de province. Ainsi, l'intendant du Languedoc Bernage publie une ordonnance qui menace de confiscation les meubles, toiles et vêtements non déclarés.[25] La diffusion des ordonnances des intendants peut être large ou réduite à une ville, illustrant ainsi une haute capacité d'adaptation à la situation. Ainsi, l'intendant Lebret produit une ordonnance modèle destinée à être diffusée dans toute sa province car un espace est laissé vide pour le nom de la ville ou du village destinataire :

> Tant informé qu'il y a eu quelques malades dans le Lieu de *[espace vide]* & l'experiance ayant fait voir, que la communication entretient & augmente les maladies [...], Nous avons estimé

---

[23] AD13, C 908, ordonnance du 17 novembre 1720 : « Comme nous voyons, avec douleur, que la maladie augmente tous les jours, & Nous ayant paru que le moyen le plus convenable, pour en diminuer le progrez, dépend de l'attention & de la vigilence des sieurs Commissaires de Quartier ; Nous les avons assemblé aujourd'hui dix-septiéme du courant, pour les exhorter à redoubler leurs soins & leur exactitude pour la conservation de la Santé & le bon ordre de la Ville, & les avons prié de faire, chacun en droit soi, un dénombrement de tous les Habitans qui composent les Isles qui leur sont commises, avec distinction des maisons, familles & noms de personnes ; duquel dénombrement Nous avons lieu d'esperer beaucoup d'utilité : Mais comme il pourroit arriver que plusieurs des Habitans, par mauvaise intention ou par caprice, se rendissent refusans de se presenter & de declarer leurs noms pardevant lesdits sieurs Commissaires lorsqu'ils en seront requis, ce qui détruiroit le succès favorable que Nous esperons de cet arrangement ; à quoi etant important de remedier ».
[24] AD13, C 909, ordonnance du 15 novembre 1720.
[25] AD34, C 2603, ordonnance de l'intendant du Languedoc Bernage, 4 septembre 1722.

qu'il étoit absolument necessaire pour le salut du peuple preferable à toutes choses, de luy ôter pendant quelques jours la liberté de communiquer, & de perpétuer par là un mal, dont la communication détruiroit cette Province, si l'on y apportoit les plus grandes precautions, & les plus severes reglemens.[26]

Près d'une année après, en revanche, Lebret écrit au contrôleur général des Finances à propos d'un arrêt concernant les marchandises que les matelots apportent à leur famille (l'arrêt informe les matelots que leurs marchandises ne seront pas détruites et seront rendues après la quarantaine) et demande une diffusion spécifique : « Je vous suplie donc, Monsieur, de nous permettre la publication de cet arrest dans la ville de Marseille seulement. »[27] L'intendant souhaite ainsi limiter la portée géographique de l'arrêt afin d'apporter une réponse locale à un problème local.

Dans le domaine sanitaire, le constat de Françoise Hildesheimer, selon lequel les ordonnances des intendants ne sont pas conservées systématiquement et se retrouvent dans une multitude de dossier d'archives, se vérifie très bien.[28] La vigilance sanitaire repose sur une administration multi-scalaire et polycratique qui produit une grande quantité de normes. Sur ce point, on peut rejoindre la thèse de Francesco Di Donato selon laquelle le principe de hiérarchie des normes existe déjà dans l'Ancien Régime, le souverain n'étant pas délié des lois pour prendre ses décisions.[29] Selon Di Donato, le concept d'absolutisme nie à la racine la hiérarchie des normes qui pourtant correspond à la réalité politique de la monarchie française.[30] La lutte contre la peste apparaît comme une préoccupation très importante du pouvoir central, qui s'appuie sur les pouvoirs provinciaux et locaux pour mettre en œuvre sa politique sanitaire.

5.1.2 Peste et responsabilisation

La hiérarchie des normes et la pluralité des pouvoirs en vigueur dans le domaine de la lutte contre la peste conduit au concept de « responsabilisation », défini comme un transfert social de responsabilité d'un responsable primaire à un responsable secondaire. Ce transfert peut être activé par différents mécanismes (devoir, récompenses, rhétorique) dans des domaines variés (marché du travail,

---

26 AN, G/7/1735, f° 3, ordonnance du 1ᵉʳ novembre 1720.
27 AN, G/7/1733, f° 13, lettre du 8 septembre 1721.
28 Hildesheimer, Centralisation, p. 44.
29 Di Donato, La hiérarchie des normes, p. 239.
30 Ibid., p. 241.

santé, sécurité).³¹ La responsabilisation comporte un caractère historique. Au XVIIIᵉ siècle, elle est, selon François Walter, «un élément essentiel de l'évolution de la perception du simple danger ou des aléas de l'existence en véritable perception du risque».³²

Dans le domaine de la lutte contre la peste, la responsabilisation se fait principalement au moyen de normes ou par le biais de la correspondance. La publication d'une norme sanitaire (ordonnance, arrêt) entérine un transfert de responsabilité de longue durée (vigilance permanente), mais les modalités en sont parfois ajustées. Il arrive aussi que la norme sanitaire implique une responsabilisation de plus courte durée, à l'image d'une ordonnance de l'intendant Lebret qui oblige les communautés proches des lignes sanitaires à fournir du matériel :

> Il est ordonné aux Communautez situées le long des Lignes qui sont établies en cette Province & auprès des Blocus de celles qui sont malheureusement infectées, de fournir aux Corps-de-Garde desdites Lignes & desdits Blocus ; sçavoir, un quintal de bois & une Chandelle par jour pour chaque Corps-de-Garde, & demi livre d'huile par semaine, ou deux onces d'huile par jour seulement, au choix des Communautez ou des Fournisseurs, à commencer du jour de la publication du présent ordre ; de laquelle dépense lesdites Communautez seront remboursées par la Province en la manière accoûtumée.³³

Dans la correspondance, la responsabilisation s'effectue généralement par des appels à l'attention et à la vigilance.³⁴ Cette sémantique est bien plus fréquente que le lexique de la responsabilité, qui apparaît néanmoins quelques fois. Ainsi, le gouverneur du Languedoc le duc de Roquelaure, dénonçant le relâchement des gardes établies aux portes des villes et le fait qu'on laisse entrer les voyageurs sans demander leur billet de santé, écrit aux consuls d'Aniane :

> Ce qui fait qu'en connoissant la conséquence, je vous rends par cette Lettre, responsable des abus que peut autoriser une pareille conduite ; Et vous enjoins, loin de diminuer vos précautions, de les renouveller, & de ne laisser entrer dans vostre Lieu, Personne, de quelque

---

31 Kölbel et al., Überlegung, pp. 4–5. Cette contribution est le résultat des réflexions du groupe de travail *Responsibilisierung* qui a procédé de manière inductive. Ayant comme point de départ le constat d'un transfert de responsabilités dans différents projets de différentes disciplines, le groupe de travail a voulu remonter d'un cran pour atteindre un niveau plus abstrait et plus conceptuel de la responsabilisation. Ce modèle se structure en trois parties : la responsabilité primaire (*Obliegenheit*), le transfert de responsabilité (*Übertragung*) et la responsabilité secondaire (*Vigilanz*).
32 Walter, Pour une histoire culturelle des risques, p. 23.
33 AD13, C 909, ordonnance du 21 octobre 1721.
34 De nombreux exemples se trouvent dans la correspondance du secrétaire d'État de la Marine aux intendants de la santé de Marseille : AD13, 200 E 287–288.

qualité & condition qu'elle puisse estre, sans au préalable avoir fait montrer le Billet de Santé, dont un chacun doit estre pourvû lorsqu'il voyage, & sans avoir fait faire par le Notable, la visite des Hardes.[35]

Sous l'Ancien Régime, la responsabilisation dans le domaine sanitaire semble relever avant tout des institutions. Les acteurs responsabilisés sont dans la majorité des cas des autorités étatiques, municipales ou sanitaires, donc des acteurs institutionnels. Il arrive même que la responsabilité soit partagée. Face aux négligences dans les quarantaines, le duc de Villars, gouverneur de Provence, écrit aux échevins de Marseille : « Ce manque d'attention vous regardant aussy bien que les Intendants de la santé, je vous prie de ne pas perdre un moment a m'éclaircir sur des doutes aussy importants a détruire. »[36] Même hors temps d'épidémie, les échevins ne peuvent pas se décharger complètement des prérogatives sanitaires sur les intendants de la santé. Leur responsabilité leur est instamment rappelée.

La responsabilisation des particuliers est rarement évoquée dans les sources et uniquement en temps de peste. Ainsi, au début de la flambée des cas, est publié un avis qui responsabilise les particuliers en les contraignant à effectuer les tâches suivantes : faire brûler à 5 heures une once de soufre au milieu de chaque chambre après avoir fermé les fenêtres qui doivent être rouvertes 3 heures après ; suspendre contre la muraille toutes les hardes utilisées dans le mois et demi précédent ; parfumer lundi, mardi et mercredi suivant à la même heure. Le même parfum doit être utilisé aux citadelles et bastides du terroir, et les échevins s'assurent de la distribution de soufre. L'avis conclut : « Quoy que tout le monde aye interest dexecuter ce que dessus on avertit bien serieusement que ceux qui y manqueront seront punis comme rebelles. »[37] Ces directives sont de nature très pragmatique, mais il ne semble pas y avoir d'injonction morale derrière (se protéger pour protéger les autres).

5.2 Normes et pratiques religieuses

« Ainsi, chacun dut accepter de vivre au jour le jour, et seul face au ciel. Cet abandon général qui pouvait à la longue tremper les caractères commençait pourtant par les rendre futiles. »[38] Cette assertion camusienne illustre la perte de visibilité à long terme qu'engendre la peste et la confrontation individuelle à Dieu.

---

35 AD34, 10 EDT 201, lettre du 17 juillet 1722.
36 AMM, GG 220, lettre du 22 décembre 1724.
37 AMM, FF 292, f° 11, *Avis au public*, 3 août 1720.
38 Camus, *La Peste*, p. 83.

Au début du XVIIIe siècle, la côte méditerranéenne française témoigne d'une intense religiosité catholique, qui se manifeste particulièrement dans les périodes de crise sanitaire. Alain Cabantous a relevé que les maladies se conjuguent avec les dangers de la mer pour provoquer l'émergence de traditions, rites et gestes protecteurs.[39] Dès lors, la culture religieuse des gens de mer s'articule autour de trois pôles essentiels : Dieu, les hommes de mer, et l'océan ou la mer elle-même.[40] La peste est à la croisée de ces acteurs puisqu'elle est véhiculée par voie maritime, peut toucher les hommes de mer et, selon la conception en vigueur à l'époque, est provoquée par la colère divine en raison des péchés humains.

Cette lecture de la peste remonte à l'Antiquité et sa ténacité à travers les siècles est remarquable. La première partie de ce sous-chapitre s'intéresse à cette longue tradition et met en évidence quelques témoignages significatifs, contemporains de mon cadre d'analyse. La deuxième souligne la conséquence ambivalente de la peste comme punition divine : faut-il uniquement s'en remettre à Dieu ou agir ? Cette discussion s'insère dans la longue confrontation entre médecine et religion.[41] La troisième s'intéresse à une manifestation extérieure de la piété populaire en temps de peste : les processions. Enfin, la dernière partie de ce sous-chapitre se penche sur les manifestations intérieures de la piété populaire avec les diverses formes de dévotion et le recours à l'intercession.

5.2.1 La longue tradition de la peste comme châtiment divin

Les religions monothéistes issues de la Bible, et en particulier le christianisme, exaltent la vie et cherchent à la préserver. Elle est perçue comme un cadeau divin. En revanche, la Bible voit dans la souffrance une mise à l'épreuve des hommes qui peut par exemple se manifester dans les accouchements douloureux de la femme, ou le rude travail pour pouvoir gagner son pain. Le sacrifice d'Isaac est certainement l'épisode le plus célèbre lors duquel Dieu pousse un homme dans ses derniers retranchements.

Il faut remonter à l'Ancien Testament pour trouver les racines judéo-chrétiennes de la peste comme punition divine. Dans le livre de l'Exode, Dieu envoie dix fléaux, traditionnellement retenus sous la dénomination des « dix plaies d'Égypte », pour punir l'obstination du pharaon à retenir les Hébreux. Le mot « plaie » en hébreu peut, d'après David Hamidović, se traduire en français par

---

[39] Cabantous, *Le Ciel dans la mer*, p. 10.
[40] Ibid., p. 17.
[41] Voir notamment Di Donato, *Médecine et religion*.

«fléau» ou «peste». Alors, le terme ne désigne pas une cicatrice ou une déchirure mais bien un préjudice général.[42] Ces plaies consistent en des maux divers qui frappent le peuple égyptien : le sang, les grenouilles, les moustiques, la vermine, la plaie du bétail, les furoncles, la grêle, les sauterelles, l'obscurité, la mort des premiers-nés.[43] Parmi ces plaies, les furoncles se rapprochent le plus de la peste. Sur ordre divin, Moïse et Aaron lancent de la suie dans les airs. Lorsqu'elle retombe, hommes et bêtes sont recouverts d'ulcères bourgeonnant en pustules.[44]

C'est également dans le livre de l'Exode que Moïse reçoit les commandements divins. Le respect de ces derniers est thématisé dans la suite de l'Ancien Testament comme un moyen d'entretenir la santé.[45] Il en découle que la maladie est souvent perçue comme le châtiment d'un péché.[46] La colère divine frappe parfois un peuple entier, comme les Philistins dans le premier livre de Samuel. Les Philistins vainquent les Hébreux et dérobent l'arche d'alliance qu'ils font venir à Ashdod pour la placer dans la maison de leur dieu Dagon. C'est alors que la colère divine se déploie. Dagon est renversé et les habitants d'Ashdod sont frappés de tumeurs.[47] Cet épisode a inspiré le peintre Nicolas Poussin pour son célèbre tableau conservé au Louvre. La colère divine peut également résulter de l'orgueil de l'homme. Dans le livre d'Ézéchiel, fâché de constater que l'homme se prend pour lui, Dieu promet d'envoyer la peste et de répandre le sang dans les rues afin de démontrer qu'il est le Seigneur.[48]

Si l'Ancien Testament insiste sur la maladie comme châtiment divin[49], le Nouveau Testament préfère y voir la conséquence du péché originel[50] et les guérisons du Christ déplacent la focale sur le soin et la miséricorde. De sa propre initiative, Jésus se rend parfois chez le malade pour le guérir. C'est le cas à la piscine de Bethesda, où Jésus demande à un malade couché devant lui s'il veut être guéri. Le oui du malade précède la guérison et l'homme, désormais guéri, se lève,

---

42 Hamidović, *Les racines bibliques*, p. 19 et s.
43 Ibid., p. 41 et s.
44 Ex 9, 8–10.
45 Martin, *Dieu aime-t-il les malades ?*, p. 29. Le livre des Proverbes (3, 7–8 ; 4, 20–22) insiste particulièrement sur ce point.
46 Voir Dt 28, 58–61 ; 2S 24,15 ; 2R 5, 27.
47 1S 5, 1–9.
48 Ez, 28, 23.
49 C'est un lieu commun de l'Ancien Testament, mais le Seigneur peut aussi, dans des cas plus rares, faire preuve de clémence. Voir la guérison d'Ézéchias : 2R 20, 5.
50 Rm, 5, 12. Le péché est entré dans le monde par un seul homme et la mort (donc la maladie qui y mène) découle de ce péché. Elle touche tous les hommes puisque tous ont péché. Sur la question du péché originel dans le christianisme, voir Maldamé, *Le péché originel*.

prend son brancard et marche.⁵¹ Il arrive également que le malade vienne de lui-même vers le Christ pour être guéri. Il en est ainsi de l'aveugle Bartimée qui se met à crier et à interpeller le Christ qui s'arrête vers lui et lui fait recouvrer la vue.⁵² Dans l'évangile de Matthieu, une femme souffrant de pertes de sang depuis douze ans s'approche de Jésus pour toucher son vêtement et se voit guérie de son mal.⁵³ Enfin, lorsque le malade est trop mal en point pour se déplacer, d'autres personnes l'amènent auprès du Christ. C'est ce qui se passe pour le paralytique. Jésus lui pardonne ses péchés et, justifiant son autorité pour le faire, il le guérit, ce qui stupéfie les scribes présents aux alentours.⁵⁴ Dans ces multiples exemples, la maladie semble moins résulter d'une punition divine que du péché originel qui touche l'humanité dans son ensemble.

Le Nouveau Testament est néanmoins ambivalent sur le plan de maladie. Le Christ effectue nombre de guérisons, mais il est des passages où il prophétise des maladies futures. Ainsi, il annonce la future ruine de Jérusalem, accompagnée de guerres, de tremblements de terre, de pestes et de famines.⁵⁵ L'Apocalypse se situe également dans ce registre. Lors de la vision du jugement eschatologique marquée par l'ouverture des sept sceaux, quatre cavaliers apparaissent et apportent leurs lots de malheurs. Le quatrième est verdâtre et amène la pestilence, la guerre et la famine.⁵⁶

La conception de la maladie comme punition divine n'est pas propre à la Bible. Dans la littérature grecque, ce motif revient à plusieurs reprises. Très ancien, il est présent dans les premiers vers du premier chant de l'*Iliade*, lorsqu'Apollon fait naître la peste dans l'armée grecque pour punir Agamemnon qui refuse de rendre à Chrysès, prêtre d'Apollon, sa fille Chryséis, capturée par Achille lors d'une guerre. Afin de manifester sa vengeance, Apollon descend des sommets olympiens et envoie la peste aux Grecs sous la forme de flèches qu'il décoche.⁵⁷ Dans le prologue de l'*Œdipe Roi*, Sophocle évoque également une peste envoyée par Apollon sur la ville de Thèbes. Il ordonne d'effacer la souillure qui frappe la ville et qui provoque la colère du dieu.⁵⁸ Pour l'apaiser, Œdipe s'affaire à découvrir l'origine de ce mal et mène une enquête qui finalement aboutit à lui-même, coupable d'avoir tué son père et épousé sa mère et donc à l'origine de la colère

---

51 Jn, 5, 1–9.
52 Mc, 10, 46–52.
53 Mt, 9, 20–22.
54 Mc, 2, 1–12.
55 Lc, 21, 10–11 ; Mt 24, 7.
56 Ap, 6, 8.
57 Homère, *Iliade*, I, 1–100.
58 Sophocle, *Œdipe Roi*, Prologue, 1–216.

apollinienne. Dans ce cas, la peste sert en quelque sorte de moteur à l'intrigue tragique. Chez Thucydide, le récit de la peste d'Athènes insiste moins sur la punition divine que sur l'impuissance des hommes et des médecins qui ignorent la nature de la maladie. On se tourne alors vers les dieux et on a recours aux supplications dans les temples et aux oracles avant de tout abandonner devant l'inutilité des mesures.[59]

Dans la littérature latine, le motif de la peste comme punition divine est également présent. Françoise Van Haeperen s'appuie sur Tite-Live pour constater la perception des pestilences en termes de châtiment divin, qu'il faut interpréter comme des prodiges manifestant l'*ira deum*.[60] Cette conception est attaquée par les épicuriens tels que Lucrèce, qui préfèrent expliquer les causes et les effets de la peste en évitant tout discours superstitieux. Selon lui, la peste est due à la nocivité de certains atomes et non à la volonté divine répressive.[61]

C'est sans doute au Moyen Âge que la considération de la peste comme expression de la colère divine est la plus forte et suscite les témoignages les plus extrêmes. Dans le haut Moyen Âge, à une époque où sévit la première pandémie de peste (dite «peste justinienne»), le pape Grégoire le Grand harangue la population en l'an 590 pour l'appeler à la pénitence. Grégoire de Tours rapporte ses paroles : «Voici, en effet, que toute la population est frappée par le glaive de la colère céleste et que chacun en particulier est la victime de ce massacre imprévu. Une maladie ne précède pas la mort, mais comme vous le constatez, c'est la mort qui devance la maladie retardatrice.»[62] La mort est identifiée au péché qui provoque la colère divine, et la seule issue pour le pêcheur est de chercher refuge dans les lamentations de la pénitence.

Lorsque la peste fait sa réapparition au milieu du XIVe siècle après plusieurs siècles d'absence et qu'on parle alors de deuxième pandémie de peste, la lecture de la peste comme expression de la colère divine est telle que des phénomènes expiatoires extrêmes apparaissent. Le plus significatif est certainement le mouvement des flagellants. S'il est déjà attesté au milieu du XIIIe siècle en Italie, le phénomène est exacerbé par l'apparition de la peste noire.[63] En 1349, peu après

---

59 Thucydide, *Histoire de la guerre du Péloponnèse*, II, 47.
60 Van Haeperen, Épidémies, dieux et rites à Rome.
61 Scalas, L'âme, le corps et la maladie.
62 Grégoire de Tours, *Histoire des Francs*, X, 1, p. 257.
63 Vincent, Discipline du corps. La chercheuse distingue trois «flambées» dans le mouvement des flagellants. La première se produit en 1260 à Pérouse, à la fin du carême, sous l'impulsion d'un pénitent prétendant agir sous inspiration divine. La deuxième est provoquée par la peste noire. La troisième se produit à la fin du XIVe siècle dans le contexte du grand pardon et de l'année jubilaire 1400.

l'irruption de la mort noire, des pénitents s'autoflagellent pour apaiser la colère divine et obtenir la rémission des péchés. La pratique du fouet, classique dans la discipline ascétique des monastères, est alors diffusée chez les fidèles. Les corps sanglants sont exaltés et comparés à celui du Christ lors de sa passion, à laquelle il s'agit de s'associer. Pour l'Église, l'effusion volontaire de sang est une souillure, et cette pratique est condamnable et rapidement déclarée hérétique.[64]

L'iconographie de la peste au Moyen Âge et à l'époque moderne rappelle également la tradition vétérotestamentaire du châtiment divin. L'église paroissiale d'Oettingen en Bavière contient une image de la peste où Dieu est représenté en train d'envoyer des flèches pestiférées sur les hommes.[65] La tradition biblique est ainsi combinée avec le motif homérique de la flèche. L'idée d'une peste subie par les hommes se retrouve également dans des formes artistiques comme les triomphes de la mort, les *artes moriendi* et surtout les danses macabres.[66]

Ces représentations insistent sur le caractère mortifère égalitaire de la peste. Elles donnent le sentiment que personne n'en réchappe, ou du moins que tout le monde court le même risque d'y succomber. C'est inexact au niveau épidémiologique, comme l'a par exemple démontré Frédérique Audoin-Rouzeau[67], mais c'est la représentation qui prédomine dans l'Occident médiéval. Contrairement au phénomène des flagellants qui semble avoir été temporaire, les danses macabres sont représentées dans l'art durant plusieurs siècles, avec des pics au lendemain des épidémies de peste ou des guerres cruelles, marquant la persistance du thème de la mort à l'époque moderne.[68] Les danses macabres dans les fresques et les sculptures se retrouvent en Allemagne, en Autriche, en Suisse, en France, en Angleterre, en Italie et dans les pays de l'Est.[69]

5.2.2 S'en remettre à Dieu ou agir ?

À l'époque moderne, la peste est toujours vue comme une punition divine. Il y a néanmoins débat sur la manière d'agir face à cette punition. Dans les traités de

---

64 Autissier, Le sang des flagellants.
65 Bulst, Die Pest verstehen, p. 146.
66 Mackenbach/Dreier, Dances of death.
67 La peste est davantage une maladie des pauvres touchant particulièrement les quartiers insalubres et les logements misérables. La différence réside principalement dans les conditions d'habitat, qui ont pour effet que les pauvres sont davantage en contact avec les rats et les puces qui transmettent la peste. Audoin-Rouzeau, *Les chemins de la peste*, pp. 339–344 et 353.
68 Corvisier, Les représentations de la société, p. 491.
69 Ibid., pp. 537–538.

peste du XVIᵉ siècle, Guylaine Pineau constate un discours contradictoire. D'un côté, le concile de Trente préfère le soin par la prière et fait l'apologie de la souffrance, considérée comme rédemptrice. La médecine humaine n'est là que pour seconder la prière. De l'autre côté, on considère que la médecine est créée par Dieu et qu'il faut y avoir recours. Il en est ainsi d'Ambroise Paré qui admet que la peste est causée par la colère divine, mais souligne qu'il est recommandé d'user des remèdes contre ce mal car ils sont eux aussi d'origine divine. Pour ce faire, il développe le thème du Christ médecin.[70] Qu'il y ait action ou non face à la peste, il n'en demeure pas moins que la souffrance reste valorisée, du moins dans l'Église catholique, à l'époque moderne. La formule doloriste « Bénie soit cette souffrance qui nous est envoyée par Dieu » est d'ailleurs récitée dans les offices.[71]

Avec la peste de 1720, le motif de la punition divine est à nouveau exacerbé. Si le bourgeois de Marseille n'évoque pas directement Dieu mais indique une prophétie de Nostradamus selon laquelle « devoit venir un tems qu'une etoille metra la peste dans Marseille, et quy moura grande quantité de gens »[72], les relations de peste sont souvent univoques. Bertrand qualifie la peste de « plus terrible châtiment que Dieu puisse envoyer à des hommes criminels ».[73] Le discours du châtiment divin n'est en aucun cas l'apanage des ecclésiastiques (même s'il est aussi celui des ecclésiastiques). Un autre médecin, Philippe Hecquet, s'inscrit également dans cette lignée et opère une justification scripturaire :

> Il est premierement certain que la peste est un fleau de Dieu, les saints Livres en font foi, & les Prophetes en particulier en menacent continuellement ceux qui seront rebelles à sa loy. Ce fleau est toûjours prêt, & aux ordres de Dieu qui l'envoye & le fait partir quand il luy plaît, *Mittam pestilentiam in medio vestri*, & ce fleau passe par où Dieu l'ordonne, *Et pestilentia transibit per te*.[74]

Dans son récent ouvrage dont le titre *Colère de Dieu, mémoire des hommes* souligne le caractère punitif de la peste, Gilbert Buti livre le témoignage d'un membre du parlement d'Aix qui note dans son livre de raison : « Nous nous attendons à voir la peste ravager notre coupable ville qui est mille fois plus criminelle que Babylone, Tyr, Sodome, Gomorrhe par les usures, les impiétés et les abominations qui y

---

70 Pineau, *Soigner la peste*.
71 Martin/Spire, *Dieu aime-t-il les malades ?*, p. 28.
72 Guey, *Mémoires, ou Livre de raison*, p. 133. Il relève que Nostradamus a bien prophétisé aux dépens de Marseille. Sur les signes célestes annonciateurs d'une épidémie, voir Biraben, *Les hommes et la peste*, T. 1, pp. 131–134.
73 Bertrand, *Relation historique*, préface.
74 Hecquet, *Traité de la peste*, p. 61 et s.

règnent. Ces calamités affreuses sont les redoutables effets de la colère d'un Dieu justement irrité.»[75] Ce témoignage est intéressant dans la mesure où il ne se situe pas, comme d'autres, dans le registre de la lamentation, mais bien plus dans celui de la résilience. La colère divine est fondée et il s'agit d'en affronter les conséquences.

En revanche, Manget reconnaît que la peste est un moyen pour Dieu d'exercer sa justice, mais «on ne doit pas pour cela douter, que sa bonté ne les [les hommes] ait pourvûs suffisamment d'industrie pour parer ses coups, & de connoissances des remedes, pour guerir les playes qu'il leur fait».[76] Le discours de Manget est saisissant. La peste serait une mise à l'épreuve des hommes non pas en premier lieu pour les faire mourir, mais pour les pousser dans leurs derniers retranchements. Pour lui, il ne s'agit donc pas d'accepter ce funeste destin mais d'utiliser les moyens dont Dieu les a dotés pour chercher à guérir.[77] L'homme doit avoir une attitude active, s'aider lui-même pour ainsi dire, mais remettre ce qu'il ne peut maîtriser dans les mains de la providence divine. Manget est sévère contre quiconque préfère la passivité et le fatalisme: «Mais ce n'est pas être Chrétien que croire cela, & c'est imiter les Turcs & les Infideles, qui croyent ce cruel destin, qui rend toute la prudence des hommes inutile, & toute leur industrie sans effet».[78]

Les témoignages ecclésiastiques viennent compléter la considération de la peste comme un châtiment divin. Au début de la peste de 1720, l'évêque de Marseille Mgr de Belsunce publie un mandement ordonnant prières publiques et jeûne général pour apaiser la colère divine.[79] Il recommande à tous les fidèles du diocèse d'agir au plus vite, lorsque la peste n'est encore qu'à ses débuts, pour «recourir à la clémence d'un Dieu justement irrité par nos crimes, et dont la puissante et formidable main dans ces jours de calamité s'appesantit sur nous d'une manière aussi capable de porter dans tous les cœurs l'horreur et l'effroi».[80] À l'instar du témoignage de Manget, Belsunce souligne la légitimité de la colère divine et, parlant à la première personne du pluriel, prend part à cette humanité pécheresse qui doit subir la maladie. Néanmoins, il ne s'agit pas de punir pour punir: le châtiment doit avoir une visée édificatrice, Dieu restant avant tout un dieu d'amour. Belsunce rajoute en effet: «C'est le Dieu terrible, le Dieu de justice, mais c'est en même-tems le Dieu de paix et de bonté qui nous châtie; qui ne nous afflige que pour nous

---

75 Buti, *Colère de Dieu*, p. 17. Sur la description de Marseille comme une nouvelle Sodome, voir en particulier Carrière/Courdurié/Rebuffat, *Marseille ville morte*, p. 199 et s.
76 Manget, *Traité De La Peste*, p. 56.
77 Ibid., p. 58.
78 Ibid., p. 59.
79 Mandement du 30 juillet 1720, pièce n° 5 in Jauffret, *Pièces historiques*, pp. 136–139.
80 Ibid., p. 136.

engager à retourner à lui dans la sincérité de nos cœurs. »[81] On peut sans doute y déceler l'utilité anthropologique que Nicolas Martin attribue à la maladie, dans le cas où il y a guérison.[82] Cette dernière ne serait pas qu'un retour à l'état antérieur, mais bien une occasion de conversion.

Belsunce n'est pas l'unique évêque à haranguer ses fidèles lors d'une épidémie de peste. On dispose également du mandement de l'évêque de Senez, conservé dans les fonds patrimoniaux de la bibliothèque de l'Alcazar à Marseille. La ville de Senez en Haute-Provence ne semble pas avoir été touchée par la peste malgré les ravages causés dans la région. Néanmoins, son évêque élève la voix et appelle son peuple à la conversion :

> C'est donc l'ordre de Dieu, & l'extrémité de vôtre besoin, qui nous obligent d'élever nôtre voix comme une trompette pour annoncer à nôtre cher peuple ses iniquitez, pour faire servir la plus juste terreur de la mort à un plus prompt changement de vie, & pour retirer tous les pécheurs de leur mortel assoupissement par les aproches du plus terrible fleau du Seigneur, parce que, selon S. Augustin, celui qu'un tonnerre si redoutable ne reveillera point, ne sera pas seulement endormi, mais encore veritablement mort.[83]

Dans ce mandement, l'évêque établit un lien entre le danger de peste, le caractère pécheur de l'homme et son endormissement. La trompette évoque l'alerte que donne l'évêque à ses ouailles endormies. La peste approche et il est encore temps de se convertir. Cependant l'homme endormi, donc non vigilant dans le premier sens étymologique du terme, est condamné à sa perte s'il ne se réveille pas pour demander pardon pour ses péchés et s'amender, seule issue salutaire possible. Implicitement, on peut y voir l'écho du passage de l'Évangile selon Matthieu qui annonce le retour du Seigneur à une heure inattendue[84] et insiste sur la nécessité de veiller continuellement.[85]

Le thème de la juste colère divine se retrouve aussi chez les prêtres et s'exprime parfois de manière poétique. Une épître, également conservée à l'Alcazar et rédigée par un ecclésiastique dont on ne sait rien, illustre ce constat :

> Sur nos déreglemens, le Seigneur irrité,
> Sans se laisser toûcher aux sentimens de Pere,
> Repandit les trésors d'une juste colere.
> Jusqu'au plus haut degré nos crimes parvenus,

---

81 Ibid.
82 Martin/Spire, *Dieu aime-t-il les malades ?*, p. 51.
83 BMVRA, Fonds patrimoniaux, RES 14076/16, *Mandement de Monseigneur l'Eveque de Senez contenant les regles de la religion dans le danger de la Peste*, p. 5 et s.
84 Mt, 24, 36.
85 Mt, 24, 44.

> Ont attiré des maux trop long-temps retenus,
> Le Ciel, jusqu'à ce jour, demeuroit en silence,
> Mais enfin sa bonté fit place à sa vengeance.[86]

La justice divine, qui dans ce cas s'apparente à une vengeance, s'insère dans ce qu'on peut appeler la loi du talion. Depuis l'Antiquité, la croyance que la sévérité d'une épidémie dépend de l'intensité du péché humain est particulièrement visible en Europe. C'est ce que Michel Signoli et Dominique Chevé pointent en parlant de « commensurabilité entre le mal commis et le mal subi ».[87] François Walter préfère parler de théorie de la rétribution, qu'il constate par exemple dans le tremblement de terre de Lisbonne en 1755.[88]

Enfin, l'historiographie occidentale et française en particulier, se fondant largement sur les témoignages des voyageurs européens, opère une distinction nette entre la conception musulmane et la conception chrétienne de la peste. Chez les musulmans, la peste serait perçue comme une voie de salut, une soumission à la volonté de Dieu dans une optique fataliste. La fuite serait condamnable. Chez les chrétiens au contraire, la peste serait l'expression du mécontentement divin, mais il serait recommandé de fuir ce châtiment et de manifester sa piété.[89] Cette binarité est nuancée par les récents travaux de Nükhet Varlik qui remet en question la figure du turc fataliste. Elle constate dans les sources locales que les thèses contagionnistes et anticontagionnistes coexistaient de la même manière qu'en Occident, et qu'ainsi la fuite était considérée comme une réponse possible à la maladie. De plus, elle préfère parler de courage et d'intégrité face à la peste que de fatalisme ou de passivité.[90] S'il est sans doute plus prudent de nuancer la dichotomie entre lutte active et passivité, on ne peut nier que dans la pratique, les lazarets européens ont précédé les lazarets ottomans et que la peste est demeurée plus longtemps à l'état endémique en Méditerranée orientale.[91]

---

86 BMVRA, Fonds patrimoniaux, 4961/2, *Epître en vers à Damon ou relation en abbregé de ce qui s'est passé de plus considerable pendant le temps de la Contagion, dont la ville de Marseille a été affligée depuis le 10 juillet 1720, jusques à la fin du mois de Mars 1721. Dédiée à Monseigneur l'Evesque de Marseille, par un Ecclesiastique de la même ville*, p. 11.
87 Chevé/Signoli, Les corps de la contagion, p. 12.
88 Walter, Pour une histoire culturelle des risques, p. 13.
89 Panzac, *La peste dans l'Empire Ottoman*, p. 282 et s., et p. 310 et s.
90 Varlik, *Plague and empire*, pp. 72–76.
91 L'édification des lazarets et l'organisation des quarantaines s'effectuent dans les années 1830–1840 dans l'Empire ottoman d'après Daniel Panzac : Panzac, *Quarantaines et lazarets*, p. 102.

5.2.3 Les processions

La procession est une manifestation importante de la piété éprouvée pour lutter contre la peste. Lors de l'épidémie romaine de 590, la *Légende dorée* rapporte que Grégoire le Grand mène la procession en tenant l'image de la Vierge Marie. Aussitôt l'air corrompu et infecté s'écarte et l'ange exterminateur remet son épée au fourreau, mettant fin par la même occasion à l'épidémie.[92] Dans les cités d'Ancien Régime, le «phénomène processionnel», comme l'appelle Jean Delumeau, est une réalité familière et récurrente et s'intègre dans le calendrier liturgique annuel. Du latin *procedere* signifiant aller et évoquant le peuple chrétien en marche à l'imitation des Israélites de l'Ancien Testament, la procession acquiert une nécessité supérieure en période d'urgence.[93] Dans son *Traité de la police*, Delamare identifie les processions aux prières : «Elles sont [...] le plus souvent nommées en latin *supplicationes*, prières, parce que la plus grande partie ont été établies pour implorer le secours du ciel dans les calamitez publiques [...].»[94] Les processions ont une vertu protectrice et sont censées apporter une «muraille priante»[95] face à la peste et constituent un «geste collectif d'espérance»[96] qui rassure la population.

Avec le développement des thèses contagionnistes, la procession durant la peste pose un problème sanitaire puisqu'elle crée nécessairement un rassemblement de personnes potentiellement contaminées. On sait qu'à Milan, en 1577, des processions étaient autorisées en petit comité (autorités religieuses, syndics) et réglementées par une ordonnance.[97] Lors de la peste de 1720, le discours sur les processions n'est pas uniforme, et les décisions d'un jour ne sont plus celles du lendemain. Dans son mandement du 30 juillet 1720, Mgr de Belsunce recommande une neuvaine à saint Roch mais refuse d'organiser une procession générale «pour éviter une dangereuse communication».[98] Une procession semble inenvisageable en temps de peste. Cependant, peu de temps après (le 16 août), lors de la fête de la Saint-Roch, le marquis de Pilles et les échevins de Marseille doivent céder à la pression populaire et autoriser la procession annuelle en l'honneur de saint Roch, où l'on porte le buste et les reliques du saint antipesteux. Pichatty de Croissainte

---

[92] Dedet, *Les épidémies*, p. 37. Selon la légende, la vision de l'ange exterminateur qui remet son glaive dans le fourreau se produit au-dessus du mausolée d'Hadrien, qui devient alors le château Saint-Ange.
[93] Delumeau, *Rassurer et protéger*, chap. 3 «Le phénomène processionnel», pp. 90–133 (passim).
[94] Cité par ibid., p. 113.
[95] Ibid., p. 145.
[96] Ibid., p. 156.
[97] Cohn, *Cultures of plague*, p. 289.
[98] Mandement du 30 juillet 1720, pièce n° 5 in Jauffret, *Pièces historiques*, p. 137.

évoque un «Peuple qui est presque furieux en Devotion, lors qu'il craint un fleau aussi terrible que la peste, dont il voit & ressent déja les affreux éfets».[99]

L'attente populaire de processions religieuses est à son comble lorsque l'épidémie ravage Marseille en août-septembre 1720. Jean-Baptiste Bertrand évoque l'épisode d'une jeune fille pieuse annonçant à son confesseur que le fléau assiégeant Marseille ne cesserait que quand les églises de la Major et de Saint-Victor seraient réunies en une procession générale et exposeraient leurs reliques à la piété des fidèles.[100] Après de longs pourparlers autour de la légitimité de cette procession, c'est finalement l'évêque Belsunce lui-même qui satisfait cette attente. À la Toussaint, il décide de faire dresser un autel au niveau du Cours et s'y rend lui-même, pieds nus, un flambeau à la main, précédé de son clergé pour y célébrer la messe. Le 15 novembre, il monte au clocher des Accoules et bénit toute la ville de Marseille.[101] Un mois plus tard, le 22 décembre, a lieu une nouvelle procession dont le bourgeois de Marseille nous donne l'itinéraire :

> On party de la maison de notre evêque quy etoit tout proche de St ferreol, on passa or les murailles de la ville jusques a la porte de la Juliete quy son entrés, et leveque porta le St sacrement dans le St Sivoire, et donna la benedision seur tous les simintiers, et fosé quy avoins ensevely les morts, il avoit une compagnie de soldas des galeres a chasque porte de la ville, et la derniere qui feut celle de la Juliete la compagnie de soldas acompagna par deriere la dite procession jusque a la magor, et la, notre dit eveque dona la benedision de la porte sans entré dedans ; on avoit fait un reposoir.[102]

Il convient de remarquer que les processions se déroulent la plupart du temps sur des fêtes catholiques importantes. La Saint-Roch et la Toussaint ont été mentionnées. Roux évoque en outre la procession de la Fête-Dieu du 12 juin 1721. D'après Roux, Belsunce insiste pour qu'elle puisse se tenir mais le commandant prend peur et fait fermer les portes de la ville afin d'éviter un rassemblement de personnes trop conséquent. La procession a dès lors pâle figure, privée des confréries, des pénitents et des échevins, composée uniquement des «débris du clergé et l'Evêque qui portait le St Sacrement» ainsi que de quantité de soldats.[103]

---

99 Croissainte, *Journal abrégé*, p. 41 et s.
100 Bertrand, *Relation historique*, p. 310.
101 Ibid., p. 326 et s.
102 Guey, *Mémoires*, p. 138. D'après Goujon, cette procession qu'il nomme «procession autour des murs de la ville de Marseille par dehors» se déroule le 31 décembre 1720. La description des lieux traversés ne laisse pas de place au doute. Il s'agit bien de la même procession. L'itinéraire est retracé dans Bertrand, *Henri de Belsunce*, pp. 179–182.
103 Roux, *Relation succinte*, chap. XXI.

Les processions marseillaises sont les plus évoquées dans les sources, mais ce n'est pas un phénomène propre à la cité phocéenne. L'archevêque d'Aix Charles Gaspard Guillaume de Vintimille publie un mandement ordonnant une procession générale et un jeûne durant trois samedis pour apaiser la colère divine.[104] Il ordonne une procession générale à l'issue des vêpres du 25 août, où l'on porte l'image de la Vierge.[105] Contrairement à Belsunce, l'archevêque n'est pas freiné par le danger de communication entre personnes, la priorité est donnée à l'apaisement du courroux divin. La procession, au même titre que les pénitences et les prières, est vue comme une véritable arme face à la peste, capable de faire courber l'échine divine : « Dieu ne résistera pas à des armes si puissantes, quelqu'irrité qu'il paraisse : rien ne lui plaît davantage que d'être forcé de s'appaiser, et dans le plus fort de sa colère, il regarde toujours avec complaisance des démarches qui le font ressouvenir de ses anciennes miséricordes. »[106]

Suite à son expérience durant la peste, Antrechaus affirme qu' « il est de la sagesse des Consuls qui veillent au bien public d'empêcher tout ce qui peut occasionner une foule ».[107] Ainsi, les processions, l'administration des sacrements en public et les enterrements pompeux doivent selon lui être interdits en temps d'épidémie. Les églises doivent en outre être fermées. Jetant un regard rétrospectif et critique sur la peste de Toulon, il reconnaît que « toutes ces precautions furent prises à Toulon, mais elles eussent dû l'être plus tôt ».[108] Dans l'histoire, les exemples d'épidémies qui cessent à la suite d'une procession sont rares. Plus souvent, c'est un rebond épidémique qui est consécutif à la procession.[109]

5.2.4 Dévotion et intercession

Si la peste est perçue comme une punition divine, il est possible et même nécessaire de trouver des moyens humains et médicaux de l'affronter. Ces remèdes ne remplacent toutefois pas la prière et la pénitence, considérés comme des passages obligés pour apaiser la colère divine. Comment ces prières s'effectuent-elles ? Quels sont les remèdes spirituels pour affronter une épidémie de peste ? À qui faut-il adresser ses prières ? Lors de la peste de 1720, les suppliques sont diverses, tantôt

---

104 Mandement du 24 août 1720, pièce n° 6 in Jauffret, *Pièces historiques*, pp. 139–144.
105 Ibid., p. 141.
106 Ibid., p. 140.
107 Antrechaus, *Relation de la peste*, p. 134.
108 Ibid.
109 Biraben, *Les hommes et la peste*, T. 2, p. 67.

adressées à Dieu lui-même ou à la Trinité, tantôt à des saints intercesseurs, qui prient Dieu d'exaucer les prières adressées.

La prière adressée à Dieu est en premier lieu visible dans la dévotion pour le Sacré-Cœur. Le 1er novembre 1720, alors que Marseille a perdu des milliers d'habitants dans les mois qui précèdent, Mgr de Belsunce fait acte de consécration de la ville au Sacré-Cœur de Jésus, pour lequel il établit également une fête chômable chaque année.[110] À Toulon, l'évêque Mgr Louis-Pierre de La Tour du Pin Montauban procède de la même manière par un mandement :

> Nous dévouons et consacrons pour toujours cette église et tout le diocèse à cet adorable cœur du Sauveur de tous les hommes, le conjurant avec larmes d'épargner enfin les précieux restes du troupeau qu'il nous a confié, et de déployer sa juste colère sur le pasteur, heureux si à l'exemple du souverain pasteur de nos âmes, il pouvait donner sa vie pour sauver celle d'un peuple qui lui est si cher.[111]

L'évêque de Toulon adopte un registre pastoral et manie le thème de la juste colère. La consécration au Sacré-Cœur apparaît comme un acte perpétuel d'ultime recours. À l'image du Christ qui donne sa vie pour l'humanité, l'évêque se montre prêt à donner la sienne pour ses brebis.

Le culte ecclésial du Sacré-Cœur est relativement récent en 1720, mais ses racines théologiques sont anciennes. Bertrand de Margerie plaide pour une origine vétérotestamentaire. Il relève dans les Psaumes en particulier des passages abordant la thématique du corps et des entrailles, première annonce du cœur comme symbole d'amour. Ce développement se poursuit dans le Nouveau Testament avec l'insistance sur les entrailles du Christ, en particulier chez Paul. Les Pères de l'Église glorifient la plaie du côté du Christ comme préfiguration du culte. Chez les mystiques du XIIIe siècle, le culte du Sacré-Cœur est privé et il faut attendre l'époque moderne pour voir la portée du culte augmenter, avec en premier lieu la figure de saint Jean Eudes (1601–1680), considéré comme le fer de lance du culte en France.[112]

Quelques décennies avant la peste de Marseille, entre 1669 et 1673, une visitandine de Paray-le-Monial, Marguerite-Marie Alacoque reçoit des visions régulières du Sacré-Cœur de Jésus qui lui fait part d'un amour infini de Dieu pour les hommes. Le culte du Sacré-Cœur, promu par les Visitandines et les Jésuites, devient en quelque sorte le reflet de la querelle janséniste puisqu'il se répand en réaction à ce mouvement considéré comme hérétique depuis la bulle papale

---

110 Croissainte, *Journal abrégé*, pp. 153–154.
111 Lambert, Histoire de la peste de Toulon en 1721, p. 245.
112 Historique emprunté à Margerie, *Histoire doctrinale*.

Unigenitus de 1713. Le jésuite Joseph-François de Gallifet publie d'ailleurs un livre intitulé *De l'excellence de la dévotion au Cœur adorable de Jésus-Christ*. Le sud de la France voit le culte du Sacré-Cœur se répandre sur fond de débats théologiques entre partisans jésuites et détracteurs jansénistes.[113] À Marseille, la visitandine Anne-Madeleine Rémusat, surnommée la « seconde Marguerite Marie » aurait fait part à Mgr de Belsunce de ses visions célestes et lui aurait annoncé que le seul moyen de délivrer Marseille de la peste était de consacrer le diocèse et la ville au Sacré-Cœur.[114] Le conditionnel est employé car cet épisode n'est évoqué par aucune source contemporaine.[115] Quoi qu'il en soit, Belsunce consacre la ville au Sacré-Cœur et impute la responsabilité de la peste aux jansénistes. Dans une lettre à l'évêque de Gap, n'écrit-il pas : « J'ai cru que ma conscience que je me servisse de cette occasion pour solliciter mes Apelans à apaiser la colère de Dieu par leur retour à l'Église dont ils se sont séparés. »[116] La condamnation des jansénistes et la consécration de Marseille au Sacré-Cœur participent au triomphe doctrinal et pastoral de cette dévotion au « cœur brûlant du Christ », qui s'affirme dans la France du XVIIIe siècle.

Cette consécration de Marseille au Sacré-Cœur intervient après le pic épidémique de l'automne 1720 et semble contribuer au recul de la maladie. Le culte reçoit ainsi une légitimité toute particulière, si bien que lorsque Marseille doit faire face à une rechute en mai 1722, la nécessité de réaffirmer la fidélité au Sacré-Cœur par un vœu stable se fait sentir. Les échevins font alors le vœu d'entendre chaque 28 mai la messe au monastère de la Visitation, avec l'offrande d'un flambeau de cire blanche orné de l'écusson de la ville.[117] Une délibération de 1807 insiste sur le fait que cette dévotion qui se voulait à l'origine perpétuelle a été interrompue par la Révolution. Les maires de Marseille s'affairent à « remettre en vigueur cette pieuse institution, connue sous le nom de vœu de la ville, institution due à la religion de nos peres et au zéle de M. de Belzunce, cet evêque de Marseille dont la memoire sera chére à jamais aux habitans de cette ville ».[118] En 1920, dans

---

113 Andurand, *La Grande affaire*, pp. 175–194.
114 J. R., La peste de Marseille. Sur cette figure, voir Gasquet, *La vénérable Anne-Madeleine Remuzat*.
115 C'est le constat que fait Régis Bertrand. Le Père Jaques est le premier à suggérer l'intervention de Rémusat auprès de Belsunce quarante ans après les faits. Cet épisode est à considérer avec prudence. Voir Bertrand, *Henri de Belsunce*, p. 168 et s.
116 Lettre citée par Andurand, *La Grande affaire*, p. 191.
117 Buti, *Colère de Dieu*, p. 228.
118 AMM, GG 455, *Arrêté sur le renouvellement des cérémonies religieuses établies par le vœu des anciens Magistrats de cette ville en 1720 pour obtenir la cessation de la peste*.

le cadre du bicentenaire de la peste, débute à Marseille la construction de l'église du Sacré-Cœur dans le quartier du Prado, où a désormais lieu la cérémonie du vœu des échevins.[119] Ainsi, la consécration de Marseille au Sacré-Cœur a fait date dans l'histoire de la ville et lie ce culte à la délivrance de la peste. Le Sacré-Cœur illustre la vigilance religieuse et mémorielle qui s'établit sur la longue durée, censée offrir une protection spirituelle à la ville.

Outre l'importante dévotion au Sacré-Cœur, il convient de mentionner de manière plus générale le recours à l'intercession des saints. L'Église catholique définit l'intercession comme la demande en faveur d'un autre, c'est-à-dire une prière désintéressée pour les intérêts d'autrui, qui vise à obtenir la miséricorde divine.[120] Car en définitive la délivrance ou non d'un mal est uniquement du ressort divin. La peste et les épidémies de manière générale poussent les hommes dans une angoisse de la souffrance et du châtiment divin, si bien que nombre de prières adressées à des saints se répandent en temps d'épidémie afin que le saint en question intercède auprès de Dieu. À la fin du Moyen Âge et au début de l'époque moderne, cette association entre des maladies et des saints spécifiques est telle que certaines maladies ou infirmités en viennent à être désignées par le nom d'un saint. Ainsi, l'épilepsie est nommée mal Saint-Jean ou mal Saint-Lou, la folie mal Saint-Acaire ou mal Saint-Mathurin, et la peste mal Saint-Roch ou mal Saint-Sébastien.[121] Néanmoins, il convient de remarquer qu'aucun saint ne peut provoquer de miracle de lui-même, seul Dieu ou la Trinité peuvent le faire. Les saints sont considérés comme des intercesseurs auprès de Dieu, mais la prière s'adresse en définitive à Dieu lui-même.[122]

La virulence et la sévérité de la peste mènent à des préoccupations eschatologiques très fortes qui se font ressentir dans la piété populaire. Le besoin de saints intercesseurs est presque viscéral et traverse les siècles, avec toutefois de fortes variations selon l'époque et la région. Plusieurs dizaines de saints peuvent être invoqués lors des épidémies de peste[123], mais certains deviennent récurrents et leur invocation quasi systématique.

En premier lieu, la Vierge Marie est volontiers invoquée comme *Salus infirmorum* (salut des malades). Image de la mère bienveillante au manteau protecteur, on la représente parfois avec trois flèches symbolisant la peste, la famine et la

---

119 Bertrand, *Mort et mémoire*, p. 220 et s. Cette cérémonie avait lieu auparavant au monastère de la Visitation.
120 CEC (Catéchisme de l'Église catholique), n° 2634–2636.
121 Delumeau, *La peur en Occident*, p. 61.
122 Müller, *Die Pest*, p. 27.
123 Jean Delumeau invoque une cinquantaine de saints antipesteux dont la plupart ont toutefois une importance mineure : Delumeau, *La peur en Occident*, p. 141.

guerre, fléaux les plus redoutés.[124] Cette dévotion se manifeste dans les zones germaniques principalement par des colonnes dédiées à Marie (*Mariensäule*)[125] comme protectrice face à ces maux. En France, la protection mariale face à la peste est aussi bien présente. En 1348, la population montpelliéraine dédie un cierge à Marie, censé représenter la longueur du mur de ville, dans l'espérance qu'une fois que le cierge serait brûlé, la peste cesserait. Au Puy-en-Velay, une procession à la Vierge Noire a lieu en 1630, dont témoigne le tableau du «Vœu de la peste» de Jean Solvain qui se trouve dans la cathédrale.[126] En 1643, alors que Lyon est menacée par la peste, les notables placent la ville sous la protection de la Vierge. Ils montent en procession à la colline de Fourvière où ils font le vœu de se rendre chaque 8 septembre (Nativité de la Vierge) pour y entendre la messe. La cité est épargnée et dès lors la tradition s'est ancrée à Lyon.[127] À Marseille, des prières à la Vierge se retrouvent dans les livres d'offices des confréries de pénitents[128], et la Vierge fait l'objet d'une dévotion sous le vocable de «Notre-Dame du Bon-Secours».[129] Ainsi, le 8 septembre 1720, Mgr de Belsunce se rend à l'Hôtel de ville pour recevoir l'engagement des échevins de donner chaque année 2 000 livres à l'hôpital des orphelines, connu sous le vocable de Notre-Dame du Bon-Secours. Il y dit la messe à la Sainte Vierge et reçoit le vœu des échevins.[130]

Deuxième figure récurrente, saint Sébastien est un saint beaucoup invoqué lors des épidémies de peste. Soldat romain doublement martyr sous Dioclétien, c'est une figure qui traverse l'histoire ecclésiastique et l'histoire de l'art. Peu de choses sont connues sur sa vie, mais il existe une grande insistance sur ses deux martyres. Le premier est celui de la «sagittation». Chrétien assumé dans une période de persécution, Sébastien est attaché à un poteau au milieu du champ de Mars et percé de flèches sur ordre de Dioclétien. Il survit à ce premier martyre et est guéri par la veuve sainte Irène. Plus tard, alors qu'il se place sur le chemin de l'empereur, il est tué à coups de bâtons et jeté dans la *Cloaca maxima*.[131]

---

[124] Ibid., pp. 27–46.
[125] Voir notamment celle de Munich érigée en plein cœur de la *Marienplatz* au centre-ville.
[126] Delumeau, *La peur en Occident*, p. 45.
[127] Voir la chronique historique «Du Moyen Âge au premiers vœux» sur le site internet de la basilique Notre-Dame de Fourvière, URL : https://www.fourviere.org/fr/vie-du-site-notre-dame-de-fourviere/lhistoire/du-moyen-age-aux-premiers-voeux/ [consultée le 27.07.23].
[128] Information tirée de la communication de Régis Bertrand «Y penser toujours. La vigilance religieuse avant et après la peste de 1720» lors de l'atelier «Vigilance et peste : la France face au fléau épidémique aux XVIIe–XVIIIe siècles» (Munich, 11–12.11.2021).
[129] Hildesheimer, *La terreur et la pitié*, p. 61 et s.
[130] Bertrand, *Henri de Belsunce*, p. 139.
[131] Forestier et al., *Saint Sébastien*, passim (p. 34 pour le martyre).

Lors de son premier martyre, les flèches pénètrent le corps de Sébastien, mais les blessures provoquées, au lieu d'être mortelles, deviennent des indices de sa victoire sur la mort.[132] La capacité de Sébastien à survivre au supplice des flèches est significative et explique son rôle d'intercesseur. Comme souligné plus haut, la peste est volontiers représentée comme une attaque de flèches mortelles depuis les flèches envoyées par Apollon dans l'*Iliade*. Survivre à des flèches s'apparente donc à survivre à une épidémie de peste. Très tôt, saint Sébastien acquiert le statut de saint intercesseur. S'appuyant sur l'*Histoire des Lombards* de Paul Diacre, la *Légende dorée* raconte qu'au temps du roi Gombert, l'Italie entière est atteinte par une violente épidémie de peste, sévissant particulièrement à Rome et à Pavie. Sous l'impulsion d'une révélation divine, on construit alors à Pavie un autel à saint Sébastien dans l'église Saint-Pierre-aux-Liens et le fléau cesse aussitôt.[133] Ce miracle obtenu par l'intercession de saint Sébastien durant la peste justinienne est tellement marquant que lors de la deuxième pandémie de peste, les prières au saint sont légion. Au Moyen Âge, il s'agit du saint le plus supplié durant les vagues de peste afin d'obtenir la guérison.[134]

À l'époque moderne sur la côte méditerranéenne française, force est de constater que saint Sébastien est bien moins invoqué qu'un autre saint intercesseur, saint Roch. La prédominance de saint Roch dans le sud de la France peut s'expliquer par son ancrage local de saint montpelliérain et par l'exemplarité de son vécu. Contrairement à saint Sébastien, auquel l'attache est lointaine et avant tout fondée sur la symbolique des flèches, saint Roch a lui-même fait l'expérience de la peste. Né à Montpellier probablement au milieu du XIVe siècle, il fait preuve d'une piété précoce et visite les malades dans sa ville natale. Puis, aspirant à suivre le Christ, il donne sa fortune aux pauvres et se rend en pèlerinage à Rome. Lors de ce pèlerinage, il traverse des villes frappées par la peste et s'illustre comme thaumaturge. À Piacenza, il tombe lui-même malade de la peste et se prépare à la mort. Le chien du riche Gothard lui apporte de la nourriture alors qu'il est isolé dans une forêt. Il parvient toutefois à guérir de la peste et continue à porter assistance aux pestiférés. Finalement, il est considéré comme un espion en Italie et est jeté en prison, où il passe la fin de sa vie.[135] Sa biographie influence largement ses représentations qui construisent la figure de saint antipesteux. Dans l'iconographie, il est généralement présenté avec le bâton du pèlerin, accompagné d'un

---

132 Ibid., p. 66 et s.
133 Voragine, *La légende dorée*, p. 138 et s. Les reliques de saint Sébastien sont d'ailleurs amenées à Pavie.
134 Pinto-Mathieu, Les prières à saint Sébastien.
135 Roemer, *Sankt Rochus*, p. 17 et s.

chien tenant du pain dans la gueule. La référence à la contagion est visible par un bubon de peste à sa jambe et un ange qui le soigne avec un onguent.[136]

L'invocation de saint Roch est particulièrement visible dans l'établissement des lazarets. Le premier lazaret de Livourne porte même le nom de lazaret Saint-Roch[137], de même que celui du Havre.[138] Souvent, les lazarets disposent d'une chapelle ou de statues dédiées à saint Roch. C'est particulièrement le cas à Toulon[139] et à Marseille.[140] L'intendance sanitaire de Marseille met en avant la fête de la Saint-Roch par une célébration. Les échevins y sont conviés et partagent un repas avec les intendants de la santé.[141] Outre la statue de saint Roch, le décor de l'intendance sanitaire de Marseille renferme également le tableau de Jacques-Louis David qui met en scène saint Roch intercédant auprès de la Vierge pour la guérison des pestiférés (1780).[142] En plus de l'aspect matériel de la dévotion à saint Roch, une grande ferveur est également visible dans les prières qui lui sont adressées telle que celle-ci mêlant de manière espiègle tragédie et humour :

> Accablés de malheurs, entourés de la peste,
> Grand saint Roch, nous ne craignons rien,
> Et rien ne nous sera funeste.
> Si vous êtes notre soutien.
> Secourez ce peuple chrétien
> Et venez apaiser la colère céleste :
> Mais n'amenez pas votre chien
> Nous n'avons pas de pain de reste.[143]

En 1820, pour le centenaire de la peste de Marseille, en date du 16 août, jour de la Saint-Roch, le chanoine honoraire de la métropole d'Aix Guillaume Martin prononce un discours commémoratif dans la chapelle du lazaret de Marseille.[144] Martin le décrit en Italie, marchant parmi les morts et les vivants à l'image de Tobie, et adressant des vœux au ciel pour la guérison des pestiférés. Il souligne devant son auditoire le caractère intercesseur de saint Roch : « C'est, Messieurs, parce que saint Roch a été frappé de la peste : c'est parce qu'il a servi et guéri

---

136 Ibid., p. 58.
137 Panzac, *Quarantaines et lazarets*, p. 35.
138 Etienne-Steiner, Quatre générations de lazarets au Havre.
139 Mongin, *Toulon*, p. 120 ; Vergé-Franceschi, 1720–1721 : la peste ravage Toulon, p. 59.
140 AD13, 200 E 1025, *Mémoire instructif du Plan General du lazaret ou infirmeries de Marseille*, 5 juin 1748.
141 Ibid., *Memoire du bureau de santé de Marseille* (envoyé à Mgr Delatour le 10 mars 1750).
142 Hildesheimer, *Le bureau de la santé*, p. 55.
143 J. R., peste (La) de Marseille, p. 562.
144 Martin, *Discours sur saint Roch*. Une partie du discours est transcrite dans l'annexe 11.8.

pendant sa vie les pestiférés ; c'est enfin parce qu'après sa mort il en a guéri un grand nombre, qu'on a recours aujourd'hui dans tous les pays catholiques à son intercession, pour être délivré ou préservé de la contagion. »[145]

Quelques années plus tard éclate une polémique au sujet de l'invocation à saint Roch lors des séances du bureau de la santé, signe d'une laïcisation de l'administration sanitaire. Une majorité d'intendants désire supprimer l'antienne à saint Roch récitée par le président semainier à l'ouverture de chaque séance, ce à quoi une minorité s'oppose. La majorité du bureau juge cette protestation indigne et affirme « que l'administration sanitaire est purement civile et non religieuse ; qu'elle n'a à s'occuper que d'objets temporels et que par suite il est plus convenable, plus rationel et plus religieux même de prier dans les chapelles des établissemens, où plus de recueillement et moins de distraction rendent les prières plus ferventes et plus agréables à Dieu ».[146]

Le saint intercesseur est souvent un saint à même de comprendre les souffrances des pestiférés pour avoir souffert lui-même le martyre, ou la peste elle-même.[147] À côté des grands intercesseurs tels que saint Roch ou saint Sébastien sont évoqués parfois sainte Anne[148] ou saint Charles Borromée. Un médecin avignonnais s'en remet aux intercesseurs (parmi lesquels sainte Anne) devant son impuissance médicale :

> Attendu que la peste est un fléau que Dieu envoit sur la terre pour châtier les hommes qui semblaient méconnaître sa toute-puissance, le génie médical, semblable à une étoile scintillante, pourra seul dans l'avenir, par une inspiration sublime ou par une évocation, réussir à soulever le voile qui couvre encore le secret du remède spécifique de sa guérison, que la nature, tour à tour prodigue et avare, se plaît encore à conserver parmi ses recettes occultes ; en attendant on n'aura rien de mieux à faire pour s'en préserver et pour guérir que de placer sa confiance en sainte Anne, en saint Roch et aux saints patrons du pays.[149]

Le culte de sainte Anne comme protectrice contre la peste semble moins lié à sa vie qu'à sa position de mère de la Vierge Marie, qui est elle-même beaucoup invoquée. En mars 2020, lors des débuts de la pandémie de Covid-19, la paroisse de Courthézon dans le Vaucluse a commémoré l'intercession de sainte Anne lors de la

---

145 Ibid., p. 20.
146 AD13, 200 E 1030, polémique datée du 31 janvier 1832.
147 Naphy/Spicer, *La peste noire*, p. 37.
148 Une chapelle est par exemple érigée en l'honneur de sainte Anne à Saint-Tropez au début du XVIIe siècle en remerciement de la protection contre la peste : Buti, *Les Chemins de la mer*, chap. IX, « Naviguer au Levant en caravane ».
149 Cité par Hildesheimer, *La terreur et la pitié*, p. 41.

peste de 1721 et l'a suppliée de la préserver de la pandémie.[150] Quant à saint Charles Borromée, son action pendant la peste de Milan de 1576–1577 a servi de modèle comportemental à Mgr de Belsunce si bien que Michel Vovelle désigne Belsunce comme une «sorte de Charles Borromée provençal».[151]

Cette désignation n'est pas qu'une construction d'historiens. Dans sa relation de peste, le Père Pacifique de Marseille écrit, peu après les faits : «Dans ces temps de calamités et d'horreurs, Monseigneur l'évêque, ce digne prélat, ce saint qu'à bon titre on peut appeler un second saint Charles Borromée, n'abandonna jamais son troupeau.»[152] Même le principal intéressé, Belsunce lui-même, reconnaît son modèle lors de la procession du 1er novembre 1720, ce qui n'est pas sans émouvoir ses ouailles : «Je crois qu'ils turlupinent bien les jansénistes, sur l'action que je fis hier, à l'imitation de saint Charles. Je fis, avec le triste reste du clergé, une procession où j'assistai tête nue, pieds nus et le flambeau à la main. Je ne puis vous dire l'effet que causa sur le peuple la vue de mes pieds, ce ne fut tout le chemin que cris, que pleurs, que sanglots.»[153]

La renommée de saint Charles Borromée est telle en Provence que l'archevêque d'Aix Mgr Grimaldi présente la traduction française des instructions du cardinal milanais aux confesseurs de sa ville et de son diocèse. Dans son mandement introductif, il thématise, à partir de l'exemple de saint Charles, le lien entre la santé du corps et la santé de l'âme : «Étant certain qu'on ne pourvoit jamais mieux à la santé des malades, qu'en faisant de bons Médecins, & que les ames seront infailliblement assistées comme il faut en leurs besoins, si elles tombent entre les mains des Confesseurs qui soient des Médecins prudens & charitables, des Juges bien instruits, & des Guides fidèles.»[154] Un des tableaux de l'intendance sanitaire de Marseille, réalisé par Pierre Puget et antérieur à 1720, représente d'ailleurs un *Saint Charles Borromée priant pour la cessation de la peste de Milan*.[155]

Enfin, les fonds patrimoniaux de la bibliothèque de l'Alcazar m'ont conduit vers un saint intercesseur bien moins fréquent qui, malgré son origine italienne, a un fort ancrage local : saint François de Paule. Un mémoire anonyme l'ajoute aux

---

150 https://www.courthezon.paroisse84.fr/Priere-a-Ste-Anne.html [consulté le 15.05.2023].
151 Vovelle, *Piété baroque*, p. 308.
152 Cité par Bertrand, *Henri de Belsunce*, p. 150.
153 Correspondance de Belsunce du 2 novembre 1720, citée par ibid., p. 176.
154 «Mandement de Monseigneur l'Eminentissime Cardinal Grimaldi, Archevêque d'Aix», in *Instructions de S. Charles Borromée, Cardinal du Titre de Ste Praxede, Archevêque de Milan. Aux Confesseurs de sa Ville & de son Diocèse*.
155 Bertrand, *Mort et mémoire*, p. 215.

saints traditionnels que sont saint Roch et saint Sébastien.[156] Fondateur de l'Ordre des Minimes[157], ce saint a reçu de son vivant le don de guérir les pestiférés. À l'appel de Louis XI, il s'est rendu en France à la fin du XVe siècle où il a accompli des guérisons en Provence et tout particulièrement à Fréjus et Bormes, villes qui depuis lors ont été épargnées de la peste.[158] L'auteur mentionne encore des processions avec l'effigie du saint dans l'Espagne du XVIIe siècle, ce qui le conduit certainement à exagérer sa portée : « La reputation de ce grand Saint à traversé les Mers & les Païs les plus longtains, le bruit de ses merveilles fait retentir toute l'Europe, & toutes les parties du monde Chrêtien. »[159] Son impact ne semble pas avoir été tel. Le mémoire cité constitue la seule trace de ce saint intercesseur dans les relevés que j'ai pu effectuer dans les archives, si bien qu'il ne détrône pas saint Roch de la première place des saints intercesseurs sur la côte méditerranéenne française. Le mémoire aborde en outre la question de la vigilance. Lorsque la peste afflige la population, on a recours à la « vigilance Pastorale du pieux & zelé Prelat », qui œuvre pour le salut de ses ouailles.[160]

Il convient de relever que le saint intercesseur est présenté comme un pasteur au service de ses brebis. Michel Foucault s'est intéressé au pouvoir pastoral et a émis la thèse que le christianisme l'a élevé au rang d'art (au sens de technique), un « art qui a cette fonction de prendre en charge les hommes collectivement et individuellement tout au long de leur vie et à chaque pas de leur existence ».[161] Il argue ensuite que cet art de gouverner les hommes constitue l'embryon du gouvernement de la population (c'est ce qu'il nomme gouvernementalité) qui trouve selon lui son application au seuil de l'État moderne, entre la fin du XVIe et le XVIIIe siècle.[162] Dans le cas de l'intercession, le procédé semble différent. Le recours au saint comme pasteur semble moins s'inscrire dans une logique de pouvoir que dans une logique d'abandon. Il s'agit de se fonder sur le caractère thaumaturge du saint de son vivant pour projeter des guérisons futures, c'est-à-dire à l'époque de la prière d'intercession.

La multiplicité des intercesseurs, visible par la pluralité des prières orientées spécifiquement pour la délivrance de la peste, ne doit pas éluder le sens final qui

---

156 BMVRA, Fonds patrimoniaux, 2635/2, *Memoire instructif des miracles operes par St François de Paule en faveur des villes et provinces affligées de la peste. Pour exciter la dévotion des Fideles à reclamer la protection de ce grand Saint*, Aix, Adibert, 1721.
157 Sur les rapports entre le saint et l'ordre, voir Pierre/Vauchez, *Saint François de Paule*.
158 BMVRA, Fonds patrimoniaux, 2635/2, *Memoire instructif*, p. 2.
159 Ibid., p. 3.
160 Ibid., p. 5.
161 Foucault, *Sécurité, territoire, population*, p. 168.
162 Ibid., p. 169.

demeure le retour à Dieu. Aussi, il arrive que les prières ne recourent pas aux intercesseurs mais s'adressent directement à Dieu. Ainsi, une lettre de M. de Cheneville, receveur des pénitents d'Avignon, adressée aux échevins de Marseille peu avant Noël 1720, témoigne de la nécessité de s'en remettre directement à Dieu, puisqu'il écrit : « Nous avons assigné une communion generale que Mgr larcheveque fera luy meme dans les festes de la noël ou tout loffice sera offert au seig[neur] pour la parfaite santé de vostre ville ainsy que des autres qu'on luy demandera. »[163] Les pénitents gris d'Avignon organisent dans leur chapelle une adoration à laquelle participent les échevins de Marseille une fois par mois.[164] Cette piété individuelle ressort également dans les croquis du notaire de La Valette, Jean-François Bouyon, qui en appelle à la « médecine du ciel » : vol de grues augurant le drame, recherche de protections célestes (croix et saint Roch), évocation de pratiques religieuses (prière et pèlerinage) et présence de la mort (têtes de mort) s'y côtoient.[165]

Les témoignages de piété adressés à Dieu sont également visibles après la peste, lorsqu'il s'agit de témoigner une action de grâces. Roux relève les acclamations de joie qui se font entendre, les actions de grâces rendues à Dieu pour avoir épargné le reste des habitants, et la présence de l'ange de paix qui a pris le relais de l'ange exterminateur.[166] En accompagnement de ces réjouissances et pour célébrer la fin d'une épidémie retentit généralement le chant du *Te Deum*. Il s'agit de l'hymne la plus chantée durant l'Ancien Régime lors d'occasions officielles telles que les victoires militaires, les naissances et mariages royaux ou les guérisons.[167] Le *Te Deum* est célébré sur ordre de Versailles et relayé par l'administration épiscopale dans le cadre de pompes solennelles ou de pompes d'initiative locale.[168]

Le *Te Deum* ne retentit pas lors d'une accalmie de l'épidémie mais lorsque la fin de la peste paraît certaine. Ainsi, il est célébré à Marseille le 29 septembre 1721 après 40 jours sans nouveau malade.[169] Il est fait exhortation aux habitants de se rendre à l'hôtel de ville pour processionner avec les échevins jusqu'à l'église de la Major. C'est là qu'ils assistent au *Te Deum* chanté en action de grâces pour l'entière délivrance de la peste, après quoi est prévu un feu de joie.[170] À Toulon, le *Te Deum*

---

163 AMM, GG 360, f° 7, lettre du 17 décembre 1720.
164 Ibid., f° 15.
165 Buti, Structures sanitaires, p. 72 et s.
166 Roux, Relation succinte, chap. XXIX.
167 Montagnier, Le *Te Deum* en France.
168 Sur la question des pompes et circonstances, voir Escoffier, *Tambours, théâtre et Te Deum*, pp. 73–101.
169 Biraben, *Les hommes et la peste*, T. 1, p. 240.
170 AMM, FF 182, f° 207.

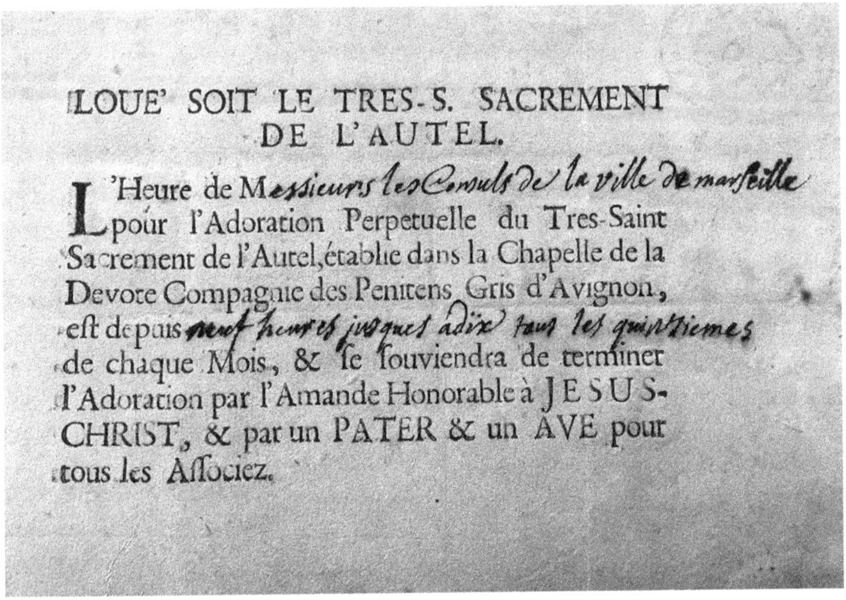

> LOUE' SOIT LE TRES-S. SACREMENT
> DE L'AUTEL.
>
> L'Heure de Messieurs les Consuls de la ville de marseille pour l'Adoration Perpetuelle du Tres-Saint Sacrement de l'Autel, établie dans la Chapelle de la Devote Compagnie des Penitens Gris d'Avignon, est depuis neuf heures jusques à dix tous les quinziemes de chaque Mois, & se souviendra de terminer l'Adoration par l'Amande Honorable à JESUS-CHRIST, & par un PATER & un AVE pour tous les Associez.

Figure 7 : Billet pour l'adoration réservée aux échevins de Marseille dans la chapelle des Pénitents Gris d'Avignon (AMM, GG 360, f°15).

est chanté le 30 octobre 1721 dans la cathédrale au son des cloches et au bruit du canon.[171] Ces célébrations s'étalent dans le temps, selon l'état sanitaire d'une ville ou d'une autre. Le 20 février 1723, toute la Provence, le Comtat et le Languedoc semblent définitivement délivrés du fléau, si bien que la France entière retentit de *Te Deum* et de réjouissances populaires.[172]

Enfin, la présence divine peut se manifester dans les ex-voto. L'ex-voto des Visitandines de Marseille réalisé par François Arnaud représente en effet la Vierge et les saints intercédant auprès des trois personnes de la Trinité.[173]

En conclusion, les normes et pratiques religieuses dans la lutte contre la peste illustrent le nécessaire recours à Dieu et aux saints, alors que les moyens humains

---

171 Antrechaus, *Relation de la peste*, p. 344.
172 Biraben, *Les hommes et la peste*, T. 2, p. 83.
173 Bertrand, L'ex-voto des visitandines. Article écrit en réaction à Fabre, La Peste en l'absence de Dieu. Gérard Fabre émettait l'hypothèse que l'iconographie cachait l'impuissance du Dieu de bonté. L'auteur relevait la «non-monstration» du mal dans les ex-voto, un mal qui aurait signifié l'enfer sur terre et l'abandon de Dieu. Si le mal pouvait être présent, Dieu ne l'était nécessairement pas. Des figures charismatiques telles que Belsunce et Roze auraient émergé pour jouer une sorte d'interim en l'absence de Dieu. Cette thèse est invalidée par l'article de Régis Bertrand.

semblent inefficaces. La perception des acteurs du XVIIIe siècle demeure marquée par la longue tradition de la peste comme punition divine. Néanmoins, l'attitude active face à la peste est désormais légitimée : faire pénitence pour ses péchés et chercher à guérir grâce aux moyens humains et à l'aide divine, tel est le chemin proposé. Les rites tels que les processions sont tantôt maintenus, tantôt proscrits pour des raisons sanitaires. Les églises sont fermées, mais les prières demeurent nécessaires et encouragées. L'équilibre entre les manifestations religieuses censées apaiser le courroux divin, mais pouvant entraîner des risques sanitaires, et les mesures sanitaires qui cherchent à éviter les rassemblements religieux paraît difficile à atteindre. La maladie et la souffrance s'inscrivent ainsi dans un débat entre ce qui relève de Dieu et ce qui relève de l'homme. Après la peste, les prières d'actions de grâces célèbrent la délivrance et ne posent plus de problème sanitaire.

5.3 Les infractions au régime préventif

Dans les deux points précédents, j'ai cherché à démontrer que la vigilance face à la peste s'inscrit dans un cadre très normé tant au niveau politique qu'au niveau religieux. Ordonnances, arrêts royaux, délibérations régulières des bureaux de la santé se succèdent et définissent un cadre politico-légal d'exigences à respecter. Sur le plan religieux, c'est principalement par le moyen du mandement que les normes sont publiées. Les directives publiées affichent un cadre théorique à respecter, mais leur étude ne suffit pas à en cerner la dimension pratique. À quel point la réglementation sanitaire est-elle suivie ? Quel type d'entorses aux directives sanitaires les sources mettent-elles en lumière ? Quels moyens et procédures sont employés pour lutter contre ces infractions ?

Étudier les écarts par rapport aux normes dans une perspective historique fait immédiatement basculer la recherche vers l'histoire judiciaire de l'Ancien Régime. L'histoire de la criminalité combine l'étude des institutions judiciaires à partir des juristes du XVIIIe siècle tels que Jousse, Muyart de Vouglans et Rousseaud de la Combe et une nouvelle approche de la criminalité qui, depuis les années 1970, se fonde sur les méthodes quantitatives par l'analyse sérielle de délits, délinquants et châtiments. De cette histoire ressort la thèse d'un passage, au XVIIIe siècle, d'une criminalité violente orientée contre les personnes à une criminalité orientée contre les biens.[174]

La justice d'Ancien Régime connaît déjà une distinction entre le crime et le délit. Le crime est défini comme une faute, une action contre la loi naturelle (aux

---

[174] Garnot, *Crime et justice*, p. 11 et s. Voir aussi Farge, *Le vol d'aliments*.

niveaux divin et moral) et civile (au niveau humain). La première peut être identifiée au péché, la seconde au crime ou au délit, selon la gravité. Furetière distingue notamment les crimes capitaux tels que le crime de lèse-majesté ou l'assassinat, et les délits communs tels que la fornication ou la violation de vœu.[175] Le délit est ainsi perçu comme un crime de moindre importance. De plus se développe l'idée d'une classification des crimes et des peines en fonction des lois établies.[176]

En écho aux travaux sur la justice d'Ancien Régime[177], il convient de mentionner les études diachroniques sur la fraude.[178] Définie comme une économie parallèle, informelle, clandestine ou souterraine, la fraude peut se subdiviser en trois grands types : la contrebande et l'économie informelle ; les fraudes monétaires, financières et comptables ; les fraudes sur la qualité des produits textiles et alimentaires.[179]

J'ai déjà souligné dans ce travail que les enjeux économiques et sanitaires se croisent sur la côte méditerranéenne française durant l'Ancien Régime. Les marchandises, vecteurs nécessaires de la prospérité commerciale, et le trafic qu'elles induisent entraînent des dangers sanitaires et particulièrement le risque d'amener la peste. Ainsi, s'intéresser aux zones littorales, où le commerce est florissant, semble pertinent lorsqu'il s'agit de mesurer les fraudes et infractions aux directives sanitaires.

L'étude des rapports entre marine et justice est assez récente[180], de même que l'approche des ports et des îles comme territoires de l'illicite.[181] Ce sont des zones où la propension à pratiquer des actions prohibées par la loi est importante et où les circuits clandestins trouvent un terrain favorable pour se constituer, qu'ils

---

175 Furetière, *Dictionnaire universel*, terme « crime ».
176 À la fin de l'Ancien Régime, le principe théorisé par Cesare Beccaria « *nullum crimen, nulla poena sine lege* » (littéralement « aucun crime, aucune peine sans loi »), qui affirme qu'un acte n'est punissable que si une loi le prévoit, s'inscrit dans cette logique. Voir Beccaria, *Traité des délits et des peines*. En droit moderne, on parle de « principe de légalité des délits et des peines ».
177 Benoît Garnot a beaucoup publié sur le sujet. Outre l'ouvrage précité, on peut ajouter les deux ouvrages suivants plus récents : Garnot, *Questions de justice* et *Histoire de la justice*. Pour le Languedoc, voir Castan, *Justice et répression*. Ce travail se fonde sur des milliers de procédures portées en appel devant le parlement de Toulouse et des procès jugés en première instance.
178 Béaur/Bonin/Lemercier, *Fraude, contrefaçon et contrebande*. Les pistes bibliographiques (pp. 17–30) sont particulièrement utiles.
179 Béaur/Bonin/Lemercier, Introduction, p. 9 et s.
180 Voir notamment Berbouche, *Marine et justice* ; Heebøll-Holm/Höhn/Rohmann, *Merchants, Pirates, and Smugglers*.
181 Figeac-Monthus/Lastécouères, *Territoires de l'illicite*.

concernent des objets, des biens ou des personnes.[182] L'illicite fait preuve d'une certaine adaptabilité, si bien que l'on a pu émettre le postulat d'un mimétisme absolu entre le commerce licite et le commerce illicite : ce dernier reproduirait les pratiques du commerce licite, sans originalité, dans les configurations socio-spatiales spécifiques aux ports et aux îles.[183] Le commerce de marge semble être présent de manière très répandue dans les villes frontières d'époque moderne.[184] Il va sans dire que la fraude existe sans les frontières, mais ces dernières en constituent un véritable catalyseur. Les règles douanières ou fiscales induisent les comportements frauduleux. Ainsi, le commerce illicite fait prospérer les fraudeurs malgré les dangers qu'il comporte.[185]

En outre, les villes portuaires apparaissent également à la frontière entre le commerce maritime et terrestre, si bien qu'elles constituent aussi des espaces privilégiés de l'illégalité. Dans les régions septentrionales par exemple, en raison de taxes prohibitives, le commerce officiel entre la France et l'Angleterre est mis à mal par le trafic illégal appelé «smogglage».[186] La fraude se mesure également dans les ports italiens avec lesquels Marseille échange, et on peut légitimement supposer qu'elle infiltre le commerce méditerranéen dans une plus large mesure.[187]

L'ambition de ce chapitre est de projeter cette histoire de la fraude dans le domaine sanitaire. La peste semble en effet constituer un terrain particulièrement criminogène et nécessitant l'application d'une justice répressive, comme plusieurs études l'ont démontré.[188]

On pourrait même étendre ce constat au régime de prévention contre la peste car, dans les ports français de Méditerranée, la fraude économique devient de fait une fraude sanitaire. Si une marchandise suspecte est écoulée illégalement pour des raisons économiques, l'infraction est aussi sanitaire puisque ladite marchandise ne respecte pas la quarantaine prescrite et sort du circuit de contrôle. À partir d'études de cas, je vais dans un premier temps m'intéresser aux irrégularités dans les ports et les lazarets de manière générale avant de m'arrêter de manière plus

---

[182] Figeac-Monthus/Lastécouères, ibid., Introduction, p. 18.
[183] Ibid., p. 30.
[184] Denys, *Frontière et criminalité*.
[185] Sur les rapports entre fraude et frontières, voir le récent recueil : Touchelay, *Fraudes, frontières et territoires*.
[186] Le Mao, *Les villes portuaires maritimes*, p. 80 et s.
[187] Voir notamment Fettah, Les consuls de France ; Calcagno, Fraudes maritimes aux XVIIe et XVIIIe siècles.
[188] Pastore, *Crimine e giustizia in tempo di peste* ; Farinelli/Paccagnini, *Processo agli untori : Milano 1630* ; Beauvieux, *Ordre et désordre en temps de peste*.

spécifique sur la question de la contrebande. La circulation illicite de marchandises est perçue comme un vecteur de propagation de la peste, ce qu'elle est effectivement. Les sources formulent ce constat et une prévention de la contrebande s'organise. Enfin, je me pencherai sur la réaction aux infractions, en analysant les sanctions et la répression théorique et appliquée.

5.3.1 Irrégularités dans les ports et les lazarets

J'ai sélectionné dans le fonds de l'intendance sanitaire de Marseille (le seul qui détaille véritablement les procédures en cas d'irrégularités) quelques affaires d'écarts par rapport aux normes sanitaires.

La première est une affaire de portefaix, œuvrant à la purge des marchandises, attrapés alors qu'ils jouent aux cartes.[189] Le capitaine des infirmeries Pierre Ollive est informé par Jacques Achard, portier du nord des infirmeries, des faits suivants : lors de sa ronde après le son de la cloche qui sert de retraite, il a trouvé sept à huit portefaix, dont certains jouaient aux cartes au clair de lune et les autres regardaient. Il les dénonce au capitaine. Martin Terrasson et Joseph Marteau comptent parmi les joueurs, alors que Joseph Beraud et Jacques Charpin fument à leur poste à l'encontre des règlements et de la police des infirmeries. On procède à l'interrogatoire des portefaix concernés. Martin Terrasson confirme avoir joué aux cartes avec son compagnon de purge Joseph Marteau et d'autres encore, mais indique n'avoir pas joué ou communiqué avec les portefaix des autres quarantaines. Les autres portefaix sont interrogés et reconnaissent avoir joué aux cartes. Le dossier ne dit malheureusement pas quelle a été la sanction et s'il y en eut même une.

La deuxième affaire concerne les écrivains qui contreviennent aux règlements et à la police sanitaire.[190] Un règlement prévoit que les écrivains des bâtiments venant des lieux suspects doivent faire la purge avec leurs marchandises dans un enclos du lazaret qui leur est destiné. Ils sont censés visiter deux fois par jour leurs marchandises pour vérifier leur état et empêcher que les portefaix ne couchent sur les balles. Les écrivains n'ont pas le droit de fréquenter les quais après la fin du déchargement. Ils doivent rigoureusement s'isoler, même des passagers venus sur le même bâtiment. Or, des infractions peuvent être constatées. Le sieur Fournier, écrivain du chargement du capitaine Bergier, et le sieur Denans, écrivain

---

[189] AD13, 200 E 18. L'affaire est connue grâce à un procès-verbal remis à l'intendant semainier (28 juillet 1738).
[190] Ibid. Cette affaire se déroule également en 1738.

du chargement du capitaine Clastrier, sont accusés « d'avoir changé par malice et en veüe de leur faire de la peine les numero de differentes balles de leurs chargements ». Les écrivains d'autres purges sont accusés d'avoir joué à des jeux, et donc d'avoir illicitement communiqué entre eux. Les sources ne permettent pas d'évaluer les conditions mentales des personnes en quarantaine. Néanmoins, ce type d'infractions lève le voile sur la solitude ressentie, si bien que l'absence de contact se révèle difficile à respecter.

Outre les jeux qui occasionnent des contacts prohibés, il arrive que des accidents se produisent dans le port. Ainsi, en 1730, se déroule un incendie très bien documenté. Le navire *Jésus Marie Joseph* du capitaine Gamel, en provenance d'Alexandrette, s'embrase et coule dans le port de Pomègues.[191] L'incendie est provoqué par l'imprudence d'un matelot ou d'un mousse qui se rend dans la cale avec une chandelle allumée à la main, et la laisse tomber sur des balles de coton qui s'embrasent. En outre, le capitaine ne fait pas débarquer la poudre immédiatement à son arrivée, si bien que lorsque le feu prend, le danger d'explosion est tel que l'équipage abandonne sur le champ le navire qui périt sans secours. La responsabilité semble être partagée entre le mousse coupable d'imprudence et le capitaine négligent quant au débarquement de la poudre. Cet incendie se produit au début de la quarantaine du navire à Pomègues. Devant l'impossibilité de l'éteindre, on doit se résoudre à couper les amarres pour éviter l'incendie général des autres bâtiments en quarantaine. Le navire se consume jusqu'à la surface de la mer et il ne reste que la carcasse échouée qui bloque le port et entrave la quarantaine des autres navires. Les intendants de la santé font alors enlever la carcasse du vaisseau à leur frais.

L'enlèvement de la carcasse avait au préalable échoué puisque les propriétaires (les sieurs Maystre et les frères Bonnet, qui sont des négociants) « s'étoient contentés de faire une depense modique pour retirer les effets qui etoient encore dans le vaisseau, a quoy ils ont reussi, et ne s'etoient pas mis en peine du bien public qui exigeoit l'enlevement total de cette carcasse ». Selon eux, ce qui concerne le bien public engendre des frais publics, donc à prendre en charge par la Chambre de commerce ou le bureau de la santé. Néanmoins, les autorités commerciales insistent sur le fait que le dommage a été causé par des particuliers et que l'ardoise ne peut retomber que sur les propriétaires. Le bureau de la santé relève de son côté que ses seuls revenus sont les droits de quarantaine et qu'ils sont dévolus aux employés du lazaret. Il ne peut dès lors pas s'endetter à cause des frais de l'enlèvement de la carcasse. Selon le bureau, la cause de l'accident est claire : « Il ne peut y avoir eu que beaucoup d'imprudence de la part du capitaine ».

---

[191] AD13, 200 E 1010.

Finalement, le bureau décide que les propriétaires doivent prendre en charge les frais et rembourser l'avance faite par les intendants de la santé.

D'autres accidents entraînent des procédures moins lourdes. Cela arrive par exemple lors de la disparition d'un garde de santé, telle que celle de Jacques Duhamel en 1754. Après une nuit tempétueuse, on s'aperçoit que le garde n'a pas encore déjeuné et n'est pas paru sur le pont. Après qu'on l'a cherché activement, on en arrive à la conclusion que « cet homme sera sans doute tombé a la mer, son capot l'aura soutenu quelques tems sur l'eau, le vent et le courent l'aura tiré au large ».[192]

Quelle motivation se cache derrière une infraction sanitaire ? La recherche d'un profit personnel par la violation consciente des directives ? De la simple négligence due à une méconnaissance des règles ? Les deux motifs sont attestés par les sources. En ce qui concerne le profit personnel, on peut mentionner l'affaire du capitaine Larnet de Villefranche.[193] Deux griefs lui sont adressés : le premier est d'être parti de Marseille le 15 juin 1744 avec une patente non signée par les échevins, le second d'être reparti de Marseille en septembre avec cette même patente, « pour eviter les frais qu'il lui en auroit couté en prenant une nouvelle patente ainsi que tout patron y est obligé ». L'avarice est retenue comme seul motif de la conduite irrégulière de ce capitaine, ce qui lui vaut quelques jours de détention.

En 1713, les procès-verbaux des intendants de la santé témoignent d'une affaire de vol dans le lazaret de Marseille.[194] Le capitaine des infirmeries Maillard est averti par le portier Jean-Baptiste Ollivier qu'une corde d'une longueur extraordinaire pend d'une muraille entourant les infirmeries. Maillard se rend sur le lieu, découvre la corde et une échelle et procède à une perquisition. Il s'aperçoit alors que plusieurs griffons de bronze, décorant une fontaine et le lavoir, de même que plusieurs poulies de puits ont été volés. Ce genre d'épisode interroge sur l'étanchéité du lazaret qui n'était visiblement que théorique. Le bureau de la santé n'accepte pas l'impunité et indique à propos du lazaret que « ceux quy ont eu la temerité den escallader pendant la nuit les murailles & d'entrer dans un lieu sacré meritent une punition exemplaire [...] ».

Une telle infraction justifie une punition exemplaire. Mais comment la mettre en œuvre en l'absence des voleurs ? Le procès-verbal indique qu'une plainte est déposée par le capitaine Maillard « affin de prendre conjoinctement les moyens les plus convenables, et faire touttes les perquisitions necessaires, pour tacher de

---

192 AD13, 200 E 18.
193 AD13, 200 E 1012.
194 Ibid., procès-verbal du 2 mai 1713.

descouvrir les auteurs & complices dune telle entreprise, qui interesse sy fort l'estat». Si les voleurs sont confondus, il est convenu que le choix de la punition revienne à Pontchartrain.

La convoitise se porte généralement sur les marchandises contenues dans le lazaret. Il est toutefois un procès-verbal où l'objet du délit est un sac de lettres en provenance de Seide et de Baruth (Beyrouth). Le capitaine Antoine Simin de Martigues décachète ce sac de lettres, ce qui outrepasse ses droits.[195] Interrogé, le capitaine évoque une négligence : «Il auroit persisté a nous dire que cette ouverture a eté faite a son ordre sans reflexion et par inadvertance a son arrivée a Pomegue dans la seule veue de preparer les lettres pour en accelerer la purge». Cependant, le bureau ne transige pas sur ce point : la purge est l'affaire des intendants, et les capitaines ne doivent sous aucun prétexte ouvrir eux-mêmes la correspondance. Il en va de même pour la réception des déclarations des capitaines. À ce sujet, le bureau porte plainte contre le sieur Demonier, officier du port, qui se permet d'aller interroger les capitaines avant les intendants de la santé et sans savoir si le vaisseau a fréquenté des lieux suspects. Demonier refuse la primauté des intendants en vertu de sa qualité d'officier perpétuel du roi (alors que les intendants sont nommés pour deux ans). Le bureau ne laisse pas passer l'affaire et la fait remonter jusqu'à Pontchartrain.[196]

Dans d'autres cas, les infractions semblent davantage résulter de l'oubli ou de la négligence du capitaine et des équipages. À titre d'exemple, le sieur Daire fait face à une plainte pour contravention aux règlements de la santé lorsqu'une petite douzaine de ses matelots se rendent dans le port de Marseille sans qu'un commissaire des marines, assisté des médecins et chirurgiens du port et d'un intendant de la santé, n'ait eu connaissance de l'état du vaisseau.[197] Quelques années plus tard, les galères du duc de Tursis pénètrent dans le port de Marseille «sans avoir prealablement rezoné aux Intendants qui y estoient dans le bureau».[198]

En général, trois catégories d'infractions se dégagent. Premièrement, les fraudes administratives représentent 20 % du total et concernent souvent un manquement en lien avec la patente de santé (absence de patente, fausse patente, escales ou incidents occultés). À cela, il faut ajouter les incidents à l'intérieur du lazaret. Ils représentent 25 % des infractions et sont très variés : absence de personnel, vols, disputes, refus d'obéissance, absences ou évasions. Enfin, la majeure partie des infractions (55 %) concerne les contacts humains entre les per-

---

[195] AD13, 200 E 1026, procès-verbal du 6 juillet 1753.
[196] AN, MAR/B/3/122 (année 1703), f° 555–556.
[197] AN, MAR/B/3/126 (année 1704), f° 493–494.
[198] AN, MAR/B/3/209 (année 1712), f° 547.

sonnes en provenance des zones pestiférées et les résidents provençaux. Il s'agit d'un non-respect de l'interdiction de toucher terre.[199]

Lorsque des irrégularités dans le port ou dans le lazaret se produisent, le recours à l'interrogatoire est fréquent. Les intendants de la santé font preuve d'une volonté de s'informer, de comprendre la nature de l'incident et de prendre la décision la plus adaptée au regard du danger présent. On peut y voir une prolongation de l'effort informationnel déjà visible dans la correspondance en provenance du Levant et de Barbarie.

Le capitaine de Cassis Michel Brunet se rend du cap Nègre à La Ciotat sans la permission du bureau de cette ville, puis part en Barbarie sans autorisation. Lors de son interrogatoire, le capitaine « a advoué que veritablement il avoit party de la Ciotat pour un autre voyage pour barberie sans être venu prandre entrée au bureau de ceste ville et sans aucune pattante de santé dans la croyance que les Sieurs intendans du bureau de la santé de la Ciotat pouvoint luy donner telle permission & qu'il n'y a aucun manquement de sa part».[200] La justification du capitaine paraît étonnante, mais lui permet de n'obtenir que 60 livres d'amende.

En outre, il arrive que les sources détaillent les interrogatoires qui sont faits. Il en est ainsi de celui du capitaine Joseph Vienet, originaire de Saint-Tropez, venu d'Antibes sans déclarer son débarquement.[201] En voici la teneur :

Tableau 12 : Interrogatoire du Capitaine Vienet.

Question des intendants	Réponse du Capitaine Vienet
Quand est-il parti d'Antibes ?	Il est parti le 28 février dernier sur son bateau nommé *Saint-Nicolas* avec quatre personnes, n'ayant que le lest et les passagers.
Nombre, état et destination des passagers ?	49 (trois gens ordinaires à destination de Toulon ; officiers, soldats et domestiques à destination de Marseille).
Endroit où il a relâché pendant la route ?	Saint-Tropez et Fort Saint-Louis près de Toulon.
Débarquement de passagers dans ces endroits ?	Les trois passagers à destination de Toulon sont descendus au Fort Saint-Louis.
Pourquoi a-t-il permis le débarquement sans être allé au préalable prendre l'entrée à Toulon ?	Le vent était favorable et le temps lui était compté pour se rendre à Marseille. Il pensait que la patente

---

199 Panzac, Crime ou délit ?, pp. 50–58.
200 AD13, 200 E 1012, infraction commise en 1698.
201 Ibid., infraction commise en 1749.

Tableau 12 : Interrogatoire du Capitaine Vienet. *(suite)*

Question des intendants	Réponse du Capitaine Vienet
	remise aux passagers justifiant le lieu de départ était suffisante.
Pourquoi n'a-t-il pas déclaré ce débarquement en arrivant à Marseille pour prendre l'entrée ?	Il a cru en être dispensé.
Ses mariniers sont-ils encore en ville ?	Pendant sa détention au lazaret, ils sont partis ailleurs.

Les cas présentés jusqu'ici concernent des infractions ou des accidents concernant les capitaines, passagers ou marchandises. Les sources évoquent pourtant aussi des irrégularités chez les intendants de la santé et les échevins. Dans le dossier nommé « Procès entre les intendants de la santé de Toulon et ceux de la Ciotat 1671 à 1695 », il est à nouveau question de l'affaire du capitaine Brunet, citée ci-dessus. Une lettre des consuls de Toulon impute la faute aux intendants de la santé de La Ciotat et non au capitaine Brunet, et les condamne à verser 1 000 livres d'amende.[202] En 1725, un conflit d'attributions éclate entre les intendants et les échevins de Marseille. Les intendants de la santé « ne refusent pas a M. les echevins tous les eclaircisements qui leur sont necessaires », mais ne se laissent pas dicter leur conduite par les échevins. Il est souligné que les échevins « peuvent comme membre de tous les corps asister aux deliberations qui sy passent, mais ils ne sont pas en droit dy ordonner, ils ont leur voye comme les autres membres, sy leur sentiment est le meilleur il est suivy, sy on le croit mauvais il est rejetté ». Le bureau de la santé affirme en outre être indépendant et ne recevoir ses ordres que du ministère et de l'intendant de province.[203]

5.3.2 La contrebande : un vecteur de peste

La contrebande figure parmi les irrégularités attestées dans les ports méditerranéens. Plusieurs historiens ont proposé une approche globale et diachronique de cette question et considèrent la contrebande comme un phénomène historique récurrent.[204]

---

202 Ibid.
203 AD13, 200 E 1027, année 1725.
204 Béaur/Bonin/Lemercier, *Fraude, contrefaçon et contrebande* ; Karras, *Smuggling* ; Harvey, *Smuggling*.

5.3 Les infractions au régime préventif — 177

Dans la France de l'époque moderne, cette problématique prend de l'ampleur. Sporadique jusqu'à la fin du XVIIe siècle, elle s'organise véritablement au tournant du XVIIIe siècle, et semble dorénavant bien implantée.[205] Les contrebandiers se réunissent en bandes et se mettent en relation avec des marchands. Plusieurs d'entre eux deviennent particulièrement célèbres tels que Louis Mandrin, considéré par Voltaire comme «le plus magnanime de tous les contrebandiers».[206] Cet exemple se situe au carrefour du mythe et de l'histoire.

Laissant de côté cette grande contrebande, l'histoire urbaine offre une nouvelle perspective. Se focaliser sur une ville comme Marseille, où les échanges informels fleurissent à côté de l'activité commerciale autorisée, permet en effet de considérer les pratiques quotidiennes de contrebande. Marseille est dès lors pensée comme une ville en interaction avec son port et son terroir où circulent les marchandises clandestines. Telle est l'approche du récent travail d'Anthony Subi.[207] L'édit de 1703 qui confirme l'affranchissement du port de Marseille repousse les contrôles de la Ferme générale non plus aux limites de la ville de Marseille mais de son terroir. La frontière administrative qui sépare Marseille du reste de la province et du royaume crée un contexte favorable au développement de la contrebande et aux réseaux de transport illicite des marchandises.[208]

La répression de la contrebande est une procédure centrale de la vigilance sanitaire. Si elle a une telle importance, c'est que la contrebande a été à l'origine de l'introduction de la peste dans nombre de villes et villages du sud de la France. J'entends par marchandises de contrebande des marchandises dont la quarantaine n'a pas été faite ou a été interrompue durant son cours, ce qui a pour conséquence leur circulation illicite.

En premier lieu, Marseille subit les conséquences de ce vecteur sournois. Bertrand relève que les premières catégories de population attaquées par la peste sont les tailleurs et fripiers, où la contrebande est particulièrement importante. Il insiste en particulier sur le trafic de marchandises du nommé Pierre Cadenel et d'autres *contrebandeurs* demeurant dans la rue de l'Escale et aux alentours.[209] Le rôle joué par la contrebande dans la propagation de la peste laisse penser que le lazaret ne remplissait pas sa mission et qu'il péchait par manque d'étanchéité. Cela est attesté et les irrégularités telles que les contacts interdits entre employés en sont un bon exemple. Faut-il pour autant blâmer l'administration sanitaire ?

---

205 Voir en particulier Crouzet, La contrebande entre la France et les îles britanniques, et Cazals, Fraude et conscience de place.
206 Bourquin, Le procès de Mandrin.
207 Subi, *Échanges informels*, pp. 19–21.
208 Ibid., p. 138 et s.
209 Bertrand, *Relation historique*, p. 50.

L'archiviste Jauffret voit dans la contrebande la véritable cause de la propagation de la peste. Il considère les contrebandiers comme les principaux coupables et dédouane les intendants de la santé :

> Quelques historiens ont accusé les membres de l'Administration sanitaire d'avoir laissé en 1720 introduire dans la ville la contagion qui aurait pu être étouffée dans le Lazaret. Si la chose eut été possible, ils l'auraient fait sans-doute, comme le firent souvent leurs prédécesseurs, comme l'ont fait plus d'une fois les administrateurs qui leur ont succédé, mais leur vigilance fut trompée par l'introduction clandestine de quelques misérables pièces d'étoffes dont l'entrée fut l'étincelle qui causa cet affreux incendie.[210]

Jauffret diffère sur ce point des propos de Pichatty de Croissainte, qui dénonce la fuite des intendants de la santé. L'archiviste identifie de manière métaphorique la contrebande à l'étincelle qui provoque un incendie, la peste. Il poursuit : « Mais, n'en doutons pas, ce fléau destructeur, cet ennemi dangereux ne pouvait s'introduire que par trahison, dans une ville dont la santé était confiée à ces magistrats vigilans. »[211] Il est vrai que la peste s'est déclarée seize fois dans le lazaret de Marseille au cours du XVIIIe siècle, mais elle ne s'est propagée au-delà qu'en 1720. On peut émettre l'hypothèse d'une contrebande particulièrement active à cette époque-là, certainement exacerbée par la richesse de la cargaison des navires en provenance du Levant. Mais il ne semble pas prudent de dédouaner les intendants de la santé de leur responsabilité. N'est-ce pas précisément leur rôle d'imposer des quarantaines aux marchandises suspectes et d'éviter la contrebande ? Françoise Hildesheimer attire l'attention sur la vénalité du personnel du bureau de la santé et la perméabilité du lazaret à la contrebande. Bien souvent, le profit individuel semble avoir primé sur la santé publique.[212]

Dans son argumentation en faveur des thèses contagionnistes, Pestalozzi aborde la question de la contrebande qu'il considère comme un important vecteur de contagion. Selon lui, le *Grand Saint-Antoine* a amené la peste dans Marseille, la contrebande l'y a établie et l'a transportée aux environs au même titre que la fréquentation des gens.[213] Il relève en outre l'immense difficulté d'une ville à se prémunir contre ce trafic illicite de marchandises : « Quelle est la Ville qui peut s'assurer d'en être exempte sans une police très exacte & très rigoureuse, & par dessus cela sans une protection particuliere de la providence divine ? »[214]

---

210 Jauffret, *Pièces historiques*, p. 132.
211 Ibid.
212 Hildesheimer, *Le bureau de la santé*, p. 208.
213 Pestalozzi, *Avis de précaution*, p. 22.
214 Ibid., p. 28.

La propagation de la peste par le biais de la contrebande n'est pas attestée qu'à Marseille. Un certain nombre d'autres villes du sud du royaume sont également frappées par la maladie par ce biais. À commencer par Aix, touchée peu après Marseille. Sans donner plus de détails sur la nature des marchandises à l'origine de la contagion, Papon émet uniquement le constat : « Le fléau se glissa dans la ville d'Aix avec des marchandises de contrebande, au commencement du mois d'août 1720. »[215] Gaffarel et Duranty indiquent que des contrebandiers profitent de la nuit pour introduire dans la ville des marchandises contaminées. Très peu de temps après, les premiers signes de contagion apparaissent et les infirmeries se remplissent.[216] En Arles, l'arrivée de la peste découle également d'un trafic illicite de marchandises. Un pourvoyeur toulonnais apporte par contrebande dans La Crau des marchandises contaminées et les dépose dans la cabane de son associé Claude Robert, dont la tante Marguerite Poucet meurt subitement. Robert prend peur et rentre se cacher dans sa maison arlésienne (dans le quartier des arènes) avant d'être frappé à son tour par la maladie qui se répand ensuite dans Arles.[217]

L'introduction de la peste à Toulon résulte également de la contrebande. Il faut savoir que la cargaison du *Grand Saint-Antoine*, après l'irruption de la peste à Marseille, est mise à l'écart sur l'île de Jarre (où elle aurait d'ailleurs dû faire sa quarantaine dès le départ). Avant que ces marchandises ne soient brûlées, des habitants de Bandol, petit port de mer à proximité de Toulon, se rendent sur l'île de Jarre et y volent une balle de soie qu'ils partagent entre eux. Ces bandits contractent la maladie, infectent leurs familles et leur hameau, et meurent très rapidement. « Chacun eut part à la peine comme au crime » relève Antrechaus.[218]

L'affaire aurait pu en rester là, si le patron toulonnais Cancelin ne s'était pas trouvé à Bandol au même moment. Les sources ne disent pas comment il entre en contact avec ces marchandises. Néanmoins, il semble s'y infecter. Ensuite, il décide de se rendre à Toulon par voie terrestre, parvient à faire viser son certificat de santé à Saint-Nazaire, petit port proche de Bandol, et pénètre dans Toulon le 5 octobre 1720 sans être inquiété. « Notre heure fatale étoit arrivée sans qu'on en eût à Toulon le moindre soupçon »[219] reconnaît le consul de Toulon, puisqu'il n'apprend que le lendemain (6 octobre) la présence de la peste à Bandol. Aussi, le blocus mis en place entre Bandol et Toulon ne parvient pas à endiguer la propagation de la maladie.

---

215 Papon, *De la peste*, T. 1, p. 359.
216 Duranty/Gaffarel, *La peste de 1720*, p. 474 et s.
217 Ibid., p. 462.
218 Antrechaus, *Relation de la peste*, p. 66.
219 Ibid., p. 68.

Le cas de Toulon est intéressant car on a la trace d'une deuxième contrebande qui a permis à la peste de se renforcer au début de l'année 1721. Un commerçant nommé Gras part de Toulon pour aller acheter des étoffes en laine à Signes. En réalité, il se rend à Aix, ville déjà contaminée par la peste où il se procure ces marchandises. Il les transporte ensuite à Signes où il obtient un billet de santé pour Toulon. Il y arrive le 12 janvier 1721, vend ses étoffes puis décède quelques jours plus tard de la maladie. Avant son trépas, il a le temps de reconnaître sa faute.[220]

Ainsi, la cupidité humaine joue non seulement un rôle dans l'introduction de la peste mais l'alimente également lorsqu'elle sévit déjà. À Marseille, on redoute particulièrement la contrebande de marchandises en provenance du Comtat et d'Avignon où la peste fait encore rage en 1721 quand Marseille connaît une accalmie, si bien qu'une ordonnance déclare au sujet de cette contrebande: «[...] affin dempecher par plus grande precaution, quaucun n'ait la temerité den faire la tentative, il est a propos detablir des peines dont la vigueur puisse oter jusques a la pensée dune chose si pernicieuse.»[221]

Cette ordonnance échoue cependant puisque la rechute qui frappe Marseille en mai 1722 est provoquée par la contrebande d'Avignon. À cette époque, la peste sévit encore en Avignon et le prix des marchandises est tellement bas qu'il devient plus intéressant d'aller les vendre à Marseille. Il est probable que des soldats, censés surveiller les cordons sanitaires, autorisent le passage de contrebandiers.[222] La contrebande ne semble donc pas se produire de manière unilatérale entre Marseille et l'arrière-pays. Elle s'inscrit davantage dans des réseaux dynamiques de trafic illicite qui s'adaptent à la conjoncture économique des villes. Les zones pestiférées perdent leur santé commerciale en même temps que leur santé médicale, si bien que les marchands cherchent de nouvelles destinations.

Force est de constater que les barrières naturelles et militaires ne semblent pas en mesure d'endiguer la contamination par les marchandises. Au début de l'épidémie, la ville d'Apt située au nord de la Durance s'alarme peu en raison de la barrière naturelle matérialisée par la rivière et de la protection de sainte Anne, patronne de la ville. Néanmoins, devant les progrès de la contagion, la foire de la Sainte-Anne est annulée le 26 juillet et les portes de la ville sont fermées. Malgré les précautions, des décès sont constatés à Apt, dont celui du serrurier Maissard et de

---

220 Duranty/Gaffarel, *La peste de 1720*, p. 514.
221 AMM, FF 182, f° 213, ordonnance du 21 novembre 1721.
222 C'est du moins ce qui est avancé dans les *Remontrances du parlement de Provence sur les désordres arrivés dans cette province pendant la durée de la contagion, présentées au mois de septembre 1722, et renouvelées au mois de décembre 1723* in Guey, *Mémoires*, pp. 165–176 (en particulier p. 169 sur la question de la contrebande).

son épouse. Or, après enquête, il est déterminé que la femme de Maissard a acheté une toile de coton à une contrebandière en provenance de Marseille. Le mal se déclare suite à l'utilisation d'une cravate fabriquée avec ce tissu.[223]

Enfin, la dissertation sur l'origine de la peste de Jean Astruc voit dans les incertitudes et tergiversations des débuts de l'épidémie à Marseille un terreau favorable pour la contrebande.[224] Sur sa diffusion, il émet un constat péremptoire : « On sait de quelle maniere la Peste s'est ensuite communiquée de Marseille à Aix, à Toulon, à Arles, dans presque tous les bourgs de Provence. Elle a esté répanduë par tout par des Marchandises infectées, que l'on y portoit furtivement. »[225]

Point plus intéressant, il documente la contrebande qui propage la peste jusque dans le Gévaudan. Il relève que la peste du Gévaudan n'est qu'une suite de la peste de Provence. Il incrimine un paysan du hameau de Courregeat (actuellement Corréjac en Lozère), Jean Quintin dit le Roustit. Ce dernier se rend à la foire de Saint-Laurent-d'Olt en novembre 1720. Selon la rumeur publique évoquée par Astruc, il y rencontre un forçat échappé de Provence avec lequel il mange et contracte la peste à ce moment-là. Sur le chemin du retour, à La Canourgue, il emprunte le manteau d'un de ses frères. Il rentre chez lui à Courregeat et meurt le lendemain. Sa veuve et ses enfants dorment peu de jours après dans le même lit et meurent tous de la peste qui se répand ensuite dans Courregeat. Le frère du Roustit, qui est venu à Courregeat pour l'enterrement, retourne à la Canourgue avec son manteau et y amène le mal. Les consuls de la ville décident de fermer sa maison pestiférée, mais un héritier « impatient de recüeillir cette héredité, alla enfoncer cette maison & en tira quelques hardes. Il fut bientost puni de cette entreprise par la Peste, dont il fut saisi peu de jours après, & qui l'a emporté avec sa Famille ». La peste se propage rapidement et touche Marvejols, Mende et une grande partie du Gévaudan. Elle se communique même à Alais et menace le reste du Languedoc.[226]

5.3.3 La prévention de la contrebande

La contrebande et la cupidité constituent des alliés de la peste dans sa propagation. Les lignes qui précèdent montrent que la contrebande a permis à la peste de prospérer et pourraient suggérer une forme de passivité face au commerce illicite.

---

223 Bruni, *Le pays d'Apt malade de la peste*, pp. 34–38.
224 Astruc, *Dissertation*, p. 65.
225 Ibid., p. 66.
226 Ibid., pp. 67–70. Sur la propagation de la peste dans le Gévaudan, voir Mouysset, *La peste en Gévaudan*.

Néanmoins, c'est une vision partielle et inexacte qui donne une visibilité exagérée à l'accidentel. Dans la pratique, les autorités sanitaires sont conscientes du danger que représente la contrebande. Des failles sont bien présentes, mais l'effort préventif et ses limites, en temps d'épidémie comme hors temps d'épidémie, se doivent aussi d'être soulignés.

Anthony Subi distingue trois types de réseaux de contrebande qui opèrent sur la longue durée. Le premier est la contrebande maritime qui peut s'effectuer par le versement dans les ports, le débarquement sur la côte et la livraison en haute mer. Le contrôle par les instances sanitaires rend ce type de contrebande difficile, mais des failles sont bien attestées. Le deuxième type de contrebande désigne les trafics illicites par voie terrestre. Les marchandises pestiférées transportées illégalement en sont un bon exemple. En dernier lieu, la contrebande conjoncturelle diffère des deux premiers types. Elle ne s'intègre pas dans des réseaux structurels et profite d'un contexte favorable pour se mettre en place. Elle peut également être qualifiée d'opportuniste.[227]

En reprenant cette typologie, on peut dire qu'une contrebande conjoncturelle s'organise durant la peste de 1720–1722 et contribue à sa propagation. Le temps de l'épidémie apparaît en effet comme propice au désordre et à la criminalité. La justice exceptionnelle rendue par le tribunal de police durant les années de peste à Marseille atteste une large pratique de la contrebande.[228] Certaines catégories de marchandises sont principalement ciblées lors de la prévention de la contrebande. Une ordonnance du marquis de Brancas, lieutenant général des armées du roi et de Provence, craint en particulier les cocons de vers à soie car « malgré toute la vigilance qu'on observe à la garde des Lignes de Durance & du Comtat, où ces Cocons sont abondans, il pourroit en passer en contrebande ».[229]

Dans le Languedoc, l'intendant Bernage dénonce le trafic de marchandises en provenance de Marseille et d'autres lieux où la contagion sévit telles que des toiles de coton blanches ou peintes, et des mousselines vendues à prix dérisoire et vecteurs potentiels de contagion. Il fait défense aux personnes d'entrer dans la province avec ces marchandises, sous peine de 3 000 livres d'amende et de punition corporelle contre les porteurs de marchandises et les voiturins qui les conduisent, et de la confiscation des voitures, mules et chevaux. Les marchandises

---

227 Subi, *Échanges informels*, pp. 152–167.
228 Beauvieux, Justice et répression. Fleur Beauvieux détaille cinq grandes catégories de crimes. Le vol et les affaires apparentées dont la contrebande, la fausse monnaie et le transport d'objets correspondent à 42 % des affaires jugées par le tribunal de police durant la peste. Les quatre autres catégories sont moins importantes : les mœurs (20 %), la violence (17 %), le franchissement des frontières (14 %) et le non-respect de l'autorité (7 %).
229 AD13, C 908, Ordonnance du 28 juin 1722.

interceptées doivent en outre être brûlées immédiatement, et les porteurs de marchandises doivent être fouillés même en cas de certificat de santé valable.[230]

Afin de lutter face à la contrebande, le marquis de Cailus propose d'isoler le terroir de Marseille par des fossés ou des murailles, pour ne laisser le passage qu'aux grands chemins qui puissent être facilement fermés.[231] En outre, il s'agit de donner une assurance aux propriétaires de marchandises pour ne pas les pousser à la fraude : « Le bon effet que l'on attend, par raport à la santé, consistant en ce que les matelots qui aportent de ces marchandises pour leurs femmes et leurs familles, puissent estre assûrez qu'en les remettant aux Infirmeries, elles leur seront rendües aprés la quarantaine. »[232]

Hors épidémie, la contrebande tant maritime que terrestre est également perçue comme une menace. Durant tout le XVIIIe siècle, Marseille et son terroir apparaissent comme des territoires de la fraude, si bien que d'après l'intendant de Provence La Tour, plus de 800 procès-verbaux de saisie sont rendus chaque année à Marseille.[233] Le duc de Villars, gouverneur de Provence, écrit aux intendants de la santé de Marseille pour louer leur « attention pour empêcher la contagion et les contrebandes ».[234] Les deux menaces sont apposées mais se confondent en quelque sorte. D'ailleurs, les intendants de la santé de Marseille se plaignent régulièrement de ces contrebandes et du laxisme des autres intendants de la santé à ce propos. Ainsi, lorsque le capitaine Brue arrive à La Ciotat après la prise d'une barque catalane, ils craignent « les abus infinis quy se glisseroient insensiblement, et dont la chambre de comerce ressentiroit le contre coup par les contrebandes des marchandises ».[235]

---

230 AD34, C 11853, Ordonnance du 18 septembre 1720.
231 AN, G/7/1733, f° 12, lettre de Lebret du 8 août 1721. Les sources ne disent pas si ce système a été mis en place. Il est néanmoins attesté à Martigues où une muraille haute de 14 pieds a été édifiée autour du quartier de Jonquière pour éviter l'abus de contrebande. Guénot/Mignacco/Signoli/Tzortzis, À propos d'une relation inédite, p. 189.
232 AN, G/7/1733, f° 12.
233 Buti, Territoires et acteurs de la fraude, p. 157. Gilbert Buti développe une étude de la contrebande à partir de l'exemple du vin, produit le plus cité dans les affaires de contrebande dans la deuxième moitié du XVIIIe siècle. Il relève que le maintien de l'ancien privilège du vin obligeant les Marseillais à consommer du vin local malgré la baisse de la production régionale incite à contourner les normes officielles de l'échange. Un bureau de la police du vin est mis en place à la fin du XVIIe siècle. De concert avec l'intendance sanitaire, il cherche à prévenir la contrebande. L'achat de vin de Marseille pour la consommation des équipages est par exemple exigé pour recevoir une patente de santé.
234 AD13, 200 E 303, lettre du 12 mai 1724.
235 AN, MAR/B/3/203, f° 508–509, lettre du 8 mai 1711.

La prise en compte de la contrebande comme menace sanitaire est particulièrement visible dans le cas du tabac. Ce produit est taxé à son entrée dans le royaume de France depuis une déclaration de Richelieu en 1629. À la fin du XVIIe siècle, la Ferme du tabac détient le monopole de l'approvisionnement du produit. Elle seule est habilitée à fabriquer et à vendre du tabac. Depuis lors, la contrebande de tabac prospère en France. Elle semble particulièrement attractive, bien plus encore que la contrebande de sel appelée « faux-saunage ».[236]

En 1719, un *Arrest du conseil d'estat du roy Au Sujet de la Contrebande du Tabac qui se fait aux Infirmeries, Forts & Iles, & dans les Bâtimens qui abordent aux côtes de Provence* pointe les dangers de cette contrebande.[237] Cet arrêt dénonce en particulier « la facilité que donne à la fraude le prétexte de la Quarantaine, [...] en sorte qu'il se fait quantité de versemens & d'entrepôts frauduleux, par le secours desquels le Tabac se repend & se debite dans le public ; à quoy étant necessaire de pourvoir ». Le roi octroie la permission à Jean Ladmiral, adjudicataire de la Ferme générale du tabac pour la Compagnie d'Occident, d'établir des commis dans les consignes qui sont aux côtes de Provence. À leur arrivée sur la côte, les capitaines doivent faire leurs déclarations aux commis de l'amiral qui surveillent la quantité et la qualité du tabac. Ces commis participent également aux contrôles sanitaires : « Enjoint sa Majesté aux Intendans de la Santé de souffrir & permette que les Commis dudit Ladmiral fassent quand ils le jugeront à propos leurs exercices dans les Infirmeries & sur les Navires pendant la Quarantaine, à la charge de prendre toutes les précautions que les Intendans de la Santé jugeront necessaires & convenables pour empêcher la communication du mauvais air ». Seul le tabac à la marque de Jean Ladmiral est autorisé. Les contrevenants s'exposent à 1 000 livres d'amende et à la privation définitive de commerce. Si l'amende ne peut pas être payée, la peine des galères s'applique.

L'arrêt royal ne semble pas obtenir l'effet escompté. Dans sa correspondance, le commandant de la Marine à Toulon Du Quesne déplore le débarquement d'un passager avec un ballot de tabac au Brusc.[238] C'est un endroit de la côte où la vigilance doit être renforcée. L'île des Embiez, au large du Brusc, est en effet vue comme « l'endroit de toute la coste le plus soupçonné pour la contrebande ». Du Quesne y envoie un caporal et six soldats pour faire la garde. Il s'agit de prendre des précautions « pour empecher une contrebande qui pourroit non seulement rallumer la contagion dans cette coste, mais encore dans toute la Province ».

---

236 Hepp, La contrebande de tabac au XVIIIe siècle. Sur le même sujet, voir aussi Moulinas, Problèmes d'une enclave.
237 AD13, 200 E 1.
238 AN, MAR/B/3/281 (année 1722), f° 7-8.

Toutefois, le problème ne se résout pas puisque les soldats, en charge d'endiguer la contrebande de tabac, la pratiquent eux-mêmes et envoient le produit dans leurs villages d'origine. Un d'eux, le dénommé Jean Simon, se fait prendre et est emprisonné à Marseille.[239] En revanche, le soldat de Raymondi, accusé d'avoir pratiqué le même type de contrebande, est remis en liberté faute de preuve. Du Quesne déplore l'impossibilité d'arrêter des soldats sur soupçon de contrebande, «n'y ayant aucune punition en France pour les gens soupçonnés d'un crime».[240]

De plus, il est intéressant de constater que les intendants de la santé de Marseille eux-mêmes se plaignent des effets néfastes de cet arrêt royal. Ils désapprouvent la compétence du fermier du tabac de venir visiter le lazaret et les bâtiments en quarantaine. Leur crainte est liée au fait que les équipages, cherchant à préserver leur provision de tabac et à éviter sa confiscation, versent «par contrebande leur tabac lié avec du fil ou envelopé de quelque chose de susceptible qui nauroit pas purgé, et leurs pacotilles sans aucune précaution, et avec elles le venin contagieux dont elles pourroient estre infectées dou il sensuivroit des inconveniens infinis».[241] De plus, les règles trop strictes sont perçues comme contre-productives dans la mesure où elles augmentent la contrebande: «Cest ainsy que les prohibitions et la contrainte ont toujours esté des obstacles aux Regles prescrittes pour la conservation de la santé et quelles ont toujours produit des suites funestes comme il nest que trop arrivé dans la derniere peste que nous venons d'essuyer en Provence.»[242]

Un regard critique est posé sur les directives sanitaires et leur efficacité. Lorsque la vigilance est telle que les marchandises doivent subir moult inspections et quarantaines, la contrebande devient alléchante et l'illégalité gagne du terrain. En 1723, ce légalisme est considéré comme responsable de la dernière peste. Il s'agit désormais pour les autorités de trouver un niveau adapté de contraintes afin de garantir la santé publique sans inciter à contourner les règles. Les intendants de la santé de Marseille ne semblent pas avoir été entendus, puisque le pouvoir des fermes générales de traquer la contrebande est réaffirmé par un arrêt royal au milieu du XVIIIe siècle:

> [...] Le Roy Etant en son conseil, a ordonnê et ordonne que les petits batimens et bateaux etrangers et autres, qui se trouveront a la mer sur les côtes, a une ou deux lieues au large, seront arrêtés par les employés des pataches et bateaux de l'adjudicataire des fermes ge-

---

239 AN, MAR/B/3/289 (année 1723), f° 104.
240 Ibid., f° 110–111.
241 AD13, 200 E 1025, *Representation des Intendants du Bureau de la santé de Marseille sur l'arrest du Conseil rendu a la Requête du fermier du tabac* (21 janvier 1723).
242 Ibid.

nerales, pour en faire la visite et perquisition. Permet sa Majesté aux dits employés en cas de refus ou de resistance, de contraindre par force les Maitres des dits batimens et bateaux a venir a bord. Ordonne en outre Sa Majesté qu'en cas de fraude ou de faux connoissemens, les dits petits Batimens ou bateaux arrétés en Mer, ensemble ceux qui seront trouvés a la côte ou qui pretexteront des relaches pour aborder et entrer dans les ports, havres, anses et plages, qui se trouveront chargés de faux sel et de faux tabac, en tout ou en partie, ensemble leur chargemens, batimens et bateaux seront confisqués au profit dudit adjudicataire des fermes [...].[243]

La manière de prévenir la contrebande suscite des débats, mais le problème est posé et reconnu : la contrebande est un vecteur de peste. Les sources nous rappellent que les normes ne sont pas toujours appliquées et que ceux qui sont chargés de les faire respecter sont bien souvent eux-mêmes corruptibles.[244]

5.3.4 Sanctions et répression

Les multiples infractions au régime préventif sur la côte mènent à poser la question de la sanction. Quelles réponses sont apportées à une infraction sanitaire ? Les sanctions annoncées par les ordonnances sont-elles mises à exécution ? Comment la répression s'organise-t-elle ? Il convient de dire d'emblée que nous disposons d'une immense quantité de normes publiées et diffusées aux administrations sanitaires du Royaume. Ces textes juridiques nous informent de la sanction théorique en cas de non-respect des directives. La mise à exécution des sanctions est souvent plus obscure. À partir de quelques procès-verbaux de comparution et de témoignages renfermés dans les correspondances, j'aimerais tenter de cerner les réponses concrètes à une infraction.

Sous l'Ancien Régime, les peines sont très variées. De la simple amende à la peine de mort en passant par la mise au carcan, on constate différents niveaux de sévérité dans les peines.[245] Avant de parler de répression, il s'agit d'identifier le coupable. Cela se fait généralement par la méthode de la dénonciation. Au moment du pic épidémique à Marseille et en dépit d'une forme d'impuissance face au mal,

---

243 AD13, 200 E 2, *Arrêt du conseil d'état du Roy et Lettres patentes sur icelui, portant reglement pour empecher la contrebande qui se fait par les petits Batimens de Mer*, 10 octobre 1752.
244 Camus a repris cette image du garde corrompu pour contrebande : Camus, *La Peste*, p. 154.
245 Je reprends ici la liste d'Arlette Farge qui évoque les peines suivantes : l'amende ou l'admonestation, le fouet (rare), le pilori ou la mise au carcan (il s'agit d'un collier métallique placé autour du cou du prisonnier qui est exposé publiquement ; un écriteau indique la nature du délit pour lequel il doit subir une humiliation publique), le bannissement, la flétrissure (marquage au fer rouge), les galères, et enfin la mort sur la roue : Farge, *Condamnés au XVIIIe siècle*, pp. 15–25.

le parlement d'Aix publie un monitoire pour obliger toute personne qui connaît «tant pour avoir vu que pour avoir ouï dire» des actes de contrebande de les «révéler, à peine d'excommunication».[246] Le parlement d'Aix accorde tant d'importance à découvrir les personnes coupables de contrebande qu'il propose une récompense au dénonciateur :

> Sur la Requête présentée à la Chambre ordonnée durant les Vacations par le Procureur General du Roy, tendante à fin pour les causes y contenuës, que pour garantir des maux dont nous sommes menacez, il est obligé de faire informer contre ceux qui font de la Contrebande ; & pour pouvoir découvrir les coupables, il n'a pas trouvé de plus seur moyen, que de donner à tous ceux qui feront arrêter un Contrebandeur la somme de deux cens livres, qui sera payée par la Province, dés que le coupable aura été condamné.[247]

Les traités de justice d'Ancien Régime portent un regard positif sur la récompense. D'après Jousse, la récompense aux personnes qui agissent dans l'intérêt public est autant nécessaire que la punition à celles qui y contreviennent :

> On ne peut douter qu'un des moyens les plus efficaces pour faire subsister solidement un Etat, est de récompenser les bons citoyens & de punir les méchants ; & que s'il est juste d'exciter la vertu par des récompenses, il est aussi de l'intérêt public, & de la sagesse d'un bon gouvernement, de punir les crimes, de réprimer les entreprises qui peuvent troubler l'ordre & la tranquillité de l'Etat, & de prévenir les maux & les injustices que les hommes peuvent se faire les uns aux autres par des actions criminelles.[248]

Une fois que l'infraction sanitaire est identifiée par un membre du personnel du bureau de la santé, elle doit être consignée dans un rapport. Le bureau délibère les lundis et les jeudis, jours ordinaires de réunion. Il procède ensuite à une enquête avec interrogatoire des accusés et témoins, puis délivre sa sentence sans appel et directement exécutable. Dans certains cas exceptionnels toutefois, le bureau fait appel à l'autorité royale.[249]

Il arrive parfois que le bureau de la santé préfère réparer l'incident plutôt que de punir. En 1739, lors de la comparution du capitaine Louis Antoine de Martigues, commandant de la tartane *Saint-Joseph* (la comparution se fait depuis une chaloupe à distance convenable), les intendants apprennent la disparition du matelot Pierre Lieutand. Le navire arrive de Damiette avec une patente soupçonnée. La

---

246 Monitoire du 13 septembre 1720 cité dans Carrière/Courdurié/Rebuffat, *Marseille ville morte*, p. 132.
247 AD13, C 908, *Extrait des registres de parlement tenant la chambre des vacations*, 11 septembre 1720.
248 Jousse, *Traité de la justice criminelle de France*, T. 1, préface, p. I.
249 Panzac, Crime ou délit ?, pp. 58–60.

disparition est donc problématique. Le capitaine ne peut pas juger s'il s'est évadé ou noyé en mer. Les hardes du matelot sont toutes présentes, exceptées celles qu'il avait sur lui. Les intendants de la santé de Marseille décident alors qu'«il sera fait une exacte recherche dans l'eau autour du Batiment avec les precautions convenables, par les nommez françois sanguin et françois Robert batteliers de cette ville, avec leurs engins a ce necessaires pour trouver le cadavre au cas que le Sieur Lieutand se soit noyé ».[250] Dans cette affaire, l'objectif n'est pas tant d'incriminer le capitaine que de retrouver le mousse.

D'autres comparutions prouvent un autre moyen de recherche de la vérité dont usent les intendants de la santé : les fiches de signalement.[251] Lors d'une évasion ou d'une disparition de matelots, cette méthode est volontiers employée. Ainsi, le matelot Sébastien Mauveau s'enfuit de la chaloupe et nage jusqu'au fort Saint-Nicolas, si bien qu'il manque à l'appel. Une fiche de signalement est alors lancée : « Sebastien Mauveau, du comtat, agé de 18 ans, mousse, taille basse, un peu courbé, ayant ses cheveux crepés [...] un peu piqué de verole, portant un [...] de bourg bleu, un bonnet violet, une calotte couleur canelle. Il etoit mousse avec le capitaine Joseph Bertrand. »[252] Quelques années plus tard, face à plusieurs disparitions dans la pinque *L'Elisabeth* en provenance de Smyrne, le signalement détaillé d'un Corse est lancé : « Dominique Berangier, corse de nation, agé d'environ 43 ans, marié a Cassis avec Anne Toay de Cassis, petite taille, le visage brun et ovale, les cheveux et sourcils chatains, le nez rond, les yeux grands donnant sur le chatain, portant parfois une peruque a l'angloise, le langage moitié Italien, moitié provencal, aïant une hernie complete du coté droit. »[253]

Cependant, le bureau de la santé prend parfois des mesures plus radicales à l'image d'un licenciement d'un employé. En 1708, l'affaire Claude Féraud éclabousse le lazaret. Ce capitaine des infirmeries est destitué de son grade à la suite de plusieurs plaintes de particuliers reçues par le bureau. Différents chefs d'accusation le concernent. Premièrement, on lui reproche de n'avoir pas respecté l'interdiction de recevoir des présents ou donations des personnes qui sont en quarantaine ou qui ont des marchandises en purge aux infirmeries. Deuxième-

---

250 AD13, 200 E 1014, comparution du 5 octobre 1739.
251 Cette volonté de documenter, de chiffrer et finalement de contrôler la population et ses mouvements est visible dans les recensements qui s'opèrent au début du XVIIIe siècle. En 1720, alors qu'Avignon est menacée par la peste, mais pas encore frappée par la maladie, le troisième consul Jean-François Palasse met en place une méthode de recensement de la population en prévision de l'épidémie au moyen d'un fichage systématique : Zeller, La ville en fiches. Sur l'identification des personnes, voir également : Denis/Milliot, De l'idéal de transparence à la réalité de la fraude.
252 AD13, 200 E 1014, comparution du 16 septembre 1732.
253 Ibid., comparution du 26 juillet 1764.

ment, il gronde et menace les employés et domestiques des infirmeries ainsi que les portefaix jusqu'à lever la main sur eux. Il ne fait pas preuve de plus de retenue envers les écrivains, capitaines de bâtiments et négociants se trouvant aux infirmeries. L'affaire se solde finalement par la destitution du capitaine.[254]

De manière générale, on ne peut que partager le constat de Daniel Panzac d'une certaine mansuétude à l'égard des contrevenants qui subissent des sanctions plutôt clémentes telles qu'amendes pécuniaires, interdiction de travail, réprimandes ou carcan. La peine de mort est très rarement prononcée. Les infractions sont plus souvent considérées comme des délits que comme des crimes, si bien que les sentences prononcées sont généralement en deçà des sanctions prévues par les ordonnances.[255] L'application de peines « douces » et la proportionnalité de la peine au délit semblent déjà bien établies dans la première moitié du XVIIIe siècle. Le traité de Beccaria qui offre une première véritable argumentation contre la peine de mort et les peines lourdes reprend cette thématique. Dans un chapitre intitulé *De la douceur des peines*, il relève que :

> l'objet des peines est d'empêcher le coupable de nuire désormais à la Société, et de détourner ses concitoyens de commettre des crimes semblables. Parmi les peines, on doit donc employer celles qui étant proportionnées aux crimes, feront l'impression la plus efficace et la plus durable sur les esprits des hommes, et en meme tems la moins cruelle sur le corps du criminel.[256]

Cette proportionnalité des peines et l'exemplarité qu'elle induit doivent provoquer un effet dissuasif. Beccaria souligne plus loin que « pour qu'une peine produise son effet, il suffit que le mal qu'elle cause, surpasse le bien qui revient du crime ».[257]

Le temps de peste change toutefois considérablement la donne et s'avère être le cadre d'une répression bien plus sévère, corrélée à la diffusion de la peste qu'il s'agit d'endiguer. La prévention n'est dès lors plus de mise et cède la place à une sévère répression. La municipalité instruit des procès pour nombre d'infractions propres au temps de peste. La sexualité illicite telle que viol, prostitution, fornication et stupre est sévèrement réprimée non seulement sur le plan de l'atteinte aux mœurs mais également à un niveau sanitaire. Le cas d'une fornication entre un forçat et une servante pestiférée dans un hôpital de peste est par exemple

---

254 AD13, 200 E 18, année 1708. L'affaire remonte jusqu'au secrétaire d'État de la Marine Pontchartrain, qui demande aux échevins de Marseille des preuves de la culpabilité du capitaine.
255 Panzac, Crime ou délit ?, p. 68 et s.
256 Beccaria, *Traité des délits et des peines*, p. 107.
257 Ibid., p. 110.

attesté.[258] On peut encore noter la répression de la mobilité non autorisée (procédures pour désertion ou évasion) ou le déterrement de cadavres.[259]

Les fraudes alimentaires sont également légion en temps de peste. Ainsi, un boucher d'Aubagne envoie en contrebande ses bêtes dans le terroir de Marseille et voit plusieurs moutons lui être confisqués en guise de punition.[260] Nombre d'opérations frauduleuses se font également sur la farine. Le sieur Elias, à qui on livre des farines fraîches pour les convertir en biscuit pendant la contagion, garde la marchandise pour lui et donne du biscuit gâté qu'il gardait depuis 10 ans.[261] La fraude sur la farine chez les meuniers est si présente que le bailli de Langeron et les échevins prennent des mesures radicales : «Nous faisons tres expresses inibitions et deffenses a tous m[e]uniers et autres de faire de la farine sans prendre des billets a peine de confiscation des mulets et du bled ou de la farine et en outre du carcan contre les contrevenants.»[262]

La mobilité non autorisée constitue le délit le plus sévèrement réprimé. C'est en particulier le cas à l'endroit des blocus sanitaires où se trouvent des sentinelles qui patrouillent nuit et jour. Les instructions de peste insistent sur la répression à effectuer pour garantir l'étanchéité du blocus : «Si par hazard quelques Habitans échappoient à la vigilance des Postes, il faut en quelqu'endroit qu'ils aillent les faire arrester avec précaution, pour ne point communiquer ; les ramener dans leur terroir, & leur faire casser la teste devant leurs compatriotes ; Exemple absolument necessaire pour les contenir.»[263] Cette répression extrêmement stricte ne s'applique pas qu'à la population en infraction, mais concerne également les troupes du blocus : «Les Commandans feront deffenses sous peine de la vie, aux Troupes qui forment le Blocus, d'avancer de dix pas dans le Terroir du costé du lieu qui est bloqué, & ordonnerons aux Postes de tirer sur leurs camarades, s'ils tomboient dans ces cas : c'est une précaution absolument necessaire, pour empêcher la communication des Soldats avec les lieux infectez.»[264] Les personnes suspectées de contrebande doivent être enfermées et les hardes sont particulièrement redoutées, si bien qu'il est de rigueur de «faire casser la teste aux Infirmiers, Corbeaux ou

---

258 Beauvieux, Justice et répression, p. 8.
259 Ibid., p. 9 et s.
260 AMM, BB 306, f° 10.
261 AMM, BB 268, f° 90.
262 AMM, FF 182, f° 142, ordonnance du 2 octobre 1720.
263 AD34, C 11851, *Instruction sur les Précautions qui doivent estre observées dans les Provinces où il y a des Lieux attaquez de la Maladie Contagieuse, & dans les Provinces voisines*, Montpellier, 1721.
264 Ibid.

particuliers, & même aux femmes qui voleront ou cacheront des hardes des Pestiferez ».[265]

Dans le cas de la circulation illégale de la marchandise, les instructions de répression sont véritablement appliquées. Ainsi, le commandant Dupont à Toulon n'hésite pas à faire fusiller une paysanne et son mari qui détenaient un morceau d'étoffe provenant de l'île de Jarre.[266] La correspondance adressée au contrôleur général des Finances insiste également sur la mise à mort immédiate, sans procès, des personnes prises en flagrant délit de franchissement de lignes sanitaires.[267] Ainsi, le commandant en Gévaudan M. de la Devèze écrit : « Hier, un homme venu de Gévaudan a été fusillé et j'ai fait casser la teste avant-hier au milieu de cette place à un corbeau déserteur de Mende qui était entré dans cette ville sous le nom de mon pourvoyeur. »[268] Quatre ou cinq personnes sont fusillées à Orange pour l'exemple.[269] À Aix, des infirmières sont fouettées et pendues pour avoir déplacé des hardes.[270] La confiscation de biens et la destruction de propriété peut être appliquée à quiconque ne déclare pas immédiatement un malade.[271]

Ainsi, les peines pour infraction à la législation sanitaire semblent avoir été très diverses et leur intensité variable selon le contexte. Il convient donc de s'écarter de la conception d'Arlette Farge qui voit dans les peines et châtiments des spectacles de la monarchie censés magnifier la puissance royale[272] ou dans l'interrogatoire une procédure uniquement centrée sur l'aveu de l'accusé, synonyme de triomphe de la monarchie.[273] Michel Porret a démontré que cette « pédagogie de l'effroi » également soulignée par Michel Foucault en 1975 qui « dresse les corps pour mieux assujettir les âmes, conduit à oublier que la motivation des châtiments repose sur un examen minutieux des circonstances de la fraude ».[274] Au XVIIIe siècle, la pédagogie de l'effroi est d'ailleurs critiquée et condamnée, notamment par le chevalier de Jaucourt.[275] Les idées que l'éducation est préférable au supplice et que les travaux forcés ont une utilité publique supérieure à la peine de mort prennent corps. Chez Beccaria, la contrebande n'est pas banalisée puis-

---

265 Ibid.
266 Lambert, Histoire de la peste de Toulon en 1721, p. 217.
267 Correspondance citée par Biraben, Les hommes et la peste, T. 1, p. 249.
268 AN, G/7/1735.
269 AN, G/7/1737.
270 AN/G/7/1730.
271 AN/G/7/1735.
272 Farge, Condamnés au XVIIIe siècle, p. 13.
273 Ibid., p. 38.
274 Porret, Effrayer le crime par la terreur des châtiments.
275 Ibid., p. 60.

qu'elle reste un délit important, mais la peine doit être mesurée : « La contrebande est un délit véritable contre le Souverain et la Nation : mais la peine n'en devroit pas être infamante ; parce que dans l'opinion publique ce délit ne rend pas infâme celui qui le commet. »[276] Dans le cas du tabac, il préconise « le travail du coupable attribué et appliqué au fisc qu'il a voulu frauder ».[277]

Dans le domaine sanitaire, la répression ne semble pas avoir été instrumentalisée par le pouvoir royal. Bien plus, et après délibération des intendants de la santé, la répression semble avoir été proportionnée à la gravité de l'infraction. L'interrogatoire est moins à percevoir comme une stratégie d'oppression de l'accusé, que comme un acte de prise d'informations dans le but de minimiser les risques sanitaires. Il faut toutefois reconnaître que l'état de peste déclaré modifie l'équation et créé une conjoncture répressive bien plus sévère. Celle-ci répond à la gravité des infractions en période épidémique. Une harde pestiférée qui circule peut faire perdre à une ville la moitié de sa population. La répression se met alors à la hauteur du danger.

La difficulté de prévenir la contrebande est souvent liée à la complicité des acteurs chargés de l'empêcher. À rebours de la thèse de la fraude comme échec du libéralisme[278], on peut émettre l'hypothèse de l'excès d'interventionnisme étatique comme origine de la contrebande. Les normes auraient été si restrictives et désavantageuses pour le commerce, que les enfreindre devenait bénéfique. On a vu dans la première partie que le monopole sanitaire de Marseille et Toulon n'a pas suscité une adhésion générale, ce qui a pu créer un terreau favorable à la contrebande. En outre, le cas du tabac est significatif : le trafic illicite se développe dès l'instant où sa circulation est strictement réglementée. La contrebande apparaît dès lors comme un risque que l'État encourt tout en cherchant à le réprimer mais en n'y parvenant jamais. Néanmoins, hormis l'épisode de 1720, le recul de la peste en France dès les années 1670 semble légitimer cette politique. Le trafic illicite n'en demeure pas moins le revers de la médaille. Là encore, les enjeux sanitaires et économiques sont difficilement dissociables.

---

[276] Beccaria, *Traité des délits et des peines*, p. 208.
[277] Ibid., p. 211.
[278] D'après les auteurs du recueil sur la fraude (Béaur/Bonin/Lemercier, Introduction, p. 9), la fraude doit être analysée comme une incapacité du marché à se réguler et donc un échec de la « main invisible » d'Adam Smith.

6 Prévention et gestion du risque

« Qui pourroit jamais penser que les Magistrats, dont le principal devoir est de pourvoir au bien commun de leurs peuples, fussent tellement attachez à leur interêt, que d'aimer mieux risquer la perte totale d'une Ville, & la vie même de tous leurs Citoyens, que de perdre quelques petits profits ? »[1] Cette question rhétorique du médecin genevois Jean-Jacques Manget semble trouver une réponse évidente : personne. Néanmoins, cette question révèle tout le dilemme auquel les autorités municipales peuvent être confrontées lorsqu'il s'agit de prendre des décisions assurant la santé publique sans négliger les intérêts particuliers. Une voie intermédiaire est-elle possible, ou est-il préférable de jouer la carte du risque zéro (du moins de tendre vers lui, l'atteindre demeurant impossible) ? La citation de Manget suggère une binarité totale excluant la demi-mesure. Les magistrats œuvrent soit pour le bien commun de leurs peuples, quitte à renoncer à leurs profits, soit pour leur intérêt personnel en risquant la ruine d'une ville.

C'est justement la question de la gestion du risque qui m'intéresse dans ce chapitre, qui, loin d'être une construction contemporaine, marque déjà le début du XVIIIe siècle. À cette époque, la vigilance face à la peste sert de paradigme particulièrement pertinent pour mesurer la gestion du risque épidémique d'un point de vue historique. Tant les institutions que les acteurs sanitaires, appelés à une vigilance continuelle, sont en permanence confrontés au risque de peste. « Être vigilant c'est se tenir prêt à réagir vis-à-vis d'un événement dont on ne sait quand il se produira, sous quelle forme il surviendra, ou même s'il arrivera. Être vigilant, c'est être prêt face à une éventualité incertaine pour ne pas se laisser surprendre. »[2]

Durant les 30 dernières années, les historiens modernistes se sont beaucoup interrogés sur la conception de la catastrophe à l'époque moderne et la manière de l'appréhender. Penser la catastrophe naturelle comme récurrente dans l'histoire de l'humanité à travers une perspective diachronique, telle est l'ambition de plusieurs ouvrages.[3] Ces derniers accordent une large place à l'histoire sociale des risques naturels. François Walter considère également le temps long pour proposer une histoire culturelle des catastrophes.[4] D'autres travaux s'intéressent aux

---

1 Manget, *Traité De La Peste*, p. 183.
2 Duval, *Temps et vigilance*, p. 123.
3 Voir notamment Groh/Kempe/Mauelshagen, *Naturkatastrophen* ; Favier/Granet-Abisset, *Récits et représentations des catastrophes* ; Bourg/Joly/Kaufmann, *Du risque à la menace*.
4 Walter, *Catastrophes*.

catastrophes dans un espace défini[5] ou en rapport avec un événement précis.[6] Un ouvrage collectif particulièrement important pour mon propos ose proposer la thèse de l'invention de la catastrophe au XVIIIe siècle, suggérant un changement de paradigme dans la conception de la catastrophe.[7] À cette époque, la catastrophe devient aussi bien un objet esthétique, puisqu'elle est de plus en plus représentée dans l'écriture, la peinture, la musique ou encore le théâtre, qu'un objet d'analyse et de réflexion.[8] D'après les auteurs, le référent religieux disparaîtrait au profit d'une «laïcisation du désastre».[9] L'expérience de la peste conduit toutefois à nuancer le tableau. Si le XVIIIe siècle et même déjà la fin du XVIIe siècle marquent un tournant dans la manière d'appréhender la catastrophe et surtout de la prévenir, la conception de la peste comme punition divine n'est pas pour autant oblitérée.

De plus, la recherche récente sur la question des catastrophes se situe entre la sociologie et la micro-histoire, et accorde une large place à l'histoire sociale et urbaine.[10] Fleur Beauvieux s'est particulièrement intéressée aux archives urbaines en temps de peste, sources indispensables de toute histoire des catastrophes.[11] Enfin, il faut mentionner les quelques études sur la prévention épidémique à l'époque moderne dans le cadre de la deuxième pandémie de peste.[12]

Dans ce chapitre, il sera question dans un premier temps du concept de risque et des lectures sociologiques qui en ont été faites. Ce cadre théorique offre en effet des pistes pour l'analyse historique de l'appréhension du risque sanitaire à l'époque moderne, qui sera traitée dans un deuxième temps. Le troisième sous-chapitre mettra en évidence le principe de précaution développé face à la peste et le quatrième s'attachera à l'articulation entre attention individuelle et santé publique, qui débouche sur la recherche d'un bien public sanitaire. Enfin, les liens entre le commerce et la contingence sanitaire termineront cette réflexion sur la gestion du risque.

---

5 Ayalon, *Natural disasters*.
6 Sur le raz-de-marée de 1917, voir Jakubowski-Tiessen, *Sturmflut 1717*. Sur la question des incendies, voir Zwierlein, *Der gezähmte Prometheus*.
7 Mercier-Faivre/Thomas, *L'invention de la catastrophe*.
8 Ibid. Voir en particulier la préface : Mercier-Faivre/Thomas, Préface : Écrire la catastrophe, pp. 7–31 (p. 8 et s. sur la conception contemporaine de la catastrophe).
9 Ibid., p. 29.
10 Clavandier, *La mort collective* ; Massard-Guilbaud/Platt/Schott, *Cities and catastrophes* ; Salmi/Simonton, *Catastrophe, Gender and Urban Experience*.
11 Beauvieux, Constitution.
12 Hildesheimer, Prévention de la peste ; Barry, *Préventions et réactions face à la peste* ; Castex/Kacki et al., Prévention, pratiques médicales.

6.1 Le risque : définitions et théories sociologiques

Le mot «risque» tire son étymologie du latin *resecum* (ce qui coupe) et désigne en premier lieu l'écueil qui menace les navires, puis adopte un sens plus général de danger encouru par les marchandises en mer.[13]

Le risque est donc à l'origine intrinsèquement lié aux premières assurances maritimes qui le prennent en compte et le réglemente. L'Ordonnance de la Marine de 1681 propose un cadre légal assurantiel, qui envisage différentes circonstances relevant du risque :

> Seront aux risques des Assureurs toutes pertes & dommages qui arriveront sur Mer par tempête, naufrages, échoüemens, abordages, *changemens de Routes, de Voyage, ou de Vaisseau*, jet, feu, prise, pillage, *arrêt de Prince, Declaration de Guerre, represailles*, & generalement toutes autres *fortunes de Mer*.[14]

Il est intéressant de constater que le risque sanitaire n'est pas explicitement mentionné dans cette liste. On pourrait dès lors arguer qu'il appartient à la catégorie des autres fortunes de mer. Néanmoins, le risque de peste ne doit pas être mis sur le même plan que les risques mentionnés par l'Ordonnance de la Marine si on tient compte de la notion de cas de force majeure. C'est ainsi que procède Patrick Peretti-Watel lorsqu'il relève que les assurances maritimes couvrent les cas de force majeure, sans faute imputable, faisant du risque un «danger sans cause, un danger accidentel».[15] Dans un tel cas, la question des responsabilités humaines dans les causes de l'accident n'est absolument pas considérée. Il en va autrement du risque sanitaire où la responsabilisation des acteurs est haute, notamment dans l'organisation des quarantaines maritimes. Le devenir d'un navire pestiféré ne relève pas de la responsabilité des assureurs mais des autorités sanitaires.

Dans ce développement, il semble important de ne pas rester au niveau de la distinction entre danger provoqué et danger accidentel, mais plutôt de remonter d'un cran pour s'intéresser à la distinction entre danger et risque. À ce propos, plusieurs sociologues ont proposé des définitions sur lesquelles les historiens peuvent s'appuyer. Pour Anthony Giddens, le risque appartient à la Modernité de laquelle il est une conséquence. Le sociologue considère comme caractéristique de la Modernité le changement de la manière d'envisager le danger, changement qui se manifeste dans le traitement de certains événements en termes de risques.[16]

---

[13] Peretti-Watel, *La société du risque*, p. 6.
[14] *Ordonnance de la marine, du mois d'aoust 1681*, Article XXVI, p. 268.
[15] Peretti-Watel, *La société du risque*, p. 7.
[16] Rossignol, Risque et modernité, p. 16 et s.

C'est là qu'intervient la distinction entre risque et danger, posée notamment par Giddens et Luhmann. Le danger serait un événement donné (par Dieu ou le monde) qui est accepté comme tel, alors que le risque serait lié à une aspiration de contrôle de l'avenir.[17]

Luhmann développe cette distinction entre risque et danger d'un point de vue constructiviste. Selon lui, les risques seraient des dommages éventuels attribués à ses propres décisions, alors que les dangers seraient attribués à des événements ou à des décisions externes. Avec le risque, on insiste sur les dommages causés par les décisions humaines (prises à l'intérieur d'un système donné), tandis que le danger est présent lorsqu'un éventuel préjudice est produit par l'environnement ou les événements naturels. De plus, Luhmann avance que le savoir accroît l'incertitude, et par là même le risque.[18] Il y a donc véritablement risque lorsqu'il y a connaissance et conscience du danger. Plus l'expérience face au danger est importante, plus la conscience du risque est grande car les manquements sécuritaires (dans le cas de la peste, les infractions au régime sanitaire) sont patents.[19] Préférant le terme «péril» à celui de «danger», David Le Breton fait néanmoins une distinction analogue à celle de Luhmann. Le péril «est sans prise pour l'homme et s'impose à lui à son corps défendant, là où le risque laisse encore une initiative, une responsabilité».[20] Ainsi, les sciences sociales, s'écartant d'une perspective objectiviste du risque, le considèrent comme une construction sociale. C'est l'être humain qui le fait apparaître là où il croyait jusque-là devoir subir les coups du sort, participant ainsi à sa rationalisation.[21]

Un autre point important souligné par les sociologues concerne la temporalité du risque. Le risque s'insère dans le temps et, plus particulièrement, dans le temps à venir. Il a une dimension consécutive. David Le Breton le définit comme «la conséquence aléatoire d'une situation, mais sous l'angle d'une menace, d'un dommage possible».[22] Ulrich Beck insiste également sur la composante future du risque, fondée sur une prolongation dans l'avenir des dommages prévisibles dans le présent. On se situe ainsi dans une logique de prévision.[23]

La projection dans l'avenir est au cœur de la prise de décision présente. Pour être plus précis, il ne faudrait pas parler du futur mais des futurs. Ainsi, Francis

---

17 Ibid., p. 27.
18 Le Bouter, *La sociologie constructiviste du risque*.
19 Luhmann résume cela ainsi : «Je mehr man weiss, desto mehr weiss man, was man nicht weiss, und desto eher bildet sich ein Risikobewusstsein aus» : Luhmann, *Soziologie des Risikos*, p. 37.
20 Le Breton, *Sociologie du risque*, p. 4.
21 Niget/Petitclerc, Introduction.
22 Le Breton, *Sociologie du risque*, p. 3.
23 Beck, *La société du risque*, p. 60.

Chateauraynaud propose une matrice des futurs allant du court terme à l'éternité.[24] La vigilance des acteurs sanitaires face à une menace épidémique peut en effet beaucoup varier selon la temporalité de cette menace. Que l'épidémie soit présente à Constantinople ou dans la ville provençale à proximité, la gestion temporelle du risque n'est pas la même. Chateauraynaud mentionne ensuite sept régimes d'énonciation du futur (l'urgence, l'attente, l'anticipation, la prévision, la prospective, la promesse et la prophétie).[25] Parmi ceux-ci, deux régimes ont une importance particulière pour la vigilance sanitaire : l'anticipation et l'urgence. Contrairement à la prévision qui s'appuie sur un temps calculé et linéarisé, l'anticipation a recours au temps accéléré. Elle agit sur le processus en cours, en amont du dommage potentiel. Les alertes climatiques et les pandémies en sont des prototypes. L'anticipation a néanmoins ses faiblesses. Trop laxiste, elle peut se manifester par un manque de vigilance qui laisse loisir au dommage potentiel de devenir réel, mais, trop rigoureuse, elle risque de surinterpréter des signaux faibles et donc d'apporter une réponse disproportionnée.[26]

C'est tout l'enjeu de la gestion du risque sanitaire. L'excès de vigilance semble de prime abord préférable, mais il se fait généralement au détriment d'autres secteurs tels que le commerce. L'autre régime particulièrement important dans le domaine sanitaire est l'urgence, c'est-à-dire le manque de temps :

> L'urgence compose un régime dans lequel la vision du futur est soumise à rude épreuve puisque tout se joue dans un temps très court, trop court pour que les acteurs parviennent à évaluer, par la délibération, les différentes ouvertures d'avenir. Agir en urgence ou déclarer un état d'urgence, c'est prendre des mesures dans une forme de corps-à-corps avec un processus sur lequel on a, partiellement ou totalement, perdu prise.[27]

Dans le domaine sanitaire, l'urgence correspond à la lutte active face à l'épidémie lorsqu'elle est déjà déclarée, et entraîne des mesures telles que la quarantaine générale ou la restriction de la circulation des personnes.

Au niveau sociologique, il convient enfin de mentionner que le rapport entre risque et religion est marqué par une ambivalence certaine. David Le Breton relie la notion de risque à celle de laïcité. Le risque impliquerait de se détacher de toute

---

24 Chateauraynaud, Regard analytique sur l'activité visionnaire, p. 294. Cinq niveaux sont mentionnés : le court terme (à portée dans le cours d'action), le moyen terme (programmation), le long terme (scénarisation), le très long terme (conjecture indémontrable) et l'éternité (métaphysique).
25 Ibid., p. 300 et s. Ces sept régimes d'énonciation du futur sont analysés systématiquement dans une grille qui détaille, pour chacun d'eux, la modalisation du temps, la logique d'action, les prototypes et la forme de la critique.
26 Ibid., p. 300.
27 Ibid., p. 302.

métaphysique, providence ou dessein transcendant, et de ne laisser place qu'à la seule action humaine. De ce point de vue, les notions de risque et de religion s'excluraient mutuellement. S'il insiste sur le rôle actif de l'homme face aux agressions, le sociologue souligne en revanche que «la signification des catastrophes est imputée à la volonté divine de punir ou d'éprouver les hommes», si bien que finalement «le risque majeur est bien ici de perdre pour une raison ou une autre la protection de Dieu et de s'exposer à ses foudres».[28] Dieu est donc bel et bien présent dans l'équation du risque. François Walter, analysant l'histoire à travers le prisme de la catastrophe, arrive à la même conclusion au sujet du divin : «La contingence des événements et l'intentionnalité des actions humaines n'apparaissent pas en contradiction. C'est de toute façon Dieu qui agit en dernière instance.»[29]

6.2 Comment aborder le risque épidémique à l'époque moderne ?

L'enjeu de ce sous-chapitre est d'insérer la notion de risque dans un processus historique, ce que les sociologues ne font que de manière limitée. Lorsque Beck parle de «société du risque», il désigne avant tout la société contemporaine dans laquelle les risques ne résultent plus uniquement de facteurs extérieurs tels que les catastrophes naturelles, mais sont supplantés par des risques engendrés par la société elle-même, qui peuvent entraîner son autodestruction. L'ouvrage, publié en 1986 peu après le drame de Tchernobyl, s'intéresse en particulier à des questions globales de menace, parmi lesquelles le stockage des déchets nucléaires constitue un exemple significatif.[30] Beck concède l'historicité du risque mais dans une perspective individuelle (risque personnel) et, prenant l'exemple de Christophe Colomb, l'associe aux notions de courage et d'aventure.[31]

La recherche sur le risque n'est toutefois pas exclusivement l'apanage des sociologues. Les historiens se sont également engouffrés dans ce champ relativement récent.[32] L'histoire culturelle du risque fait remarquer que, si le terme naît au Moyen Âge, c'est qu'il répond à une nécessité ressentie à une échelle sociale et

---

28 Le Breton, *Sociologie du risque*, p. 34 et s.
29 Walter, Pour une histoire culturelle des risques, p. 7.
30 Bouzon, Ulrich Beck, La société du risque.
31 Beck, *La société du risque*, p. 39.
32 Scheller, *Kulturen des Risikos*.

non plus à une expérience personnelle.³³ L'éclosion médiévale du risque se fonde sur une évolution socio-économique :

> L'engagement et la prise de risque, de possibles, deviennent, au cours de la période médiévale, utiles à la société, donc légitimés et valorisés. L'affrontement du risque dans l'espoir d'un profit va stimuler l'imagination mercantile dans la mesure où en jouant sur le risque, le profit peut s'en trouver accru. Répartir les risques ou au moins ne pas les assumer tout seul engage l'histoire complexe des associations et des assurances.³⁴

D'autres historiens comme Peter L. Bernstein proposent une histoire du risque avec une focale mise sur l'histoire du jeu.³⁵ Selon lui, la première véritable théorie sur le risque provient du XVIIe siècle, avec la mise au point du calcul des probabilités par Blaise Pascal et Pierre de Fermat, dans un monde où l'homme s'adonne sans retenue aux jeux.³⁶ Le risque s'affranchit du hasard.

De manière plus générale, les historiens de la dernière décennie cherchent à réhabiliter l'histoire du risque et, en réaction à Beck, à donner une ascendance à la société du risque. Ils remettent en question l'absence de réflexivité qu'auraient eu les sociétés du passé quant à la question du risque, et le procédé binaire qui oppose un passé aveugle et insouciant à la société contemporaine où le risque est ultra-présent.³⁷ Au tournant du XIXe siècle par exemple, la présentation attractive du vaccin antivariolique témoigne de la volonté d'obtenir une conscience sociale du risque sanitaire.³⁸ La police d'Ancien Régime et en particulier la police de peste prennent de telles mesures restrictives et intrusives (quarantaines, expulsion de personnes suspectes, contrôles des échanges) que la conscience du risque ne peut pas être niée.³⁹ Pour Niget et Petitclerc, le risque se fond dans la condition historique humaine. Les sociétés du passé auraient déjà été capables de saisir, à partir d'une expérience passée, un avenir probable, dictant leur action dans le présent. Refusant de considérer les sociétés passées comme ignorantes et passives face aux risques et les sociétés actuelles comme avisées et agissantes, ils proposent de voir les risques comme des objets de négociations permanentes entre groupes sociaux.⁴⁰

---

33 Collas-Heddeland/Kammerer/Lemaître, Moyen Âge et Temps modernes, p. 39.
34 Ibid., p. 43.
35 Bernstein, *Plus forts que les dieux*.
36 Ibid., p. 7.
37 Fressoz/Pestre, Risque et société du risque, p. 19 et s.
38 Ibid., p. 28.
39 Voir notamment pour Montpellier : Vidoni, The Plague and the Urban Police, p. 82 et s. Pour Marseille : Beauvieux, La police en temps de peste.
40 Niget/Petitclerc, Introduction.

C'est précisément cette perspective que je voudrais adopter pour analyser la vigilance sanitaire, qui me paraît être un préalable nécessaire au risque comme construction sociale. Comment sinon évaluer une menace s'il n'y a pas d'individus vigilants, capables d'identifier, de documenter et surtout de transmettre les facteurs de risque ? La circulation de l'information analysée dans la première partie de ce travail est une composante primordiale de la gestion du risque. Preuve en est que l'objet de la communication sanitaire n'est pas uniquement l'épidémie déclarée mais aussi la rumeur, le bruit de peste. Peu avant la propagation évidente de l'épidémie de 1720, les consuls gouverneurs d'Arles écrivent ainsi aux échevins de Marseille :

> Messieurs. Dans le doute ou nous sommes du malheur dont il court le bruit que vous etes menacé à occasion de quelques batiments qui sont dans vos isles et soupçonnés du mal contagieux, nous vous prions messieurs de nous informer de la verité afin que nous puissions prendre nos mesures, de maniere que ces batiments où les marchandises dont ils sont chargés ne viennent pas infecter nôtre ville.[41]

Ainsi, la gestion du risque passe par l'information, qui elle-même est le fruit de la vigilance des acteurs sanitaires locaux. Cette information se doit d'être véridique, de sorte que les mesures puissent être proportionnées.

Au niveau sémantique, l'entrée du mot «risque» dans le vocabulaire médical est très tardive puisque les grands dictionnaires de médecine du XIXe siècle n'en font pas mention.[42] Pourtant, Fantini propose de faire remonter l'exigence du risque dans le contexte médical à l'introduction des premières assurances sur la vie dans l'Angleterre du XVIIe siècle.[43] Au XVIIIe siècle en France, l'*Encyclopédie* n'envisage le risque que sous l'angle du hasard ou des assurances maritimes.[44] Un contrat par lequel les échevins de Marseille se font assurer du départ du port au retour au port relève que «le risque commencera du jour et heure que lesdites facultés et marchandises ont eté et seront chargés et du jour et heure que lad[ite] pinque [la pinque *Sainte-Anne*] a fait ou faira voille du port ou isles de cette d[ite]

---

41 AMM, GG 216, lettre du 16 juillet 1720.
42 Fantini, La perception du risque sanitaire, p. 29.
43 Ibid., p. 35.
44 Le risque est d'abord «le hazard qu'on court d'une perte, d'un dommage, &c», un hasard qui concerne avant tout les marchandises : «Le risque de ces marchandises commence au tems où on les porte à bord. C'est une maxime constante que l'on ne doit jamais risquer tout sur un seul fond, ou sur le même vaisseau ; cette maxime apprend à ceux qui assurent, qu'ils doivent agir en cela avec beaucoup de prudence, & ne pas trop hazarder sur un vaisseau unique, attendu qu'il y a moins de *risque* à courir sur plusieurs ensemble que sur un seul» : Diderot/d'Alembert, *Encyclopédie ou Dictionnaire raisonné des sciences, des arts et des métiers*, vol. 14, p. 301b.

ville jusqua quil soit arrivée aud[it] Levant et de retour en cedit port et lesdites facultés et marchandises déchargés a terre».[45] Le risque est exclusivement lié au trajet, puisqu'après le déchargement «ledit risque sera fini».[46] Le contrat détaille ensuite en quoi consiste le risque. Il peut être «tant Divin qu'humain, d'amis, ennemis, connus ou inconnus, prises, & détentions de Seigneuries, soit Ecclesiastiques ou temporelles, represailles justes ou injustes, bande ou contre-bande, marque contre marque, de vent, foudre, feu, jet à la Mer, & de tous autres inconveniens perils, & cas fortuits qui pourroient arriver [...]».[47]

Le risque sanitaire n'est pas envisagé par les contrats d'assurance maritime. En revanche, la correspondance atteste de la présence d'une sémantique du risque dans le domaine sanitaire au XVIIIe siècle, en particulier après la peste de 1720. L'emploi du terme est contemporain et pas uniquement analytique. Les lettres du secrétaire d'État de la Marine sont exemplaires à cet égard. Ainsi, en 1736, Maurepas loue le bureau de la santé de Marseille qui a évité tout risque sanitaire grâce un règlement de quarantaine dont l'objectif est univoque : «Y avoir aucun risque par rapport à la Santé.»[48] De façon analogue, Claude Louis d'Espinchal (signant Massiac) apprend des intendants de la santé de Marseille qu'un capitaine romain a relâché à Cavalaire et a laissé s'échapper un augustin espagnol qui y était passager. Massiac approuve les perquisitions effectuées par les intendants pour retrouver le religieux espagnol, «le risque auquel un pareil accident expose la santé publique, dans un cas de quarantaine, devant l'emporter sur toute autre considération».[49]

De plus, le risque sanitaire découle du risque commercial qu'il va même jusqu'à supplanter. Les trois grands risques maritimes au XVIIIe siècle sont les tempêtes, les corsaires et les maladies, avec en premier lieu la peste. Celle-ci représente le plus gros danger car elle peut décimer un équipage et ensuite frapper un port.[50] Les tempêtes et les corsaires n'ont pas le même impact collectif et entraînent généralement des accidents singuliers. De plus, le risque de peste concerne un espace plus large que les tempêtes et les corsaires : en premier lieu la mer où la peste prolifère sur les navires, le littoral qui devient un front contre les assauts de la maladie, mais aussi l'intérieur des terres où l'épidémie peut se répandre ensuite.[51]

---

45 AMM, HH 366, contrat établi le 8 avril 1720.
46 Ibid.
47 Ibid.
48 ACCIAMP, C 1819, cité par Mark Hengerer dans une conférence intitulée «Riskante Umgebungen: Kontingenzbewältigung auf See und im Berg» dont il m'a généreusement partagé le script.
49 AD13, 200 E 288, lettre du 30 octobre 1758.
50 Panzac, La peste dans l'Empire Ottoman, p. 134.
51 Saqué, La gestion du risque de peste, p. 159 et s.

La peste est une préoccupation constante si bien que Gilbert Buti et Régis Bertrand vont jusqu'à parler de « culture de peste » dans la France d'Ancien Régime, progressivement élaborée depuis le Moyen Âge.[52] Cette culture de peste se double d'une culture de la vigilance mesurable à deux niveaux. Premièrement, on constate une vigilance religieuse et mémorielle. Conserver la mémoire d'une épidémie passée permet d'appeler à la vigilance constante face à la menace de peste : statue de saint Roch dans l'intendance sanitaire de Marseille, mémoriaux civiques tels que le tombeau des consuls d'Arles aux Alyscamps ou les édifices marseillais (colonne de la Peste, statues de Mgr de Belsunce et du chevalier Roze, église du Sacré-Cœur), monuments religieux (chapelles, oratoires, caveaux, ex-voto).[53] Deuxièmement s'affirme une vigilance sanitaire à proprement parler, s'appuyant sur la prévention par des mesures prophylactiques (rôle des intendances sanitaires) et sur la lutte active face à la maladie (mise en défense, surveillance, ravitaillement, nettoiement), cette dernière témoignant d'une attitude volontariste des autorités face à la peste.[54]

Parler de lutte active pour la phase où l'épidémie est déclarée pourrait conduire à considérer la phase de prévention sous l'angle de la passivité. Or, ce n'est pas ce que je veux suggérer dans ce propos. La phase de prévention est en effet une phase de vigilance active qui est constitutive du risque. S'il n'y a pas d'activité préventive, il n'y a pas de risque, mais uniquement des dangers, pour reprendre la formulation de Luhmann qui trouve sa pertinence dans cette réflexion. Mais la prévention n'est pas encore une lutte au sens d'affrontement direct face à un fléau déclaré. Si la peste se propage, c'est précisément que les mesures préventives ont échoué. Avec la prévention, il ne s'agit pas seulement de prévoir (ce qui induit une certaine passivité), mais bien d'anticiper.

Étymologiquement, prévenir vient du latin *praevenire* qui signifie devancer, aller au-devant de. La prévention exige donc l'attention et la vigilance des acteurs sanitaires, elle est dépourvue de linéarité et doit être régulièrement actualisée par le biais d'une communication bien établie et renouvelée dont la lettre est un medium essentiel. La communication et la circulation de l'information offrent des indicateurs présents censés empêcher ou limiter les conséquences fâcheuses à venir. La prévention, largement fondée sur le postulat que les phénomènes présents entraînent des résultats futurs, induit donc une étiologie, une production de savoir et généralise le soupçon et la recherche d'indices.[55] Articulant la notion de prévention à celle de risque, Ulrich Bröckling propose de considérer d'une part le

---

52 Bertrand/Buti, Le risque de peste, p. 97.
53 Ibid., pp. 98–101.
54 Ibid., pp. 102–112.
55 Bröckling, Vorbeugen ist besser, *passim*.

danger lui-même, d'autre part le risque qui n'est rien d'autre qu'une inaction face au danger. Il illustre son propos par l'exemple suivant : une maison qui est menacée par la foudre, c'est un danger. Ne pas installer de paratonnerre sur cette maison est un risque. De fait, la question de la décision est posée. Bröckling relève que dans tous les cas, une décision est prise car ne pas décider représente déjà une décision, et donc une prise de risque.[56] Cette réflexion fonctionne également avec la peste. En tant que telle, elle représente un danger. Ne pas mettre en place des patentes de santé et des mesures de quarantaine constitue un risque. La prévention est donc incompatible avec le postulat de la passivité des masses face à un fléau ravageur, elle nécessite une forme de vigilance.

6.3 La peste et le principe de précaution

Outre la question de la prévention, les sources contiennent également des appels à la précaution. Prévention et précaution ont des sens proches, mais néanmoins différents. À la fin du XVIe siècle, les deux termes sont presque équivalents puisque la précaution désigne la « disposition prise pour éviter un mal ou en atténuer l'effet ».[57] Il s'agit bien en premier lieu de prévenir, de devancer le mal, mais aussi d'« en atténuer l'effet ». La précaution prend ensuite le sens de « manière d'agir prudente », dépassant le simple fait de se tenir sur ses gardes (*praecavere*).[58] En matière de risque, on s'appuie depuis quelques décennies sur le très contemporain principe de précaution. Il consiste d'une part en une attitude de précaution fondée sur une démarche anticipative et, d'autre part, en une démarche de précaution qui impose d'aller au-devant de la menace pour empêcher sa réalisation.[59] Ce principe ne peut pas fonctionner sans un certain nombre de moyens : dispositifs d'alerte, de veille, de vigilance, de surveillance, de contrôle, d'inspection et de monitoring.[60]

Les racines philosophiques de la précaution sont très anciennes et remontent au concept antique de *phronêsis* (*prudentia* en latin). Dès l'Antiquité, la prudence se définit comme une disposition pratique en vue du bien de l'homme. Elle présuppose une volonté d'agir pour le bien en dépit de la contingence des événe-

---

56 Ibid., p. 40.
57 La première mention se retrouve dans Montaigne, *Essais*, livre I, chap. 24, éd. P. Villey et V.-L. Saulnier, p. 127, cité par *Centre national de ressources textuelles et lexicales*, « précaution », rubrique étymologie, URL : https://www.cnrtl.fr/etymologie/precaution [consulté le 15.05.2023].
58 Ibid.
59 Ewald/Gollier/Sadeleer, *Le principe de précaution*, p. 29.
60 Ibid., p. 51.

ments.[61] Revenant au «principe de précaution», David Le Breton suggère qu'il ne peut être compris sans le «principe de responsabilité» formulé par Hans Jonas, qui remplacerait le «principe espérance» dans les sociétés contemporaines.[62] Cette responsabilité selon Jonas n'est pas fondée premièrement sur les actes mais sur la possibilité d'agir, de laquelle découle un devoir d'agir. Quoi qu'il en soit, le «principe de précaution» apparaît comme un principe général face aux multiples risques à venir.[63] De ce fait, il est particulièrement utilisé dans le domaine sanitaire. Un recueil collectif a notamment démontré comment le principe de précaution a transformé les politiques de gestion du risque en santé publique, imposant de nouvelles obligations mais posant également des problèmes éthiques et juridiques nouveaux.[64] Le principe de précaution, impliquant une évaluation rigoureuse et rationnelle des risques, connaît cependant certaines limites : il peut tendre vers l'opportunisme politique, mettre la focale sur des problèmes non avérés, ou être synonyme de prémunition exagérée face à n'importe quel risque.[65]

Que disent les sources d'Ancien Régime de la précaution sanitaire ? Est-il possible d'y voir la genèse d'un principe de précaution ? Premièrement, on constate dès la fin du XVIIe siècle une rationalisation du danger de peste grâce au principe de précaution. L'ordonnance royale du 16 avril 1689 concerne directement «les precautions a prendre contre la peste».[66] Son intérêt particulier réside dans le fait qu'elle offre un cadre légal non pas à la marine marchande qui, de fait, est en contact fréquent avec les zones pestiférées, mais à la marine de guerre qui, sauf absolue nécessité, doit éviter ces dites zones.[67] Faire preuve de précaution signifie donc, dans la mesure du possible, éviter tout contact avec des marchandises et des hardes potentiellement pestiférées, sauf en cas de besoins vitaux. Dans le cas de la marine marchande, les précautions sont différentes puisque le contact avec les marchandises ne peut pas être évité. Il s'agit donc d'une vigilance particulière à l'égard d'un navire représentant un danger pour lequel des précautions doivent être prises. L'intendant de Provence Lebret écrit ainsi aux intendants de la santé

---

61 Sur ce point, voir Aubenque, *La prudence chez Aristote*.
62 Le Breton, *Sociologie du risque*, p. 78. Hans Jonas s'appuie sur une heuristique de la peur, non pas dans le sens d'une crainte irrationnelle, mais davantage comme un outil de prévention fondé sur une vigilance et une connaissance appropriées, prolongées par des mesures politiques.
63 Voir notamment Bourg/Schlegel, *Parer aux risques de demain*. Le réchauffement climatique et la pollution atmosphérique tiennent une place importante dans ces discussions.
64 Lecourt (dir.), *La santé face au principe de précaution*.
65 Noiville, Principe de précaution et santé, p. 78.
66 AD13, C 4405.
67 «Les officiers commandant les vaisseaux de guerre et autres Batiments eviteront autant qu'il sera possible toute sorte de commerce dans les lieux suspects de mal contagieux» : Ibid., article I de l'ordonnance.

de Marseille pour les remercier des précautions prises « par raport au vaisseau du capitaine André Roux, ou il y a grande apparence que la peste etoit ».[68]

En matière sanitaire, le principe de précaution préconise une tolérance zéro, les conséquences démographiques et économiques d'une épidémie pouvant être désastreuses. Lorsque la peste sévit dans les pays du Nord, l'intendant du Languedoc Lamoignon de Basville est avisé qu'un vaisseau en provenance de Hambourg est arrivé aux îles du Frioul à proximité de Marseille. Il informe les intendants de la santé qu'il ne laissera pas entrer ce vaisseau à Sète sans qu'il ait effectué au préalable une quarantaine à Marseille.[69] La conscience de la menace est évidente puisqu'il conclut : « Cette affaire est dune trop grande consequence pour ne pas prendre toutes les precautions possibles. »[70]

En outre, la correspondance du secrétaire d'État de la Marine illustre la confiance que ce dernier accorde aux précautions des intendants marseillais. « [...] je ne puis que m'en remettre avec confiance a l'exactitude des précautions que vous faittes observer pour qu'il n'y survienne aucun accident dont on puisse prendre de l'inquietude »[71], leur écrit-il. Il y a dès lors moins un strict rapport de contrôle qu'un transfert de la vigilance, assorti d'une haute responsabilisation. Il convient également de remarquer le passage du vocabulaire de la peur au lexique de la sécurité. Après l'épidémie de 1720, les précautions sont renforcées et l'alerte est lancée plus rapidement. Un excès de précautions est moins perçu comme liberticide que comme salutaire. Ainsi, devant l'incertitude liée à une vague de peste à Smyrne, le secrétaire d'État de la Marine Moras exige « qu'il soit donné une attention particuliere à l'état des Batiments venant de cette Echelle, et il vaut mieux user de trop de précautions que d'exposer en rien la santé publique »[72], s'alignant sur la ligne de tolérance zéro.

Le médecin Jean Astruc établit un lien entre contagion et précaution. Dans une dissertation sur la peste, il consacre son chapitre 7 à la problématique suivante : *Quand même on douteroit de la Contagion, la prudence demanderoit qu'on agît en temps de Peste comme si on la croyoit.*[73] Fervent partisan de la contagion, Astruc thématise en quelque sorte un principe de précaution, en incitant les détracteurs de la théorie contagionniste à se comporter comme des contagionnistes. Il déve-

---

68 AD13, 200 E 303, lettre du 15 juin 1724.
69 La quarantaine systématique s'applique aux navires en provenance du Levant et de Barbarie, mais pas aux bâtiments venant des pays du Nord. Ceux-ci ne sont considérés comme suspects qu'en temps d'épidémie déclarée.
70 AD13, 200 E 346, lettre du 25 septembre 1713.
71 AD13, 200 E 288, lettre du 9 janvier 1758.
72 AD13, 200 E 288, lettre du 3 avril 1758.
73 Astruc, *Dissertation sur la contagion de peste*, pp. 83–92.

loppe son propos en examinant les avantages et les inconvénients de chaque parti. Reconnaissant un certain nombre d'avantages à la non-contagion (pas d'infirmerie, pas de quarantaine, vie de famille, abondance, service divin ininterrompu, exercice de la justice, prospérité commerciale, etc.), il souligne que ces avantages sont anéantis par le nombre d'enterrements, l'abandon des pestiférés et la fermeture des magasins et des églises.[74] Listant ensuite les inconvénients de la contagion (infirmeries, quarantaines, absence de communication et de secours spirituels, disette)[75], il considère que ces inconvénients sont légers en rapport aux avantages inestimables gagnés si la contagion est bien réelle.[76] La précaution se résume donc non pas à adhérer à la contagion, mais à mettre en place des mesures cohérentes avec la théorie contagionniste comme si on y adhérait.

Outre la précaution institutionnelle, les sources nous renseignent également sur la précaution individuelle. Les médecins théoriciens de la peste dressent volontiers des catalogues de précautions que les gens doivent prendre pour se prémunir de la peste. La population est ainsi amenée à se responsabiliser face au risque de peste, et à faire preuve d'autovigilance. À titre d'exemple, les médecins montpelliérains François Chicoyneau et Jean Verny laissent à leur départ de Marseille un mémoire contenant un certain nombre de consignes et de précautions.[77] Le camp anticontagionniste dans lequel se situent ces médecins ressort dans leur première recommandation : « Il faut vivre sobrement, afin que les corps de tous ceux qui composent la maison soient moins susceptibles de l'impression du venin qui regne dans cette Ville, & qui ne se glissera que trop dans la Campagne ». S'ensuivent des consignes alimentaires : nourrir tout le monde avec volaille, viande de boucherie, gibier et pain ; éviter les excès de boisson et de nourriture ; ne pas

---

74 Ibid., pp. 85–87.
75 Ibid., pp. 89–91.
76 Ibid., p. 92 : « Ce sont les refléxions qui se presentent, quand on examine de bonne foi les deux partis opposez qu'on peut prendre sur l'article de la Contagion, & qu'on les examine sous les deux differens points de vûë dans lesquels on peut les envisager. Il est évident par ce parallele, qu'en suivant le système de la non-Contagion, on ne gagne rien, ou qu'on gagne peu de chose, supposé même que la Contagion soit fausse ; & qu'on perd tout si elle est réelle : qu'au contraire, en embrassant l'opinion opposée, on ne risque rien si on se trompe ; & que si on a le bonheur d'avoir pensé juste, on en doit retirer des avantages infinis. En voilà assez pour déterminer une personne sage sur le parti qu'elle doit prendre. Si la prudence demande que dans une affaire aussi capitale on prenne toûjours le parti le plus sûr, quand il seroit même le moins probable, à plus forte raison doit-on le faire quand le parti le plus sûr est en même-temps, comme ici, le parti le plus probable ; disons mieux, quand le parti le plus sûr est en même-temps le parti démontré ».
77 AD34, C 8137, *Mémoire que Mrs Chicoyneau & Verny, Medecins à Montpellier, ont laissé à leur départ, à leurs Amis de Marseille, par rapport aux Maladies qui y regnoient*. Les mesures détaillées dans ce paragraphe en sont extraites.

consommer d'aliments lourds à digérer (fruits, ragoûts, pâtisseries, salades, légumes, poissons). Au niveau médical, il s'agit d'éviter toute communication avec les personnes infectées. Les saignées et les vomissements sont censés soigner le malade, au même titre que les tisanes et les cataplasmes sur les bubons. Dans le cas où la contagion se déclare, il s'agit de s'enfermer dans une maison avec les précautions suivantes : « Il faut en premier lieu avoir l'esprit content & gai, recevoir tout avec attention, & ne plus pratiquer aucune personne, & ne recevoir de la Ville que ce qui est nécessaire à la vie ». Le vin doit être reçu dans des barils, tandis que les objets métalliques et les papiers doivent être trempés dans du vinaigre. On recommande d'éviter les marchandises susceptibles (laines, cotons) et de recevoir les marchandises non susceptibles (blé, farine, légumes, savon) hors des sacs. Si par malheur une personne tombe malade dans la maison, il convient de la mettre à l'isolement dans une chambre séparée. Enfin, les chiens, les chats et les bêtes à plumes sont proscrites : « En observant ces précautions on peut se garantir dans le plus grand malheur de la Contagion ».

Le fait que la peste ait pu se déclarer et se répandre en Provence et en Languedoc en 1720 interroge les limites du principe de précaution. Les relations de peste peuvent en effet véhiculer une forme de dépit vis-à-vis des efforts préventifs qui se sont révélés infructueux, allant jusqu'à basculer dans une forme de déterminisme. Jean-Baptiste Bertrand semble touché par ce désespoir lorsqu'il décrit la peste comme « un ennemi implacable, dont les traits sont d'autant plus dangereux, qu'ils sont invisibles & plus répandus, contre lesquels les précautions les plus exactes sont souvent vaines & inutiles ».[78]

Les limites du principe de précaution résident également dans son application. Le consul de Toulon au moment de la peste de 1720 Jean d'Antrechaus fustige l'absence d'instruction sur la peste dans les archives (ce à quoi il veut d'ailleurs remédier en écrivant sa relation de peste), qui entraîne un manque d'expérience dans les mesures à prendre : « L'ignorance où nous étions tous des précautions prises dans un cas semblable, fut cause que nous souscrivîmes en aveugles à tout ce qui se proposa, sans savoir si l'exécution en étoit possible, profitable ou nuisible »[79], déplore-t-il. Le principe de précaution ne constitue pas une garantie absolue. En dépit de la vigilance, Marseille doit faire face à une rechute en 1722 et

---

78 Bertrand, *Relation historique*, p. 3.
79 Antrechaus, *Relation de la peste*, avant-propos, p. IX. Antrechaus adopte même un plan le 11 mai 1722 destiné à défendre Toulon de la peste et déposé dans ses archives. Il souligne que « ce plan est praticable par tout. Chaque ville pourroit le suivre, si elle n'imaginoit rien de mieux. Au moyen d'une rigueur aussi nécessaire qu'inévitable, nous ne serons plus exposés à voir nos habitations dépeuplées, & à des dépenses immenses & infructueuses, dont une Communauté ne peut plus se relever ».

Toulon redouble de précautions. Jean d'Antrechaus est particulièrement sensible au risque de rechute :

> Que n'avoient pas fait de sages & vigilans Echevins, pour se mettre à l'abri d'une rechûte ! Que de soins, que de travaux et de dépenses pour y parvenir ! Mais une rechûte dépend de si peu de chose, que toute la prudence humaine ne peut pas toujours la prévenir ; & et plus une ville est vaste, moins il est facile d'en découvrir la cause.[80]

6.4 Attention individuelle et santé publique : vers un «bien commun» ou un «bien public» sanitaire

La définition analytique de la vigilance du projet de recherche interdisciplinaire *Vigilanzkulturen* se doit d'être rappelée en ouverture de ce sous-chapitre. Il s'agit d'une attention individuelle exercée dans un but supra-individuel. Cette définition offre de la visibilité à l'événement apparemment insignifiant qu'est l'attention d'un individu lambda face à une menace quelconque, en l'insérant dans un cadre bien plus large, dépassant la portée individuelle. Plusieurs ou un grand nombre d'individus peuvent être concernés par les répercussions de l'attention d'un individu. Le cas de la lutte contre la peste exemplifie parfaitement cette affirmation. La vigilance des acteurs sanitaires comporte un but principal, sinon unique, qui est de préserver la santé publique. Par «santé publique», il faut comprendre la santé d'une population dans son ensemble, et pas uniquement la santé (à retrouver) des personnes qui sont malades.[81] Georges Canguilhem juge l'appellation «santé publique» impropre devant la difficulté de l'éprouver. Seule la santé individuelle s'éprouverait, alors que la maladie est publique, du moins publiée.[82] Néanmoins, l'usage l'a retenue et les sources l'emploient volontiers au fil des siècles. Il s'agit donc de s'intéresser à l'articulation de l'attention individuelle et du but supra-individuel que représente la santé publique dans le cadre de la vigilance face à la peste.

Contrairement aux quarantaines qui sont attestées très tôt (dès le XIVe siècle) pour faire face à la peste noire, la notion de santé publique apparaît postérieurement. Au XVe siècle, Venise connaît des *Proveditorri alla Sanità* qui sont garants de la santé de la ville et de son territoire, mais qui ne recherchent pas *in fine* la santé publique.[83] Dans le sud du royaume de France, l'expression est rare avant le

---

80 Ibid., chap. XLII, p. 359 et s.
81 Benmakhlouf, La bonne santé : un savoir lacunaire, p. 88.
82 Cité par ibid., p. 85.
83 Fangerau/Labisch, *Pest und Corona*, p. 66.

XVIIe siècle.[84] Patrick Fournier constate l'apparition de l'expression «santé publique» à Carpentras en 1615 dans les archives de la police consulaire, et sa systématisation dans les délibérations municipales à partir de 1673. Il reconnaît néanmoins que la pratique de la santé publique a précédé l'emploi sémantique de l'expression, avec une «aspiration à la propreté ordonnée» et un «compartimentage face aux épidémies» qui est visible dès le bas Moyen Âge, et qui s'affirme véritablement à l'époque moderne.[85]

Dans l'hôpital médiéval, les pauvres et les malades ne sont pas distingués. Les crises médiévales, avec en tête de liste la peste noire, ont pour conséquence la création d'un système sanitaire urbain sur le modèle des cités-États italiennes. Ce système permet aux villes françaises méridionales, touchées par une renaissance du droit romain, de développer un discours sanitaire assimilable à une ébauche de politique globale de santé publique.[86] L'état de crise entraîne en effet une mutation fondamentale, glissant d'un dispositif temporaire de gestion de la crise à un contrôle permanent. Didier Jourdan détaille cette évolution : «À notre sens, il s'agit de l'une des tendances fortes de l'évolution de la santé publique : l'appui sur le régime de crise pour prendre en charge l'état normal. C'est l'état de siège réel (pendant l'épidémie) qui légitime la création de comités pérennes aux pouvoirs étendus.»[87]

De plus, les autorités sanitaires opposent volontiers intérêts particuliers et santé publique. Ainsi en est-il des intendants de la santé de Toulon qui, lorsqu'ils arrêtent sept tartanes chargées de blés en provenance de la côte de Languedoc, subissent les plaintes de l'équipage. Ils écrivent alors aux intendants marseillais : «Quoique nous soïons à couvert de tout cela, nous ne laissons pas d'entrer dans leurs intérêts particuliers lorsque nous prennons nos mesures pour la santé publique.»[88] La vigilance des intendants est dès lors clairement orientée de manière supra-individuelle. En 1732, une ordonnance royale sur les intendants de la santé de Toulon thématise également la santé publique :

> [...] comme sa Majesté est persuadée, que des usages sujets à variation ne conviennent point, lorsqu'il s'agit de confier la Santé publique au soin & à la vigilance d'un certain nombre de

---

84 Une lettre des consuls et conservateurs de la santé de Nice adressée aux échevins de Marseille est conservée aux archives municipales de Marseille. Datée du 18 février 1599, elle fait déjà mention de la «publique sainté». Les deux autorités se donnent mutuellement avis quant à la santé de leurs villes respectives, ce qui étend la vigilance sanitaire d'une simple ville à l'espace public. AMM, GG 211.
85 Fournier, De la maîtrise de l'espace.
86 Dumas, *Santé et société à Montpellier*, p. 247 et s. et p. 250.
87 Jourdan, *La santé publique au service du bien commun ?*, p. 36.
88 AD13, 200 E 379, lettre du 10 décembre 1702.

personnes, elle a jugé à propos, en attendant les Reglemens qu'elle se propose de faire dresser sur le devoir & les fonctions des Intendans des Bureaux de Santé sur les Côtes, de fixer le nombre de ceux dont le Bureau de Toulon doit estre composé, & de regler solidement la forme de leur élection.[89]

Déplorant l'insuffisance des usages en vigueur jusque-là et jugeant la variation inadéquate, le roi cherche à établir des règles fixes pour Toulon s'appuyant sur une uniformisation pour garantir la sécurité sanitaire. La santé publique apparaît donc comme corrélée à la stabilité du système sanitaire. Cette uniformisation du sanitaire est très présente dans la première moitié du XVIIIe siècle, mais elle se concrétise encore davantage avec la création de la Société royale de médecine en 1776, qui a pour mission d'améliorer la guérison des maladies, de publier l'histoire des épidémies et épizooties, et de traiter des questions de salubrité publique. Il s'agit d'une part d'observer et de renseigner dans l'optique d'obtenir une médecine adressée à tous, et d'autre part de prévenir et de lutter contre les épidémies. L'inoculation variolique ou variolisation, qui consiste à mettre la personne à immuniser en contact avec le contenu suppurant des pustules d'une personne malade, atteint l'Europe au début du XVIIIe siècle mais se répand en France principalement après la création de la Société royale de médecine et est volontiers utilisée chez les médecins provinciaux.[90] Dans le cas de la peste, aucun procédé semblable n'est attesté dans les sources. On envisage plutôt une prévention tant individuelle que collective.

Aborder la santé publique à l'époque moderne conduit aux notions de «bien commun» ou de «bien public» qui sont certes plus générales mais qui s'inscrivent dans cette même vision de but supra-individuel. Le souci du bien public, des hôpitaux et de la santé publique font en effet partie des prérogatives de la police dans le sens d'administration (comme l'entend l'Ancien Régime), dont l'intendant est le responsable pour sa province.[91] Le lien entre la police et le bien public a été démontré dans la thèse d'Andrea Iseli, qui s'est intéressée à l'ambivalence du bien commun dans la «bonne police» entre instrument de la monarchie absolue et témoin de la liberté des villes.[92]

---

89 AN, F/8/1, Ordonnance du 1er mars 1732. Sur la signature de l'archivaire de la ville de Toulon Roustan figure la mention : «Collationné à l'Original déposé aux Archives de la Communauté de Toulon, & Enregistré dans le Livre des Délibérations du Conseil à la suite de celui tenu le 22 mars 1732 par moy Archivaire de ladite Ville».
90 Lewezyk-Janssen, Vers la mise en place d'une politique sanitaire d'État.
91 Voir Barbiche, *Les institutions*, pp. 393–395. L'intendant a trois grandes attributions, à savoir la justice, la police et les finances. La police couvre un spectre large relatif au bien public (administration, voirie, agriculture, commerce et santé).
92 Iseli, *Bonne police*, p. 17.

Le bien commun est un concept qui remonte à l'Antiquité et à la philosophie médiévale. S'il est souvent évoqué à travers un prisme religieux, en tant qu'un des quatre piliers de la doctrine sociale de l'Église[93], le bien commun a des racines antiques. Pour Aristote, l'homme est un animal politique, le seul à avoir le sens du bien et du mal, des notions morales. Saint Augustin réfléchit également sur la *res publica*, à comprendre comme bien commun ou bien public. La perspective théologique du bien commun considère que ce dernier est en Dieu et qu'il s'agit donc de tendre vers Dieu. Mais on peut également porter sur le bien commun un regard anthropologique (développement de la personne humaine), économique (au sens étymologique de gestion de la maison), professionnel ou écologique.[94] Dans le domaine sanitaire, ce concept émerge au Moyen Âge et permet de fédérer une ville ou une communauté.[95] Chez Thomas d'Aquin, le bien commun est celui de la cité. Il doit être partagé par chaque citoyen dont l'intérêt particulier se subordonne à lui. Le bien commun définit donc la loi humaine, cette dernière étant considérée comme «une ordonnance de la raison en vue du bien commun, établie et promulguée par celui qui a la charge de la communauté».[96]

Mais que signifie véritablement le bien commun ? À qui profite-t-il finalement ? Au pouvoir politique qui le revendique pour faire passer ses ordonnances ? À la population qui recueille les fruits des décisions politiques ? Aux uns au détriment des autres en définitive, car il est illusoire de prendre une décision allant dans les intérêts de chacun ? La question de l'articulation entre intérêt général et intérêt particulier devient alors problématique. Dans la lettre des intendants de la santé de Toulon citée plus haut, l'intérêt général (identifié à la santé publique) exige de ne pas rentrer dans les intérêts particuliers, le premier s'opposant aux seconds de manière irréconciliable. À l'inverse, une lettre des consuls de Toulon aux échevins de Marseille considère que l'intérêt particulier et l'intérêt général se recoupent : «L'interêt général, & celuy de vôtre ville en particulier, nous obligent à vous faire part de l'avis que nous avons reçû de Mrs les Consuls d'Hiéres, au sujet d'un vaisseau François, venant de Constantinople avec la peste [...].»[97]

Si l'on accepte la distinction de Didier Jourdan, la première conception peut être qualifiée de volontariste. L'intérêt général dépasse alors les intérêts particuliers et s'oppose à ceux-ci dans la mesure où l'individu doit renoncer aux intérêts particuliers pour le compte de l'intérêt général. La seconde conception peut être qualifiée d'utilitariste au sens où l'intérêt général équivaut à la somme des intérêts

---

93 Voir notamment Dembinski, *Le bien commun par-delà les impasses.*
94 Coulanger, *Vers le bien commun*, pp. 13–17 (racines du bien commun) et passim.
95 Dumas, *Santé et société*, p. 250.
96 Jourdan, *La santé publique au service du bien commun ?*, p. 235.
97 AMM, GG 216, lettre du 11 septembre 1698.

particuliers. Il n'y a dès lors plus d'opposition entre les deux, l'intérêt commun faisant partie des intérêts particuliers de chacun. L'intérêt commun, celui du plus grand nombre, doit être réalisé pour que l'intérêt particulier le soit aussi.[98]

D'après mes relevés, la conception utilitariste est rare. Bien plus souvent, il s'agit de renoncer à des intérêts particuliers, de nature commerciale par exemple, pour préserver le bien commun qu'est la santé publique. L'action concertée des acteurs sanitaires est généralement exigée pour atteindre le bien commun. Lorsque l'intendant Lebret insiste sur une ordonnance royale défendant à tous les patrons de bateaux des côtes de Provence, Languedoc et Roussillon qui ne seraient pas en purge d'aborder le port de Pomègues sous aucun prétexte, il n'obtient aucune réponse des intendants d'Agde et de Sète, ce qui le froisse particulièrement : « Et comme rien n'est plus important que le concert entre tous ces bureaux de santé, si les offici[ers] qui composent les bureaux d'agde et de Cette ont des idées d'independance et de jalousie de metier, il vaudroit mieux les faire destituer et remplacer par des gens plus dociles, qui preferassent le bien public a toutte autre raison, et tels que vous les choisiriez. »[99]

Dans la correspondance avec les administrations sanitaires étrangères, la notion de bien public apparaît également, si bien qu'on peut l'inscrire dans une perspective spatiale plus globale. L'espace peut en effet être vu comme « l'instrument stratégique essentiel pour mener les intérêts personnels des individus à définir collectivement l'intérêt public/civique ».[100] C'est ainsi que les commissaires de la santé de Malte demandent aux intendants de la santé de Marseille de veiller à ce que les capitaines apportent les dépêches maltaises au bureau de la santé en même temps que leur patente. Ils concluent en insistant sur la portée publique de cette décision : « Nous ne saurions vous rendre assez de graces Messieurs, si vous jugez à propos d'adherer à nôtre demande, qui deviendra un bien public. »[101]

Le bien commun apparaît également dans les traités de peste. Jérôme Pestalozzi relève que la répugnance que les confesseurs, médecins, chirurgiens et autres acteurs éprouvent à l'approche des malades est « tres-pernicieuse au bien public, & contraire au bon ordre » et cherche ainsi à légitimer la prévention.[102] Mais c'est le médecin genevois Jean-Jacques Manget qui s'intéresse le plus au bien commun. Dans un chapitre sur la police particulière en temps de peste, il souligne l'importance du temps et de l'expérience dans la mise en œuvre d'une bonne police de

---

98 Jourdan, *La santé publique au service du bien commun ?*, p. 238 et 244.
99 AD34, C 592, f° 166–168, lettre rapportée dans une lettre de Maurepas à l'intendant du Languedoc Bernage, 8 octobre 1726.
100 Giecewicz, *L'espace comme bien commun*, p. 281 et s.
101 AD13, 200 E 463, lettre du 3 juin 1750.
102 Pestalozzi, *Avis de précaution*, p. 8 et s.

peste : « Le temps & l'experience, qui sont les maîtres de toutes choses, leur donnant connoissance de ce qui peut être ou avantageux, ou préjudiciable au bien commun du public, leur donne l'ouverture d'esprit pour y mettre l'ordre necessaire par une bonne police. »[103] Plus loin, il avance que les magistrats responsables d'établir la police de peste ainsi que les officiers qui la font observer doivent être des personnes désintéressées.[104] Cette exhortation aborde la problématique du bien commun que Manget oppose clairement aux intérêts particuliers. Il critique de manière virulente l'avarice des hommes[105] et incite les magistrats à agir en hommes politiques chrétiens avec un esprit désintéressé, en rendant à chacun ce qui lui appartient.[106]

En outre, le rapport entre vigilance sanitaire et bien commun peut exiger la non-communication de l'état de peste. Le chancelier d'Aguesseau écrit à ce sujet : « Le bien public demande que l'on persuade au peuple que la peste n'est point contagieuse, et que le ministère se conduise comme s'il était persuadé du contraire. »[107] Le désordre provoqué par la nouvelle de la peste s'apparente à un risque à éviter, au même titre que la peste elle-même, contre laquelle il faut néanmoins agir.

Enfin, du point de vue sémantique, les sources emploient tantôt l'expression « bien public », « bien commun » ou « intérêt général ». Les spécialistes du bien commun notent une différence entre « intérêt général » et « bien commun ». Le premier relèverait de la responsabilité de l'État et serait déresponsabilisant pour les individus, conduisant nécessairement à une demande croissante de ceux-ci vis-à-vis des institutions, alors que le second renverrait aux conditions du bonheur individuel.[108] Le bien commun mettrait ainsi en avant le bien des personnes individuelles et non pas celui de la collectivité globale.[109]

Dans le cas de la santé publique au XVIIIe siècle, le bien commun et l'intérêt général semblent équivalents. Tous deux dépassent la portée individuelle, ont un ancrage étatique fort, mais résultent d'une vigilance individuelle. Les acteurs sont

---

103 Manget, *Traité De La Peste*, p. 73 et s.
104 Ibid., chap. X, pp. 181–192.
105 « On peut juger de là, qu'il n'y a point d'invention que ce malheureux vice d'avarice n'invente, point d'extrêmité où il ne porte les hommes, & point de misere qu'il ne cause parmi un peuple, specialement durant le temps de la Peste : car comme ce mal de sa nature est contagieux, tandis que des Magistrats & autres Officiers ne songent qu'à leur intérêt, il va toûjours augmentant ; & ce qui n'étoit au commencement qu'une étincelle qu'on pouvoit facilement étouffer, devient en peu de temps un grand feu qu'on ne peut plus éteindre » : ibid., p. 186 et s.
106 Ibid., p. 189.
107 Cité par Hildesheimer, *Fléaux et société*, p. 134.
108 Jourdan, *La santé publique au service du bien commun ?*, p. 249.
109 Coulange, *Vers le bien commun*, p. 9.

donc responsabilisés et appelés à mettre leur vigilance au service du but supra-individuel qu'est la santé publique, quitte à mettre de côté leurs intérêts particuliers. Néanmoins, si le bien des personnes individuelles est considéré comme important (les remèdes individuels anti-peste en témoignent), les quarantaines générales et les lazarets ont comme objectif premier la santé du plus grand nombre, et cela parfois au détriment de la santé individuelle. L'isolement des personnes trouve sa légitimité dans la santé publique, quand bien même il serait lourd à supporter. Il me semble donc que le bien public ou commun évoqué par les sources tend davantage vers un intérêt général, supra-individuel, dans lequel les individus ont un rôle à jouer et un devoir d'attention, exigences qui demeurent toutefois subordonnées à l'intérêt général.

6.5 La contingence sanitaire et le problème du commerce

La thématique du commerce ne peut pas être omise dans un chapitre sur le risque puisqu'elle en est en quelque sorte la racine. Il est vrai que le commerce maritime entraîne un certain nombre de dangers qui deviennent des risques aussitôt qu'ils sont conscientisés par les autorités, si bien qu'il est à l'origine des premières formes d'assurances. La vigilance sanitaire découle du commerce maritime et devient une exigence nécessaire face à la réalité contingente de la peste.

Les villes portuaires françaises fondent leur réussite sur le commerce. À l'époque moderne, on constate un développement simultané de la ville et du port, qui débouche sur une symbiose entre les deux entités en dépit de leur articulation spatiale imparfaite, puisque qu'elles sont souvent séparées par un système de fortifications.[110] Sète reçoit le soutien de la monarchie qui lui octroie en 1673 un certain nombre de privilèges (liberté de construire un port et de commercer, exemption de droit sur les marchandises, absence de jurandes, et exonération de la taille ou des aides), créant des conditions favorables à un commerce florissant.[111] Mais c'est au cours du XVIIIe siècle que l'essor commercial portuaire est le plus marqué. La croissance n'est pas linéaire puisqu'elle est entrecoupée de crises comme la crise frumentaire de 1709–1710 et la peste de 1720–1722, crises qui sont toutefois moins régulières qu'auparavant.[112] Ainsi, le port de Saint-Tropez connaît

---

110 Le Mao, *Les villes portuaires maritimes*, p. 57 et 66.
111 Ibid., pp. 104–106.
112 Ibid., p. 109.

une croissance très forte et sa flotte marchande atteint sa plus haute capacité et son plus grand nombre d'unités dans la seconde moitié du XVIIIe siècle.[113]

La place forte commerciale de la côte méditerranéenne française est incontestablement Marseille. Dans son grand ouvrage historique sur le commerce levantin, Paul Masson relève que durant tout le XVIIIe siècle (sauf entre 1761 et 1766), les secrétaires d'État de la Marine conservent la direction des affaires du Levant, faisant du commerce une affaire nécessaire à l'État.[114] Durant ce siècle, les importations bondissent. De 60 à 80 navires commerciaux arrivant annuellement à Marseille depuis les Échelles sous Louis XIV, on passe à 263 en moyenne pour la période 1717–1720. La peste ralentit mais n'endigue pas le processus de croissance commerciale relancé par l'afflux de capitaux et l'immigration.[115] Le commerce est l'âme de Marseille à tel point qu'un mémoire de 1749 relève que «Marseille n'a que son port».[116] Ce même mémoire vante la situation géographique marseillaise, propice aux affaires commerciales : «Située, comme chacun sait […] au milieu d'une mer et d'une côte dangereuse, elle offre un asile assuré aux navigateurs ; la nature, sage dispensatrice, en lui refusant la fertilité du terrain lui a ménagé le moyen de se procurer les secours et les avantages que le commerce avec les autres nations peut fournir.»[117] Au XVIIIe siècle, le port de Marseille se mondialise et entretient des relations commerciales avec les îles françaises et l'océan Indien, mais il n'abandonne pas la Méditerranée pour autant. Elle garde sa suprématie commerciale et reste, selon l'expression de Gilbert Buti, une «mer Intérieure, dont tous les "recoins" sont fouillés (Adriatique et mer Noire)».[118]

Au même titre que la santé publique, la prospérité commerciale peut être analysée comme un but supra-individuel. Si les intérêts commerciaux et sanitaires sont généralement présentés de manière antagoniste, les députés de la Chambre de commerce de Marseille cherchent à concilier les deux en qualifiant la prospérité commerciale de bien public. C'est ainsi qu'ils justifient une certaine prise de liberté :

> Nous avons estimé que S.A.R ne desaprouveroit pas la liberté que nous prenons de luy representer avec soumission et respect combien il est important pour le bien public et meme pour celuy de l'État, que les Batim[en]s charges de bled apres avoir fait les deux tiers ou

---

113 Voir Buti, *Les Chemins de la mer*, chapitre V, «La flotte marchande de Saint-Tropez au XVIII[e] siècle», URL : https://books.openedition.org/pur/100437 [consulté le 15.05.2023].
114 Masson, *Histoire du commerce français*, p. 2.
115 Ibid., p. 410 et s.
116 Cité par Carrière, *Négociants marseillais*, p. 157.
117 Ibid., p. 184.
118 Buti, *Colère de Dieu*, p. 40.

meme les trois quarts du temps destiné pour leur purge ou quarantaine au Port de Pommegues, viennent la finir a l'entrée du port de Marseille.[119]

De la même manière, l'intendant Lebret écrit aux échevins de Marseille, faisant preuve d'un réalisme certain et osant le mot «risque» :

> [...] mais je ne puis m'empescher d'observer que si l'on interdisoit le comerce des lieux où seroit la peste, l'on couroit risque d'avoir toujours une interdiction pour quelque eschelle dont le comerce pourroit pendant ce tems la passer aux Etrangers, outre qu'en diferant les retours que les negocians attendent souvent pour payer leurs debtes on causeroit peutetre des faillites.[120]

La bonne santé du commerce est vue par l'État comme un moyen de prospérer, mais celle-ci est conditionnée à la bonne santé du port. Les inspecteurs de la *Sanità* de Venise n'affirment-ils pas : «Si l'âme de l'État est le commerce [...], l'âme du commerce est la santé.»[121] D'après Colbert, Marseille doit servir d'endroit-clé d'où la France doit conduire une «guerre continuelle de commerce» contre les nations commerciales étrangères, guerre qui lui semble naturelle et légitime. On a ainsi volontiers considéré Colbert comme le type même du mercantiliste.[122] Colbert dote Marseille de l'échevinage, l'agrandit au point d'en faire le centre de la Méditerranée commerciale et place les intérêts des marchands au-dessus du bien commun.[123] Le mercantilisme est un concept opératoire qui repose sur deux objectifs fondamentaux : subordonner la prospérité économique à la puissance de l'État (niveau interne), et rechercher l'hégémonie sur les autres nations (niveau externe).[124] Moritz Isenmann ne qualifie pas Colbert de mercantiliste au sens étroit mais de mercantiliste modéré, car l'idée que le commerce doit rester libre persiste. Il n'en demeure pas moins qu'il a largement contribué à son développement.[125] En

---

[119] ACCIAMP, G 19, réponse à une lettre du Conseil de Marine aux intendants de la santé de Marseille (6 janvier 1719).
[120] AMM, GG 220, lettre du 23 juillet 1723.
[121] Cités par Calafat, La contagion des rumeurs, p. 102.
[122] Voir Isenmann, War Colbert ein "Merkantilist"?
[123] Takeda, *Between Crown and Commerce*. Voir en particulier le chapitre 1 : «Louis XIV, Marseillais Merchants, and the Problem of Discerning the Public Good», pp. 20–49.
[124] Spector, Le concept de mercantilisme, p. 293. Il s'agit d'un concept qui a polarisé les penseurs. Les physiocrates tels que Quesnay et Smith dénoncent le système mercantile et l'intervention abusive de l'État dans l'économie au nom de l'observation de l'ordre naturel. De l'autre côté, Cunningham et Schmoller identifient au XIXe siècle le mercantilisme à la nation toute entière, dans le cadre d'un véritable mercantilisme d'État.
[125] Isenmann, War Colbert ein "Merkantilist"?, p. 166 et s.

revanche, la recherche de l'hégémonie française sur les autres nations par le biais du commerce est bien attestée à l'époque de Colbert.[126]

L'arrêt du commerce, auquel les autorités se sont finalement résolues lors de la peste de 1720, est considéré comme un ultime recours. En août 1720, alors que la peste fait déjà rage, les consuls et assesseurs d'Aix persistent à voir dans le commerce un garant de l'ordre : « Il faut laisser le commerce libre par toute la Province, car autrement tout iroit en desordre ; comme aussi vous ferez ensorte que les ventes qui se feront du bled soient publiques & non point en cachette. »[127]

Mais devant l'urgence sanitaire, cette volonté n'est pas tenable et des quarantaines générales sont décrétées en Provence et en Languedoc. Rétrospectivement, le commerce est toutefois décrié et la préférence des intérêts commerciaux sur les intérêts sanitaires est regrettée. Jean Astruc relève en effet que la peste de Marseille a été communiquée à Aix, Toulon et Arles et presque toute la Provence « par le commerce inévitable que ces Villes avoient avec Marseille, puisqu'il n'y avoit dans aucune de ces Villes, non plus qu'à Marseille, aucune autre cause capable de produire une Maladie si cruelle & si generale ».[128] Jean-Baptiste Bertrand, s'inspirant du prophète Jérémie et sur le ton de la lamentation, regrette la prospérité commerciale d'avant la peste : « Cette Ville autrefois si peuplée, comment est-elle maintenant abandonnée & déserte ? Ses ruës pleurent leur solitude. Tout son peuple gémit & cherche des secours qu'il ne trouve point, en donnant même ce qu'il a de plus précieux. Cette superbe ville a perdu tout son éclat & toute sa beauté. »[129] Dans la presse, *La Gazette de France* évoque la peste dans le dernier tiers de l'année 1720, mais la considère uniquement sous l'angle du commerce

---

126 Voir en particulier Savary, *Le parfait negociant*. L'ouvrage est précédé d'une épître à Colbert où la suprématie française sur les autres nations est largement invoquée : « [...] vous avez si fort inspiré l'amour du Commerce, & vous avez si bien favorisé les Negocians dans les nouvelles entreprises que vous avez conceuës, & heureusement executées, que mon Livre est déjà mesme attendu avec impatience. Il devient tous les jours plus utile, depuis que vous avez fait connoistre à nostre Nation la honte qu'elle devoit avoir dans son oisiveté d'enrichir les Estrangers de nos dépoüilles, & depuis que vous avez appris aux François par experience, qu'ils sont capables de toutes choses, plus que toutes les autres Nations du monde. Souffrez, Monseigneur, que l'hommage que je prens la liberté de vous en faire, soit un témoignage public, de l'obligation que vous a toute la France, pour la protection que vous avez donnée au Commerce, & daignez le recevoir comme un gage de ma reconnoissance, & une marque de mon respect, & de l'attachement avec lequel je suis ».
127 AD13, C 908, lettre des Consuls et Assesseurs d'Aix, Procureurs du Pays (Vauvenargues et autres), 14 août 1720.
128 Astruc, *Dissertation sur la contagion de peste*, p. 69.
129 Bertrand, *Relation historique*, p. 167 et s.

méditerranéen. *La Gazette d'Amsterdam* lâche le mot «peste», mais y voit moins une catastrophe sanitaire qu'économique.[130]

Dans la discussion entre intérêts commerciaux et intérêts sanitaires, le problème réside dans le fait que le commerce apparaît comme nécessaire à l'État pour prospérer mais entraîne, en contrepartie, une contingence sanitaire, dans la mesure où il peut être à l'origine d'une épidémie de peste, mais ne l'est pas nécessairement. C'est particulièrement le cas pour le commerce levantin. Il suffit toutefois d'une faille pour risquer une épidémie aux conséquences désastreuses. La vigilance sanitaire est donc indissociable de la vigilance commerciale, ses objets étant avant tout des articles commerciaux. La problématique de la santé publique fait nécessairement partie de l'équation commerciale. Les échanges commerciaux comportent des risques sanitaires non négligeables, exigeant des autorités sanitaires une vigilance particulière.

Ainsi donc, le risque de peste dans la France d'Ancien Régime façonne un principe de précaution sanitaire pour empêcher toute incursion épidémique dans le royaume. Les acteurs sanitaires conscientisent la menace et demeurent vigilants devant la contingence de la maladie. L'affirmation des notions de santé publique et de bien commun tant au niveau sémantique que pratique marque la dimension supra-individuelle de la vigilance sanitaire.

---

[130] Ben Messaoud/Reynaud, La gestion médiatique du désastre, p. 199 et s.

Partie III **La vigilance en temps d'épidémie, la peste de 1720**

7 Les acteurs face à la peste

Les deux parties précédentes de cette étude se sont intéressées aux acteurs de la vigilance sanitaire sur la longue durée, non pas directement mais à travers une étude de la communication entre les intendants, secrétaires d'État et autres consuls, et des normes et pratiques vigilantes. Dans la présente partie, il s'agit de se limiter au temps de peste à partir de l'exemple de la peste de 1720, et d'analyser d'une part les acteurs qui jouent un rôle lors de cette épidémie et d'autre part les attitudes face à la peste.

Qui sont les acteurs vigilants, institutionnels ou privés, politiques, religieux ou médicaux qui prennent part à la lutte face à la peste ? Comment ces acteurs ont-ils été héroïsés ou occultés ? Enfin, qu'en est-il des comportements individuels en temps de crise, entre égoïsme et altruisme ? Par acteurs, j'entends ici les acteurs humains et non les objets et les discours comme dans la théorie de l'acteur-réseau (*Actor-Network Theory, ANT*) développée par Bruno Latour et sur laquelle les historiens commencent à s'appuyer.[1] Néanmoins, la théorie de l'acteur-réseau offre des possibilités intéressantes dans le domaine historique. Contournant empiriquement la dichotomie entre macro-histoire et micro-histoire en mettant les acteurs « à plat »[2], la théorie de l'acteur-réseau est compatible avec l'histoire de la vigilance sanitaire.

L'ambition de ce chapitre est de traiter à la fois des « grands acteurs », les acteurs traditionnels de la peste de 1720 (qui sont principalement des acteurs marseillais), et des acteurs méconnus tels que les forçats et les portefaix, dont les sources nous permettent néanmoins de cerner l'action décisive lors de l'épidémie. Il ne s'agit pas d'attribuer des bons ou des mauvais points, ou de déconstruire la réputation des acteurs traditionnels, en les abaissant dans le but d'élever les acteurs méconnus, ce qui finalement aboutirait à une binarité inversée.[3] Bien plus, j'aimerais mettre en valeur l'ensemble des témoignages dont on dispose, concernant aussi bien les acteurs traditionnels que les acteurs moins connus. Certes, un intérêt heuristique plus grand réside dans l'étude des seconds. Cela ne signifie pas que les premiers doivent être bannis pour autant. Ainsi donc, ce chapitre croise

---

1 Füssel/Neu, Reassembling the Past?! Un acteur y est défini comme une chose qui modifie une situation donnée, dans laquelle elle produit une différence.
2 Ibid., p. 13 et s.
3 Le travail sociologique d'Ulrich Bröckling sur le post-héroïsme peut suggérer cela (Bröckling, *Postheroische Helden*). Selon le sociologue, là où il y a de la masculinité et du pathos, l'héroisation est suspecte. J'aimerais m'écarter de cette suspicion. Parmi les caractéristiques de l'héroïsation, les acteurs de la peste sont davantage à étudier sous l'angle de l'exceptionnalité et du sacrifice que sous celui de la transgression, du pouvoir ou de la masculinité.

différents témoignages contemporains et récits postérieurs qui participent à la construction de figures héroïques ou qui laissent dans l'ombre d'autres figures.

7.1 Les acteurs traditionnels

En guise de remarque préliminaire, il convient de justifier une sélection des acteurs abordés. En effet, les intendants de la santé et les intendants de province sont volontairement laissés de côté dans cette partie car ils sont déjà largement abordés dans la première partie de la thèse. De plus, les intendants de la santé semblent avoir été des acteurs de la prévention bien plus que de la réaction face à la peste. Dans ce chapitre, je m'intéresse principalement à la mobilisation temporaire face à la maladie à partir des exemples des autorités civiles, religieuses et médicales. Les débats sur la contagion de la peste, question fondamentale chez les médecins de l'Ancien Régime, sont également abordés.

7.1.1 Les autorités civiles

Les autorités civiles marseillaises pendant la peste se résument à quelques personnes. Investi du pouvoir extraordinaire à la tête de Marseille pendant l'épidémie, on trouve le chevalier Charles Claude Andrault de Langeron, commandant en la ville de Marseille et son terroir. Les pouvoirs ordinaires le secondent : le gouverneur viguier Alphonse de Fortia (plus connu sous la dénomination de marquis de Pilles) et les quatre échevins de Marseille (Jean-Baptiste Estelle, Jean-Baptiste Audimar, Jean-Pierre Moustier et Balthazar Dieudé) qui portent les titres de défenseurs des privilèges, franchises et libertés de Marseille, conseillers du roi et lieutenants généraux de police. Les contemporains, à l'image du médecin Chicoyneau engagé à Marseille durant la peste, ne tarissent pas d'éloges à l'égard des autorités civiles marseillaises. Lors du recul de la contagion en novembre 1720, Chicoyneau écrit que la crainte de la maladie a diminué, que la confiance est revenue, «qu'en un mot, le bon ordre s'est rétabli dans cette Ville par l'autorité, la fermeté & la vigilance de Monsieur le Chevalier de Langeron, par les grandes attentions de Monsieur le Gouverneur, & par les soins assidus & infatigables de Messieurs les Echevins».[4] Cette sémantique de la vigilance et de l'attention, totalement favorable aux autorités marseillaises, est exploitée par ces dernières puisque le marquis de Pilles et les échevins s'empressent de faire imprimer la

---

[4] Chicoyneau, *Relations succinte*, p. 16 et s.

relation afin qu'elle paraisse avant la fin de l'année 1720, à un moment où l'épidémie recule mais demeure bien présente.[5]

La position de Chicoyneau n'est toutefois pas consensuelle. L'archiviste Marc Capus n'hésite pas à égratigner les échevins, tout en épargnant il est vrai Jean-Baptiste Estelle :

> [...] je prends la liberté de vous dire en secret que Mrs les échevins avec les meilleurs sentiments du monde et des soins infatigables, sont un peu brouillés et leur mésintelligence peut être fort préjudiciable surtout dans cette triste circonstance. [...] Je ne vois rien que de bien en Sr. Estelle. Sr Audimar est à-demi mort et la peur le met absolument hors d'état d'agir. Sr Moustier est très agissant et il ferait des merveilles s'il était moins vif, mais il est d'une pétulance et d'une brutalité inconcevable, se brouillant aujourd'hui avec un collègue et demain avec un autre.[6]

Cette attaque envers les échevins, contemporaine des événements, ne laisse pas insensibles d'autres acteurs. Ainsi, Pichatty de Croissainte est d'avis qu'il ne faut pas juger sévèrement les échevins, car la population elle-même a mal accueilli les déclarations des médecins qui ont, les premiers, dénoncé le fléau.[7] Cette citation de Paul Masson est révélatrice de la position des historiens de la fin du XIXe siècle et du début du XXe siècle qui redécouvrent les actions des échevins et les jugent héroïques. Timon-David insiste sur le rôle de Jean-Pierre Moustier et son anoblissement postérieur à celui d'Estelle et Audimar.[8] Gaffarel et Duranty sont frappés par l'indifférence des historiens antérieurs à l'égard des échevins : « On a bien conservé leurs noms. On sait que les Echevins Estelle, Moustier, Audimar et Dieudé ont vécu, mais ce qu'ils ont fait, les mesures prises par eux, leur héroïsme inlassable, leur endurance et aussi l'intelligence administrative dont ils ont donné tant de preuves, on l'ignore absolument. Ils furent pourtant les vrais sauveurs de Marseille », n'hésitent-ils pas à écrire.[9]

Dans les années 1960, une nouvelle génération d'historiens est moins dithyrambique avec les échevins. Ainsi, Charles Mourre juge la culpabilité de Jean-Baptiste Estelle possible, et même probable dans la mesure où il serait personnellement intervenu auprès des intendants pour faire entrer le *Grand Saint-Antoine* à Mar-

---

5 Ibid., Préface.
6 Lettre citée par Goury, *Un homme, un navire*, p. 128.
7 Cité par Masson, *Histoire du commerce français*, p. 228.
8 Timon-David, *Le dernier mot sur Jean-Pierre Moustiés*, p. 150 (AD13, Delta 1602). Estelle et Audimar sont anoblis en 1722 par lettres patentes de Louis XV et reçoivent une gratification de 6 000 livres. Moustier et Dieudé obtiennent, par la suite, le même traitement.
9 Duranty/Gaffarel, *La peste de 1720*, p. VI.

seille, mais il reconnaît n'en détenir aucune preuve formelle.[10] Finalement, il n'accuse pas nommément Estelle car d'autres négociants avaient des intérêts dans ce navire. Il préfère mettre en cause les institutions qui remettent aux intéressés eux-mêmes le devoir de surveillance, de contrôle et de sanction.[11] Cette conception prédomine aujourd'hui où la responsabilité d'un groupe, et même d'un système, celui des négociants, est pointée.[12]

Quel que soit le rôle des échevins dans l'introduction de la peste à Marseille, les sources ne permettent pas le doute quant à leur vigilance postérieure face au fléau. Ils font partie des acteurs qui ne prennent pas la fuite. Peu après la mise en interdit de Marseille par le parlement d'Aix, les échevins semblent dépassés par la situation au début du mois d'août, mais ils prennent conscience de l'importance du risque sanitaire. Ils écrivent à l'intendant Lebret : « Nous nous trouvons dans un embarras incomprehensible quoy qu'il y aye peutestre plus de peur que de mal, ainsy que vous pouvez voir par la lettre que le medecin que nous avons etabli aux infirmeries nous ecrivit hier et que nous vous envoyons, cependant l'alarme est extreme [...]. »[13]

Le 5 septembre, le bailli de Langeron, chef d'escadre des galères royales, est nommé commandant en chef à Marseille et, dès lors, publie des ordonnances aux côtés des échevins afin de lutter contre la propagation de la peste. Ces ordonnances sont signées par Langeron, le marquis de Pilles gouverneur-viguier et les échevins, et illustrent une lutte constante face à l'épidémie et une régulière actualisation des mesures.[14] La nomination de Langeron a eu une réception positive chez les contemporains, et en particulier Pichatty de Croissainte qui va jusqu'à dire que « le salut de Marseille ne pourra être regardé que comme son Ouvrage, & qu'on sera obligé de benir à jamais son Glorieux Nom, & ceux de Mrs les Echevins, qui le secondent si bien, & qui meritent à si juste titre, par l'ardeur avec laquelle ils ont exposé leur vie, le Nom de Peres de la Patrie ».[15]

S'ils font face à l'épidémie, les échevins ne perdent pas de vue les intérêts économiques lorsque la situation sanitaire s'apaise, en raison de la pression des négociants et propriétaires des cargaisons. En août 1721, à propos des marchandises qui se trouvent depuis un an sur l'île de Jarre, les échevins cèdent à la pression commerciale et écrivent au contrôleur général des Finances : « Ces ne-

---

10 Mourre, Jean-Baptiste Estelle, p. 59.
11 Ibid., p. 63.
12 Buti, *Colère de Dieu*, p. 207. Pourtant, il faut un coupable officiel et le capitaine Chataud va faire les frais de cette logique (voir chap. 8.3).
13 BN, 22930, f° 14, lettre du 5 août 1720.
14 Ordonnances classées chronologiquement : AMM, FF 182.
15 Croissainte, *Journal abrégé*, p. 171.

gocians exposent Monseigneur que cette longue quarantaine leur est tres honereuse par les fraix immences ausquels elle les a constitués et par le deperissement extraordinaire de leurs marchandises, que le grand air, les pluyes, le vent et le soleil, ont presque toutes gattées. »[16]

Dans les plus petites bourgades qui ne disposent pas d'échevinat, ce sont les consuls qui prennent les initiatives dans la lutte contre la peste. Ainsi, les trois consuls de Saint-Rémy-de-Provence (Joseph Gros, Jean-François Hugues et Sébastien Maubec) prennent des mesures radicales dès août 1720 : fermeture des trois portes de la ville, palissades élevées à l'extrémité des faubourgs, commerce interdit avec Marseille, billets de santé exigés. En outre, un bureau de la santé provisoire est constitué et une garde veille et patrouille jour et nuit.[17] À Auriol, un conseil particulier se forme, composé de Barthélemy de Moricaud (premier consul), Antoine Féraud (deuxième consul), du capitaine Barthélemy Trémellat, du trésorier Joseph Signe et d'autres conseillers. Des mesures analogues à celles de Saint-Rémy sont prises, avec une fermeture des portes et l'établissement d'intendants de la santé et de gardes bourgeoises.[18] Malgré les décisions rapides des consuls, la peste pénètre dans les deux villages, probablement en raison d'infractions au régime des billets de santé et de contrebandes. Un tiers de la population de Saint-Rémy et près de la moitié de celle d'Auriol trépassent.

Outre les consuls et échevins à la tête des villes, un autre type d'acteurs civils joue un rôle important dans la lutte contre une épidémie : les commissaires. Ce ne sont généralement pas des professionnels, mais des « opérateurs » (Beauvieux) qui exercent durant le temps de peste. Ils illustrent une nouvelle approche de la ville caractérisée par une forme de dynamisme du pouvoir urbain, qui se manifeste dans la fragmentation des structures d'autorité. La ville est envisagée comme une construction, une mise en ordre régulièrement repensée. Selon cette conception, l'ordre urbain est approché par le quotidien et la pratique sociale, à rebours de l'approche institutionnelle.[19] Sur la côte méditerranéenne française, la fonction de commissaire se situe à la croisée de l'institutionnel et du social. À Marseille, six commissaires de police sont nommés, auxquels s'ajoutent 40 commissaires particuliers. La cité est découpée en six quartiers. Ils sont soutenus par la milice bourgeoise, constituée de quatre capitaines de quartier.[20] Ces commissaires consignent leurs actions dans des journaux, dont l'un est conservé aux archives mu-

---

16 AN, G/7/1732, f° 162, lettre du 13 août 1721.
17 Bonnet, *La peste de 1720 à Saint-Rémy-de-Provence*.
18 Guigou, *1720–1722. Auriol malade de la peste*.
19 Michaud, Préface.
20 Beauvieux, Épidémie, p. 37 et s.

nicipales de Marseille.[21] Daté de 1721, ce dernier contient principalement des actions liées à la désinfection de maisons et appartements scellés. La brigade se rend dans ces lieux et n'y croise que cadavres et forçats. Les meubles et hardes sont particulièrement observés et rigoureusement inventoriés.[22]

L'exemple marseillais est loin d'être unique. Les villes de la côte méditerranéenne, qu'elles soient frappées ou non par la peste, mettent en place un quadrillage de la ville pour mieux l'administrer. Ainsi, la petite bourgade de Maillane nomme des capitaines et sergents de quartiers qui reçoivent à la fin de l'épidémie des appointements de la part de l'intendant Lebret.[23] À Montpellier, l'épidémie est absente, mais un quadrillage de la ville est bien attesté. Des gardes de la ville parcourent l'espace urbain pour constater les désordres. Des subdivisions d'échelons inférieurs nommées « sizains » (sous la responsabilité d'un valet de ville) et « îles » (sous la responsabilité d'un « îlier », habitant désigné par les consuls pour surveiller une île) complètent le système.[24] Perpignan, pourtant éloignée de l'épicentre pesteux, procède également à la fermeture des portes de la ville et à la nomination de commissaires de quartier selon les paroisses (Saint-Jean, La Réal, Saint-Jacques, Saint-Mathieu). Les rues sont arrosées, un bureau de la santé est créé, de même que des lieux de quarantaine au nord.[25]

Ce système de commissaires de peste se compose à la fois de professionnels liés à des bureaux de police et de particuliers qui, durant l'épidémie, sont mobilisés pour la survie de leur ville. Beaucoup demeurent anonymes, mais d'autres sont moins connus pour leur rôle de commissaires que pour leur métier. Il en est ainsi des peintres François Arnaud et Michel Serre qui ont servi de commissaires pendant la peste et qui ainsi ont été les témoins visuels de scènes représentées ensuite dans leurs tableaux.[26] Michel Serre a même participé à l'enlèvement des cadavres dans les rues de son quartier de Saint-Ferréol, si bien que Pichatty de Croissainte voit en lui un « aussi bon Citoyen que fameux & habile peintre, l'un des

---

21 AMM, GG 374. Il s'agit du journal des commissaires généraux d'une des brigades de la cathédrale. Endommagé lors de l'incendie de 1941, ce cahier est réduit à la moitié, soit 25 pages.
22 Ibid.
23 AD13, 157 E GG 13, lettre du 13 janvier 1722. Lebret écrit aux consuls de Maillane pour leur demander les certificats, les fonctions, la quantité d'officiers et la durée de service de ceux-ci durant la contagion.
24 Beauvieux/Vidoni, Dispositifs de contrôle, p. 57.
25 Saqué, La gestion du risque de peste, p. 164 et s.
26 Bertrand, *Mort et mémoire*, p. 210. Les trois tableaux de Michel Serre (*Vue du Cours pendant la peste*, *Vue de l'hôtel de ville pendant la peste* et *La scène de la peste de 1720 à la Tourette*) et l'ex-voto de François Arnaud peint pour les Visitandines sont parmi les œuvres les plus fameuses peintes après la peste. Pour une étude sur Michel Serre, voir Homet, *Michel Serre*.

Commissaires qu'on y a établis, & zélé jusqu'au point de sacrifier sa propre vie pour les secours de sa patrie ».[27] Malgré cela, il a été épargné par l'épidémie.

Enfin, il convient d'évoquer ici un autre commissaire, le héros civil par excellence de la peste de Marseille, en la personne du chevalier Nicolas Roze. Ce dernier intervient dans un épisode critique de la peste de 1720. Alors que les échevins de Marseille, à la tête de brigades de corbeaux, évacuent les cadavres en les entassant sur des tombereaux, un endroit demeure intouché tant l'amoncellement y est abondant : l'esplanade de la Tourette. Le 14 septembre 1720, l'escouade du chevalier, composée d'une centaine de forçats, se dévoue pour prendre en charge cet endroit critique. Après avoir fait crever la voûte des bastions du rempart côtier, Roze fait jeter dans les cavités près de 1 500 cadavres.[28]

Il est vrai que Roze a le profil pour cette charge. Durant les années précédentes, il a été remarqué pour ses aptitudes lors de la guerre de succession d'Espagne (Louis XIV l'a même nommé chevalier de Saint-Lazare et de Notre-Dame du Mont-Carmel en janvier 1707) et pour son poste de vice-consul de Morée (1717–1720), où il a fait l'expérience de la peste. Pendant la peste de Marseille, il est commissaire à la Rive-Neuve où il crée un hôpital et ouvre des fosses du côté de Saint-Victor. C'est dans ce contexte qu'intervient l'épisode de la Tourette.[29] Plus que l'exploit lui-même, c'est la construction de la figure du chevalier Roze comme héros laïc de la peste qui est intéressante. Cette construction se fait en premier lieu par le biais de l'art avec les toiles des contemporains de l'événement Michel Serre et de Jean-François de Troy, et des œuvres postérieures de Paulin Guérin (tableau de 1826 commandé par l'intendance sanitaire de Marseille), Antoine-Dominique Magaud (*Le Courage civil*, qui représente une réunion de crise dans l'hôtel de ville) et Jean-Baptiste Duffaud (*Le Chevalier Roze à la Montée des Accoules*, 1911).[30] La littérature de la fin du XIXe siècle et du début du XXe siècle participe également à la construction de cette figure héroïque, dépeinte comme « le grand pionnier laïc de 1720 ».[31]

L'héroïsation du chevalier Roze est encore visible aujourd'hui puisqu'une rue porte son nom, de même qu'une tribune du stade Vélodrome. Son nom figure également sur la Colonne de la peste érigée en 1802, au même titre que les autres

---

27 Croissainte, *Journal abrégé*, p. 126 et s.
28 Boëtsch/Chevé/Dutour/Signoli, Le chevalier Roze et la peste de 1720, p. 17.
29 Information tirée de l'intervention de Jean-Louis Blanc lors du colloque autour du tricentenaire de la peste de 1720 : « Le chevalier Roze, entre mythe et réalité ».
30 Chevé et al., Le chevalier Roze, pp. 19–25.
31 Bertulus, *Le Grand Pionnier laïque de 1720* (AD13, Delta 170). Au début du XXe siècle, plusieurs études sont à signaler : Oddo, *Le chevalier Roze* ; Arve, *Hommes et choses de Provence* ; Potet, *Nicolas Roze*.

héros civils, religieux ou médicaux. Un buste en bronze le représentant existe toujours à la Tourette.[32]

7.1.2 Les autorités religieuses

Le rôle des autorités religieuses pendant la peste de 1720 mérite également une visibilité particulière. Il convient de noter en premier lieu que beaucoup de communautés ont payé un lourd tribut à la maladie.

À Marseille, nombreux sont les frères servites à décéder après avoir été en contact avec les victimes de la peste par l'extrême-onction ou les offices. Certains servites épargnés fuient Marseille et leur monastère est réaffecté pour servir aux enfants devenus orphelins pendant la contagion.[33] Les capucins sont durement frappés également puisque 43 religieux sur 55 trépassent. On dénombre en outre 20 morts chez les récollets.[34] Toulon recense en tout cas 12 religieuses mortes, ainsi que le décès de deux prêtres enfermés dans les couvents de la Visitation, Saint-Bernard et Sainte-Ursule (voir tableau ci-dessous).[35]

Tableau 13 : Religieuses mortes de la peste à Toulon.

Couvent	Religieuses mortes (et prêtres reclus dans leurs couvents)
Visitation de Sainte-Marie	Sœur de Chautard, sœur Tournier, sœur Verguin, sœur Tiran, une sœur domestique nommée Marie-Augustine ; deux autres religieuses sorties du couvent
Saint-Bernard	Le prêtre Ange Garian (qui y était enfermé) ; sœur Hermitte (morte chez sa mère) et sœur Drouin (morte en ville)

---

32 Information tirée de l'intervention de Jean-Louis Blanc lors du colloque autour du tricentenaire de la peste de 1720 : « Le chevalier Roze, entre mythe et réalité ».
33 Borntrager, Les servites de Marie.
34 Duranty/Gaffarel, *La peste de 1720*, p. 155. Des chiffres plus élevés sont donnés par Jacques Billioud, qui mentionne le décès de 250 prêtres séculiers, 50 capucins, 35 récollets, 23 augustins et l'intégralité des carmes, trinitaires, mercédaires et servites : Billioud, Clergé et peste en Provence, p. 10. Les auteurs de *Marseille, ville morte* dénombrent 49 morts chez les capucins, 32 observantins, 29 récollets, 22 augustins réformés et 21 jésuites, pour un total de plus de 250 morts chez les religieux : Carrière et al., *Marseille ville morte*, p. 100.
35 Décès rapportés par Chicoyneau, *Traité des causes*, p. 358 et s. Ce recensement a été effectué par l'aumônier de la Marine Féraud, qui a collecté les données auprès des religieuses survivantes des monastères mentionnés : « Je certifie mon exposé ci-dessus véritable, & tel qu'il m'a été raconté par lesdites Religieuses. En foi de quoi j'ai signé ; à Toulon ce 6. Octobre 1721 ».

Tableau 13 : Religieuses mortes de la peste à Toulon. *(suite)*

Couvent	Religieuses mortes (et prêtres reclus dans leurs couvents)
Sainte-Ursule	Le prêtre Baudouin (minime qui y était enfermé) ; sœur Possel ; les deux sœurs d'Antrechaux (à la campagne)

La participation des religieuses et religieux à la lutte contre la peste est intéressante du point de vue de la définition analytique de la vigilance comme attention individuelle orientée vers un but supra-individuel. Il ne s'agit plus de la santé des corps, comme c'est le cas pour les autorités civiles et médicales, mais de la santé de l'âme. Le défi est de conférer au pestiféré la possibilité du salut par la confession et l'extrême-onction avant son décès. À Marseille, la plupart des contemporains louent ce dévouement, à l'image de Roux : « Quantité de capucins, tous les jésuites et quelques prêtres séculiers qui, animés d'un zèle ardent de charité, allaient confesser les malades pestiférés, sans appréhender le danger, sacrifiant leur vie pour le salut des âmes ; ils devinrent bientôt tout autant de victimes et des holocaustes agréables à Dieu. »[36] Quant aux religieux toulonnais, ils fournissent également nombre de confesseurs dont une grande partie meurt en remplissant son ministère. Le consul d'Antrechaus admire cette propension au sacrifice, mais il est favorable à ce que les clercs prennent certaines précautions qu'il ne juge pas incompatibles avec leur devoir, comme donner une absolution générale aux malades, plutôt que d'entendre des confessions individuelles.[37]

L'attitude de conduite héroïque et de dévouement des ecclésiastiques n'a semble-t-il pas été générale, et différentes postures coexistent. En Arles, les couvents de femmes se vident en début d'épidémie et les religieuses partent retrouver leurs familles, alors que les communautés masculines restent dans leur couvent pour se protéger. Néanmoins, plusieurs religieux se distinguent au service des pestiférés, à l'image du révérend père Michel Ange Granier, aumônier des infirmeries, du frère Hilaire, augustin déchaussé et directeur de l'infirmerie Saint-Lazare, ou de la sœur Magdeleine Véracy, volontaire pour laver le linge des pestiférés.[38] Si ces martyrs de la peste, dont la disposition au sacrifice est mise au premier rang, semblent admirés à juste titre, en revanche les opinions se polarisent quant aux ordres qui préfèrent s'enfermer. La postérité critique largement les

---

36 Roux, *Relation succinte*, chap. VI.
37 Antrechaus, *Relation de la peste*, p. 208 et s. Il souligne que l'évêque de Toulon lui-même procède ainsi en conférant le même jour le sous-diaconat, diaconat et la prêtrise à de jeunes ecclésiastiques de 20 ans afin de les envoyer immédiatement au service des hôpitaux (Ibid, p. 210).
38 Caylux, *Arles et la peste de 1720–1721*.

moines de l'abbaye de Saint-Victor, qui préfèrent se confiner dans leur monastère et envoyer des aumônes.[39] Jean-Baptiste Bertrand, relevant que l'abbaye de Saint-Victor demeure le seul endroit préservé du mal dans Marseille, préfère insister sur le bienfait de prières continuelles pour le salut des âmes et ne voit pas dans le comportement des moines une attitude passive et égoïste.[40]

Sur le terrain, le supérieur des jésuites, le père Milay, s'illustre particulièrement en confessant les pestiférés dans le foyer de contagion que représente la rue de l'Escale. La peste ne l'épargne pas, et il en meurt en septembre 1720.[41] En revanche, les oratoriens et leur supérieur le père Gautier sont sévèrement critiqués par Mgr de Belsunce qui, soulignant le zèle des capucins, jésuites, observantins et récollets, affirme que les oratoriens ne lui ont jamais demandé la permission de confesser : «[...] s'ils avaient eu le zèle de confesser, ils n'avaient qu'à aller comme nous dans les rues, et comme nous ils auraient trouvé à chaque pas au milieu des cadavres, des personnes prêtes à expirer : et dans le cas de nécessité, il est permis à tout prêtre d'absoudre sans approbation.»[42] Pichatty de Croissainte ne tarit pas d'éloge concernant les capucins, jésuites, observantins et récollets, allant jusqu'à dire qu'ils confessent les pestiférés et recueillent leurs soupirs contagieux et empoisonnés «comme si c'étoit de la Rosée».[43] Là encore, les oratoriens ne sont pas mentionnés dans la liste.

Mais l'autorité religieuse qui a le plus marqué la peste de 1720 est sans conteste la figure de Mgr de Belsunce, évêque de Marseille pendant l'épidémie. Au début d'un épiscopat très long (1708–1755), Belsunce est surtout connu pour être l'évêque de la peste.[44] Son action et ses décisions peuvent en effet être retracées grâce à ses nombreux mandements[45] et à sa correspondance.[46] Il ne s'agit pas de

---

[39] Duranty/Gaffarel, *La peste de 1720*, p. 172.
[40] Bertrand, *Relation historique*, p. 218 et s. : «Il est nécessaire que dans des tems de calamité il y aye des gens de bien, qui éloignés du tumulte, & dégagés du trouble & de l'embarras que traînent aprés eux les malheurs publics, se donnent entierement a la priere, & s'immolent eux-mêmes en holocauste de propitiation, tandis que les autres se sacrifient par leur travaux & par leur zele».
[41] Croissainte, *Journal abrégé*, p. 64.
[42] Jauffret, *Pièces historiques*, pièce n° 12 (lettre de Belsunce à l'abbé Plomet, chanoine à Montpellier, 18 octobre 1720), p. 175 et s.
[43] Croissainte, *Journal abrégé*, p. 91.
[44] Vovelle, *Piété baroque*, p. 307 et s. Marseille n'a connu que deux épiscopats au XVIIIe siècle : Belsunce (1708–1755) et J. P. de Belloy (1755–1789).
[45] Beaucoup sont conservés dans Jauffret, *Pièces historiques*.
[46] Il en existe une édition publiée au début du XXe siècle : Belsunce, *Correspondance*. Plus de 200 lettres allant de 1709 à 1755 sont éditées. À partir de cette correspondance, un mémoire analyse même les rapports de Belsunce avec la gent féminine (en particulier les femmes de sa famille), mais également sa conception de la femme en général et le rôle important de la sœur Rémuzat : Carausse, *Monseigneur de Belsunce et les femmes* (AD13, 8 J 768).

faire un récit de toutes les actions entreprises par Belsunce durant la peste de Marseille[47], mais plutôt d'insister sur la vigilance de cet évêque qui a marqué ses contemporains. Le médecin Jean-Baptiste Bertrand le qualifie d'«Evêque plein de probité, de vigilance, de piété, & de zéle» qui offre des secours spirituels et temporels aux malades.[48] L'évêque lui-même se sent investi d'une haute responsabilité et, alors que la peste est à ses débuts, il prend une forme de pouvoir pastoral. Il ne s'agit pas d'un pouvoir dominateur, mais d'un pouvoir inversé, dans lequel l'évêque suit l'exemple du Christ et se fait serviteur : «Les moindres apparences des calamités dont nous sommes menacés, allarment notre tendresse pour un troupeau qui nous est véritablement cher, et pour la consolation et le service duquel nous sommes prêts, avec la grâce du Seigneur, de sacrifier notre santé et notre vie.»[49] Alors qu'un évêque cherche habituellement à se protéger, Belsunce n'hésite pas à sortir au milieu des cadavres pour confesser les moribonds qui agonisent. Onze personnes de son entourage proche décèdent. En septembre, alors que le paroxysme de l'épidémie se déchaîne, il avoue être pris de découragement et ne peut même plus sortir de chez lui à cause de l'accumulation de cadavres.[50] Cependant, Belsunce ne fuit pas et continue de mener des actions courageuses, et notamment la montée aux Accoules d'où il bénit toute la ville de Marseille.

Au-delà des actes retracés par les contemporains, les éloges du XIXe siècle font de Belsunce le véritable héros religieux de la peste de 1720. Un poème de Charles Millevoye adopte également un registre pastoral pour qualifier les actions de l'évêque :

> Cité ! console-toi. Par le ciel envoyé,
> Dans ton sein va descendre un ange de pitié ;
> Le cri de tes douleurs frappe au loin son oreille,
> Et Belzunce revole aux remparts de Marseille.
> On s'écrie : «Arrêtez ; où portez-vous vos pas ?

---

47 Pour un récit des événements, voir les travaux de Théophile Bérengier à la fin du XIXe siècle : Bérengier, *Journal du maître d'hôtel* (AD13, Delta 150) ; *Mgr de Belsunce et la peste de Marseille* ; et *Vie de Mgr Henry de Belsunce*. La biographie d'Armand Praviel est aussi à signaler : Praviel, *Belsunce et la peste de Marseille*. La référence est désormais la récente publication de Régis Bertrand, qui offre un regard plus critique sur l'évêque en croisant les sources connues et des sources inédites : Bertrand, *Henri de Belsunce*.
48 Bertrand, *Relation historique*, p. 280 et s.
49 Jauffret, *Pièces historiques*, pièce n° 4, *Ordonnance de Mr. L'Evêque de Marseille, lors des premiers bruits de l'invasion du mal contagieux*, p. 134.
50 Carrière et al., *Marseille ville morte*, pp. 101–103. Cette passagère faiblesse, reconnue par Belsunce lui-même, a été instrumentalisée par Camus pour dépeindre un évêque égoïste, qui préfère laisser souffrir les habitants plutôt que de les secourir. Voir Camus, *La Peste*, p. 230.

> Fuyez, fuyez la mort ». – « Non, je ne fuirai pas.
> Qu'une indigne frayeur lâchement me retienne !
> Non, ce peuple est mon peuple, et sa vie est la mienne.
> Ma place est là, j'y cours ; ce fléau destructeur
> Doit avec le troupeau dévorer le pasteur.[51]

Au XIXe siècle, l'héroïsation de Belsunce se manifeste également de manière matérielle. C'est à cette époque qu'est édifiée une statue en bronze (elle se trouve actuellement à proximité de la cathédrale la Major) et que le cours de Marseille devient le cours Belsunce (1853).[52]

7.1.3 Les autorités médicales

Si les intendants de la santé ont des tâches liées principalement à l'administration et à l'intendance sanitaire (enregistrement des déclarations de capitaines ; correspondance avec l'État, les consuls et les autorités sanitaires côtières ; délibérations régulières), les autorités médicales se confrontent à la peste déclarée. Sous l'Ancien Régime, il convient de distinguer les médecins, qui sont avant tout des théoriciens, et les chirurgiens, qui s'occupent matériellement des manifestations externes de la maladie.[53]

Un règlement royal sur les précautions à prendre dans les ports de Marseille et Toulon indique que

> [...] lesdits Commissaire, Médecin, Chirurgien du port et Officier de la santé, entreront dans lesdits bâtiments, et iront recevoir la déclaration signée des Capitaines de l'exposition qu'ils auront faite, qu'ils seront obligés de donner fidèle, sous peine de cassation, pour être, lesdites déclarations, enregistrées au bureau de la santé ; ensuite de quoi les susdits Officiers feront leur visite, et l'entrée du port leur sera donnée sans retardement.[54]

---

51 Millevoye, *Belzunce, ou La peste de Marseille*, p. 12. Sur la place de la peste de 1720 dans la poésie locale, voir Bertrand, Peste et "littérature grise".
52 Bertrand, *Mort et mémoire*, p. 218.
53 Montagne, *Médecine et rhétorique à la Renaissance*, p. 16. Pour une étude des acteurs médicaux en lien avec la cour, voir Lunel, *La Maison médicale du roi*. Sur la place des acteurs médicaux dans la lutte épidémique, voir les travaux plus anciens : Desaive, *Médecins, climat et épidémies* ; Lebrun, *Médecins, saints et sorciers*.
54 AD13, 200 E 1, *Reglement Que le roi veut et ordonne être observé à l'avenir dans les ports de Toulon et de Marseille, sur les Précautions à prendre pour empêcher que la Peste ne s'introduise dans le Royaume*, 25 août 1683.

Avant même que les intendants enregistrent la déclaration du capitaine, les médecins et chirurgiens inspectent le navire.

Selon Jamel El Hadj, la catégorie du chirurgien de peste ou « chirurgien privilégié » apparaît très tôt à Montpellier (xv-xvie siècles), puis dès 1650 à Marseille. Les lettres patentes de 1676 font émerger officiellement la catégorie des « maîtres chirurgiens de peste ».[55] En 1692, un édit royal prévoit la nomination de chirurgiens de peste au niveau municipal : « Les Maires, Echevins ou Officiers des Villes de nôtre Royaume, pourront nommer & choisir des Chirurgiens tel que bon leur semblera, pour servir dans les cas de pestes lorsqu'ils arriveront, sans neanmoins qu'ils puissent faire aucune fonction de Chirurgiens és autres cas, s'ils ne sont Maîtres & n'ont les qualitez requises portées par le present Edit. »[56] À Marseille, cette décision royale entraîne rapidement l'approbation par Lebret, sous la pression des échevins, de la nomination d'un chirurgien fixe dans le lazaret.[57] Ce chirurgien semble être un professionnel, comme en atteste la convention de 1732 par laquelle Armand Fondoume[58] est confirmé chirurgien du bureau et des infirmeries dont il a rempli les fonctions « avec applaudissement » depuis 1720. Le bureau lui assigne 400 livres d'appointement par an, payables par quartier à commencer au premier janvier. En temps de peste, les appointements sont augmentés.[59] Le sieur Fondoume semble avoir durablement officié au lazaret, comme en atteste la correspondance de Maurepas de l'année 1744.[60]

---

55 El Hadj, La réorganisation d'un groupe professionnel.
56 AMM, GG 239, *Edit du Roy portant creation de deux chirurgiens Jurez dans chacune des grandes Villes, & un dans les autres du Royaume, & d'un Medecin Juré ordinaire du Roy en chacun Ressort*, février 1692.
57 AD13, 200 E 303, lettre de Lebret aux intendants de la santé de Marseille (16 juillet 1692) : « Je vous ay desja fait scavoir Messieurs que la nouveauté que vous aves voulu introduire en nommant un chirurgien pour les infirmeries me paroissoit extraord[inai]re, et comme les s[ieu]rs eschevins me pressent de finir l'affaire que vous avés avec eux sur cella vous devés vous en desister ou me faire connoistre que vous y avés esté bien fondés [...] ».
58 El Hajd lit « Armand Fondome », mais dans les deux dossiers cités ci-dessous on lit sans difficulté « Armand Fondoume ». Je préfère donc cette graphie.
59 AD13, 200 E 18, dossier « chirurgiens, médecins du bureau de la santé 1723–1736 ».
60 AD13, 200 E 287. On y apprend notamment que le sieur Fondoume souhaite un traitement égal à celui du sieur Michel, médecin du lazaret. Maurepas responsabilise les intendants à ce sujet et leur laisse prendre une décision. S'il est remplacé, il faut que ce soit « par un sujet aussi capable et qui ait la même expérience que luy sur la maladie contagieuse car c'est principalement sur un objet aussi important pour la conservation de la santé de la ville de Marseille et du reste du Royaume que vous devés vous arrêter sur le traitement plus ou moins favorable à faire au chirurgien employé dans le lazaret, en rendant d'ailleurs justice aux anciens services des officiers de la santé qui ont rempli leurs fonctions avec zele, capacité, et à la satisfaction du public » (lettre du 14 novembre 1744).

En 1730, un arrêt royal intègre les chirurgiens de peste à la communauté urbaine des chirurgiens : « Les Chirurgiens privilegiez de Marseille, tant des Hôpitaux que de Peste, seront unis & agregez à la Communauté des Chirurgiens de ladite Ville, pour à l'avenir ne faire qu'un seul Corps avec ladite Communauté, sans en pouvoir être distraits ni désunis pour quelque cause & occasion que ce soit. »[61] Dès lors, la maîtrise peut être gagnée soit pendant la contagion (examen d'agrégation dans l'hôtel de ville de Marseille), soit dans les hôpitaux marseillais.

Durant la peste de 1720, les acteurs médicaux jouent un rôle central. Dans un premier temps, la situation est chaotique, puisque le chirurgien Gueirard nie la présence de la peste dans le lazaret avant d'émettre des doutes. Le chirurgien major de l'hôpital des galères Croizer et le chirurgien maître juré Bouzon confirment ensuite qu'il s'agit bien de la peste. Le diagnostic posé, il s'agit de mobiliser les acteurs médicaux, principalement les chirurgiens, puis les médecins et les apothicaires.[62] Il semble alors que nombre de médecins et chirurgiens aient quitté la ville. Une ordonnance des échevins et du marquis de Pilles enjoint les médecins du collège et les maîtres chirurgiens de la maîtrise et jurande de Marseille de revenir à Marseille dans les trois jours pour y être employés avec rémunération, « a peine destre decheus pour toujours de leur aggregation, de leur maitrise, et de tout exercice de leur profession, meme du citadinage en cette ville, et destre en outre molestés de plus grande peine ».[63] Cet appel ne suffit pas et est suivi quelques semaines plus tard d'un second appel qui s'adresse cette fois aux chirurgiens extérieurs à la ville :

> La Ville de Marseille se trouvant malheureusement affligée de Peste, & n'y ayant pas suffisamment des Chirurgiens pour penser & soigner les Malades, Messieurs les Echevins pour y en attirer, promettent de donner aux Maîtres Chirurgiens qui seront dans le dessein d'y venir ; Sçavoir, à ceux des Villes Royales deux mille livres par mois, à ceux qui exercent sur un Privilége, ou qui se trouvent établis dans des Bourgs & Villages mille livres aussi par moi, & aux Garçons Chirurgiens 300 livres par mois, & la Maîtrise, & outre celà la nourriture & le logement aux uns et aux autres.[64]

---

61 AMM, GG 242, arrêt du 12 avril 1730.
62 El Hadj, La réorganisation d'un groupe professionnel. El Hadj relève que la campagne royale recrute, entre 1720 et 1722, 178 chirurgiens, 23 médecins et 20 apothicaires.
63 AMM, FF 182, f° 83, ordonnance du 9 août 1720. Les syndics du collège des médecins et les jurés royaux de la Communauté des maîtres chirurgiens doivent en donner avis à leurs confrères qui se sont retirés. En outre, l'ordonnance « sera neantmoins affichée lüe et publiée par tous les lieux accoustumés affin que nul nen puisse pretendre cause dignorance ».
64 BMVRA, Fonds patrimoniaux, Xd1923, *Affiche réclamant des chirurgiens pendant la peste de Marseille le 30 septembre 1720*.

Dans les villes où la peste se déclare, les autorités civiles et médicales sont appelées à lutter de manière conjointe. Ainsi, une décision parlementaire oblige les consuls à répertorier les malades dans leurs villes ou villages, et à envoyer les rapports des médecins et chirurgiens à la Chambre des vacations.[65] À Marseille, les autorités municipales vont même jusqu'à contrôler les déplacements du personnel médical. Ainsi, toute visite médicale ne peut être effectuée sans l'accord du commissaire de quartier :

> Nous ordonnons que tres expresses inhibitions et deffenses soient faites a tous medecins, chirurgiens, et meme apotiquaires, de visiter, traiter et medicamenter aucun malade de quelque age sexe, etat et condition qu'il soit, et de quelque maladie que ce puisse etre sans au sortir de la premiere visite en avertir le Commissaire particulier de lisle, et de luy donner un billet signé contenant le nom et la demeure du malade, et la nature et qualité de la maladie.[66]

Les archives municipales de Marseille renferment un tel billet (ci-dessous), qui diffère d'un billet de santé dans la mesure où il trace le médecin plus que l'individu lambda, et surtout détermine si l'individu, dans le cas d'un décès, a succombé à une mort naturelle (dans ce contexte, c'est-à-dire d'autre chose que la peste), auquel cas il peut prétendre à une sépulture dans une église.

En dépit de la haute mortalité, les chirurgiens refusent d'abandonner les malades à leur sort et cherchent des traitements. Ainsi, le sieur Audibert indique qu'il faut traiter le malade très rapidement, dans les premières heures où la peste se manifeste. Il préconise l'antimoine, des émétiques (vomitifs) et des purgatifs. Si aucun bubon n'apparaît après deux ou trois jours, il considère que la malignité a été emportée par les purgatifs. Si au contraire des bubons apparaissent, il convient de les inciser puis de les panser soir et matin tant qu'ils suppurent. Audibert conclut : « La prudence du medecin qui conduit les malades, doit regler la dose & l'application des remedes, suivant leur forces & leur état. »[67]

Il arrive en outre que des tensions naissent entre chirurgiens, surtout lorsque des décès se produisent en dépit des traitements prodigués, ce qui arrivait dans la majorité des cas. Ainsi, lorsqu'on lui impute la mort d'une dame, un médecin anonyme de Tarascon réagit vivement pour se défendre :

> Il est grand de confesser sa faute, beau de l'avouer quand elle est connue, sage de se taire quand elle ne l'est pas, mais toujours odieux de la rejetter sur autrui : mettre au jour une

---

65 AD13, 145 E GG 6 (archives communales de Mollégès), *Extrait des registres de Parlement tenant la Chambre des Vacations*, 7 août 1720.
66 AMM, FF 182, f° 187, ordonnance du 15 juillet 1721.
67 AMM, GG 361, *Methode du Sieur Audibert Chirurgien du Roy, dans l'Hôpital des Citadelles de Marseille, pour traiter les maladies Contagieuses en 1720.*

relation tronquée, qui, dans sa briéveté, n'est qu'erreurs, contradictions théoriques & pratiques, & faussetés, avec imputation de la mort d'un malade, faite a un confrere, & cela pour se disculper d'avoir porté un prognostic heureux, sur une maladie très-dangereuse & dans le tems qu'elle l'étoit le plus, c'est le comble de l'injustice, & le détour le plus criminel de l'amour-propre.[68]

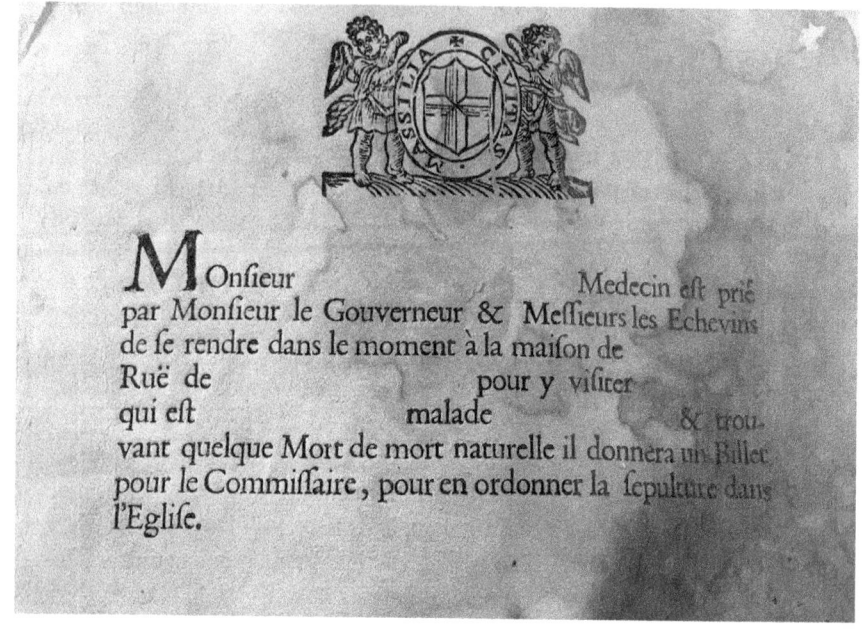

Figure 8 : Convocation de médecin (AMM, GG 361).

Les chirurgiens reçoivent une rémunération pour leur engagement et, très demandés en raison de l'épidémie, sont en position de force pour faire valoir leurs exigences. Certains demandent une solde mensuelle avec pension viagère, d'autres veulent en outre être logés, nourris et entretenus pendant leur séjour, d'autres encore exigent de toucher une somme définie avant même de venir à Marseille.[69] L'engagement des chirurgiens est difficile et risqué. Il peut durer plusieurs mois et débouche fréquemment sur une atteinte par la maladie et sur un décès. Le tableau

---

[68] AD13, 1 F 80/9, lettre non datée adressée à un médecin arlésien anonyme. Ce conflit semble toutefois se résoudre puisque dans une lettre postérieure, le même médecin de Tarascon écrit : « Je suis enchanté de voir finir une dispute odieuse, que vous n'auriez point dû susciter par respect pour les parents, qui vous honoroient de leur protection ».
[69] AMM, FF 292, f° 72 v°-74 v°, *Etat des medecins et chirurgiens qui vinrent a Marseille apres avoir fait un traité a Aix pour leurs honnoraires.*

suivant récapitule l'engagement des chirurgiens à Toulon. Seul un sur deux survit à l'épidémie.

Tableau 14 : État des Chirurgiens qui ont servy a Toulon pendant la contagion ; le jour quils y sont arrivés, celuy qu'ils ont cessé de travailler, et des a bon comptes qu'ils ont receu (AD13, C 913).

Nom des chirurgiens	Jour de leur arrivée	Jours qu'ils ont cessé de travailler	Ce qu'ils ont receu a bon compte
Vallet	Commencement avril 1721	15 novembre 1721	1200
Notin	7 mai 1721	30 décembre 1721	500
Champeaux	2 juin 1721	15 novembre 1721	600
Cessy	2 juin 1721	30 décembre 1721	600
Le Rat	15 juin 1721	15 novembre 1721	500
La Brunerie	Commencement avril 1721	Mort le 15 avril 1721	Néant
Goujet	15 juin 1721	Mort le 2 juillet 1721	Néant
Bresse	15 juin 1721	Mort le 3 juillet 1721	Néant
Maurice	15 juin 1721	Mort le 1er juillet 1721	Néant
Daviel	14 juin 1721	Envoyé à Arles en août 1721	Néant

Ces chirurgiens sont payés par les communautés. Dans le cas toulonnais, les chirurgiens survivants Vallet, Notin, Champeaux, Cessy et Le Rat voient leurs frais couverts par la communauté : « La communauté de Toulon a payé de son argent les frais des voyages de tous les chirurgiens mantionnés au present Etat, elle les a logés, nourris et entretenûs, fourni les ustanciles, et les instruments qu'ils ont demandé. »[70] En Languedoc, de nombreux garçons chirurgiens sont employés au service des pestiférés. Une liste d'acteurs médicaux mentionne pour le Languedoc l'emploi de 14 médecins, 19 chirurgiens, 62 garçons chirurgiens et 11 apothicaires.[71]

Il convient enfin d'insister sur la solidarité médicale qui s'établit pendant la peste, qui se remarque particulièrement dans la typologie des médecins et chirurgiens en service à Marseille. Les échevins dressent quatre états des médecins et chirurgiens employés dans leur ville : ceux qui sont envoyés sur ordre du roi ; ceux qui sont venus à Marseille après avoir pactisé sur leurs honoraires et s'être fait

---

70 AD13, C 913.
71 AD34, C 604, f° 237.

promettre des sommes excessives ; ceux de la ville de Marseille qui y ont travaillé pendant la maladie ; et enfin ceux qui se sont rendus d'autres villes de Provence et du Languedoc, après les affiches publiées par les échevins.[72] Cette collaboration entre les villes est remarquable dans le cas de Montpellier. Ville renommée pour sa faculté de médecine sous l'Ancien Régime[73], Montpellier apparaît comme un réservoir d'autorités médicales qu'il s'agit de mobiliser en temps d'épidémie. C'est ainsi que le 5 août 1720, le Régent ordonne à François Chicoyneau (professeur d'anatomie et de botanique, et chancelier de l'université de Montpellier), Jean Verny (docteur en médecine) et Jean Soulier (chirurgien) de se rendre à Marseille pour y faire face à la peste. Le trio est ensuite complété par Antoine Deidier (professeur de chimie de l'université de Montpellier), Nicolas Fournier (étudiant en médecine) et Jean Faybesse (étudiant en chirurgie).[74]

En outre, certaines lettres de médecins font part d'une solidarité individuelle en temps de peste. Ainsi, le médecin Gruas de Montélimar écrit aux échevins : « Ma qualite de Medecin mengage indispensablement a mettre en usage les remedes que mes experiences m'ont acquis, jy suis plus fortement engagé plus les maladies sont funestes. »[75] La rechute qui frappe Marseille en mai 1722 affecte le corps médical, à l'image du sieur Bouthillier qui écrit aux échevins : « Jay appris avec étonnement et beaucoup de chagrin qu'il y avoit dans votre ville quelque soupçon de contagion il est surprenant en effet qu'une ville qui a pris depuis ses malheurs jusques a present toutes les mesures les plus justes, et les plus rigoureuses precautions pour se purifier, ou pour empecher que le mal ne s'y glissat des lieux ou il regne, soit de nouveau infectée. »[76] Il propose ensuite son aide : « Si vous jugez que mes services puissent etre de quelque secours, Jay lhonneur de vous les offrir. »[77]

7.1.4 Les débats sur la contagion

Au début du XVIIIe siècle, il n'existe pas de consensus sur l'origine de la peste et de sa propagation, mais de multiples théories sur la contagiosité ou non de la maladie.

---

72 AN, G/7/1734, f° 57, 8 octobre 1721.
73 Sur la médecine et la chirurgie à Montpellier, voir les travaux de Louis Dulieu : Dulieu, *La chirurgie à Montpellier* ; *La médecine à Montpellier* (sept tomes dont le troisième est consacré à l'âge classique). Voir également : Le Blévec, *L'Université de Médecine de Montpellier* ; Dumas, *La Faculté de médecine de Montpellier.*
74 Signoli, *La mission médicale montpelliéraine à Marseille*, p. 68.
75 AMM, GG 366, lettre du 20 août 1720.
76 Ibid., lettre du 17 mai 1722.
77 Ibid.

Ce débat est fondamental car il concerne l'orientation de la vigilance sanitaire et ses conséquences pratiques. Quelle est la décision la plus efficace pour prévenir la peste ? Fuir une région contaminée ou au contraire enfermer les personnes suspectes dans des lazarets ? Traditionnellement, la recherche oppose les contagionnistes aux anticontagionnistes. Selon les premiers, la peste se transmet par contact avec les pestiférés, si bien qu'ils préconisent des mesures d'isolement. En revanche, pour les tenants de la théorie anticontagionniste, aériste ou miasmatique, la peste est présente dans l'air sous la forme de germes en suspension qui, inhalés par les hommes, leur provoquent la peste. Cette théorie s'appuie sur un constat relativement simple, comme l'exprime le médecin lillois Nicolas Lamelin : « Puisque la peste est la maladie la plus répandue, sa cause doit être aussi la plus répandue : l'élément le plus répandu est l'air, donc l'air est le plus souvent la cause de la peste. »[78] Les mesures à prendre en conséquence sont la fuite, les feux purificateurs et la combustion de parfums et essences dans les maisons. Au XVIIIe siècle, ces deux théories se combinent et s'enchevêtrent, à tel point qu'une opposition sèche ne correspond pas à la réalité des sources.

Dans un premier temps, il convient de revenir sur les origines de ces conceptions de la contagion. La théorie miasmatique remonte à l'Antiquité et en particulier à la figure d'Hippocrate, selon lequel les maladies sont provoquées par des vents. Ainsi, la contamination ne se fait pas par contact direct ou indirect entre individus, mais par l'air inspiré contenant des miasmes. À cette cause externe de maladie, Hippocrate ajoute une cause interne avec le régime alimentaire et la présence d'humeurs favorisant la putréfaction.[79] Dans la lignée hippocratique, Galien utilise l'analogie de la semence pour expliquer sa conception selon laquelle l'air contient les semences invisibles de toutes choses. Il considère que la peste se répand par l'inspiration d'un air infecté par une exhalaison putride, pour autant que le corps soit réceptif à cette infection.[80] S'inscrivant dans cette tradition antique, les traités de peste jusqu'au XVIIe siècle insistent sur l'air corrompu comme origine de la peste.[81]

Si la théorie aériste remonte à l'Antiquité, la théorie contagionniste est bien plus récente. Girolamo Fracastoro est le premier à avoir l'intuition d'une contagion

---

78 Cité par Hildesheimer, *La terreur et la pitié*, p. 39. Sur la confrontation entre ces deux théories, voir également Audoin-Rouzeau, *Les chemins de la peste*, p. 317.
79 Jouanna, Air, miasme et contagion. Pour présence de la théorie des miasmes dans la religion grecque, voir : Parker, *Miasma*.
80 Nutton, The Seeds of Disease, p. 2 et s., et 6.
81 Ducos, L'air corrompu dans les traités de peste. La corruption de l'air est considérée comme la cause particulière de la peste, alors que la conjonction anormale des planètes est retenue comme la cause supérieure.

par des particules invisibles en 1546. Il nomme ces agents infectieux *seminaria* et affirme qu'ils peuvent passer d'un homme à un autre pour provoquer une maladie, ce qui le conduit au concept de contagion.[82] Il catégorise en outre la contagion en trois principales formes : le contact direct, la contagion *ad fomites* (contamination des biens par des particules venimeuses) et la contagion à distance.[83] Dans la continuité de Fracastoro, Johann Bökel démontre un lien entre l'arrivée dans le port de Hambourg d'un navire venu d'Orient et le déclenchement d'une épidémie de peste en 1563. Au milieu du XVIIe siècle, Athanasius Kircher, sur la base de l'observation de la peste de Rome de 1656, proclame que des animalcules invisibles en sont la cause, renforçant encore la théorie contagionniste.[84]

Force est donc de constater que lorsque la peste frappe Marseille en 1720, la théorie contagionniste a déjà bien progressé. Le discours sur la peste n'en demeure pas moins ambivalent. Dans *L'Encyclopédie*, la peste est définie comme une maladie contagieuse, mais dont le venin se répand dans l'air.[85] La question n'est pas véritablement tranchée. Les sources parlent volontiers de «la contagion» comme métonymie pour désigner la peste. Pestalozzi s'exprime précisément sur ce point : «[…] si l'on nomme la Peste, Contagion, c'est par excellence, parce que de toutes les maladies contagieuses c'est la plus terrible, la plus mortelle, & la plus redoutable.»[86]

Sous l'entrée «contagion» que *L'Encyclopédie* définit comme une « qualité d'une maladie, par laquelle elle peut passer du sujet affecté à un sujet sain, & produire chez le dernier une maladie de la même espece», l'ambivalence n'est pas levée puisque cette contagion est multiple : «Les maladies contagieuses se communiquent, soit par le contact immédiat, soit par celui des habits ou de quelques meubles ou autres corps infectés, soit même par le moyen de l'air qui peut transmettre à des distances assez considérables certains myasmes ou semences

---

82 Dedet, *Les épidémies*, p. 13.
83 Cohn, *Cultures of plague*, p. 9.
84 Biraben, *Les hommes et la peste*, T. 2, pp. 18–27.
85 «C'est une maladie épidémique, contagieuse, très-aiguë, causée par un venin subtil, répandu dans l'air, qui penetre dans nos corps & y produit des bubons, des charbons, des exanthemes, & d'autres symptomes très-fâcheux» : Diderot/d'Alembert, *Encyclopédie ou Dictionnaire raisonné des sciences, des arts et des métiers*, vol. 12, p. 452.
86 Pestalozzi, *Avis de précaution*, p. 190. Voir également p. 199 : «[…] c'est une maladie au-dessus de toutes, & qui n'a de veritable raport avec aucune, on ne sçauroit exagerer son pouvoir, & sa malice, ny luy donner un rang parmi les autres maladies, ou si l'on veut la ranger en quelque classe, il faut la mettre au-dessus de toutes les maladies venéneuses, & contagieuses, & effectivement on l'a nommée Contagion par préférence».

morbifiques.»⁸⁷ La nouvelle théorie contagionniste semble ainsi inclure un pan aériste, dans la mesure où la contagion peut également se produire par l'air. Il semblerait toutefois que la frontière entre contagionnisme et anticontagionnisme soit une question d'échelle. Le contagionnisme aériste renverrait à la respiration de l'air expulsé par un pestiféré, alors que l'anticontagionnisme aériste signifierait la respiration d'un air vicié d'une ville ou même d'une région, sans que des pestiférés en soient nécessairement à l'origine. La première édition du *Dictionnaire de l'Académie française* (1694) définit d'ailleurs la contagion comme une «communication d'une maladie maligne, soit par attouchement, soit par respiration, ou autrement» et, en guise de seconde définition, comme un synonyme de peste.⁸⁸

Ces définitions encyclopédiques sont le reflet des débats qui divisent les médecins de l'époque et sur lesquels il convient de se pencher désormais. La contagion ou non de la peste constitue en fait le principal problème des médecins de l'époque, ce qui est particulièrement intéressant du point de vue de l'histoire des idées, des mentalités et des débats, chère à l'école des Annales.⁸⁹ Le premier médecin du Régent, Pierre Chirac, considère qu'il s'agit d'une fièvre maligne résultant d'une mauvaise alimentation, appuyant ainsi la position anticontagionniste⁹⁰, thèse dont Chicoyneau se place en ardent défenseur. Si elle demeure la théorie officielle⁹¹, cette thèse est largement critiquée si bien qu'elle est devenue minoritaire. Chicoyneau souligne que le caractère universel de la contagion ne garantit pas qu'elle soit vraie : «C'est donc en vain qu'on prétend prouver la contagion par l'universalité des suffrages, les seuls faits qui l'appuyent sont des bruits populaires ou de vieilles histoires, monumens de notre crédulité.»⁹² Il argumente ensuite contre la contagion de la manière suivante :

> La peste en elle-même n'offre rien qui annonce la communication ; la violence des accidens, leurs ravages, la mortalité générale sont les seules preuves qui ayent persuadé presque à tous les esprits que cette maladie étoit un mal contagieux. Or de tels accidens peuvent ravager une

---

87 Diderot/d'Alembert, *Encyclopédie ou Dictionnaire raisonné des sciences, des arts et des métiers*, vol. 4, p. 110.
88 Définition citée par Dachez, Peste, texte et contagion, p. 311. Defoe est favorable aux feux pour purifier l'air des particules contagieuses, alors que le médecin anglais Nathaniel Hodges dit que cela favorise la contagion.
89 Erhard, Opinions médicales en France au XVIIIᵉ siècle, pp. 46–59 (en particulier p. 47).
90 Signoli, La mission médicale montpelliéraine, p. 69.
91 C'est ce qu'affirme Françoise Hildesheimer : Hildesheimer, *La terreur et la pitié*, p. 39.
92 Chicoyneau, *Traité des causes*, p. 110.

Ville entiere sans passer d'un malade à un autre ; tous les Habitants même d'une Province peuvent périr sans qu'ils doivent leur perte les uns aux autres.[93]

Il mentionne en outre deux facteurs provoquant la peste : les vapeurs de la terre et les mauvais aliments (et les altérations qu'ils produisent). Un changement de climat peut en arrêter le cours.[94] Chicoyneau argue que la peur de la contagion est aussi funeste que la contagion elle-même : «Le préjugé de la Contagion repand la terreur ; celle-ci donne lieu à l'abandon general ; & ces deux causes agissant de concert, sont les sources funestes de l'affreuse mortalité qui accompagne la Peste.»[95] En revanche, il accepte les ordonnances royales et les mesures qu'elles impliquent, dans la mesure où elles rassurent la population.[96]

Le médecin du roi et de la marine de Toulon Jean Baptiste Nicolas Boyer s'appuie beaucoup sur l'expérience de Chicoyneau pour dire que la peste ne peut pas se transmettre. Il en donne pour preuve que les médecins montpelliérains qui ont été en contact avec les pestiférés n'ont pas été touchés par l'épidémie.[97] Il attribue également la peste aux mauvais aliments et à la frayeur qu'elle provoque et préconise la fuite et la flamme.[98] Sa critique des quarantaines générales est virulente : «On propose des quarantaines generales pour aneantir la communicabilité, & pour tarir les sources de la mortalité : que dirons nous de cette precaution specieuse ? Les quarantaines generales sont le tombeau des pauvres, & le Perou de ceux qui les y preparent.»[99]

Parmi les anticontagionnistes montpelliérains, il en est un qui a évolué vers un contagionnisme militant : Antoine Deidier. Dans sa correspondance, il défend dans un premier temps la théorie aériste et ses implications :

---

93 Ibid.
94 Ibid., p. 111.
95 BMVRA, 102946/7, *Traduction du discours latin prononcé pour l'ouverture solemnelle des écoles de médecine, par Mr. François Chicoyneau, Chancelier & Juge de l'Université de médecine de Montpellier, le 26 octobre de l'année 1722 par lequel on tâche de refuter l'opinion de ceux qui croyent que la Peste est contagieuse*, Montpellier, Pech, 1723, p. 4.
96 Ibid., p. 26. «[...] nous sommes fortement convaincus, que les Puissances politiques sont comme forcées de s'accommoder malgré elles aux idées du préjugé commun, & d'interdire par consequent tout commerce avec les lieux où la Peste est déclarée, de crainte que le Peuple entesté de ce préjugé de Contagion, ne se croye abandonné par ses Deffenseurs, ne s'avise de se deffendre par lui même de cette communication qui lui paroît funeste, & n'entreprenne enfin d'usurper une authorité, que l'ignorance, le caprice & le desordre rendroient pernicieuse».
97 BMVRA, 102946/8 : Boyer, *Refutation des anciennes opinions touchant la Peste*, p. 12.
98 Ibid., p. 17 et 19.
99 Ibid., p. 18.

> Si la Peste attaque ordinairement les personnes d'une même famille, ou qui habitent sous le même toit, ce n'est pas tant à mon avis, a raison de la contagion comme le peuple le croit, que par ce qu'on s'est nourri longtemps des mêmes alimens, qu'on a respiré le même air, qu'on a été saisi, des mêmes passions, & qu'on se trouve par la a peu prés, de la même constitution de sang, sur tout parmy les proches parens.[100]

De plus, il constate que la peste cesse, au contraire de maladies comme la gale et la syphilis, et considère cette observation comme un argument de sa non-contagiosité.[101] Mais durant la peste de Marseille, il fait un certain nombre d'expériences à partir de cadavres pestiférés dont il tire la bile.[102] Il procède par expérimentation animale et parvient à inoculer la maladie d'un cadavre humain à un chien. Il écarte ainsi la transmission aérienne et privilégie le contact direct et prolongé. Il conçoit une origine non contagionniste de la peste pour le premier homme qui l'a attrapée (mauvaise alimentation, famine, air putride), mais relève que la maladie devient contagieuse quand elle est transmise (la transmissibilité définit la contagiosité). Sa théorie mûrit, si bien qu'il fait un discours inaugurant l'école de médecine de Montpellier sur le thème de la contagion de la peste.[103] S'opposant à Chicoyneau, il veut faire céder les systèmes aux expériences et non les expériences aux systèmes.[104]

Il convient enfin de s'arrêter sur les nombreux partisans de la théorie contagionniste. Plutôt que de parler du contagionnisme, on devrait sans doute être plus prudent et parler des contagionnismes. Joël Coste distingue en effet les contagionnistes explicites, qui défendent formellement la contagion, et les contagionnistes implicites, qui n'admettent la contagion que dans les mesures préventives.[105]

Premièrement, les contagionnistes s'attaquent aux deux causes générales évoquées systématiquement par leurs adversaires que sont l'air et les aliments.

---

100 Réponse de Deidier au médecin Martin, citée dans Boecler, *Recueil des observations qui ont été faites sur la maladie de Marseille*, p. 89 et s.
101 Ibid., p. 91.
102 Deidier, *Expériences sur la bile et les cadavres des pestiférés*.
103 Ce discours est publié en 1726 : Deidier, *Dissertation*.
104 Dutour, Antoine Deidier, pp. 45–50 (*passim*). La réception de la thèse de Deidier a été mauvaise puisqu'à la mort de Pierre Chirac en 1732, alors que François Chicoyneau est nommé premier médecin du roi, Deidier voit son statut chuter de professeur de médecine à Montpellier à médecin des galères de Marseille. Au XIXe siècle, sa réception n'est guère meilleure et il faut attendre le XXe siècle pour qu'il soit réhabilité, la microbiologie légitimant sa théorie.
105 Coste, *Représentations et comportements*, p. 167. À ces deux catégories, Coste ajoute les «silencieux» dont l'opinion n'est pas connue, les «sceptiques constructifs» qui discutent ou précisent la contagion, et les anticontagionnistes convaincus tels que Chicoyneau.

Bertrand souligne que l'air de Marseille est exempt de toute infection[106] et que la ville a connu de bonnes récoltes, ce qui invalide la thèse des mauvais aliments.[107] Il en conclut donc : « Il suit de tout ce que nous venons de dire, que la peste de Marseille ne reconnoît aucune de ces causes generales des maladies épidémiques. Elle ne peut donc y avoir été apportée que par la contagion & par la communication de quelque personne, ou par des marchandises infectées. »[108] Goiffon s'attaque également à l'origine aériste de la peste :

> Une preuve incontestable que l'air même où la Peste regne n'est pas infect & changé en venin, c'est que plusieurs personnes le respirent sans en être contaminées, & qu'il y a plusieurs citoyens dans une Ville où la Peste a fait de terribles ravages, & même des communautés entieres qui en ont été préservées en se tenant fermées dans leurs maisons & dans leurs Monasteres, & en ne recevant rien de dehors sans les précautions nécessaires.[109]

Dans sa dissertation où il insiste sur l'importance du thème de la contagion[110], Jean Astruc développe l'idée de la contagion par le levain pestilentiel. C'est selon lui la transmission du venin d'une personne malade à une personne saine qui provoque la peste, et cela peut se faire de quatre manières : par une plaie, par un simple attouchement, à distance, par les objets et corps touchés par le malade (draps, épée, etc.).[111]

Outre le venin, les contagionnistes parlent volontiers, suivant la tradition fracastorienne, de matière et de petites particules qui servent de vecteurs à la contagion. Ainsi pour Hecquet, « la contagion est une communication d'une matiere insensible qui passe soudainement dans le corps, qui le saisit tout d'un coup, & tout d'un coup en trouble l'ordre, & en reverse l'économie ».[112] Quant à Pestalozzi, il est influencé aussi bien par Fracastoro que par Kircher. Du premier, il reprend la triple communication de la peste dans le corps de l'homme : *per contactum* (attouchement d'un sujet infecté), *per somitem* (venin attaché à un

---

106 Bertrand, *Relation historique*, p. 19.
107 Ibid., p. 25.
108 Ibid., p. 26 et s.
109 Goiffon, *Relations et dissertation sur la peste du Gévaudan*, p. 61.
110 « La question de la Contagion de la Peste, qu'on examine dans cet Ouvrage, n'est pas une de ces questions indifferentes & de pure speculation, dont les Medecins ne devroient guere s'occuper, & dont par malheur ils ne s'occupent que trop. C'est au contraire une question utile, importante, qui influë dans la pratique, dont la décision fixe les mesures, que les particuliers doivent prendre dans le temps de Peste pour se conserver, & regle la police, que le souverains doivent faire observer, pour faire cesser le mal dans les Païs qui en sont infectez, & pour en garantir ceux qui en sont menacez » : Astruc, *Dissertation sur la contagion de peste*, préface.
111 Ibid., pp. 6–8.
112 Hecquet, *Traité de la peste*, p. 67.

corps inanimé) ou *ad distans* (transmission par l'air pestilentiel).[113] Du second, il tire l'origine animale de la peste, considérant le germe pestilentiel comme « une multitude innombrable de petits vers, dragonaux, ou insectes vivants, qui voltigent en l'air comme par esseins, & s'attachent à tout ».[114] Le rôle de la puce dans la transmission du bacille de la peste du rat à l'homme n'était pas encore connu, mais c'est sans doute la théorie qui s'en rapproche le plus.

La contagiosité de la peste entraîne des conséquences politiques. Manget souligne que les magistrats ne prennent pas assez garde à ce caractère contagieux à cause de leur avarice : « [...] car comme ce mal de sa nature est contagieux, tandis que des Magistrats & autres Officiers ne songent qu'à leur intérêt, il va toûjours augmentant ; & ce qui n'étoit au commencement qu'une étincelle qu'on pouvoit facilement étouffer, devient en peu de temps un grand feu qu'on ne peut plus éteindre. »[115]

À Toulon, Antrechaus qui n'est pourtant pas médecin, prend clairement position en faveur de la contagion et juge sévèrement les médecins montpelliérains professant le contraire : « En vain m'opposeroit-on que ceux de Montpellier, qui passèrent par ordre de la Cour à Marseille, prétendirent que c'étoit une erreur populaire de penser que la communication avec des pestiférés pût être contagieuse. »[116] Constatant que les connaissances des médecins ont été profitables à peu de malades, il préconise des mesures sanitaires radicales illustrant une croyance absolue en la contagion de la peste. Toutes les occasions de communication doivent selon lui être bannies.[117]

Ainsi, les acteurs civils, religieux et médicaux ont participé, selon leurs titres et fonctions, à la lutte contre la peste. L'altruisme a côtoyé l'égoïsme et l'engagement des uns contraste avec la fuite des autres. Néanmoins, une multitude d'acteurs vigilants, allant du chevalier Roze à Mgr de Belsunce en passant par les chirurgiens de peste, ont marqué de leur empreinte la peste de 1720. La renommée de Roze et Belsunce s'est matérialisée par des travaux artistiques et littéraires, si bien qu'on les qualifie de « héros de la peste ». Les acteurs médicaux ont laissé des traces importantes, tant par leur correspondance que par les traités de peste rédigés peu après l'épidémie. Au sortir d'une épidémie, leurs débats sur la notion

---

113 Pestalozzi, *Avis de précaution*, p. 45 et s.
114 Ibid., p. 32.
115 Manget, *Traité De La Peste*, p. 186 et s.
116 Antrechaus, *Relation de la peste*, p. 212.
117 Voir le chapitre XX : *Suppression de tout ce qui peut occasionner une foule. Eglises fermées. Obligation de déclarer les malades. Défense de changer de logement & de transporter des meubles ou des hardes. Visites chez les malades interdites. Cherté des denrées. Pauvres à nourrir. Azile pour les mendians*, in ibid., pp. 133–141.

de contagion sont particulièrement intéressants du point de vue de la vigilance sanitaire. L'expérience vécue fait progresser la thèse contagionniste, même si l'anticontagionnisme ne disparaît pas. À côté de ces acteurs professionnels et institutionnels, il en est d'autres qui demeurent largement méconnus. Le sous-chapitre suivant leur est consacré.

7.2 Les acteurs méconnus

La lutte contre la peste mobilise une pluralité d'acteurs dont la visibilité n'est pas égale dans la recherche. Le travail mémoriel qui s'est opéré après la peste de Marseille a en effet mis en évidence les figures traditionnelles de la peste de Marseille à l'image de Mgr de Belsunce, du chevalier Roze ou encore des échevins de Marseille, qui ont été des acteurs vigilants. Il ne faut cependant pas oublier qu'ils ont été secondés par d'autres acteurs mobilisés également pour combattre la peste alors qu'elle faisait rage. Celle-ci a dévasté Marseille, la Provence et une partie du Languedoc, à tel point que la survie est devenue une priorité pour toute la population. L'historien reste tributaire des sources qu'il a à sa disposition, et la vigilance individuelle est plus difficile à mesurer en raison de la rareté des sources qui permettent de la mettre en évidence.

Deux catégories de personnes peuvent toutefois être documentées sur la base des traités et relations de peste, de la correspondance, ou encore de recueils sériels conservés dans les archives. C'est premièrement le cas des galériens qui ont servi de corbeaux à Marseille et à Toulon pendant la peste de 1720. Ils semblent indignes de toute renommée glorieuse, puisqu'ils ont été mis au ban de la société suite à des comportements illégaux. L'iconographie de la peste leur rend quelque hommage puisqu'ils sont représentés charriant les cadavres, mais la postérité a oublié ou refusé de les célébrer.[118] Il faut néanmoins relever l'importance de leur rôle dans l'élimination des cadavres et le retour à une certaine salubrité urbaine. La deuxième catégorie de personnes jouant un rôle central dans la vigilance sanitaire est incarnée par la figure du portefaix. Contrairement aux galériens qui ne sont mobilisés qu'en temps de peste, les portefaix jouent un rôle permanent et nécessitant une vigilance extrême, puisque leur fonction est de transporter les marchandises, objets de vigilance constante et possibles propagateurs de la peste. Enfin, il s'agira de se demander ce qu'il en est de la population qui a vécu l'épidémie. Les témoignages sont ténus, mais la correspondance privée permet de

---

118 Bertrand, *Mort et mémoire*, p. 213.

mettre en exergue les sentiments individuels. Les appels à dénoncer les infractions confortent l'interprétation d'une population active.

7.2.1 La mobilisation des corbeaux : des gueux aux forçats

Lorsque Marseille affronte le pic épidémique en août-septembre 1720 avec environ 1 000 morts par jour, la question de l'enterrement des cadavres qui s'amoncellent est d'une urgence absolue. Jean-Baptiste Bertrand relève que, dans un premier temps, les morts sont transportés de nuit afin de ménager la population, mais devant la quantité de cadavres, les nuits ne suffisent plus et ce triste spectacle doit se dérouler de jour : « On prend de force les chevaux & les tombereaux des Bourgeois, on engage tous les Gueux & Vagabonds à servir de Corbeaux, on fait ouvrir de grandes fosses hors la Ville, les Tombereaux vont de jour par les ruës, & le bruit funebre de leur cahot, fait déja fremir les sains & les malades. »[119] Les corbeaux constituent une catégorie de personnes propre au temps de peste. Jean-Pierre Papon les définit comme des enterreurs : « On appelle *corbeaux* les hommes chargés d'enterrer les morts en temps de peste ou de porter les malades à l'hôpital des pestiférés. »[120] Ces corbeaux sont munis d'un grappin ou crochet (d'où vient peut-être le terme de *croque-mort*).[121]

Bertrand relève qu'on engage comme corbeaux dans un premier temps les gueux et les vagabonds, des gens considérés comme inutiles à la société. D'emblée, il faut mentionner le caractère ambivalent des corbeaux. Furetière les définit comme les personnes qui viennent aérer les maisons infectées de peste et qui enterrent les corps, ce qui semble valorisant du point de vue du dévouement au bien commun, mais il poursuit en relevant que « ces gens sont ordinairement avec des corps morts comme de véritables corbeaux ».[122] Ainsi, les corbeaux sont parfois associés aux vols, pillages et extorsions, jusqu'à être caractérisés comme des « semeurs de peste » dans le cadre de théories du complot. Le profit qu'ils peuvent tirer de l'état de peste suggère qu'ils le souhaitent et même qu'ils l'entretiennent.[123] À Ollioules, un certain J. B. Gey, ancien corbeau, est accusé de vol et de recel, ce qui tend à renforcer le caractère peu recommandable des corbeaux :

---

119 Bertrand, *Relation historique*, p. 93.
120 Papon, *De la peste*, T. 2, p. 66.
121 Buti, *Colère de Dieu*, p. 70.
122 Définition citée par Bercé, *Les semeurs de peste*, p. 89. Le recours aux corbeaux est également attesté en Italie sous le terme de *monatti*.
123 Ibid., p. 90.

«Gey, ex corbeau, atteint et convaincu de vol et de recèlement, sera conduit à sa sortie de prison, tête nue, poings liés, la corde au cou, une torche ardente à la main, à la porte de la paroisse, pour y demander pardon à Dieu, au roi, à la justice.»[124]

Trouver des corbeaux prêts à offrir leurs services en temps de peste n'est pas tâche aisée. Pichatty de Croissainte relate cette difficulté en soulignant que «Mrs les Echevins sont obligés de se donner des mouvemens extrêmes, pour avoir les uns par adresse, & les autres par la force & par la rigueur».[125] Il donne également des directives quant à l'organisation du travail des corbeaux. À Marseille, ces derniers doivent être sélectionnés parmi les gueux les plus vigoureux et mis sous la férule des quatre lieutenants de santé et du sieur Bonnet, lieutenant du viguier.[126] En Arles, on sait que les corbeaux ont d'abord transporté les morts à bras le corps avant de se servir de tombereaux.[127]

De plus, les sources témoignent de la difficulté à trouver des corbeaux fiables et efficaces. Une bonne illustration en est la plainte des échevins de Marseille à l'intendant de Provence Lebret : «Les deux hommes que vous aviés eu la bonté de nous envoyer pour conduire les tombereaux ne servirent pas long tems, l'un deux dont nous ne sçavons pas le nom s'eclipsa dés le premier jour sans riên faire et l'autre tomba malade deux jours aprés et fut porté a l'hopital, nous n'âvons pas pu sçavoir s'il est mort.»[128]

Le choix des corbeaux parmi les populations marginales est toutefois loin d'être suffisant et la recherche de candidats constitue un problème central, problème à résoudre en urgence à cause des cadavres qui s'amoncellent. Le consul de Toulon Jean d'Antrechaus souligne que le commun des mortels ne peut résister à une telle tâche et pointe la nécessité de chercher «des victimes dont le sacrifice doit être libre».[129] Fort de l'expérience vécue lors de la peste de 1721, le consul de Toulon considère les galériens comme les seuls candidats acceptables : «Tout ce que j'ai vû d'affreux à ce sujet, m'a persuadé que ce n'est que sur les Galeres du

---

124 Genton, *Contribution à l'étude historique de la peste*, p. 42 et s. L'ancien corbeau est ensuite emprisonné et doit faire 5 ans de galères.
125 Croissainte, *Journal abrégé*, p. 35.
126 Ibid., p. 32.
127 «Le nombre de morts ne permettant plus aux corbeaux de pouvoir les transporter, il a été délibéré de faire construire un tombereau, de chercher des mules pour le tirer et qu'il sera placé de même que les mules au petit mas de l'olivier près la lice» : Caylux, *Arles et la peste de 1720–1721*.
128 AMM, BB 305, f° 15, lettre du 30 octobre 1720.
129 Antrechaus, *Relation de la peste*, p. 194 et s.

Roi, qu'on peut trouver des misérables assez ennemis d'eux-mêmes & de leur vie pour n'être rebutés d'aucun péril.»[130]

L'histoire des galériens est très liée à celle de Marseille. Louis XIV fait en effet élever à Marseille un arsenal des galères monumental et adapté à la croissance de la flotte, qui fait de la ville une véritable place de guerre. L'intendant Nicolas Arnoul est placé à la tête de cette construction qui débute en 1665, lorsque le roi décide d'aménager dans le port une place «propre à mettre bois, fers, antennes, mâts, canons».[131] L'arsenal se développe ensuite rapidement et pas moins de 10 000 rameurs arrivent à Marseille pour servir sur les galères.[132] La présence des galériens à Marseille semble toutefois être antérieure. En 1646 est fondé un hôpital royal des forçats, attestant d'une charité exercée envers les forçats sous l'impulsion de saint Vincent de Paul. Outre l'hôpital réservé aux forçats, la charge d'aumônier général des galères est également créée.[133] Sous l'Ancien Régime, la peine des galères est considérée comme un substitut d'intérêt général à la prison et à la mort, considérées comme inutiles par les philosophes utilitaristes.[134] Il s'agit d'une haute peine infligée aux criminels de France. S'y côtoient le sorcier, le magicien, le blasphémateur, le faussaire, le banqueroutier, l'assassin ou encore le prisonnier turc.[135]

À Toulon, l'arsenal s'ébauche sous Louis XIII. Richelieu améliore la défense du port de Toulon en faisant édifier la tour de Balaguier (1634–1636) et décide de faire construire les vaisseaux du roi dans des arsenaux. Il crée ainsi une marine royale. À la suite d'une visite royale en 1660 et particulièrement dès 1679 avec les travaux de Vauban, l'enceinte bastionnée est encore agrandie, un nouvel arsenal est bâti, une deuxième darse réservée aux vaisseaux de guerre est creusée. On y adjoint des magasins, des ateliers et une corderie encore conservée aujourd'hui.[136]

Si Toulon joue un rôle précoce dans le développement de la marine de guerre, les galères forment un corps indépendant, situé à Marseille à la fin du XVIIe siècle et dans la première moitié du XVIIIe siècle. En 1748, Louis XV supprime les galères, devenues coûteuses, et la charge de lieutenant général des galères. Elles sont en fait rattachées à la Marine royale et déménagent à Toulon. Les criminels sont désormais enfermés dans un bagne, et en particulier dans celui de Toulon. Avec les bagnes de Brest et de Rochefort, le bagne de Toulon, fondé en 1748, sert de des-

---

130 Ibid., p. 195.
131 Tavernier, *La vie quotidienne à Marseille*, p. 45 et 47.
132 Ibid., p. 50.
133 Ruffier-Méray, L'hôpital royal des forçats.
134 Berbouche, *Marine et justice*, p. 183 et s.
135 Mongin, *Toulon*, p. 212.
136 Marmottans, *Toulon et son histoire*, pp. 47–49.

tination aux forçats marseillais.[137] Les bagnards y bénéficient également d'un service de santé, nouvelle illustration de la charité envers les marginaux.[138]

Le rapport entre les galériens et la santé publique se révèle particulièrement dans l'épidémie de peste de 1720–1722. Les archives du « corps des galères » (1638–1748), conservées au Service historique de la Défense à Toulon, permettent d'en cerner toute l'importance et d'étudier la mobilisation des forçats de manière sérielle.[139] Les dossiers 1–O–105–106 notamment mentionnent systématiquement en marge les galériens qui ont rempli le service de corbeau. Ce registre indique le matricule, le nom et le prénom du galérien et diverses informations signalétiques (parents, lieu de naissance, âge, motif de condamnation). Figurent également la date de libération (si le forçat a survécu), la date de mort ou la fréquente mention « Mort ou évadé après avoir été prêté à… pendant la contagion ». Souvent, la trace des galériens a en effet été perdue, mais on sait qu'ils ont été prêtés à la municipalité pour y servir de corbeaux. Outre ces registres de galériens, plusieurs séries des Archives nationales permettent de documenter la mobilisation des corbeaux.[140] Ces sources doivent également être confrontées avec les traités et relations de peste qui abordent régulièrement la question des forçats et en livrent des analyses contemporaines, fondées sur l'expérience de 1720. Il ne s'agit pas uniquement d'un récit des actions des forçats (ce qui a naturellement sa place), mais d'une réflexion plus large sur l'utilité des forçats lors d'une crise sanitaire.

Premièrement, il faut remarquer que si le recours aux corbeaux semble avoir été général dans les villes provençales et languedociennes durant la peste de 1720[141], la mobilisation de forçats comme corbeaux a été plus spécifique et n'aurait concerné que les villes de Marseille, Toulon et Aix (voir annexe 11.10).

Au niveau chronologique, la première demande par la municipalité de forçats aux galères semble remonter au mois d'août 1720. Le 19 août, le Conseil de Marine écrit en effet au chevalier de Rancé : « Les Eschevins de M[ars]eille ayant demandé M. la liberté de 12 forcats pour estre employez a porter et enterer les corps des personnes qui pourroient mourir dans la ville et aux infirmeries du mal conta-

---

137 Meyrueis/Bérutti, *Le bagne de Toulon.*
138 Samson, *Le service de santé au bagne de Toulon (1748–1873).*
139 Service historique de la Défense à Toulon (SHD), dossiers 1–O–97 à 1–O–106 correspondant au registre général des forçats qui sont sur les galères de France à Marseille. Voir l'inventaire : Temple, *Cotation et descriptif.*
140 Voir les archives de la Marine (MAR/B/3 et MAR/B/6 surtout) et du contrôle général des Finances (G/7).
141 Voir notamment la lettre de l'intendant Bernage au contrôleur général des Finances évoquant trois morts dans le faubourg d'Alais (Alès), dont un corbeau : G/7/1735, f° 180, lettre du 8 décembre 1721.

gieux. »[142] Le 1er septembre, l'échevin Moustier enlève plus de 1 200 cadavres à la place Saint-Martin avec l'aide de forçats.[143] Les échevins tentent encore de mobiliser la population avec un *Avis au public* qui paraît le 3 septembre :

> Rien n'étant plus nécessaire que de faire enlever et enterrer les Cadavres, Messieurs les Échevins exhortent les personnes zélées qu'il y a dans la Ville, d'avoir la bonté de se présenter et de monter à Cheval pour contribuer à l'enlèvement et à l'enterrement des Cadavres, par leur présence et par les ordres qu'ils donneront à ceux qui s'emploient à de pareilles Fonctions, outre l'Action méritoire qu'ils feront et la gloire qu'ils acquerront de servir leur Patrie dans une occasion aussi essentielle, si la Communauté donnera des gratifications à ceux qui voudront en recevoir, et on remboursera tout ce que ces personnes zélées donneront pour l'enlèvement et l'enterrement des Cadavres, tant dans la Ville qu'à la Campagne.[144]

La participation de la population est souhaitée et extrêmement valorisée. Action méritoire, service rendu à la patrie, telle est la manière de qualifier leur action. Toutefois, rares sont les témoignages de particuliers remplissant la tâche de corbeau. Jean-Baptiste Bertrand mentionne néanmoins deux paysans, messieurs Julien et Castel, enrôlés de force pour travailler dans les fosses : « On ne sçauroit assez loüer le zele & le courage de ces hommes infatigables qui se dévoüent ainsi pour le Public aux fonctions les plus pénibles & les moins brillantes. »[145] Mais force est de constater que l'appel des échevins ne semble pas avoir le résultat escompté puisque le recours aux forçats est intensifié les semaines suivantes, signe qu'il n'y a aucune autre alternative.

Jahiel Ruffier-Méray a démontré que l'hôpital royal des forçats de Marseille faisait preuve d'une grande modernité au niveau sanitaire puisque, dès sa création, il réservait une salle pour l'isolement des contagieux. Cette pratique connaît une grande efficacité pendant la peste de 1720. Dès le début de l'épidémie, les galères s'isolent du reste de la ville, si bien que la population de l'arsenal est moins touchée que le reste de la population (Ruffier-Méray dénombre 762 morts sur les 10 000 personnes composant cette population).[146] Le chevalier de Rancé écrit d'ailleurs au Conseil de Marine au début du mois d'août 1720 lorsque la peste commence à susciter de très grandes craintes : « Nous nous sommes tous unanimement determines à nous baricader dans le Port de Marseille, du coste de Riveneuve, les poupes des Galéres vers l'arcenal, pour ne plus laisser communiquer

---
142 AN, MAR/B/6/50, f° 147 v°.
143 Buti, *Colère de Dieu*, p. 73.
144 Ibid.
145 Bertrand, *Relation historique*, p. 237 et s.
146 Ruffier-Méray, L'hôpital royal des forçats.

tous nos equipages avec la ville.»[147] Ainsi donc, les forçats représentent une force encore assez préservée au moment où Marseille est décimée et ne trouve plus de corbeaux parmi sa population urbaine.

En septembre 1720, le manque d'habitants mobilisables comme corbeaux entraîne un engagement gratuit des forçats. Le Conseil de Marine donne ce pouvoir aux échevins et leur précise : «sans vous obliger a aucune soumission de les payer le motif pour lequel vous les demandez estant trop sensible pour vous y assujettir».[148] Par la suite, les forçats sont accordés à la municipalité par bloc : une lettre du 25 septembre relève le «nouveau secours de 40 soldats des galeres»[149], une autre du 30 octobre mentionne «qu'il a encore esté fourni 49 nouveaux forcats du Bagne aux Eschevins qui les ont demandé et 13 autres forcats des galeres bouchers boulangers et d'autres mestiers que vous luy avez marqué vous estre d'un secours indispensable».[150] La demande de forçats se produit donc selon l'évolution de la situation sanitaire. Entre août et octobre, cette évolution est très défavorable, et les forçats sont amenés à remplir un certain nombre de fonctions délaissées en raison des ravages de la peste.

Le besoin de renouvellement des corbeaux est constant car un grand nombre périt à la tâche. Jean-Noël Biraben souligne qu'un corbeau ne travaille en moyenne que deux jours et meurt à son tour le troisième jour.[151] Il arrive en outre que des forçats rechignent à la tâche comme c'est le cas de deux déserteurs, «lesquels s'estant evadez et franchy les barrieres se sont retirez sur les montagnes de Dauphiné ou ils ont esté arrestez».[152] D'autres n'ont pas l'efficacité attendue, si bien qu'ils sont l'objet de plaintes. Ainsi, le Conseil de Marine écrit au premier chef d'escadre des galères Barras de la Penne :

> Les Eschevins de M[ar]seille ont escrit au Con[s]eil de M[arine] que la maladie contagieuse continue toujours avec violence, et que ne tirant pas des forcats invalides et rebutez qui leurs ont esté accordez jusqu'a present pour les ayder a enlever et a enterrer les morts, a cause de leur malingrité et invalidité, les secours qu'ils en attendoient, ils auroient besoin d'une vingtaine de Turcs pour ne remplir un service qui ne demande que des gens robustes.[153]

Les sources témoignent de la liberté promise aux forçats en l'échange de leur service. Cette liberté a-t-elle été accordée d'office ? L'engagement des forçats sans

---

147 AN, MAR/B/6/112, f° 108 v°.
148 AN, MAR/B/6/50, f° 175 v°.
149 AN, MAR/B/6/50, f° 179 v°.
150 AN, MAR/B/6/50, f° 201 v°.
151 Biraben, *Les hommes et la peste*, T. 1, p. 236.
152 AN, MAR/B/6/50, f° 191 v°.
153 AN, MAR/B/6/50, f° 193 v°.

contrepartie, citée plus haut, semble suggérer le contraire. La liberté a-t-elle été promise en réaction à l'évasion de certains forçats astreints à la tâche ? Je plaiderais plutôt en faveur de cette hypothèse. Les sources laissent en tout cas voir qu'on cherche à tirer des forçats la plus grande efficacité possible et que les considérations pragmatiques ont leur place dans les réflexions. À Toulon, deux forçats déserteurs de la galère *L'Éclatante* sont par exemple employés dans le lazaret pour servir les malades. Le Conseil de Marine va même jusqu'à proposer de sélectionner les forçats qui ont commis les crimes les plus légers pour remplir cette fonction.[154]

À Marseille, les forçats sont organisés en quatre brigades, sous les ordres du chevalier Roze et de trois échevins, tandis que le quatrième reste à l'hôtel de Ville pour l'expédition des affaires courantes.[155] « Heureuse inspiration à laquelle nous devons le salut de la ville », relève Bertrand.[156] Les traités de peste donnent des directives sur le choix des corbeaux et leur rôle vis-à-vis de la population. Manget souligne que les corbeaux ne sont pas que des porteurs de cadavres mais aussi plus simplement des porteurs de malades. Ils doivent être forts, robustes et fidèles et aller quérir les malades chez eux en ne leur faisant aucun tort. Pour se faire reconnaître, ils doivent porter une sonnette au pied et avertir sur leur passage.[157] Papon recommande à la population de porter ses morts dans les rues afin que les corbeaux ne soient pas obligés d'entrer dans les maisons où ils risquent de piller les objets précieux.[158] À l'instar de Manget, Papon distingue les corbeaux transportant les malades suspectés d'avoir la peste et ceux transportant les pestiférés ou les morts qui emploient des voitures différentes. Les brigades sont composées d'un chef et de corbeaux en uniforme. Dans la mesure du possible, ils doivent faire passer les charrettes (appelées tombereaux) dans des lieux détournés, afin de ne pas susciter des craintes dans la population.[159]

Les échevins à la tête des quatre brigades font preuve d'une efficacité certaine dans l'élimination des cadavres. Il reste néanmoins un quartier dévasté où personne n'ose aller, celui des marins et du petit peuple : la Tourette. Plus de 1 000 cadavres en jonchent l'esplanade.[160] Le chevalier Nicolas Roze se place alors à la tête d'une centaine de forçats et, un mouchoir de vinaigre sous le nez, fait jeter

---

154 AN, MAR/B/6/50, f° 198.
155 Papon, *Relation de la peste de Marseille*, p. 52.
156 Bertrand, *Relation historique*, p. 234.
157 Manget, *Traité De La Peste*, p. 256 et s.
158 Papon, *De la peste*, T.1, p. 281.
159 Ibid., T.2, p. 67.
160 Carrière et al., *Marseille ville morte*, p. 95 et s. Jean-Noël Biraben évoque même 2 000 cadavres : Biraben, *Les hommes et la peste*, T. 1, p. 238.

tous les cadavres dans les bastions en contrebas en l'espace de quelques heures. L'épisode se déroule le 16 septembre 1720. Les 100 forçats sont accompagnés de 40 soldats pour mener à bien leur tâche. Si leur engagement est une réussite, l'immense majorité des forçats et soldats y laissent leur vie, puisqu'on ne dénombre que 4 survivants, dont le chevalier Roze.[161]

Quelques mois après Marseille, c'est au tour de Toulon d'avoir recours aux forçats en provenance de Marseille. L'intendant de la Marine Hocquart écrit au Conseil de Marine en mai 1721 : « Les cinquante forcats derniers arrivez de Marseille, etant tous distribuez, j'en ay demandé cent autres a Mrs de Barras & de Vaucresson. »[162] Le 23 mai arrive en provenance de Marseille une tartane de 100 forçats qui apporte une véritable délivrance à Toulon, comme en témoigne son consul Jean d'Antrechaus :

> Le 23 Mai nous ne pumes faire enlever que deux cens quatre vingt sept cadavres. La nécessité nous força d'en laisser plusieurs autres dans les maisons, & nous nous attendions d'avoir le lendemain un plus grand nombre de morts, sans qu'il fût possible d'en sortir un seul de son lit, lorsque ce jour même à quatre heures du matin n'ayant ni corbeaux, ni fosses préparées, nous vîmes arriver de Marseille une Tartanne chargée de cent forçats qu'il y avoit eû ordre de la Cour de faire passer à Toulon. Après les avoir fait manger, on en commanda cinquante pour travailler dans les cimetiéres, & les cinquante autres pour enlever les morts & pour conduire les tombereaux.[163]

Le recours aux fosses communes se généralise lorsque l'épidémie devient incontrôlable et que la nécessité d'enterrer les cadavres en larges séries se fait sentir. Les cadavres apparaissent comme un objet de vigilance, non seulement pour les médecins et chirurgiens[164], mais aussi pour tout le reste de la population : « La prudence semble dicter de mettre promptement un cadavre pestiféré hors de la maison, & de le faire enterrer au plus vîte pour la seureté de ceux qui restent. »[165] À Toulon, les forçats sont mobilisés pour creuser les fosses, alors qu'à Marseille 27 fosses communes sont creusées à proximité des remparts, aux portes de la ville, par des paysans du terroir.[166] En Arles, la tâche de creuser les fosses revient aux pauvres. Ainsi, en juin 1721, alors que l'épidémie fait rage, il est demandé « aux

---

161 Audoin-Rouzeau, *Les chemins de la peste*, p. 343.
162 AN, MAR/B/3/272, f° 215, lettre du 14 mai 1721.
163 Antrechaus, *Relation de la peste*, p. 201 et s.
164 Pestalozzi leur recommande la chose suivante : « Les Medecins & les Chirurgiens se garderont de s'approcher, ni de faire l'ouverture d'un cadavre soupçonné, qu'il n'ait perdu auparavant toute sa chaleur, parce qu'il devient par là incomparablement moins dangereux » : Pestalozzi, *Avis de précaution*, p. 60 et s.
165 Ibid., p. 63.
166 Signoli/Tzortzis, *La peste à Marseille*.

pauvres nourris par la ville de ramasser dans les rues les ordures, les chats et les chiens morts et de les porter à l'extérieur, dans des fosses qu'ils auront creusées ».[167]

Cet enterrement des morts dans des fosses communes entraîne une absence de culture du souvenir individuel, une « Tod ohne Zukunft » comme le dit Levinas, où la mémoire et la prière font défaut.[168] Jean Delumeau parle d' « abolition de la mort personnalisée » concrétisée par une « perte de respectabilité du défunt » qui meurt sans glas, sans cierge et sans cercueil.[169] La confusion règne jusque dans la mort, comme le souligne une source anonyme : « Dans ce chaos de trouble et de confusion, il n'y eut plus de distinction dans les funérailles, l'honnête homme, le gueux, le chrétien, l'hérétique, le prêtre, le turc, tout était confondu »[170] Cette idée de la dévalorisation du corps humain lors des épidémies de peste s'insère dans une longue tradition qui remonte à Thucydide. Dans le cadre de la peste d'Athènes, ce dernier dépeint le découragement qui s'empare de la population qui se contamine en voulant se soigner et qui finalement meurt tel un troupeau.[171] La mort n'est plus individuelle, elle devient grégaire, si bien que la dignité individuelle est effacée et que l'anonymat prédomine.

Ces multiples exemples suggèrent que le recours aux corbeaux et, en particulier aux forçats, lors d'une épidémie de peste résulte d'une vigilance réactive. Toulon n'a par exemple pas anticipé cette nécessité, puisque d'Antrechaus déplore le manque de corbeaux et de fosses préparées et les 100 forçats en provenance de Marseille lui sont salutaires. Le cas de Montpellier est très intéressant puisque la ville reste épargnée par la contagion, mais fait preuve d'une vigilance préventive en rédigeant un *Memoire de ce qui doit etre observé dans la ville de Montpellier en cas de contagion*[172], mémoire qui prévoit le recours aux corbeaux si la peste surgit. La double fonction des corbeaux est également soulignée ici :

> Pour pouvoir faire enlever les Cadavres, et porter aux infirmeries avec promptitude et celerité les malades qui ne pourront pas etre traités chez eux [sans] communiquer avec les sains, il faut avoir une maison dans chaque quartier qui n'ait aucune communica[ti]on avec les autres maisons sil est possible dans laquelle on logera un certain nombre de corbeaux.[173]

---

167 Caylux, *Arles et la peste de 1720–1721*.
168 Cité par Mauelshagen, Pestepidemien, p. 260.
169 Delumeau, *La peur en Occident*, p. 115.
170 Citée par Carrière et al., *Marseille ville morte*, p. 95.
171 Thucydide, *Histoire de la Guerre du Péloponnèse*, II, 51.
172 AD34, C 8137. Ce mémoire n'est malheureusement pas daté, mais on peut légitimement supposer qu'il a été rédigé en 1720–1721 pour se prémunir de la peste de Provence.
173 Ibid.

Ces corbeaux doivent être placés sous la direction d'un homme ferme et il faut prévoir à proximité de la maison un endroit où entreposer les tombereaux et les outils nécessaires ainsi qu'une étable pour les chevaux, mules et mulets chargés de tirer les tombereaux. Les corbeaux sont censés se saisir de crocs emmanchés pour mettre les cadavres sur les tombereaux. «Il faut encore destiner et choisir un endroit au dehors et a une distance de chaque porte de ville dans lequel on faira des fosses de douze pieds de profondeur et affin que linfection ne corrompe la pureté de lair, lon doit faire provision dune certaine quantite de chaux vive pour pouvoir la jetter sur les cadavres affin quils soint plutot consommés.»[174]

7.2.2 Les forçats-corbeaux : évaluation statistique

J'aimerais m'intéresser ici uniquement aux corbeaux sélectionnés parmi les forçats. D'après les sources, il est très difficile de quantifier les corbeaux pris parmi les gueux ou le reste de la population. Leur emploi semble avoir été généralisé lors des épidémies de peste, mais peu de traces permettant une étude quantitative subsistent. Il en va autrement des forçats engagés comme corbeaux. Grâce au registre des galériens déjà mentionné et conservé au Service historique de la Défense à Toulon[175], il est possible d'en mesurer le nombre.

Sur la base d'indications d'instruments de recherche (inventaires et travaux universitaires), j'ai procédé au relevé complet des forçats-corbeaux mentionnés dans les registres 1–O–105 et 1–O-106. On ne peut exclure que d'autres registres mentionnent également des forçats-corbeaux, mais les deux registres sélectionnés ont l'avantage d'indiquer systématiquement dans la marge la mobilisation du forçat comme corbeau, la ville où il est engagé ainsi que l'issue (mort ou libération). Les relevés détaillés figurent en annexe (annexe 11.10). La synthèse ci-dessous fait état de 298 forçats mobilisés à Marseille (61,2 %), 184 à Toulon (37,8 %), 4 à Aix (0,8 %) et un à Toulon et Avignon (0,2 %), pour un total de 487 forçats. Ainsi, l'immense majorité des forçats (99 %) ont servi à Marseille et à Toulon, villes dont l'histoire est liée à celle des galères.

Quant au destin des forçats, il est dans 62,8 % des cas incertain, puisque que 306 forçats sur 487 sont morts ou évadés. Ils sont indiqués avec un point d'interrogation dans mon tableau. On peut imaginer que la plupart sont morts, vu les ravages que la peste cause dans cette population très exposée comme l'attestent les 4 survivants de l'épisode de la Tourette, certes particulièrement critique.

---

174 Ibid.
175 SHD, dossiers 1–O–97 à 1–O–106.

Un certain nombre de forçats obtiennent néanmoins la libération promise (166 sur 487, ce qui représente 34,1 %). Il en va ainsi de Jean Dacher (matricule 39049) : «Sa liberté luy estoit accordée par ordre du Roy en datte du 26 aoust 1721 pour avoir servy de corbeau a la ville de Marseille et s'est absenté sans sa decharge de liberté». Quelques forçats sont toutefois remis sur les galères après leur service et meurent le plus souvent peu après à l'hôpital des chiourmes[176] (13 sur 487, soit 2,7 %). C'est par exemple le cas d'Olivier Andouard et de Louis Rabiat. Enfin, j'ai relevé deux évasions : Paul Desmarets, évadé entre Arles et Avignon, et Jean Guillaume Fabre, évadé entre Arles et Orange. Ces décomptes me permettent de rejoindre André Zysberg qui mentionne 500 forçats volontaires mobilisés pour être corbeaux. L'historien des galères indique toutefois que ces forçats ont également servi à Arles, à Orange et dans d'autres cités avoisinantes, ce que je n'ai pas pu confirmer.[177]

Le chiffre avancé par Jean-Baptiste Bertrand de 691 forçats mobilisés à Marseille entre le 10 août et le 3 novembre peut paraître trop élevé.[178] Une lettre des échevins va toutefois dans le même sens, et mentionne 696 forçats accordés à Marseille.[179] Parmi ceux-ci, la correspondance fait état de 28 forçats survivants employés à la boucherie, aux magasins des blés ou à charrier du bois pour les hôpitaux ou pour le camp.[180] Il n'est pas exclu que ces témoignages confondent forçats et corbeaux. Nombre de corbeaux étaient des forçats, mais les gueux et vagabonds ont également rempli la fonction de corbeaux, du moins au début de l'épidémie. Ce chiffre qui approche les 700 pourrait dès lors correspondre à l'ensemble des corbeaux mobilisés à Marseille durant la totalité de l'épidémie, et pas uniquement les forçats.

---

176 Le terme «chiourme» désigne un ensemble de galériens.
177 Zysberg, *Les galériens*, p. 352.
178 Bertrand, *Relation historique*, p. 337.
179 AMM, BB 268, f° 87, lettre du 10 décembre 1721.
180 Ibid.

Tableau 15 : Nombre de forçats en fonction de la ville de mobilisation.

Ville	Nombre de forçats
Marseille	298
Toulon	184
Aix	4
Toulon et Avignon	1
Total	**487**

Tableau 16 : Nombre de forçats en fonction de l'issue réservée.

Issue	Nombre de forçats
Mort ou évasion	306
Mort	13
Libération	166
Évasion	2
Total	**487**

7.2.3 Les forçats-corbeaux : ambivalence morale

Le personnage du forçat-corbeau est très ambivalent dans la mesure où il s'agit généralement d'un criminel, mais qui, dans le cas d'une épidémie de peste, assume un rôle véritablement salvateur. Les contemporains sont conscients de cette duplicité. En premier lieu, ils insistent sur la brutalité de ces malfrats. Ainsi Bertrand écrit : « Ces gens-là peu adroits & peu accoûtumés à mener des Chevaux, & à conduire des Tomberaux, brisent tout, harnois & roües, on ne trouve cependant ni Sellier, ni Charron, & peut-être se feroient-ils une peine d'y toucher. Tout devient difficile & embarrassant, & tous ces incidents retardent un travail de la celerité duquel dépend le salut public. »[181]

Le forçat peut parfois représenter une charge et un danger, ainsi que le souligne Pichatty de Croissainte : « Ils sont dépourvûs de tout, il faut les chausser, &

---

[181] Bertrand, *Relation historique*, p. 234 et s.

cela dans tems qu'on n'a ni souliers ny pas même seulement un Cordonnier dans la Ville ; il faut les loger & nourrir, & personne ne veut ni recevoir ni approcher, ni communiquer avec des Forçats Corbeaux de pestiférés, il faut être jour & nuit à les garder à vûë. »[182] En outre, Antrechaus relève que les forçats chargés de l'enlèvement des morts s'emparent de leurs vêtements et « travestis en vrais citoyens, n'eurent plus à contester que sur la valeur des hardes dont ils s'étoient parés ».[183]

Ces hardes suscitent une vigilance accrue car les autorités sont conscientes qu'elles peuvent véhiculer la peste, si bien qu'on considère que les forçats profitent de l'état de peste et s'y complaisent volontiers. C'est peut-être aller un peu trop loin, car on connaît la très haute mortalité de l'emploi. Pourtant, les relations de peste n'hésitent pas défendre cette thèse. Papon affirme très clairement :

> Les forçats surtout contribuèrent beaucoup à entretenir et à répandre la peste par les effets qu'ils volaient et qu'ils cachaient ; ils se revêtaient du linge et des habits qu'ils trouvaient sur les pestiférés ou dans leurs chambres, et il n'était pas rare de voir le soir avec du linge blanc, et bien vêtus, assis sur les tombereaux, à côté des cadavres, ces mêmes hommes qu'on avait vus le matin tous nus ou couverts de haillons.[184]

Les tentations de pillage sont grandes pour ces forçats dans la mesure où l'impunité est quasiment assurée, l'appareil répressif habituel n'étant plus aussi efficace. Cette tendance au vol et à l'exaction est déjà attestée à Milan au XVIIe siècle avec les *monatti* (terme italien désignant les corbeaux). À Marseille, les corbeaux commettent des actes abjects tels que jeter des agonisants à côté des cadavres dans les tombereaux, ou mettre à sac des maisons entières.[185] Les échevins de Marseille éprouvent de la difficulté à maîtriser le peuple en temps d'épidémie et par-dessus tout redoutent « les canailles » qui cherchent à tirer des bénéfices d'une situation dramatique. Ainsi, le premier échevin Jean-Baptiste Estelle et l'échevin Audimar écrivent :

> Dans ce tems de calamité ou tous nos principaux habitans sont sortis de la ville, et quil ne nous reste que la populace composée d'une infinité de canailles ou de malfaiteurs, il est tres important de pouvoir la contenir, et d'empecher qu'on n'enfonce et pille les maisons, et quon ne se porte meme a des seditions et a des revoltes ; nous eumes le bonheur Monseigneur d'en

---

182 Croissainte, *Journal abrégé*, p. 49.
183 Antrechaus, *Relation de la peste*, p. 202 et s.
184 Papon, *Relation de la peste de Marseille*, p. 70. Sur ce point, voir également p. 75 : « Une chose qui n'était pas aisée à découvrir, c'étaient les hardes que les corbeaux, ou les gens sans aveu, avaient volées dans les maisons des pestiférés. Comment découvrir ces larcins, sur lesquels ils fondaient le bonheur de leur vie ? Si on ne les découvrait pas, comment pouvait-on demeurer avec sécurité dans une ville, où l'on savait que le foyer de la peste n'était pas encore détruit ? »
185 Delumeau, *La peur en Occident*, p. 127.

> arreter une dernierement et quelque attention que nous ayions a faire donner toute la subsistance necessaire aux pauvres, on ne peut pas les contenter si bien quils ne murmurent toujours, et quils ne soient en etat a la moindre occasion de tout entreprendre.[186]

Ces forçats ne se contentent pas de piller les maisons des pestiférés. Le sieur Fabre, parti à la campagne, écrit aux échevins de Marseille pour se plaindre de l'exploitation de sa maison par les forçats. Le rentier de ses prés l'a informé que les échevins ont fait un cimetière attenant à sa maison et que les forçats se sont logés dans sa demeure. « Voila mon jardin abandonné et je me trouve privé de ma rente » déplore-t-il.[187]

Ces multiples témoignages dépeignent le forçat comme un personnage peu recommandable qui ne renie pas son passé de criminel. Néanmoins, ces mêmes sources soulignent la dette de Marseille envers les forçats, ce qui tend à les héroïser. Bertrand n'est pas avare en reconnaissance. Il affirme que Marseille « doit à ces Malheureux une partie de sa delivrance : quelques miserables qu'ils soient, les services qu'ils nous ont rendus n'en sont pas moins importants, & nôtre reconnoissance n'en doit pas être moindre ».[188] Pour cela, il remercie la providence « qui a voulu nous faire trouver un nouveau sujet d'humiliation dans la necessité, où nous avons été de nous servir si utilement de ce qu'il y a de plus vil & de plus méprisable dans cette Ville ».[189] Fort de son recul par rapport à la peste de 1720, Antrechaus constate que les galères sont souvent éloignées d'une province touchée par la peste, si bien que les prisons devraient être ouvertes pour que les criminels puissent se rendre utiles à la collectivité. « Car la mort d'un scélérat est bien précieuse à conserver lorsqu'il doit la perdre au service des pestiférés », affirme-t-il.[190] L'idée utilitariste que les forçats, en dépit de leurs actes passés condamnables, peuvent encore profiter à l'intérêt général, est ici extrêmement forte. Leur mort devient en quelque sorte un moyen de rachat.

7.2.4 L'avenir des forçats-corbeaux

Beaucoup de forçats meurent à l'ouvrage, mais qu'en est-il des survivants et de leur libération ? On a pu chiffrer plus haut qu'environ un tiers des forçats mobilisés obtiennent libération. Mais cette libération pose certaines conditions. Le

---

186 BNF, 22930, lettre du 26 août 1720.
187 AMM, GG 425, lettre du 12 août 1720.
188 Bertrand, *Relation historique*, p. 337.
189 Ibid.
190 Antrechaus, *Relation de la peste*, p. 196.

Conseil de Marine écrit que les forçats «tant ceux qui ont desja esté renvoyez, que ceux qui doivent l'estre, joüiront de leur liberté purement et simplement», mais il demande toutefois «de ne retenir que ceux d'entre eux qui marqueront desirer de passer aux isles volontairement».[191] Il semble en effet d'usage dans l'Ancien Régime que les forçats quittent leur lieu de galère après la libération. Une ordonnance de 1714 (donc bien avant la peste) du marquis de Pilles, gouverneur de Marseille, et des échevins, fait d'ailleurs défense «à tous Forçats liberez des Galeres de rester en cette Ville & son Terroir sous quelque pretexte que ce soit, à peine d'être remis en Galere pour n'en pouvoir plus sortir».[192]

Les registres des galériens indiquent généralement la date de libération, mais il est fréquent que le forçat s'absente sans sa décharge de liberté. Il en est ainsi de François Durand (matricule 39442) : «Sa liberté luy estoit accordée par ordre du Roy en datte du 26 aoust 1721 pour avoir servy de corbeau a la Ville de Marseille et s'est absenté sans sa decharge de liberté.»[193] Il arrive également que le forçat soit libéré sans décharge, puis qu'il vienne la chercher par la suite. C'est le cas de Jean Paulet (matricule 39566), auquel la liberté a été accordée le 26 août 1721 pour avoir servi de corbeau à Marseille, qui s'est absenté sans sa décharge de liberté et qui pourtant s'est présenté par la suite pour se la voir remettre le 30 juillet 1726.[194] Ce cas est plus rare.

Dans les faits, on relève beaucoup de libérations, mais peu de décharges signées, ce qui dénote une certaine confusion par rapport à la libération des forçats dans la période post-épidémique. L'épidémie disparaissant progressivement, il est arrivé que certains forçats restent plus longtemps au service de la ville. C'est le cas d'Antoine Jauffret. Prétendument mort ou évadé, ce forçat a en fait été retenu à Marseille au service des pestiférés. Maurepas évoque son destin dans une lettre aux échevins. Il leur écrit à propos de Jauffret qu'il s'agit d'un «forçat qui avoit esté marqué dans le rolle de ceux prettez a la ville de Marseille pour servir de corbeaux, mort ou evadé, sur le temoignage que vous donnez qu'il existe, et qu'au lieu de s'évader il a tousjours continué de servir les pestiferez dans la ville, ou a remue les marchandises dans le lazaret jusqu'a la cessation du mal».[195]

La gestion des forçats par les échevins de Marseille n'est semble-t-il pas exempte de tout reproche. Elle est en tout cas largement critiquée par Barras de la Penne, premier chef d'escadre des galères, qui s'inquiète de l'avenir de ces forçats

---

191 AN, MAR/B/6/53, f° 31–32.
192 AMM, FF 157, ordonnance du 9 août 1714.
193 SHD, 1–O–105.
194 Ibid.
195 AMM, GG 436, lettre du 17 novembre 1723.

libérés, et écrit au Conseil de Marine pour se plaindre de la mauvaise gestion des échevins :

> Il y a deux articles dont l'execution nous inquiete, le plus considerable est celui des forçats corbeaux qui ont esté donnez a la ville de Marseille, que les Echevins n'ont pas rendus sous pretexte qu'ils leur estoient encore necessaires dans la ville, dont ils s'estoient chargez ; les nouveaux consuls disent qu'on ne leur a rien communique de ce qui s'est passé a cet egard, ils ont même donné des passeports a plusieurs de ces corbeaux depuis que les chemins sont libres, Mr Moustier ancien echevin en a mené un a Paris avec lui sans congé et sans avoir demandé sa liberté, de sorte qu'il manque environ 140 corbeaux de 239 qu'il devoit y en avoir ; on pretend même que les echevins ayant eü avis de Paris qu'on devoit les envoyer en Amerique, ils se sont hatez de donner de nouveaux passeports a plusieurs qu'ils employoient dans la ville sans faire reflexion aux ordres du Roy qui defendent a tout forcat libéré de partir, sans avoir une decharge en bonne forme.[196]

Les atermoiements autour de la libération des forçats sont donc bien attestés. Enfin, la contagion crée un déséquilibre entre Marseille et Toulon, si bien que Toulon demande en 1723 à Marseille de détacher une centaine de galériens pour compenser ses effectifs.[197]

7.2.5 Les portefaix

Une autre catégorie de personnes à mentionner est celle des portefaix. Si la vigilance face à la peste s'oriente, entre autres, sur les marchandises, il convient de s'intéresser à ceux qui les transportent jusqu'au lazaret, à savoir les portefaix. Contrairement aux corbeaux, leur action n'est pas propre au temps de peste mais s'exerce sur la longue durée. Ils participent aux pratiques de la vigilance sanitaire et auraient eu leur place dans la deuxième partie de cette étude. Néanmoins, il m'a semblé plus pertinent de les présenter dans un chapitre sur les acteurs oubliés de la peste.

Leur exposition à la maladie est très élevée, mais il est difficile sinon impossible de documenter précisément le rôle des portefaix dans la vigilance sanitaire. La littérature secondaire s'intéressant aux portefaix est pauvre et ancienne. Il faut dire que les sources sont peu loquaces en ce qui les concerne et que l'éclaircissement de leur rôle nécessite une recherche approfondie. Leurs noms ne sont par exemple jamais mentionnés dans les sources. Ils existent moins en tant qu'individus qu'en tant que vieille corporation, dont l'existence remonte très loin,

---

[196] AN, MAR/B/6/115, f° 6–7, lettre du 7 février 1723.
[197] Cros, Les installations du bagne de Toulon, p. 51.

(au moins au XIVᵉ siècle) mais qui ne reçoit une réglementation qu'au XVIIIᵉ siècle.[198]

Les portefaix forment le corps de métier le plus important sur le port de Marseille avec les pêcheurs de Saint-Jean. Pour être admis dans la société des portefaix (de son ancien nom confrérie Saint-Pierre), il y a certaines conditions : être marseillais de naissance, catholique et avoir une solide constitution physique. Leur travail est en effet harassant puisque leur tâche principale est de transporter sur leur nuque des caisses et des balles.[199] Sous Louis XIV, les portefaix tentent de s'arroger le monopole du transport de marchandises. Un règlement de 1704 fixe les tarifs de leurs travaux et ils jouissent dès lors d'une bonne réputation, si bien que Tavernier écrit : « Leur probité irréprochable, leur exactitude et leur bonne tenue leur avaient valu la confiance des messieurs du commerce. »[200]

Roger Cornu ajoute que l'admission des portefaix se fait en assemblée générale après enquête sur la vie, les mœurs et les sentiments religieux. Chaque année, quatre prieurs sont élus pour représenter la société et appliquer le nouveau règlement. Les portefaix sont en outre répartis aux trois points de manutention du port : la palissade de la Loge, la palissade Sainte-Anne et la palissade au blé.[201] Malgré l'abolition des corporations à la fin de l'Ancien Régime, la société des portefaix perdure jusque dans la seconde moitié du XIXᵉ siècle. S'opère alors une distinction entre les portefaix s'occupant de la manutention portuaire et les crocheteurs, ou robeirols, responsables de la manutention en ville. Les premiers sont considérés comme conservateurs et de bonnes mœurs, alors que les seconds sont vus comme des immoraux et des révolutionnaires.[202]

Les portefaix constituent donc un corps dynamique en relation étroite avec les circulations portuaires. Ils appartiennent à ce que Gérard Le Bouëdec appelle la « sphère paramaritime ».[203] Charles Carrière estime entre 600 et 700 le nombre de portefaix présents en permanence à Marseille, sachant qu'il y a généralement une vingtaine d'embarcations dans le port et que la durée du déchargement des na-

---

198 Nguyen, Les portefaix marseillais, p. 363.
199 Tavernier, La vie quotidienne à Marseille, p. 43.
200 Ibid., p. 44.
201 Cornu, Les portefaix et la transformation du port de Marseille, p. 186.
202 Ibid., p. 185.
203 Cité par Le Mao, Les villes portuaires maritimes, pp. 141–145. Le Bouëdec dresse une typologie des gens de mer qui se construit sur deux pans : d'une part, les gens embarqués dont les capitaines, les officiers, les matelots, les mousses, les chirurgiens, les écrivains ou encore le personnel d'entretien (charpentiers, calfats et autres) ; d'autre part, cette « sphère paramaritime » qui comporte le personnel des ports : officiers des amirautés, capitaines à terre, ouvriers et journaliers, personnel de manutention (dont les portefaix), personnel de gardiennage et personnel de construction navale et de réparation.

vires est estimée à une semaine.[204] C'est dans ce contexte qu'ils transportent des marchandises potentiellement pestiférées jusqu'au lazaret. En sont-ils conscients ? Cette menace est-elle intériorisée ? Les sources ne permettent malheureusement pas de répondre à cette question. L'expérience de 1720 atteste toutefois qu'ils sont particulièrement exposés parce qu'ils figurent parmi les premières victimes de la peste. Le 12 juin 1720 meurt le garde établi sur le *Grand Saint-Antoine*, puis le 23 juin c'est au tour d'un mousse du capitaine Chataud et de deux portefaix de tomber malades et de mourir dans le lazaret. La peste n'est pas encore reconnue par les autorités et continue à se répandre dans le lazaret. Deux autres portefaix tombent malades et meurent au début du mois de juillet, avant que ne soit enfin posé le diagnostic de peste.[205]

Puis, alors que l'épidémie se propage, les portefaix quittent leur fonction initiale pour aller garder des maisons et des magasins, ce à quoi veulent remédier le marquis de Pilles, gouverneur viguier, et les échevins : « Nous ordonnons a tous les portefaix tant de la ville que du terroir de quitter la garde des maisons et magazins des particuliers et de se rendre a la place de la loge pour y recevoir nos ordres, et charrier les blocs et autres marchandises et denrées necessaires. »[206]

Les portefaix ne sont pas uniquement des transporteurs de marchandises, mais ils sont aussi responsables de leur mise en purge. Avant 1730, c'est au bureau de la santé d'assurer leur rétribution et de se faire rembourser ensuite par les propriétaires des cargaisons, puis dès 1730 c'est aux propriétaires de les recruter et de les rémunérer. Ils reçoivent une autorisation de pénétrer dans le lazaret après avoir été vus à nu et une fois leurs hardes inventoriées. Le capitaine des infirmeries désigne le lieu de résidence des portefaix, détermine l'emplacement des marchandises et le nombre d'hommes à affecter.[207] Il doit veiller à ce que les portefaix ne communiquent pas avec ceux des autres bâtiments. Pour éviter ce problème, Papon préconise une forme de surveillance panoptique des portefaix : « Il leur sera défendu de se rassembler dans un lieu où ils ne pourroient pas être vus par le surveillant. »[208]

La purge des marchandises comprend une phase d'aération de 2 à 6 jours appelée sereine, suivie par un séjour dans le lazaret. Les portefaix sont enfermés dans l'enclos des marchandises et défont les balles enveloppées de toiles dans lesquelles se trouvent les marchandises. Les textiles sont dépliés et aérés afin

---

204 Carrière, *Négociants marseillais*, p. 179.
205 Astruc, *Dissertation*, p. 64 et s.
206 AMM, FF 182, f° 117, ordonnance du 29 août 1720.
207 Hildesheimer, *Le bureau de la santé*, p. 46 et s.
208 Papon, *De la peste*, T. 2, p. 191. Papon est un des rares à consacrer un chapitre (le chapitre XVI de son œuvre) au rôle des portefaix. Le chapitre est transcrit en intégralité dans l'annexe 11.9.

d'évacuer les miasmes. Ce processus se fait dans différents enclos selon les patentes de santé afin de ne pas mélanger les marchandises suspectes et les marchandises sûres.[209] Un mémoire insiste sur le rôle central des portefaix dans la purge des marchandises, sujet d'une haute importance où le personnel doit être en suffisance :

> En 1739, MM. les intendants du Bureau de la santé, mandèrent les Prieurs des Portefaix, et leur observèrent que les cuirs mis à secher dans le lazaret, éprouvaient en cette opération des lenteurs préjudiciables à la marchandise, parceque six portefaix paraissaient s'être emparés de ce travail, qui exigeait au moins vingt hommes entendus dans la partie ; le corps remedia aussitôt à cet abus, et malgrè les efforts des six membres, qui en avoient profité et vouloient s'y maintenir, il désigna vingt portefaix pour suivre désormais ce genre de travail.[210]

Ce mémoire non daté réclame le rétablissement des statuts des portefaix et défend le corps de portefaix jugé indispensable aux exigences commerciales et sanitaires marseillaises : « Que de soins en effet, et que de probité ce service n'exige-t-il pas de la part des portefaix placés dans le lazaret ! et le commerce pourrait-il, à cet égard, se confier à d'autres hommes que ceux tenant à un corps recommandable qu'il a lui même créé depuis des siècles, et dont la fidélité à toute épreuve, et ainsi que l'aptitude lui est garantie. »[211] Poursuivant son éloge des portefaix, le mémoire établit un lien étroit entre leurs tâches et le bien commun : « Il serait superflu de rapporter toutes les circonstances où le corps des portefaix signala son zèle pour le bien public, et pour les intérêts du commerce. Son utilité ne saurait être mieux démontrée, que par ses propres statuts, sanctionnée par succession des tems, par l'Evêque de Marseille, par les lieutenans généraux de police, et par la cour du Parlement d'Aix. »[212]

Si la maladie de portefaix dans le lazaret en 1720 précède la dramatique épidémie qu'on connaît, il arrive qu'elle serve d'indicateur qui permette de circonscrire la peste au lazaret. La correspondance de Maurepas aux intendants de la santé de Marseille évoque cette vigilance interne au lazaret à l'été 1730. Le 28 juin, Maurepas écrit :

---

209 Panzac, *Quarantaines et lazarets*, p. 48.
210 AD13, 200 E 18, *Mémoire de l'ancien corps des Porte-faix de la ville de Marseille au nombre de sept cent douze membres, réclamant le rétablissement de ses statuts et Réglemens, renouvellés le vingt-sept juin mil sept cent quatre vingt neuf, et homologués le treize juillet de la même année par Arrêt de la Cour du parlement de Provence*, s. d.
211 Ibid.
212 Ibid.

J'ay receu, Messieurs, vostre lettre du 19 de ce mois. Le Roy a qui j'en ay rendu compte a appris avec peine l'accident arrivé dans le lazaret de marseille, ou deux portefaix sont tombez malades avec des marques qui ont l'apparence de peste ; quoy qu'il y ait lieu de se rassurer, tant sur ce qu'il n'est rien entré dans la ville, du v[aisse]au dont les marchandises ont occasionné cet accident, que sur les mesures que vous avez prises pour prevenir les suites.[213]

La suite de la correspondance indique une évolution heureuse de la maladie des portefaix. Sans préciser s'il s'agit bien de la peste, Maurepas est heureux d'apprendre que la maladie n'entraîne aucune suite fâcheuse pour la santé publique et que les marchandises qui ont provoqué leur maladie sont bien isolées.[214] Deux semaines après, Maurepas est informé de la complète guérison des deux portefaix et de la parfaite santé de tout l'équipage du vaisseau suspect. Il s'assure enfin de l'entière désinfection des marchandises.[215]

Les portefaix ont moins de visibilité dans les sources que les intendants de province ou les intendants de la santé. Néanmoins, ils sont un bon exemple d'acteurs sur lesquels repose la vigilance sanitaire. C'est en quelque sorte une responsabilité indirecte, dans la mesure où leur fonction première n'est pas de garantir la santé publique, mais bien de transporter les marchandises. Leur rôle dans la purge des marchandises les fait toutefois participer aux enjeux de santé publique. En raison des contacts étroits avec les marchandises pestiférées, les portefaix ont davantage de risque de contracter la peste ou une autre maladie suspecte. Ils deviennent alors à leur tour objets de la vigilance sanitaire. Leur état de santé individuel et leur enfermement dans le lazaret intéressent les autorités et il est fascinant de voir le secrétaire d'État de la Marine à Versailles s'informer régulièrement de l'évolution de la santé de deux portefaix marseillais. Ainsi, une figure d'apparence banale prend une importance extrême et devient un indicateur sanitaire à ne pas négliger.

7.2.6 La participation de la population : de la peste subie à l'action méritante

La participation du reste de la population à la lutte contre la peste est difficile à évaluer. Françoise Hildesheimer constate avec raison que les sources sur la peste sont essentiellement d'origine administrative et que le rôle des petites gens est très mal connu.[216] De manière générale, les sources nous permettent de dégager des

---

213 200 E 287, lettre du 28 juin 1730.
214 Ibid., lettre du 5 juillet 1730.
215 Ibid., lettre du 21 juillet 1730.
216 Hildesheimer, *La terreur et la pitié*, p. 99.

catégories d'acteurs très visibles[217] et des acteurs moins visibles, à l'image des portefaix et des forçats. Mais bien souvent, les sources n'abordent pas la participation de la population lambda à l'effort sanitaire.

Il n'existe aucun témoignage direct, contemporain aux événements, de l'action de la population face à la peste. Néanmoins, on dispose de quelques «Correspondance de particuliers» conservées aux archives municipales de Marseille sous les séries GG 424–425. Ces lettres, le plus souvent adressées aux échevins de Marseille, illustrent une prise de parole des particuliers sur des questions comme la santé individuelle et la surveillance des parents. C'est également un moyen de demander des nouvelles des gens de Marseille.[218] Certains écrits sont particulièrement émouvants tant ils reflètent l'impuissance de la population face au fléau. Ainsi, Louis Campon recommande ses enfants malades, sans aucun secours et très faibles. Il s'adresse en particulier aux échevins Moustier et Audimar pour en appeler à leur compassion et leur «conjure de faire attention a ses pauvres enfans et de leur faire donner le secours dont ils ont besoin».[219]

D'autres témoignages illustrent une forme d'inquiétude populaire visible dans le souci des proches dont on demande des nouvelles. Le frère Lazare Bouttier, observantin d'Antibes, cherche à savoir si sa famille est encore en vie et se plaint de n'avoir aucune nouvelle. Il donne l'identité de son père : Monsieur Bouttier, directeur de la manufacture royale des glaces de France à Marseille.[220] La marquise de Terras écrit de Toulon pour demander ce qu'est devenu l'avocat Martignon, son oncle maternel âgé de 94 ans. Elle relève que «come dans ce malheureux tems tout le monde s'informe des siens elle se flate que vous ne trouveres pas mauvais quelle en face autant etant lunique niece qui luy reste».[221] Les échevins apparaissent souvent comme l'ultime recours de ces particuliers. Cherchant à savoir ce que sont devenus ses enfants, Magdelaine Alliès met tous ses espoirs dans les échevins : «Vous estes les seuls messieurs de qui je puisse le mieux en apprendre des particularités.»[222]

Enfin, le caractère humain de ces lettres laisse parfois la place aux considérations économiques et successorales. Les cas sont multiples et les situations à traiter au cas par cas. M. Vallabrun, de Montpellier, demande aux échevins de

---

217 Les acteurs administratifs tels que les intendants et les échevins, mais aussi les médecins auteurs de traités de peste.
218 Voir l'inventaire : Clair, *Cultes. Instruction publique. Santé (1189–1807)*.
219 AMM, GG 424, lettre écrite à Aix le 27 septembre 1720.
220 AMM, GG 425.
221 Ibid.
222 Ibid. Dans le même registre, le sieur Sauvaire s'adresse aux échevins comme «peres communs du peuple».

faire mettre en sûreté des effets contenus dans les coffres du sieur Thomas, chirurgien, pour pouvoir les récupérer en temps voulu.[223] Le sieur Olivier souhaite récupérer les effets de feu son frère Louis Olivier, venu pour la foire de Beaucaire mais mort de la peste au logis de la Lune, à Marseille, le 13 septembre 1720.[224] Pierre Rainaud pense pouvoir prétendre à une succession et cherche à légitimer sa prétention.[225]

En outre, la participation féminine à la lutte contre la peste est évoquée par l'ancien lieutenant de l'Amirauté et historien de La Ciotat Louis Marin (né en 1721). Il souligne le rôle des femmes dans la protection sanitaire de La Ciotat, qui repoussent une garnison de soldats venus de Marseille soupçonnés de propager la contagion :

> Les femmes firent alors ce qu'ils [les officiers municipaux] ne pouvaient faire. Les unes armées de pierres, montèrent sur les murailles, les autres, chargées de leurs enfants, formèrent une barrière en dedans et en dehors des murs. On se vit forcer de capituler. Une d'elle proposa une condition qui fut acceptée. Elle exigea que les troupes fissent une quarantaine aux Capucins situés hors de la ville et dans des bastides voisines.[226]

À côté de ces témoignages directs qui dépeignent une population désemparée, inquiète pour ses proches et pour elle-même, on dispose de témoignages indirects à travers les listes de personnes méritantes pendant la peste. L'intendant de Provence Lebret dresse en effet un *Etat des personnes qui paroissent meriter des graces pour les Services qu'ils ont rendus pendant la contagion*.[227] Ce document juxtapose les grandes figures administratives à la population la plus banale. Ainsi, on propose que Jean Baptiste Guerin, qualifié de « l'un des serviteurs de la ville » et dont le comportement héroïque est loué (« la peste qu'il a eu ne l'a pas empesché d'agir toujours pour faire transporter les fournitures necessaires aux infirmeries »), touche de la ville 200 livres de pension en guise de récompense. Un autre document liste pas moins de 175 personnes méritant des grâces pour services rendus pendant la contagion suivant un classement par villes de Provence.[228]

---

223 AMM, GG 424.
224 AMM, GG 425.
225 Ibid. Il est le fils de la sœur de la femme décédée (madame Imberte Lespérance), dont le mari, soldat des galères, est également mort. Tous deux n'ont pas de descendant. Il demande des éclaircissements pour savoir s'il y a un testament.
226 Marin, *Histoire de la ville de La Ciotat*, p. 95 et s., ouvrage cité par Buti, *Colère de Dieu*, p. 235.
227 AN, G/7/1736, f° 9–11.
228 AN, G/7/1737, f° 8. Entre autres : Aix, Marseille, Toulon, Arles, Tarascon, Apt, La Seyne, Saint-Rémy, Lançon, Vitrolles, Pertuis, etc.

L'intendant Lebret propose en outre une gratification à ses subdélégués pour le bon travail effectué.[229]

À Montpellier, on envisage également de donner des récompenses aux personnes qui serviront la ville. Cette responsabilité revient au bureau de la santé qui doit convenir avec les différents acteurs concernés «de la Recompense justement deue a des personnes qui sexposent genereusement pour le salut de leur patrie».[230] Il est attesté que les dispositifs de peste montpelliérains impliquent la population. Les artisans et les marchands prennent en effet part aux échelons de micro-surveillance (les «sixains» et les «îlots») et sont inclus dans le bureau de la santé afin d'éviter les révoltes et de susciter l'adhésion.[231]

7.2.7 Le cas de la dénonciation

La première partie de cette étude a mis en lumière l'importance de la communication entre institutions afin de prévenir une épidémie et, en cas d'échec, de l'endiguer. L'information sanitaire transite ainsi par une pluralité d'acteurs liés à une intendance, une municipalité, un consulat ou un bureau de la santé. Mais qu'en est-il de l'information en provenance de la population? Les habitants d'une ville pestiférée sont-ils amenés à prendre part à la lutte contre la peste? Certaines catégories de personnes telles que les forçats et les portefaix ont joué un rôle évident. La population est appelée à agir également par le biais d'une prise de parole sous forme de dénonciation.[232]

La dénonciation est un procédé central des cultures de la vigilance. Deux *Teilprojekte* en font d'ailleurs leur principal objet d'analyse.[233] L'histoire de la dénonciation remonte à l'Antiquité et on considère habituellement que l'acte trouve son origine dans les réformes de Solon au VIe siècle av. J.-C. Dans ce contexte, chaque citoyen peut devenir accusateur public et obtenir des primes à la dénonciation. On parle de «sycophantes» pour désigner les dénonciateurs pro-

---

[229] AN, G/7/1734, f° 44–48.
[230] AD34, C 8137, *Projet de ce qui doit etre observé dans la ville*.
[231] Information tirée de la communication de Nicolas Vidoni «La population dans la vigilance face à la peste et l'autorité politique au début du XVIIIe siècle» lors de l'atelier «Vigilance et peste: la France face au fléau épidémique aux XVIIe-XVIIIe siècles» (Munich, 11–12.11.2021).
[232] Sur la dénonciation comme phénomène historique voir Ross et al., *Denunziation und Justiz*.
[233] Le *Teilprojekt* B02 «Denunziation und Rüge – Aufmerksamkeit als Ressource bei der Rechtsverwirklichung» analyse les rapports entre attention et dénonciation dans les villes allemandes d'époque moderne, et le *Teilprojekt* A06 «Bewertungsambivalenz im Whistleblowingdiskurs» se penche de manière spécifique sur des figures particulières de la dénonciation: les lanceurs d'alerte.

fessionnels motivés par l'appât du gain.[234] Depuis l'Antiquité, l'histoire de la dénonciation n'est pas linéaire et oscille entre valorisation et stigmatisation.[235] Sur ce point, il faut opérer une distinction entre dénonciation et délation. La seconde est une forme de la première qui obéit à des motivations méprisables.[236] Luc Boltanski relève en outre que la dénonciation porte sur une situation (une injustice par exemple), alors que la délation porte sur un individu.[237]

Sous l'Ancien Régime en France, la monarchie absolue met en place un système d'indicateurs pour s'informer des dires du peuple, ce qui favorise la dénonciation.[238] Si Furetière ne distingue pas encore clairement la dénonciation de la délation, L'Encyclopédie souligne que les deux termes renvoient au même acte, mais à des motifs différents. Le dénonciateur agit par attachement à la loi, alors que le délateur est mu par la méchanceté.[239] Ainsi, c'est la finalité de l'action qui est retenue comme critère de valorisation ou de stigmatisation. Jousse définit la dénonciation comme un « acte par lequel on déclare au Juge, ou au Ministre public chargé de la poursuite des crimes, qu'un tel délit a été commis, afin qu'il en fasse la poursuite, s'il le juge à propos ».[240] Il distingue en outre les dénonciateurs volontaires qui dénoncent de leur plein gré et librement des crimes à la justice, et les dénonciateurs nécessaires, officiers qui sont tenus de dénoncer les délinquants en fonction des devoirs attachés à leur office.[241] Sous la Révolution, la dichotomie dénonciation-délation est reprise et renforcée. La délation est méprisée, alors que la dénonciation est considérée comme un acte exemplaire de civisme républicain.[242]

Les sources sanitaires d'Ancien Régime évoquent moins des dénonciations directes que des appels à la dénonciation. Dans le domaine de la justice maritime, la dénonciation est souvent anonyme et se fait par dépôt de plainte auprès de l'intendant ou du commandant.[243] Dans le cadre de la lutte contre les épidémies de peste, les dénonciations anonymes sont attestées au Moyen Âge déjà. C'est le cas à Florence où, au milieu du XIVe siècle, la dénonciation anonyme pour non-respect du règlement de peste est encouragée.[244] Au XVIe siècle, les médecins et barbiers

---

234 Codaccioni, La société de vigilance, p. 83 et suivantes.
235 Briand/Lusset, Id est diabolus, p. 105.
236 Brodeur, Introduction, p. 7.
237 Boltanski et al., La dénonciation, p. 3.
238 Briand/Lusset, Id est diabolus, p. 100. Sur ce point, voir Farge, Dire et mal dire.
239 Sur les questions de définition, voir l'article : Lemny, Essais de définition.
240 Jousse, Traité de la justice criminelle de France, T.2, p. 56.
241 Ibid.
242 Colin, The Theory and Practice of Denunciation.
243 Berbouche, Marine et justice, p. 129.
244 Dinges, Pest und Politik, p. 305.

lyonnais doivent dénoncer ceux qui sont atteints ou suspectés de maladie contagieuse et, s'ils ne le font pas, risquent de perdre leur charge et leur état.[245]

Les sources évoquant une population qui communique sont rares. Jean-Baptiste Bertrand, lui-même médecin, témoigne d'insultes publiques de la population visant les médecins. La population «leur reproche hautement qu'ils grossissent le mal par l'indigne motif d'un sordide intérêt».[246] Cependant, les autorités préfèrent valoriser la possibilité de dénoncer une infraction au régime sanitaire. Une ordonnance de l'intendant du Languedoc Bernage retrouvée dans plusieurs archives municipales constate que les particuliers entreposent chez eux des marchandises prohibées, ce à quoi l'intendant veut remédier. Il ordonne alors aux négociants et autres particuliers concernés de déclarer ces marchandises devant ses subdélégués. Doivent être déclarés le lieu de résidence, les espèces, les qualités et les quantités des marchandises. En cas de non-respect, l'appel à la dénonciation est lancé. Le coupable est puni de 3 000 livres d'amende, dont la moitié est au profit du roi et l'autre moitié va au dénonciateur.[247] La dénonciation est alors perçue comme un acte civique nécessaire à la santé du royaume. Plus étonnant, Papon emploie à dessein le terme de délation qu'il voit comme un acte criminel mais néanmoins utile en temps d'épidémie :

> On sera surpris de me voir faire un devoir du plus bas et du plus odieux de tous les crimes, qui est la délation ; mais ici du moins elle n'a pour objet ni les discours qu'il est si facile de dénaturer, ni la pensée qu'il est si affreux de vouloir interpréter. Elle poursuivra seulement les voleurs ou les receleurs des hardes pestiférées ou suspectes, les gens mis en quarantaine et qui la violeront, les contrebandiers, ceux qui ayant la maladie bénigne, la cacheront pour n'être pas obligés de rester chez eux, ou pour n'être pas transférés à l'hôpital.[248]

La possibilité de dénoncer en contexte de crise sanitaire est bien attestée et l'acte est tout à fait valorisé. Les sources sont toutefois moins prolixes en ce qui concerne la pratique de la dénonciation.

En conclusion, ce chapitre a voulu croiser les acteurs traditionnels et les acteurs méconnus de la peste de 1720, dans le but d'intégrer toutes les catégories de personnes qui ont laissé des traces, plus ou moins visibles, de leur participation à la lutte contre la peste. Cette participation est le critère premier, l'héroïsation des uns et la diabolisation des autres constitue un phénomène secondaire. Parfois, le discours est ambivalent comme c'est le cas pour les corbeaux, dont on critique le

---

[245] Lucenet, *Les grandes pestes en France*, pp. 159–161.
[246] Bertrand, *Relation historique*, p. 57.
[247] Ordonnance notamment conservée dans les archives communales de Fontès, conservées aux AD34 : 103 EDT 54, ordonnance du 18 septembre 1720.
[248] Papon, *De la peste*, T. 2, p. 40.

caractère peu recommandable tout en louant leur sacrifice au bien commun. D'autres sont largement héroïsés à l'image de Mgr de Belsunce ou du chevalier Roze. Le rôle de la population et le lourd tribut payé par les portefaix à la maladie méritent également d'être soulignés. Ainsi, la lutte contre la peste a mobilisé l'ensemble des acteurs urbains qui, à différentes échelles, ont été les auteurs d'actions plus ou moins efficaces.

8 Les attitudes face à la peste

Après avoir étudié les acteurs de la peste, il s'agit désormais de mettre en évidence les attitudes face au fléau épidémique. Lorsque la peste sévit, des décisions sont à prendre rapidement et polarisent les acteurs : les autorités doivent-elles révéler la peste ou la dissimuler ? Faut-il fuir une région pestiférée ou y demeurer et s'enfermer ? Quelles sont les tactiques médicales et sanitaires concrètes à mettre en œuvre ? Comment gérer l'approvisionnement en temps d'épidémie ? Après l'épidémie, comment se déroule la phase de désinfection, et qu'en est-il du retour à une situation normale ?

8.1 Dévoiler ou dissimuler la peste ?

«On ne laisse pourtant pas de mettre des Gardes aux avenuës de cette ruë, d'en enlever les malades, de les transporter aux Infirmeries avec quelques personnes qui avoient eu avec eux une communication prochaine ; & pour ne pas allarmer le peuple, on ne fait ces expeditions que la nuit & à la sourdine.»[1] Ce témoignage de Bertrand est révélateur du silence des autorités municipales qui mettent tout en œuvre pour cacher la peste à la population. Cette forme de déni est symptomatique de la crainte que la peste perturbe l'ordre établi, tant au niveau économique que social. Chicoyneau légitime cette façon de procéder. Selon lui, «le soin de détruire les préjugés du public étoit une précaution judicieuse. La crainte est une maladie plus contagieuse que la peste, ses suites ne sont pas moins redoutables».[2]

Ce phénomène de déni en début d'épidémie n'est pas propre à la peste de 1720. Klaus Bergdolt a démontré que depuis la peste justinienne, les autorités ont tendance à considérer les épidémies naissantes comme anodines et à tergiverser consciemment avant de révéler publiquement la présence de la peste et les dangers qu'elle induit. La peste est largement sous-estimée à ses débuts par rapport à la panique, l'hystérie, la fuite ou tout autre comportement incontrôlé qu'elle peut provoquer.[3] Jean-Noël Biraben indique qu'au XVe siècle, la peste était généralement annoncée par criée et affiches, mais qu'aux XVIIe et XVIIIe siècles, les magistrats ne la publient que très rarement car ils privilégient la continuation du commerce et de leurs affaires personnelles. Il s'agit également de laisser à la cité le temps de

---

1 Bertrand, *Relation historique*, p. 48.
2 Chicoyneau, *Traité des causes*, p. 10.
3 Bergdolt, *Die Pest*, p. 70.

s'approvisionner pour éviter toute pénurie.⁴ Lorsque Toulouse et Montpellier sont frappées par la peste en 1629, celle-ci attaque d'abord 20 personnes « dont on cacha avec grand soin la maladie ».⁵

Ce silence pré-épidémique n'est pas uniquement du ressort des autorités. Le rôle des chirurgiens de peste ne doit pas être occulté à cet égard. À Marseille, lorsque la peste se déclare dans le lazaret, « Le Chirurgien des Infirmeries s'obstine à ne pas la reconnoître, & soûtient toûjours que ce n'est qu'une maladie ordinaire ».⁶ Face à la présence de bubons, les intendants commencent à douter des compétences du chirurgien et convoquent deux maîtres chirurgiens de la ville, le chirurgien Croizer, major de l'hôpital des galères, et le chirurgien Bouzon, pour son expérience dans le Levant. Tous deux déclarent finalement les malades morts de peste.⁷ Selon une autre source, le médecin Charles Peyssonnel père est le premier à affirmer la contagion, dont il fait lui-même les frais puisqu'il décède peu après. Son fils Charles Peyssonnel indique qu'il a averti les magistrats « sans être intimidé par les plaintes & les murmures de ses Concitoyens qui le traitent de Visionaire & de Radoteur ».⁸ Les événements lui donnent raison : « La Contagion qui augmenta de jour en jours, ferma la bouche aux Envieux & augmenta le zele de mon Pere pour le service des Malades & de ceux même qui avoient meprisé ses salutaires avis. »⁹

Les difficultés de diagnostic ou le refus de constater la vérité engendrent des atermoiements qui s'avèrent par la suite fatals. Entre les premiers cas de peste et le pic épidémique se déroulent plusieurs semaines durant lesquelles la peste se répand à bas bruit. Chicoyneau souligne la confiance aux débuts de la maladie, lorsqu'on pense qu'elle va être circonscrite aux infirmeries. Puis, la diffusion de la peste n'est pas linéaire : « Dans les commencemens le mal se montroit subitement, & sembloit s'évanoüir ; ces retours & ce calme alternatifs ramenoient la crainte ou ranimoient l'espérance ; mais les accidens qui se renouvelloient tous les jours, porterent la terreur dans tous les esprits. »¹⁰

De plus, cette logique du silence s'appuie aussi sur la population incrédule. Il convient de rappeler que la population provençale et languedocienne de 1720 n'a

---

4 Biraben, *Les hommes et la peste*, T. 2, p. 98.
5 Papon, *De la peste*, T. 1, p. 187 et s.
6 Bertrand, *Relation historique*, p. 35.
7 Ibid., p. 35 et s.
8 AD13, 1 F 80/20, *Lettre de Messieurs Peyssonnel à Son Excellence Monseigneur le Duc d'Escallone, Majordome, Major de sa Majesté Catholique à Madrid sur la Mort de Mr. Peyssonnel, Doyen des Medecins de Marseille*, écrite par Charles Peyssonnel le 19 février 1721.
9 Ibid.
10 Chicoyneau, *Traité des causes*, p. 9.

plus connu la peste depuis des décennies et que, si la conscience de l'éventualité de la maladie est bien présente chez les autorités, elle l'est certainement beaucoup moins dans la population. Dans une ville importante, la maladie à ses débuts est difficile à tracer. Papon relève que, dans le Levant, « il est très difficile de savoir, dans une ville un peu considérable, quand les gens du bas peuple en sont attaqués, parce qu'ils cachent le mal, et que leur obscurité les dérobe aux regards du public ».[11] On peut se demander quelles sont les sources de Papon lorsqu'il souligne ce silence des populations levantines. Il insiste sur ce point dans le cadre d'une argumentation sur les devoirs des consuls maritimes par rapport à la santé.[12] Il en va selon lui de la responsabilité des consuls, avec l'aide d'intendants et de chirurgiens, d'identifier la peste et de la communiquer. L'incrédulité et le déni des populations apparaissent également à Marseille. Bertrand décrit ce phénomène en opérant une analogie vétérotestamentaire : « On pourroit la [l'incrédulité des hommes] comparer à celle de ces hommes insensés, qui menacés d'un déluge prochain, & voyant construire l'Arche à Noë, s'en mocquerent, & ne penserent point à le prévenir par une semblable précaution, & par une conversion sincere. »[13]

Cette incrédulité de la population constatée par Bertrand est également admise par les acteurs eux-mêmes, à l'image du notaire Urtis qui livre son propre récit de la peste de Marseille dans lequel il admet avoir nié la contagion à ses débuts :

> Pour moi qui a été de ses incrédules, m'apuyant sur nos magistrats politiques qui auroient deu faire proclamer cette maladie et la manifester, je me suis tiré de mon office que le 22 d'août pour m'aller réfugier à ma bastide du quartier du Coronel près l'hermitage de Saint Suffren où j'ay resté avec ma famille jusqu'au douze d'octobre que j'en suis revenu avec cette pensée dans mon âme de me retirer au moment et le plutôt que je pourrois pour remplir mes fonctions. Je crois fermement qu'ayant eu ce désir pour l'utilité du public, mon Dieu m'a fait la grâce spéciale de me garantir de la mort, son sainct nom soit loué et bénit à tous les siècles des siècles.[14]

La difficulté à établir le diagnostic de peste transparaît dans les traités et relations de peste qui adoptent bien souvent le champ lexical du secret. Élément attesté des sociétés de la première modernité[15], le secret doit se comprendre comme une action de dissimuler des réalités par des moyens négatifs ou positifs. S'il est bien documenté dans les palais et à la cour, il existe aussi dans les hôtels de ville et

---

11 Papon, *De la peste*, T. 2, p. 149.
12 Ibid., chap. III, pp. 145–150.
13 Bertrand, *Relation historique*, p. 95.
14 Bertrand/Goury, Le récit de la peste de Marseille du notaire Urtis, p. 491.
15 Sur cette question, voir André/Castejon/Malaprade, *Arcana imperii*.

maisons communales, si bien qu'il faut l'envisager comme un phénomène social et communicatif.[16] La littérature imprimée de peste permet, de manière plutôt paradoxale, de mesurer la pratique dissimulatrice.[17] Les sources manient en effet volontiers le concept d'ennemi invisible, caché ou secret pour désigner la peste.[18] Ainsi, Papon la qualifie d' «ennemi caché, qui s'attache à presque tous les objets qu'il a une fois contaminés».[19] Dans la même veine mais cette fois de manière contemporaine aux faits, Goiffon use également de cette rhétorique : «Il y a plus de deux ans, que nous avons un secret ennemy qui nous menace & nous environne, il est d'autant plus à craindre, qu'il est invisible, & qu'il se tient caché dans des forts & des retranchemens, où il n'est pas facile de le découvrir.»[20] Pour exprimer la difficulté à saisir la peste, Jean Astruc emploie une autre métaphore et identifie la peste à «un Protée, qui prend mille formes differentes, & qui se cache sous les apparences des maladies Epidemiques simples».[21] Son caractère pernicieux réside dans le fait qu'elle ressemble aux fièvres malignes avec lesquelles on la confond, si bien «qu'on a vû de trés habiles gens s'y méprendre, avant que la peste fut suffisamment déclarée».[22] Manget soulève aussi ce point : la peste peut selon lui demeurer longtemps «cachée sous le masque» des dysenteries, fièvres et pleurésies et n'être reconnue que bien après.[23]

Si la pratique de la dissimulation lors des débuts de la peste semble généralisée dans l'Ancien Régime, c'est au niveau politique que la publication ou non des épidémies de peste se décide. De manière générale, les autorités semblent avoir tardé à publier la peste pour de multiples raisons : incertitudes médicales, crainte des désordres sociaux, refus de «scandaliser la ville et le commerce».[24] Comparant trois villes de peste françaises (Lyon en 1577, Montpellier en 1629 et Marseille en 1720), Élisabeth Belmas constate des errances systématiques : dissimulation des premières atteintes, incompétence des chirurgiens chargés du diagnostic, déni de

---

16 Kaiser, Pratiques du secret.
17 Wolfgang Kaiser constate l'abondance de la littérature normative sur le secret, mais l'absence de trace laissée par la pratique du secret. Il semble que la peste soit au contraire une situation dans laquelle le secret et la dissimulation ont laissé des traces concrètes, mais de manière surtout rétrospective.
18 Le concept d'ennemi invisible comme métaphore de la peste est déjà employé de manière analytique par Cipolla (Cipolla, *Contre un ennemi invisible*). Cette lecture se vérifie également au niveau historico-sémantique.
19 Papon, *De la peste*, T. 1, p. 338.
20 Goiffon, *Relations et dissertation sur la peste du Gévaudan*, préface.
21 Astruc, *Dissertation*, p. 15.
22 Ibid.
23 Manget, *Traité De La Peste*, p. 538.
24 Belmas, Pouvoir politique et catastrophe sanitaire.

celui-ci et rejet par la population des mesures de confinement.[25] Mais le cas de l'épidémie de 1720 est singulier dans la mesure où jamais la politique de dissimulation et de désinformation n'a été aussi marquée, la peste n'y étant jamais reconnue officiellement par les autorités.[26]

Un arrêt royal de septembre 1720, alors que Marseille fait face au pic épidémique avec environ 1 000 morts par jour, est symptomatique de cette politique de déni et critique les précautions prises par les parlements de province :

> Le Roy estant informé que le bruit de la maladie contagieuse dont la ville de Marseille est affligée ayant répandu la crainte et l'inquiétude, non seulement dans les provinces voisines, mais dans les lieux les plus éloignez, plusieurs parlements de ce royaume ont cru devoir rendre des arrests, où leur zèle pour la conservation des provinces de leur ressort les a porté à prendre des précautions surabondantes et capables non seulement d'augmenter l'allarme et la consternation dans le coeur des peuples, mais encore d'interrompre le cours ordinaire du commerce et de priver leur pays même, par un excès de prévoyance, des secours qui leur sont le plus nécessaires. Sa Majesté dont les veües s'étendent également au besoin de toutes les provinces de son royaume, a jugé à propos derenfermer dans un seul arrest toutes les précautions qui ont paru nécessaires et suffisantes pour empêcher d'un costé la communication du mal dont elle espère que la ville de Marseille sera bientost délivrée, pour conserver de l'autre la liberté du commerce entre les différentes provinces de son royaume et veiller également à leur seûreté et à leur abondance.[27]

Premièrement, l'arrêt ne reconnaît pas officiellement la peste puisqu'il est question uniquement de « bruit de la maladie contagieuse ». Ensuite, les précautions prises par les parlements sont tenues pour plus dangereuses que la peste elle-même, dans la mesure où elles augmentent la crainte, l'inquiétude et l'alarme. La médecine de l'Ancien Régime considère d'ailleurs que l'abattement moral et la

---

25 Ibid., p. 51. À Montpellier, en 1629, le médecin François Ranchin souhaite une publication rapide de la peste par le conseil de ville. Celui-ci refuse et préfère ne « pas alarmer pour si peu de choses », arguant des « nécessités de la ville et comme nous estions dénués d'argent et de moyens, qu'il n'y avoit aucune composition faicte et que [...] le malheur arrivant, nous n'aurions de quoy servir la ville et qu'estans surpris et tous les habitans s'enfuyans, nous resterions à la discretion de la necessité » (cité par ibid., p. 48).
26 Coste, *Représentations et comportements*, p. 587. Joël Coste avance comme facteur principal la responsabilité de Jean-Baptiste Estelle, premier échevin de Marseille et propriétaire d'une partie de la cargaison du *Grand Saint-Antoine*, dans le déclenchement de l'épidémie. Il émet l'hypothèse d'une entreprise de déni unique dans l'histoire de la peste en France. L'éloignement temporel avec les dernières épidémies de la deuxième moitié du XVIIe siècle joue certainement un rôle en ce sens.
27 Arrêt du Conseil du roi du 14 septembre 1720, cité par Hildesheimer, *Les parlements et la protection sanitaire du royaume*.

peur prédisposent à recevoir la contagion.[28] Enfin, les précautions sanitaires ne doivent en aucun cas se faire au détriment du commerce. À ce stade de l'épidémie, circonscrire le «mal» à la ville de Marseille paraît pour le Conseil du roi compatible avec la poursuite du commerce. Or, cette décision est ambivalente, dans la mesure où la poursuite du commerce peut difficilement se combiner avec la mise en interdit de Marseille, promulguée par le parlement de Provence le 31 juillet 1720.[29]

Les prérogatives du Parlement en matière sanitaire sont bien connues, et illustrées par les nombreux arrêts parus jusqu'en 1720.[30] L'arrêt du 14 septembre 1720 marque toutefois une rupture entre le roi et le parlement de Provence sur la manière de gérer la crise. Les parlementaires refusent l'enregistrement de cet arrêt, si bien que le parlement d'Aix se voit retirer sa juridiction sanitaire.[31] Ainsi, la question de la reconnaissance ou du déni de la peste, et les mesures qui en découlent, se jouent sur fond de dissensions commerciales et sanitaires entre Versailles et Aix.[32]

L'expérience de 1720 caractérisée par le déni de l'état de peste conduit dans les traités à un regard rétrospectif et correctif sur la publication de la peste. En effet, il est rare que les règlements de peste codifient les modalités de publication de la maladie.[33] Il n'existe donc pas de procédure idéale à suivre. Manget veut sans doute pallier ce problème lorsqu'il responsabilise médecins, chirurgiens et apothicaires dans la déclaration de la peste : «Les Medecins, Chirurgiens, & Apoticaires seront obligez tous les jours de raporter au Conseil de la Santé, l'état & le nombre de leurs malades, à peine de l'amande : & au cas qu'ils eussent soupçon de quelques-uns, ils en donneront avis ; avec défense de servir en cachette des malades de la contagion, sans les reveler, à peine de la vie.»[34]

Jetant un regard rétrospectif sur la catastrophe de 1720, Antrechaus intitule un chapitre de sa relation de peste *Observations sur une première époque de Peste. Nécessité de la déclarer. Inconvéniens qui résultent d'en supprimer la connoissance.*[35]

---

28 Delumeau, *La peur en Occident*, p. 117. Paracelse parle de levain de frayeur, tandis qu'Ambroise Paré insiste sur le nécessité d'avoir de la joie et de la bonne compagnie en cas de maladie.
29 Biraben, *Les hommes et la peste*, T. 1, p. 233.
30 Hildesheimer, Les parlements et la protection sanitaire du royaume.
31 Hildesheimer, La monarchie administrative, p. 307 et s.
32 Si lors de la peste de 1720 le pouvoir royal affirme sa tutelle sur les parlements, les revendications parlementaires ne s'arrêtent pas à ce stade-là. Au milieu du XVIIIe siècle, sous l'impulsion d'ouvrages comme *L'Esprit des Lois* de Montesquieu en 1748, le roi Louis XV doit affronter une rébellion intellectuelle de parlementaires et membres des élites. Collins, *The state in early modern France*, p. 212.
33 Belmas, Pouvoir politique et catastrophe sanitaire, p. 45.
34 Manget, *Traité de peste*, p. 96.
35 Antrechaus, *Relation de la peste*, chap. XI, pp. 73–76.

Antrechaus considère que la responsabilité de déclarer la peste revient aux consuls : « Les Consuls ne croyoient pas qu'il fût encore tems de déclarer la ville contaminée. Je pense qu'ils l'auroient dû. Mais leur silence joint à l'éclat d'un enlévement de trente-cinq personnes d'une même maison, & de deux morts assez promptes, fit tout l'effet d'une premiére déclaration. »[36] Premier consul de Toulon durant la peste et parmi les rares survivants des autorités municipales[37], Antrechaus est lui-même l'objet de sa propre critique et il reconnaît l'action trop tardive du pouvoir municipal. Néanmoins, sa critique est relativisée ensuite à partir d'un constat : les villes de Provence ont toutes attendu le dernier moment pour avouer être infectées.[38] Antrechaus dénonce les failles dans la circulation de l'information sanitaire, et reconnaît la nécessaire participation de la population à l'origine de la chaîne informationnelle.

Le drame de 1720 semble bien avoir ravivé la conscience du danger de peste et de la ponction démographique que cette maladie provoque sur une population très démunie face à sa propagation. Au tournant du XIXe siècle, lorsque Bonaparte rentre de la campagne d'Égypte, il contourne allégrement les directives sanitaires lui imposant de faire une quarantaine sur la côte méditerranéenne. Face à cet écart, les intendants de la santé de Marseille fustigent l'entreprise de dissimulation et souhaitent une publication de l'infraction (à défaut de devoir publier la peste qui n'a, fort heureusement, pas suivi cet incident) : « Il ne faut point, citoyens collègues, nous dissimuler ni passer sous silence l'intolérable et dangereuse atteinte qui vient d'être portée aux lois et règlements qui doivent préserver la France du terrible fléau de la peste et maintenir chez les nations européennes la confiance qu'elles eurent toujours pour nos mesures sanitaires. »[39]

8.2 Fuir ou rester ?

Une fois que la peste est déclarée, ou du moins que sa propagation ne fait plus de doute, se pose la question de l'attitude à adopter : fuir ou rester ? L'état de peste polarise à tel point que ceux qui restent apparaissent comme des héros et les fugitifs comme des lâches, du moins en ce qui concerne les autorités municipales

---

36 Ibid., p. 74.
37 On sait qu'il perd trois frères, une sœur et tous ses domestiques durant la peste. Meurent également les consuls Henri Marin et Gabriel Gavoty, les conseillers de ville Hyacinthe Tournier, Antoine Serre, Joseph Richard, tous les capitaines de quartier et trois des huit intendants de la santé. Vergé-Franceschi, 1720–1721 : la peste ravage Toulon, p. 62.
38 Antrechaus, *Relation de la peste*, p. 76.
39 Panzac, *Un inquiétant retour d'Égypte*, p. 277.

et sanitaires.⁴⁰ Mais qu'en est-il du reste de la population ? Quelle est l'attitude légitime à adopter ?

Le motif de la fuite en temps de peste est très ancien. Dans l'Ancien Testament, lorsque Dieu envoie en ville famine et peste, il est écrit que les rescapés fuient vers les montagnes en gémissant.⁴¹ La médecine antique marquée par les théories d'Hippocrate et de Galien fonde la théorie aériste, selon laquelle la peste est provoquée par un air corrompu, et, de ce fait, préconise la fuite. Cette recommandation est contenue dans le fameux précepte *cito, longe fugas et tarde redeas* (Fuis vite, loin et reviens tard), précepte que Galien lui-même a appliqué en se réfugiant à Pergame pour fuir la peste antonine.⁴² Dans *Le Décaméron*, œuvre majeure composée durant la peste noire, Boccace rédige cent nouvelles dans lesquelles il met en scène durant dix jours (d'où le nom *Décaméron* qui signifie «Livre des dix journées») dix jeunes gens de la haute société florentine qui fuient l'épidémie qui ravage la ville. Il s'agit cependant d'un privilège de riches qui possèdent une villa en dehors de Florence.⁴³ Le récit commence d'emblée par aborder la thématique de la fuite : «Il me paraît tout indiqué pour nous, conseille Pampinée au début de la Première journée, de suivre l'exemple que beaucoup nous ont donné et nous donnent encore, c'est-à-dire de quitter ces lieux.»⁴⁴

À l'époque moderne, la fuite de personnages célèbres devant l'irruption de la peste est bien attestée. Théodore de Bèze affirme avoir été pestiféré et avoir recouru à la fuite qui, d'après lui, a permis sa survie. Quant à Montaigne, il quitte son château et erre à travers la campagne.⁴⁵

Néanmoins, un regard critique commence à être porté sur la fuite. Dès le XVIᵉ siècle en Europe, la politique interventionniste des autorités publiques combinée aux premières théories contagionnistes réglemente des interdictions de fuir et oblige les autorités locales à faire face à la peste sur place.⁴⁶ Dans un article consacré à la thématique de la violence et l'abandon en temps de peste, Samuel Cohn aborde la problématique de la fuite, considérée comme manifestation de l'abandon.⁴⁷ Il constate un net recul de la fuite après la peste noire et souligne la

---

40 Voir notamment : AMT, 1 DOC 1328 : Maggio, les héros et les salauds, p. 21.
41 Ez, 7, 15–16.
42 Biraben, *Les hommes et la peste*, T. 2, p. 160 et s. Fred Vargas a repris ce thème dans le cadre d'un roman policier autour d'une mystérieuse annonce du retour de la peste qui sème la panique à Paris : Vargas, *Pars vite et reviens tard*.
43 Boccace, *Le décaméron*.
44 Cité par Delumeau, *La peur en Occident*, p. 110 et s.
45 Hobart, *La peste à la Renaissance*, p. 37.
46 Biraben, *Les hommes et la peste*, T. 2, p. 164.
47 Cohn, Plague violence and abandonment.

solidarité en temps de peste, à partir notamment de l'exemple d'Aix en 1580. Les soldats et marchands y maintiennent l'ordre, les hommes d'Église poursuivent leur service, les familles transportent leurs enfants et parents au cimetière de leurs propres mains en dépit du risque de contamination.[48] Ainsi, la fuite et l'abandon sont considérés comme contre-productifs et contraires au devoir de charité et de sacrifice véhiculé par les valeurs chrétiennes.[49]

Le recours à la fuite est attesté pendant la peste de 1720. Bertrand insiste notamment sur l'égoïsme de certains magistrats qui contraste avec l'héroïsme des autres : « Les Officiers de Justice, les Directeurs des Hôpitaux, les Intendans de la Santé, ceux du Bureau de l'Abondance, les Conseillers de Ville, & les autres Officiers municipaux, tout disparut, & les Echevins resterent seuls à la tête d'une nombreuse populace, avec leur Secretaire, & M. Pichaty l'Avocat leur Conseil ordinaire. »[50] Sur le recours à la fuite chez les religieux, Bertrand est quelque peu contradictoire : « Nous avons vû des Prêtres du Très-haut de toute sorte d'états frapés de terreur, chercher leur sûreté dans une honteuse fuite »[51] relève-t-il, tout en reconnaissant un nombre considérable de religieux enlevés par la peste. Mais plus loin, il porte un jugement bien plus flatteur sur les religieux, si bien qu'« il est plus réprehensible d'avoir reproché leur fuite à nos Curés, tandis qu'ils ont tous faits publiquement leurs fonctions, & que la plupart sont morts dans le glorieux exercice de leur ministere ».[52]

En tout cas, les attitudes semblent avoir été diverses. Parmi les servites de Marseille, huit meurent sur place et cinq trouvent asile dans les environs.[53] Quant à Papon, il qualifie de « lâches déserteurs de la cause publique » les intendants de la santé et les officiers municipaux qui sont partis[54], et mentionne que la plupart des religieux ont cherché leur salut dans la fuite.[55] L'évêque de Marseille, Mgr de Belsunce, reste dans sa ville. Un tel dévouement d'un évêque qui s'expose quoti-

---

48 Ibid., p. 51. L'histoire notariale permet de souligner le maintien des structures et la solidarité familiale en temps de peste. Pour Aix, voir Dolan, *Le notaire, la famille et la ville*, pp. 25–35. Selon Wray (Wray, *Communities and crisis*), les abandons de famille dans les chroniques médiévales et chez Boccace ne sont que des *topoi* littéraires, car les testaments de la cité de Bologne prouvent que les gens ont maintenu leurs postes, aidé leurs voisins et assisté leurs proches à l'heure de la mort. Selon Cohn, cette thèse du *topos* littéraire ne fonctionne pas, car le motif disparaît dans la littérature liée aux pestes postérieures.
49 Cohn, Plague violence, p. 55.
50 Bertrand, *Relation historique*, p. 91.
51 Ibid., p. 177.
52 Ibid., p. 371.
53 Borntrager, Les servites de Marie, p. 242 et s.
54 Papon, *De la peste*, T. 1, p. 295.
55 Ibid., p. 361.

diennement à la peste comporte un caractère exceptionnel, car généralement la fuite est privilégiée, comme le souligne Régis Bertrand.[56] Néanmoins, le courage de l'évêque ne semble pas s'être transmis au reste du clergé puisqu'après la mort d'un certain nombre de confesseurs, Belsunce lance un appel aux prêtres fuyards dont la présence à Marseille est impérative :

> La Contagion dont le Seigneur afflige depuis quelque tems cette ville nous ayant enlevé une grande partie des confesseurs tant séculiers que réguliers, qui avaient eu la charité et le zèle de se consacrer dès le commencement au service des malades, et ne nous en restant presque plus qui soient en état de leur administrer les sacremens les plus nécessaires, nous nous trouvons obligés, mes très-chers Frères, pour ne pas laisser les malades sans secours, et n'avoir pas la sensible douleur de les voir mourir sans sacremens, de rappeler ceux d'entre vous qui se sont retirés à la campagne pour y chercher leur sûreté et se garantir de la contagion.[57]

Belsunce préfère employer le ton de l'appel à la solidarité plutôt que celui de la réprimande, mais ne cache pas une certaine amertume à l'égard des fuyards, en les opposant aux confesseurs zélés et charitables qui ont rempli leur office au prix de leur vie. Pendant la rechute de 1722, la même situation se reproduit, mais Belsunce échoue à retenir les prêtres à Marseille, comme en témoigne Roux :

> Les prêtres et les religieuses qui ne se piquent pas d'être vrais soldats de Jésus-Christ, commencent à prendre la fuite les premiers et à se retirer dans les campagnes, le nombre en est si grand que l'Evêque craint de tomber dans le même cas de 1720 ; c'est-à-dire de voir périr les brebis de son troupeau sans secours, il tâche d'animer le clergé au combat par son exemple ; mais au lieu de produire l'effet qu'il se propose, la crainte où il met les prêtres de n'être bientôt plus les maîtres de leur sort, fait qu'ils deviennent tous les jours plus industrieux pour s'échapper furtivement.[58]

En ce qui concerne les spécialistes de la peste, Roux constate la fuite de la plupart des médecins et chirurgiens marseillais, si bien que des montpelliérains sont dépêchés sur place, suivis par des médecins de la Cour. Les médecins fuyards sont définitivement déchus de leur agrégation par les échevins, tandis que d'autres sont morts et d'autres encore sont malades.[59] Contrairement à la majorité des médecins montpelliérains qui sont anticontagionnistes, Jean Astruc prône une contagiosité

---

56 Bertrand, *Henri de Belsunce (1670–1755)*, p. 150.
57 *Ordonnance de M. l'Evêque de Marseille, pour obliger tous les Prêtres réguliers et séculiers de la ville de s'y rendre dans trois jours, à peine d'interdiction de la messe*, 2 septembre 1720, pièce n° 7, in Jauffret, *Pièces historiques*, p. 145.
58 Roux, *Relation succinte*.
59 Ibid., année 1720, chap. IX, § 5.

extrême de la peste, à tel point qu'il juge la fuite plus sûre et, considérant que Montpellier est trop près du foyer marseillais, il s'enfuit à Toulouse.[60] Outre les médecins, la fuite est également attestée chez les sages-femmes : « Comme toutes ont eü la lachetté de s'absenter, ou la cruauté de se renfermer depuis la contagion, sans vouloir aller preter leurs œuvres, et ministere, aux femmes travaillées des douleurs de lenfantement, ce qui a causé, et cause chaque jour de tres grands inconvenians dans le public »[61], le bailli de Langeron prend des mesures radicales et ordonne à toutes les sages-femmes et accoucheuses de la ville « de se retirer dans les vingt quatre heures dans leurs maisons, y retablir leur enseigne, et d'aller partout où elles seront appellées, preter leur office & ministere aux femmes en etat d'accoucher, a peine de la vie ».[62]

Du côté de la population, fuite et renfermement coexistent. La fuite est essentiellement l'apanage des riches (si on excepte les rares autorités qui demeurent sur place), qui disposent d'une bastide à la campagne et de moyens de subsistance, alors que les pauvres sont bien souvent condamnés à un renfermement urbain collectif.[63] Mais la fuite doit être entreprise avant la quarantaine générale qui, une fois décrétée, ne l'autorise plus ou uniquement sous des conditions strictes telles que les billets de santé. Il en est ainsi par exemple à Toulon, de même qu'à La Valette, où le conseil de ville décrète le grand renfermement au printemps 1721, obligeant les habitants à se confiner dans leurs demeures.[64] Une fois la quarantaine appliquée, un contrôle de la mobilité des individus se met en place et les fuites isolées d'habitants sont sévèrement réprimées. Une instruction de 1721 donne le pouvoir aux militaires de ramener les fuyards dans le terroir et de leur « casser la tête devant leurs compatriotes ».[65] Ce contrôle social se manifeste également par une volonté d'enregistrer la population, faisant des personnes non enregistrées des suspects par excellence.[66]

Les traités de peste abordent enfin la question de la fuite du point de vue théorique. Là aussi, les opinions divergent. Il y a d'abord la position fataliste, selon laquelle il est impossible d'échapper à la peste puisqu'elle est la manifestation d'une colère divine contre laquelle on ne peut lutter. Le père Maurice, capucin toulonnais, adopte totalement cette vision : « Eloignez-vous par la fuite, ou ren-

---

60 Dulieu, Jean Astruc, p. 119.
61 AMM, FF 182, f° 138, ordonnance du bailli de Langeron du 20 septembre 1720.
62 Ibid.
63 Hildesheimer, *La terreur et la pitié*, p. 49.
64 Buti, Structures sanitaires, p. 71.
65 Citée par Coste, *Représentations et comportements*, p. 430.
66 Milliot, La mobilité des personnes, p. 28.

fermez-vous dans des lieux inacessibles & imprenables, la Peste vous y suivra & finira en quelques heures votre vie sensuelle & déréglée. »[67]

Pour d'autres, la fuite a bonne presse. Ainsi, Pestalozzi la définit de préservatif naturel le plus sûr. Partir loin et revenir tard, tel est le credo du médecin qui s'appuie sur la tradition antique.[68] Manget abonde en qualifiant la fuite de « plus grand de tous les préservatifs », mais il nuance toutefois en fonction des responsabilités des acteurs sur place : « Mais cette fuite n'est pas possible à toute sorte de Personnes : Les uns étant arrêtes par la nécessité de leurs emplois, les autres par la situation de leurs affaires, les autres par l'âge, les autres, par leurs infirmités. »[69] Ces catégories de personnes doivent se retirer dans leurs maisons et éviter toute communication avec les pestiférés. En revanche, Antrechaus est beaucoup plus critique en ce qui concerne la fuite. Le titre du chapitre 3 de sa relation de peste (*Les fugitifs qui sortent d'une ville où est la Peste pour être reçus ailleurs à faire quarantaine, courent souvent plus de risques que s'ils n'avoient pas quitté leur domicile, & mettent la ville qui les reçoit dans un danger évident*[70]) est en lui-même une claire prise de position contre la fuite. Il la juge totalement contre-productive et imprudente : « Combien de familles ont trouvé leur perte dans leur fuite ? Qui peut dire si la Peste ne les auroit pas épargnées dans le lieu de leur résidence ? »[71]

8.3 La recherche du coupable

La recherche du coupable revient fréquemment lorsqu'une épidémie fait des ravages à travers la population. Elle participe d'une logique de suspicion, stigmatisation et rejet de l'autre qui sont considérés comme des invariants anthropobioculturels caractéristiques du phénomène épidémique.[72] Dans le cas de la peste, les malades ne sont pas les seules personnes concernées par la stigmatisation. En sont également victimes les personnes en contact avec les malades pour des raisons professionnelles, à l'image des médecins et des fossoyeurs qui sont parfois

---

67 Père Maurice, *Traité de la peste*, p. 3.
68 Pestalozzi, *Avis de précaution*, p. 86 et s.
69 Manget, *Traité de peste*, p. 264.
70 Antrechaus, *Relation de la peste*, pp. 16–20.
71 Ibid., p. 20.
72 La pandémie de Covid a été l'occasion de mettre en évidence ces constantes : Costeodat et al., 2020 en temps d'épidémie. Les auteurs ajoutent à la stigmatisation le rapport à la mort (affrontement ou fuite), les rapports complexes à l'alimentation (peur de la pénurie) et les croyances et rituels.

considérés comme des semeurs de peste.[73] Avec Jean Delumeau, on peut retenir trois explications formulées autrefois pour expliquer la peste : l'interprétation savante (corruption de l'air ou contagion), l'interprétation religieuse (manifestation de la colère divine qu'il s'agit d'apaiser en faisant pénitence) et enfin l'interprétation de la foule, qui considère que des semeurs de peste répandent volontairement la maladie et qui préconise de les punir.[74] « Nommer des coupables, c'était ramener l'inexplicable à un processus compréhensible. C'était aussi mettre en œuvre un remède en empêchant les semeurs de mort de continuer leur œuvre néfaste », explique l'historien.[75]

Cette recherche du coupable s'insère dans une forme de crainte de l'altérité particulièrement marquée en temps de peste. Au milieu du XIVe siècle, les juifs sont accusés d'empoisonner les fontaines et les puits, thème qui s'évapore ensuite au XVIe siècle pour laisser place aux accusations contre les agents de la police de santé, les pauvres, les marginaux, les médecins, les parfumeurs, les adversaires militaires ou encore les fossoyeurs, qui sont accusés d'entretenir l'état de peste qui leur est profitable. Ils sont considérés comme des ennemis intérieurs pour lesquels la mort des autres signifie un accès privilégié à des biens vacants.[76] Les accusations *ad hominem* débouchent parfois sur des procès contre les semeurs de peste, comme c'est le cas à Milan en 1630.[77] À l'époque moderne, la violence orientée contre les responsables supposés des épidémies est plus fréquente que les émeutes ou émotions populaires.[78]

Dans le cas de la peste de 1720, le phénomène de recherche du coupable est aussi attesté mais s'oriente moins sur un coupable unique que sur des interprétations multiples quant à l'origine du fléau (si on excepte Jean-Baptiste Chataud, le capitaine du *Grand Saint-Antoine* qui a amené la peste à Marseille). Les explications religieuses placent la culpabilité sur la population elle-même ou sur des hérétiques qui, par leur comportement déviant, attirent la colère divine. C'est ainsi que Mgr de Belsunce considère les jansénistes comme responsables de la peste et consacre Marseille au Sacré-Cœur.[79] Quant aux juifs, ils sont discrets et peu

---

73 Jütte, *Krankheit und Gesundheit*, p. 153.
74 Delumeau, *La peur en Occident*, p. 129.
75 Ibid., p. 131.
76 Bercé, *Les semeurs de peste*, p. 85–94.
77 Farinelli/Paccagnini, *Processo*. Delumeau (*La peur en Occident*, pp. 133–135 et 362) ajoute d'autres exemples : 25 personnes sont traduites devant les tribunaux à Chambéry en 1572 ; 43 « bouteurs de peste » passent en jugement, dont 39 sont exécutés à Genève en 1545.
78 Coste, *Représentations et comportements*, p. 656.
79 Voir chap. 5.2.4.

nombreux, si bien qu'on ne songe pas à les stigmatiser.[80] Les corbeaux ne semblent pas avoir été stigmatisés non plus en tant que responsables de l'épidémie de 1720, mais sont accusés d'avoir profité du désordre épidémique en jetant des agonisants aux côtés des cadavres et en pratiquant des pillages.[81]

Lors de la diffusion de la peste d'une ville à l'autre, d'un village à l'autre, se pose la question du responsable de la propagation de la peste. Ainsi, le patron toulonnais Cancelin, qui se trouve à Bandol où des marchandises du *Grand Saint-Antoine* sont écoulées par contrebande, est accusé d'avoir amené la peste à Toulon[82]. De même, le paysan de Corréjac Jean Quintin (dit le Roustit) est à l'origine de la peste du Gévaudan suite à un contact avec un forçat échappé de Provence à la foire de Saint-Laurent-d'Olt.[83] Ces deux hommes à l'origine de la peste n'ont pas été traduits en justice puisqu'ils sont morts de la maladie très rapidement.

À Marseille, un mémoire anonyme donne le nom de certains fraudeurs à l'instar du capitaine Carré, un des passagers de Chataud, qui a fait entrer une serge en soie pour habiller une de ses filles et son épouse. La fille meurt peu après.[84] Mais les éléments ne semblent pas suffisants pour incriminer une personne particulière. Cependant, il faut bien un coupable à la peste de 1720, et le capitaine Chataud va faire les frais de cette logique. À son arrivée à Marseille, Chataud fait sa déclaration devant l'intendant semainier Charles-Joseph Tiran et reconnaît des morts à bord de son navire durant le trajet, mais omet l'escale au Brusc (rade entre Marseille et Toulon) effectuée du 4 au 10 mai 1720. Or cette déclaration est modifiée quelques jours plus tard. Le mot patente est raturé et il est indiqué que les gens de l'équipage qui sont morts, tant en route qu'à Livourne, sont morts de mauvais aliments.[85] Quant à l'escale au Brusc, elle ne s'est pas faite après le passage du navire à Livourne. Le navire, une fois arrivé au Brusc, a changé de cap et est reparti pour Livourne où il a obtenu le diagnostic de fièvre pestilentielle, qui exorcise par conséquent la peste bubonique. Ce non-sens commercial est extrêmement suspect et accable les armateurs propriétaires de la riche cargaison du navire.[86]

---

80 Carrière et al., *Marseille ville morte*, p. 200.
81 Voir chap. 7.2.3.
82 Antrechaus, *Relation de la peste*, pp. 66–68.
83 Astruc, *Dissertation*, pp. 67–70.
84 Carrière et al., *Marseille ville morte*, p. 220.
85 Goury, *Un homme, un navire*, pp. 98–100. Michel Goury souligne qu'il est très rare que les dépositions soient raturées après coup.
86 Carrière/Courdurié, Un document nouveau sur la peste de Marseille. La cargaison valait 100 000 écus et devait être écoulée à la foire de Beaucaire quelques semaines après.

La question des responsabilités dans l'introduction de la peste de Marseille est complexe et, d'après les spécialistes de la question, plusieurs catégories d'individus se partagent cette responsabilité. Parmi les armateurs intéressés à la cargaison figure Jean-Baptiste Estelle, premier échevin de Marseille qui aurait fait pression pour que la quarantaine soit brève à l'approche de la foire de Beaucaire.[87] En outre, les intendants de la santé n'appliquent pas le règlement qui prévoit, en cas de morts durant le trajet, une quarantaine automatique à l'île de Jarre. Or, le bureau de la santé qui prend d'abord cette décision le 29 mai revient dessus le 3 juin car il y a «suffisamment de place dans les halles du petit enclos des Infirmeries». L'ensemble des marchandises du vaisseau fait donc sa purge au lazaret. Elles seront finalement par la suite envoyées à l'île de Jarre, mais le mal est fait.[88] Il faut également savoir que les intendants de la santé sont souvent eux-mêmes négociants. Par leur mode de recrutement, ils sont dépendants du pouvoir municipal et des négociants. De plus, ils remplissent leur tâche durant une année, un manque de continuité propice aux négligences.[89]

En considérant ces multiples collusions, les auteurs de *Marseille ville morte* proposent de voir une responsabilité qui va au-delà des hommes et jugent le système sanitaire dans son ensemble.[90] Dans cette même lignée, Gilbert Buti voit «un mélange d'imprudence, d'ignorance, de complicité et d'irresponsabilité, guidé par la raison d'être du négociant : la recherche du profit».[91] Quoi qu'il en soit, il faut un responsable et c'est finalement le capitaine Chataud qui, seul, est désigné coupable de l'introduction de la peste dans Marseille. L'intendant Lebret veut obéir aux ordres du Régent en punissant Chataud et en brûlant le *Grand Saint-Antoine*. Après la fin de sa quarantaine, Chataud est enfermé au château d'If.[92] Il y reste 17 mois, enfermé, isolé, mais pas condamné. En 1722, il écrit un placet au contrôleur général des Finances de la Houssaye en insistant sur son innocence. Une procédure est ensuite menée, procédure qui, après étude des pièces, arrive à la conclusion que les reproches faits à Chataud sont faux. Il est finalement acquitté et libéré, «responsable mais pas coupable».[93]

---

87 Carrière et al., *Marseille ville morte*, p. 246.
88 Ibid., p. 214.
89 Ibid., p. 226. Les abus dans le lazaret sont monnaie courante. Bien souvent, le lazaret apparaît comme un lieu de transgression où le principe de non-communication est régulièrement violé.
90 Ibid., p. 233.
91 Buti, *Colère de Dieu*, p. 62.
92 Goury, *Un homme, un navire*, p. 129 et s.
93 Ibid., pp. 165–170.

8.4 Soigner la peste : la vigilance médicale

Quelle est l'attitude médicale adoptée par les populations d'Ancien Régime face à la peste lorsqu'elle fait rage ? Comment faut-il se comporter vis-à-vis des malades ? Existe-t-il des remèdes anti-peste ? La fuite dont il a été question plus haut est considérée comme un remède. Papon relève que les Italiens la désignent sous le vocable de « pilule aux trois adverbes » et la conseillent de préférence aux autres remèdes.[94] On trouve parfois dans les traités de peste une forme d'impuissance face à la peste, si bien que la fuite et la quarantaine apparaissent comme seules solutions viables. Il ne s'agit dès lors pas de guérison du malade, mais de préservation des personnes encore saines. De ce point de vue, le malade est condamné d'avance. Fournier s'inscrit dans cette logique pessimiste : « La Peste ne sauroit être assujettie à une méthode générale, ni à un traitement suivi ; on ignore entièrement les routes qui peuvent conduire au succès ; cette terrible maladie est si éloignée du caractere de toutes les autres fievres, que les remedes si heureusement employés pour combattre ces dernieres, perdent toute leur vertu & leur efficacité dans celle-ci. »[95]

Pestalozzi reconnaît une hiérarchie des remèdes : d'abord Dieu, qu'il qualifie de plus grand préservatif, puis la fuite qui est le préservatif naturel le plus sûr, et seulement après sont évoqués les moyens politiques et médicaux.[96] En ce qui concerne les remèdes, la méthode est empirique : c'est l'expérience qui fonde la validité d'un remède et sa transmission de génération en génération. Chicoyneau mentionne « les Elixirs & autres préparations alexiteres qui nous ont été communiquées par des personnes charitables & attentives au bien public ».[97] De même, Helvetius reconnaît son manque d'expérience personnelle relativement à la peste, ce qui est le cas de tous les médecins à une époque où la peste a perdu son caractère endémique.[98] En revanche, il relève ensuite : « Si j'avois une Relation

---

94 Papon, *De la peste*, T. 2, p. 17 et s. Les trois adverbes sont vite, loin et tard.
95 Fournier, *Observations*, p. 124 et s. Pour Fournier, l'ignorance face à la peste est le point crucial. Trop de facteurs tels que la nature du venin, la matière qui le forme, son action particulière sur les vaisseaux et les humeurs demeurent flous, si bien qu'il est impossible de proposer des remèdes d'une efficacité déterminée.
96 Pestalozzi, *Avis de précaution*, pp. 85–87.
97 Chicoyneau, *Relations*, p. 13. D'après le médecin, l'efficacité de ces remèdes n'est toutefois que partielle : « [...] mais la même expérience nous a convaincus que tous ces remedes particuliers, n'étoient tout au plus utiles qu'à remedier à certains accidens, tandis qu'ils étoient souvent contraires à beaucoup d'autres, & par consequent incapables de guerir un mal caracterisé par nombre de divers symptômes essentiels ».
98 « [...] je ne m'étois jamais trouvé dans le cas de la traiter : non plus que les autres Medecins qui éxercent actuellement en France » : Helvetius, *Remèdes contre la peste*, p. 2.

éxacte des accidents de la Peste de Marseille, je pourrois y appliquer les Remedes employez par feu mon Pere.»[99] Il souhaite ainsi conjuguer l'expérience paternelle avec l'événement contemporain de la peste de Marseille pour trouver les remèdes les plus efficaces.

La littérature imprimée de peste offre également une place de choix aux remèdes médicaux, et critique la passivité face à la maladie. Il s'agit pour la médecine d'Ancien Régime d'entrer dans un combat face à la peste. Dans son traité, Philippe Hecquet insiste sur la nécessité d'avoir une attitude volontariste et de ne pas se laisser vaincre par une peste subie :

> La principale attention de la Médecine doit être donc d'enlever des esprits des peuples, cette pensée desesperante, que la peste est un mal inconnu, incurable, & au dessus de toute sagesse & toute habileté, allencontre duquel tout remede est impuissant, si cruel enfin qu'il enleve les hommes par milliers : il faut au contraire assurer hardiment, comme il est vrai, que cette maladie n'est incurable, que comme l'on dit d'une forteresse qu'elle est *imprenable* ; car comme avec de la bravoure, du temps & de la conduite, on vient à bout de s'emparer de quelque forteresse que ce soit, on réüssit à guérir de la peste avec de l'attention, du courage & de l'habileté, [...].[100]

Même son de cloche chez les Canadelle, chirurgiens de père en fils, qui près de cent ans avant la peste de Marseille, critiquent déjà l'impuissance face à la peste. Dans leur préface, il est souligné au sujet de la peste qu'elle ne laisse généralement pas le temps d'obtenir des soins et que «ce venin estait si prompt, ou pour le moins si contagieux, que difficilement est il repoussé, & rarement trouve on des personnes qui sçachent ou veuillent entreprendre la cure de celui qui en est affligé, lequel mourra plus par faute de secours, que par la grandeur de la maladie, qui ne se rend mortelle que par le defaut de remedes».[101] Constat étonnant lorsqu'on connaît la mortalité de la peste à l'époque moderne et l'échec fréquent des remèdes prodigués. Les auteurs justifient la suite du traité censé fournir des remèdes efficaces capables de faire baisser la mortalité.

Parmi les remèdes humains face à la peste, les sources distinguent le plus souvent les préservatifs (qui sont censés empêcher la maladie de se produire) et les remèdes curatifs (qui ont pour mission de la soigner).

Parmi les moyens préservatifs, Papon mentionne en premier lieu la vigilance et le bon ordre, qualifiés de «remèdes les plus puissans contre la peste».[102] Un

---

99 Ibid.
100 Hecquet, *Traité de la peste*, p. 17 et s.
101 Canadelle/Canadelle, *Traicté de la peste*, préface.
102 Papon, *De la peste*, T. 1, p. 300 et s. Il prend l'exemple du confinement particulièrement efficace dans les galères qui a empêché la peste de s'y répandre.

mémoire montpelliérain préconise avant toute chose de s'isoler, de ne fréquenter personne et de faire tuer tous les chats et chiens d'une maison, se fondant sur l'idée que «ces animaux apportent la peste sans la prendre».[103] Lors d'une visite à un pestiféré, plusieurs principes stricts sont à respecter : éviter le souffle du malade, ne pas avaler sa salive lorsqu'on se trouve à proximité de lui, tenir un réchaud avec des charbons allumés ou encore parfumer trois fois par jour la chambre du malade. Après la mort du pestiféré, la chambre doit être démeublée et les paillasses brûlées.[104] En outre, le vinaigre est généralement recommandé pour se prémunir contre la peste. Les dépêches qui arrivent au bureau de la santé sont d'ailleurs plongées dans du vinaigre avant d'être lues. Un vinaigre particulièrement utilisé est celui dit «des quatre voleurs», dont la recette est relativement complexe[105] :

> Recette du vinaigre des quatre voleurs
> Trois pintes de fort Vinaigre de vin blanc,
> Une poignée d'Absynthe,
> Une *idem* Reine-des-Prés
> Une *idem* graines de Genièvre,
> Une *idem* Marjolaine sauvage,
> Une *idem* Sauge,
> Cinquante cloux de Girofle,
> Deux onces racine de Nulle-campana,
> Deux onces Angélique,
> Deux onces Romarin,
> Deux onces Marube,
> Trois gros de camphre

D'autres préservatifs de la peste ont pour vocation d'exercer une action sur l'air vicié qui, selon la théorie aériste, est à l'origine de la peste. Ainsi, Pestalozzi propose un parfum pour préserver les maisons sans être nuisible aux personnes, recommande de faire des feux et donne la recette de parfums plus spécifiques (parfum pour les habits, parfum doux en cassolette ou en pastilles, torches à parfumer pour le dehors, amulette, liniment ou onguent préservatifs, etc.).[106] Le père Maurice s'inscrit dans cette logique et préconise l'usage de parfums, l'allumage de feux tant dans les rues qu'aux portes des maisons, et l'usage de thériaque (mixture médicamenteuse complexe de tradition antique) pour préserver le corps

---

103 AD34, C 8137, *Mémoire que Mrs Chicoyneau & Verny, Medecins à Montpellier, ont laissé à leur départ, à leurs Amis de Marseille, par rapport aux Maladies qui y regnoient.*
104 Ibid.
105 Buti, *Colère de Dieu*, p. 271.
106 Pestalozzi, *Avis de précaution*, pp. 120–135.

du venin pestilentiel. Il propose en outre trois sortes de parfums : le violent, le médiocre et le doux.[107]

Il semble que les autorités municipales aient été à l'écoute des conseils médicaux d'ecclésiastiques. En septembre 1720, donc au plus fort de la peste, les échevins de Marseille reçoivent ainsi de la part de l'intendant Lebret des *remedes, parfums et preservatifs du pere leon augustin dechausse contre la peste*.[108] Trois parfums à vocations différentes sont proposés. Le premier est un parfum très fort pour purifier les lieux, meubles et hardes empestés. On ne peut entrer dans la pièce que trois jours après la purification. Le deuxième est un parfum moyen pour purifier les maisons et les personnes soupçonnées de peste, sans obligation de les déloger. Enfin, le dernier est un parfum préservatif, censé purifier les maisons, personnes et hardes soupçonnées de peste, mais également propre à les en garantir.[109]

Outre les moyens préservatifs, les traités de peste mentionnent également des remèdes curatifs. Ces remèdes semblent s'être développés dès les débuts de la deuxième pandémie de peste au crépuscule du Moyen Âge.[110] À la fin du XVIe siècle, Ambroise Paré recommande déjà un certain nombre de remèdes à appliquer par l'extérieur, tels que des poudres aromatiques à porter sur soi pour chasser l'air pestiféré (à base de mélisse, romarin, absinthe, clou de girofle).[111] Une attention particulière est portée à la région du cœur, dont la bonne santé est censée permettre au corps de chasser le venin pestilentiel vers l'extérieur.[112] Manget préconise également de soigner particulièrement la région du cœur au moyen d'une «potion cordiale», composée de thériaque. Revigoré par la potion, le cœur du malade doit l'aider à évacuer le venin par les pores en provoquant de la sueur sur

---

107 Père Maurice, *Traité de la peste*, pp. 25–27.
108 AMM, GG 390 (désinfection). Sur ce point, on ne peut que regretter la disparition de la liasse GG 370, consacrée aux remèdes contre la peste.
109 Ibid. La composition des parfums est détaillée dans la lettre. On y trouve des poix résine, du souffre, de la poudre à canon, de la graine de genièvre, de l'antimoine, de l'arsenic, du camphre, de l'orpiment ou encore du cinabre.
110 Droz/Klebs, *Remèdes contre la peste*. Voir notamment *Le regime de l'epidimie et remedde contre icelle* de Johannes Jacobi (Jean Jasme) (1357), transmis par l'incunable imprimé par Guillaume Le Roy, à Lyon, vers 1476 ; deux exemplaires du *Remede tresutile contre fievre pestilencieuse* également de Jean Jasme (s. d.) ; *Le regime contre epidimie* de Thomas Le Forestier (1495) ; et le *Regime contre la pestilence* rédigé par les médecins de Bâle (après 1519).
111 Paré, *Traicté de la peste*, pp. 43–45.
112 Ibid., p. 46. Paré donne la recette d'un sachet fait pour le cœur : «sachet fait de roses rouges, violettes de Mars, feuilles de myrthe, escorce de citron, santal citrin, macis, cloux de girofle, canelle, saffran & theriaque : le tout concassé, incorporé, & arrousé de vinaigre bon & fort, & eaüe rose en esté, en hiver de bon vin ou malvoisie».

tout le corps ou par les émonctoires.[113] On parle ainsi de «remède sudorifique» par opposition au «remède purgatif» qui vise à éliminer la matière corrompue par voie intestinale ou orale.[114] Helvetius souligne que le sudorifique antipestilentiel est le remède le plus capable d'apporter la guérison puisqu'il favorise les charbons et bubons qui permettent d'évacuer la peste.[115] Cependant, il vante également les mérites de l'«essence emétique», vomitif propre à faire vider les humeurs crues et glaireuses.[116] En outre, il dresse un catalogue de remèdes dont certains prêtent à sourire. Il mentionne en particulier la *Teinture d'or*, sorte de mélange d'or en cornet, d'eau et d'huile de camphre qui a pour but de fluidifier le tissu sanguin pour pousser le venin au-dehors par la transpiration.[117]

Quant à la saignée, elle n'est pas préconisée en temps de contagion : il ne faut y avoir recours qu'en cas de nécessité urgente et sur un «corps fort gaillard et robuste».[118] Jean Astruc opère le même constat sur la base de l'expérience de la peste de Marseille : «Tout semble demonstrer qu'elle doit estre utile dans une Maladie comme la Peste, dont la Malignité consiste en des inflammations gangreneuses. Elle a cependant mal réussi en Provence : Mais aussi n'a-t-on pû l'y employer que sur des Agonisans, où elle ne pouvoit estre que pernitieuse ou inutile.»[119] Philippe Hecquet autorise la saignée, mais la réglemente très strictement. Si le malade est saigné avec trop de ménagement, le sang peut garder son impétuosité. Mais s'il est saigné trop tard, ses grands vaisseaux s'assèchent et s'affaissent, si bien que le malade s'affaiblit. Ainsi, la saignée peut selon lui être utile si elle est faite rapidement et sans épargner la quantité.[120] Si le moment est dépassé, il ne faut en aucun cas la pratiquer car «le sang penetré de venin a besoin de toute sa quantité & de toutes ses ressources pour se défaire & chasser de son sein un si dangereux hôte».[121]

---

113 Manget, *Traité De La Peste*, p. 250. Un émonctoire est une voie de sortie spécifique pour le venin pestilentiel. Dans le cas de la peste bubonique, le bubon remplit ce rôle. Il s'agit d'en faire sortir la matière corrompue en appliquant une ventouse. Une fois la ventouse ôtée, on applique un cataplasme ou un emplâtre.
114 Canadelle/Canadelle, *Traicté de la peste*, p. 34. Les Canadelle préfèrent les remèdes sudorifiques aux remèdes purgatifs, moins supportables par le malade.
115 Helvetius, *Remèdes contre la peste*, p. 41.
116 Ibid., pp. 22–25. Il regrette que les médecins marseillais n'aient pas mis en usage cette essence «quoique ce soit un des plus grands secours que l'on puisse procurer, dans les premieres attaques de la Peste».
117 Ibid., pp. 11–18.
118 Canadelle/Canadelle, *Traicté de la peste*, p. 34.
119 Astruc, *Dissertation*, avertissement.
120 Hecquet, *Traité de la peste*, pp. 95–97.
121 Ibid., p. 98.

Parfois, les remèdes ne s'attaquent pas à la peste elle-même mais sont censés agir sur les effets qu'elle induit, à l'image du remède contre la frénésie mortelle[122], de la cure du charbon pestiféré[123], de l'incision de la bosse et la cure de l'ulcère.[124] Au niveau alimentaire, il est recommandé de donner peu de nourriture au malade «afin de ne tailler trop de besongne à nature, qui ja est occupée à combattre la fureur du mal», et en particulier des viandes et aigreurs (orange, citron, grenade) qui résistent au venin.[125]

Enfin, l'état de peste déclaré est le cadre d'expérimentation de nouveaux remèdes et les connaissances obtenues sont véhiculées d'une région à l'autre. Papon a par exemple connaissance d'un remède employé avec succès à l'hôpital Saint-Antoine de Smyrne pour guérir de la peste. Ce remède consiste à faire des frictions sur tout le corps avec de l'huile tiède.[126] En temps d'épidémie, on sait que des remèdes circulent d'une ville à l'autre. Une délibération des consuls de Toulon illustre cette coopération entre municipalités. Les consuls d'Aix, alors en proie à la peste, en appellent aux autorités toulonnaises pour obtenir des secours. La ville de Toulon leur remet alors les médicaments dont ils peuvent avoir besoin. Sans en évoquer la nature, la délibération mentionne des «drogues quils ont demandes et quon a pu trouver dans notre ville».[127]

8.5 Tactiques urbaines

S'intéresser aux tactiques mises en place dans les villes pour endiguer l'épidémie, ou du moins diminuer sa circulation, semble être un bon moyen de mesurer les attitudes qui se déploient face à la peste. L'approche micro-historique de la peste par le biais de l'histoire urbaine a suscité un intérêt certain durant les 25 dernières années.[128] La contagion entretient en effet un lien fort avec les environnements urbains puisqu'elle y sévit particulièrement. Une véritable vie sociale de la peste se

---

122 Canadelle/Canadelle, *Traicté de la peste*, pp. 44–47.
123 Ibid., pp. 47–53.
124 Ibid., pp. 57–61.
125 Ibid., p. 62 et s.
126 Papon, *De la peste*, T. 2, p. 59 et s. «La friction doit se faire avec une éponge propre, et assez vîte pour ne pas durer plus de trois minutes. Elle sera faite une fois seulement, le jour où la maladie se déclare. Si les sueurs ne sont pas abondantes, on recommencera la friction, jusqu'à ce que le malade nage, pour ainsi dire, dans l'eau».
127 AMT, BB 81, f° 127–128. Délibération du 28 octobre 1720.
128 En ce qui concerne l'Italie, on peut mentionner deux études qui remontent même un peu plus haut dans le temps : Carpentier, *Une ville devant la peste* et Calvi, *Histories of a plague year*. Plus récemment : Stevens Crawshaw, *Plague hospitals*.

forge, marquée par de multiples modifications dans la structure urbaine (quarantaines, hôpitaux, cordons sanitaires, désinfection) et par des représentations visuelles de la peste (tableaux de saints intercesseurs, scènes urbaines de désolation). Terrain épidémiologique de la peste bubonique, l'espace urbain se modifie pour l'affronter.[129]

Les historiens ont démontré que la ville préindustrielle possède déjà une organisation politique suffisante pour mettre en œuvre des quarantaines, des hôpitaux et une assistance aux pauvres. Les mesures préventives existent déjà avant les Lumières, si bien que la fin de l'époque médiévale et la Renaissance ne doivent pas être considérées comme des époques d'inactivité face à la peste.[130] Mais au XVIIIe siècle, il existe un décalage entre le recul de la peste en Europe et la publication d'une abondante littérature de peste.[131] Daniel Gordon s'oppose à la thèse selon laquelle la quantité de littérature produite est proportionnelle aux effets des désastres vécus. Lorsqu'elle tend à disparaître, la peste devient selon lui un paradigme du mal, une force incontrôlable qui va à l'encontre de la rationalité des Lumières. Elle n'est plus admissible dans la ville.[132] Néanmoins, dans le cas de la France, la publication de la littérature imprimée de peste demeure largement corrélée aux vagues pesteuses, et le recul général de la peste ne donne que plus de visibilité aux épidémies qui se produisent encore.[133] En croisant les archives urbaines et les traités de peste, on peut identifier des tactiques urbaines pour faire face à la maladie : au niveau de l'autorité, la mise en place d'une police de peste avec un appareil administratif adapté ; au niveau de la population, le recours à de longues cannes appelées «bâtons de Saint-Roch» et aux billets de santé.

8.5.1 La police de peste

«Il ne saurait y avoir de médecine des épidémies que doublée d'une police», écrivait en son temps Michel Foucault.[134] Cette affirmation peut être vérifiée

---

129 Engelmann/Henderson/Lynteris, *Plague and the city*. Voir notamment l'introduction «The plague and the city in history» (pp. 1–17) où, avec une approche transhistorique et interdisciplinaire, les auteurs soulignent que l'histoire médicale de la peste n'est pas uniquement une histoire de la médecine mais peut être mieux évaluée par l'histoire urbaine, l'anthropologie et les études visuelles (p. 11). La ville semble être un espace idoine pour mesurer une culture de la vigilance.
130 Geltner, Public Health, p. 231 et s.
131 Gordon, The City and the Plague, p. 67.
132 Ibid., p. 69 et s.
133 Nombre de traités de peste paraissent d'ailleurs juste après l'épidémie de 1720.
134 Foucault, *Naissance de la clinique*, p. 48.

empiriquement dans la mesure où une police de peste a bien été mise en place dans les villes méditerranéennes françaises lors de la peste de 1720. L'État répond à l'épidémie par la nomination du bailli de Langeron à la tête de la ville de Marseille, le 4 septembre 1720, qui, avec les échevins de la ville, forme un pouvoir bicéphale à l'origine de la mise en place d'une police de peste.[135] Face à la contagion, l'impuissance médicale entraîne une forte préoccupation sanitaire qui se concrétise par cette police. Dans son *Traité de la police*, Nicolas Delamare insiste sur la double dimension de la police de peste : « Les soins de la police dans cette calamité publique, consistent en général à procurer aux malades tous les secours spirituels et temporels conformes à leur état ; et à ceux qui sont en santé, toutes les précautions qui leur sont nécessaires pour éloigner d'eux la maladie. »[136] Il s'agit ainsi tant de soigner les corps et les âmes que de protéger les personnes encore saines.

Les préoccupations sanitaires ne constituent qu'un secteur particulier de la police dont la définition à l'époque moderne est très englobante. Dérivée du mot grec *polis* (la cité), elle est définie par Delamare comme le gouvernement général d'un État ou un gouvernement en particulier (police civile, militaire et donc dans le cas présent sanitaire, etc.).[137] Les fonctions policières peuvent être principalement de trois types : établir des règlements, juger (peines légères comme des amendes pécuniaires et des simples corrections) et inspecter (vérifier le respect des règlements et maintenir l'ordre).[138] À l'époque moderne, la police est synonyme d'administration, fonctionnant comme un pilier de la monarchie pour assurer le bien commun.[139] Michel Brunet détaille les acceptions du terme : « [Le terme « police »] englobe [...] tout ce qui concerne la vie de la cité, toutes les règles du vivre ensemble, morale sociale et vie économique, gestion des communaux et pratiques culturales, etc. »[140] À Montpellier par exemple, un bureau de la police est fondé par Louis XIV en 1692, puis au cours du XVIIIe siècle, le fonctionnement de ce bureau se

---

135 Beauvieux, *Épidémie*, pp. 34–37. Le terme « police » est entendu ici dans le sens du *Dictionnaire de l'Académie française* comme un « ordre, règlement établi dans une ville pour tout ce qui regarde la sûreté et la commodité des habitans ».
136 Cité par Hildesheimer, *Fléaux et société*, p. 117.
137 Durand, *La notion de police*, p. 163 et s.
138 Ibid., pp. 172–192 pour un plus long développement sur ces trois attributions.
139 Vidoni, *La police des Lumières*, p. 10. La lieutenance de police de Paris est créée par un édit de mars 1667, puis en 1699 on constate une généralisation des lieutenants généraux de police dans le royaume. Le pouvoir de la police est vu comme un pouvoir dérivé du pouvoir royal, puisque les commandants de province signent également leurs ordonnances « de par le roi ». Le roi ne peut exercer la police lui-même et délègue son pouvoir à des lieutenants généraux de police, des intendants et des commandants.
140 Définition citée par Iseli, « *Bonne police* », p. 22.

perfectionne sous l'effet d'une formalisation et d'une meilleure tenue des registres, de la précision des rôles au sein du bureau et d'une professionnalisation partielle.[141] À Marseille, la police urbaine relève d'abord des consuls, puis des échevins qui, au XVIIIe siècle, sont également les lieutenants généraux de police.[142]

Pour être efficace, la police doit se déployer par la maîtrise territoriale. Catherine Denys a démontré le lien fort qui unit la police et le territoire sur lequel elle s'exerce au XVIIIe siècle, si bien qu'un découpage territorial adéquat est vu comme une condition nécessaire au bon fonctionnement policier.[143] Elle constate en outre une évolution de la manière d'envisager le territoire urbain. D'une forme autonome d'organisation territoriale au XVIe siècle, on passerait au XVIIIe siècle à une action policière manifestée par un contrôle des territoires (surveillance et nettoyage des rues, secours en cas d'incendie ou encore surveillance des lieux dangereux tels que les tavernes).[144] L'historienne aboutit à une conclusion qui nuance la vision foucaldienne purement disciplinaire et qui se rapproche d'une culture de la vigilance : la modernisation de la police est certes imposée par le haut, mais la base n'en est pas la victime passive, et réutilise la police à son profit.[145] Dans la même veine, Vincent Milliot constate que l'histoire de la police est longtemps restée tributaire de l'histoire des institutions et de la criminalité au détriment de l'histoire sociale de la police, des parcours professionnels et des pratiques des acteurs.[146] Dans la continuité des travaux de Paoli Napoli, il propose une lecture de la police comme réinvention permanente qui s'adapte à la société en mouvement en rationalisant les pratiques de gouvernement.[147]

Le cas de la peste permet de mesurer d'une part une spatialisation particulière de la police et d'autre part la mobilisation d'acteurs qui prennent place dans cette organisation spatiale. Dans les villes d'époque moderne, la spatialisation policière aboutit à un quadrillage par quartiers, si bien que l'espace n'est plus perçu de manière linéaire mais par blocs, qui permettent un contrôle plus approfondi.[148] Lors de la peste de 1720, cette méthode du quadrillage est largement utilisée. Sur la

---

141 Vidoni, Le territoire policier.
142 Beauvieux/Puget, Collecter pour ordonner. Un mémoire sur l'administration de Marseille de 1765 définit d'ailleurs la santé comme une des sept branches administratives avec le commerce, l'abondance, le privilège du vin, la justice distributive, la propreté et la sûreté de la ville.
143 Denys, La territorialisation policière, p. 14.
144 Ibid., p. 20 et s., et 35.
145 Ibid., p. 26.
146 Milliot, Mais que font les historiens de la police, p. 11.
147 Ibid., p. 15 et s. Voir également : Napoli, *Naissance de la police moderne*.
148 Gainot, Diversité des pratiques de police.

base de nombreuses ordonnances de police[149], Marseille est découpée en six quartiers supervisés par des commissaires particuliers (les « commissaires des isles ») qui secondent les commissaires et gardes de police ordinaires. Ils ont pour principale mission de ravitailler leur circonscription, de vérifier l'état du quartier et de surveiller les habitants, notamment en confinant les malades.[150] La police professionnelle et la milice bourgeoise sont maintenues, mais s'y ajoute la « police de peste » à laquelle participe la population.[151] D'autres mesures spatiales sont prises conjointement à la mise en place de cette police : fermeture des établissements publics, retrait dans les maisons individuelles et création d'hôpitaux de peste.[152] À Montpellier, la peste ne parvient pas à pénétrer dans la ville, mais une police exceptionnelle est néanmoins mise sur pied. Deux bureaux agissent de manière conjointe : le *bureau de police*, composé de 23 membres et de 6 consuls, et le *bureau de santé*, créé spécialement pour le temps de peste et composé en grande partie d'anciens membres du *bureau de police*. Comme à Marseille, la « police de peste » s'intègre dans le système du gouvernement urbain.[153] Pour faciliter la logistique, les quartiers sont également multipliés et des « îliers », personnes chargées de la surveillance d'un îlot de maisons, sont nommés dans des subdivisions spatiales appelées « sizains ».[154]

La mobilisation d'une police de peste en 1720 a certainement inspiré le médecin Jean-Jacques Manget qui, dans son traité de peste, insiste sur le rôle essentiel de la police en temps de peste. Au chapitre VI de son ouvrage (*Que les Magistrats sont obligez d'établir une bonne Police dans les Villes en temps de Peste*), il considère que les lieutenants de police sont des pasteurs établis par Dieu pour veiller sur leur troupeau.[155] Dans le chapitre suivant, il souligne que cette police est

---

149 Fleur Beauvieux relève environ 200 actes promulgués entre 1720 et 1723 pour administrer le territoire : Beauvieux, La police en temps de peste, p. 85. Ces ordonnances et arrêts sont conservés aux AMM sous la cote FF 292. Quelques ordonnances relatives à la peste figurent également sous la cote FF 182.
150 Beauvieux, La police en temps de peste, pp. 86–88.
151 Beauvieux/Vidoni, Dispositifs de contrôle, p. 60.
152 Beauvieux, Épidémie, p. 46 et s. Les hôpitaux de peste sont les suivants : les Infirmeries, l'hôpital des Convalescents, l'Hôtel-Dieu, l'hôpital général de la Charité et l'hôpital du Mail. Le règlement de l'Hôtel-Dieu lui interdit de recevoir des pestiférés en raison du trop grand risque de contagion pour les autres malades. Néanmoins, en 1720, la peste se répand dans l'Hôtel-Dieu et il peut dès lors être considéré comme un hôpital de peste. Sur l'Hôtel-Dieu, voir Aziza, *Soigner et être soigné sous l'Ancien Régime*.
153 Vidoni, The Plague and the Urban Police, pp. 83–85.
154 Information tirée de la communication de Nicolas Vidoni « La population dans la vigilance face à la peste et l'autorité politique au début du XVIIIe siècle » lors de l'atelier « Vigilance et peste : la France face au fléau épidémique aux XVIIe–XVIIIe siècles » (Munich, 11–12.11.2021).
155 Manget, *Traité De La Peste*, p. 66 (pp. 66–73 pour tout le chapitre).

« toute particuliere, & differente des autres ».[156] Elle s'applique en effet à une situation désormais exceptionnelle, celle de l'état de peste déclaré, bien plus rare au XVIIIe siècle qu'au XVIIe. Au sujet de la peste, Manget relève que « il se peut faire que les Magistrats qui sont actuellement en office, n'en auront jamais vû leurs peuples affligez depuis leur promotion dans leurs charges ».[157] Les autorités doivent ainsi composer avec le risque d'une maladie dont elles n'ont plus l'expérience. En outre, la police de peste ne doit pas seulement lutter contre la maladie elle-même, mais également contre les désordres provoqués par celle-ci tels que les usurpations et le pillage de biens, « plus à craindre mille fois durant ces troubles, que la Peste même ».[158] Elle s'appuie sur un *conseil de santé* qui, secondant les magistrats et consuls, doit élire un capitaine de santé qui « soit un homme courageux, vigilant, & non corruptible par les Marchands ou autres ».[159]

Au XVIIIe siècle, la prévention épidémique constitue la thématique la plus importante (mais pas la seule) de la police sanitaire, qui repose principalement sur les bureaux de la santé. Lors de l'épidémie de 1721, un *conseil de santé* est mis en place pour coordonner la lutte contre la peste, mais lors des périodes saines, les autorités centrales sont peu actives sur les questions sanitaires.[160] Dans la deuxième partie du siècle, Johann Peter Frank développe le concept de police médicale (*Medicinische Policey*).[161] Il s'agit de définir la responsabilité des gouvernements dans la protection de la santé. Cette police médicale se concrétise en France par l'institution de la Société royale de médecine en 1778, organisme d'observation médicale qui collecte les données récoltées dans les provinces et les statistiques sur les épidémies, dans le but de parvenir à une objectivité administrative dans le domaine de la santé.[162] Ainsi, le spectre de la vigilance sanitaire est étendu à d'autres maladies et aux épizooties.

---

156 Ibid., p. 73.
157 Ibid., p. 74.
158 Ibid., p. 76.
159 Ibid., p. 86.
160 Iseli, « Bonne police », pp. 244–265 (*die Gesundheitspolicey*).
161 Jütte, *Krankheit und Gesundheit*, p. 19.
162 Tournay, Le concept de police médicale. La Société royale de médecine, dont la fondation est précédée en 1731 par celle de l'Académie royale de chirurgie, illustre l'aspiration des médecins de cour à guérir à grande échelle. Les données médicales sont standardisées. Selon les mots de l'autrice, on passe « d'une police médicale, pure doctrine, à l'idée d'une vigilance médicale collective rationalisée ».

8.5.2 Les billets de santé

Les billets de santé, aussi appelés certificats de santé, sont des documents exigés pour pouvoir circuler dans les villes pestiférées ou les villes menacées par la peste. Censés prouver la bonne santé de la personne qui le détient, le billet de santé a des origines peu claires. Selon Jean-Noël Biraben, il est originaire de Provence où il est mentionné pour la première fois à Brignoles en 1494. Puis, son usage se répand en France au XVIe siècle et se généralise au XVIIe siècle.[163] D'après Carlo Maria Cipolla en revanche, ce système est utilisé dès le XVe siècle dans l'Italie du Centre et du Nord mais reste inconnu ailleurs ou, en tout cas largement incompris.[164]

Avant la peste de 1720, et même hors temps d'épidémie, l'usage de billets de santé est bien attesté à Marseille et à Toulon au cours du XVIIe siècle. Il suffit semble-t-il qu'une menace de peste soit présente pour que ces billets soient systématiquement demandés. À Marseille, un billet daté de 1636 (reproduit ci-dessous) est produit par les « Consuls, Gouverneurs, Protecteurs, & Deffenseurs des Privileges, Franchises, & Libertez de la Ville & Cité de Marseille » et adressé « a tous ceux qui ces presentes verront ».[165] En vertu de la bonne santé dans la ville de Marseille, le billet offre à son possesseur la possibilité de « laisser seurement passer, aller, revenir, séjourner, & negocier, sans donner, ou permettre estre donné aucun trouble ny empeschement ».[166] Deux espaces sont laissés vierges : un grand pour le nom du détenteur du billet et un plus petit pour la date exacte.

À Toulon, un billet daté de 1676 offre un point de comparaison avec celui de Marseille. Contrairement au billet marseillais qui ne contient que du texte, le billet toulonnais (curieusement conservé aux archives municipales de Marseille) est précédé des armoiries du royaume et de la ville avec la devise : *Regique Deoque Tolonum fidum semper erit* (Toulon sera toujours fidèle au roi et à Dieu). Au milieu figure une Vierge à l'enfant couronnée d'étoiles. Au niveau du contenu, le billet ressemble beaucoup à celui de Marseille. Produit par les « Consuls, Protecteurs & deffenseurs des Privileges, Franchises, & Libertés, concedées par le Roy Nôtre Sire, en cette Ville & Cité de Tolon, Lieutenans pour Sa Majesté au Gouvernement de

---

[163] Biraben, *Les hommes et la peste*, T. 2, p. 89 et s. On parle également de *billette* ou *bullette*, en raison de la petite bulle qui scelle le billet.
[164] Cipolla, *Contre un ennemi invisible*, p. 18 et s. Il cite plusieurs exemples d'incompréhensions aux XVI et XVIIe siècles : l'Anglais John Evelyn croit que ces billets sont la conséquence de la jalousie entre les États italiens, Montaigne est persuadé que c'est un moyen de prélever de l'argent des voyageurs, et Fynes Moryson suggère que c'est un outil pour enquêter sur les mystères des trafics commerciaux.
[165] AMM, GG 226.
[166] Ibid.

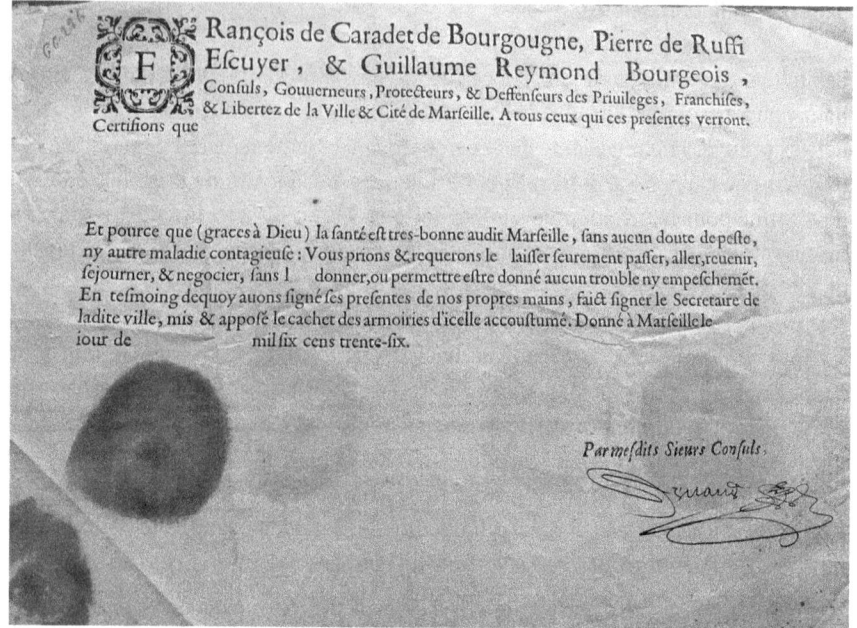

Figure 9 : Billet de santé marseillais, 1636 (AMM, GG 226).

ladite Place, & Seigneurs de la Valdardenne », il s'adresse à des destinataires précis : « tous Sieurs Gouverneurs, Consuls, Gardes de Forts, Ponts & leurs passages ». Le texte imprimé est complété par des ajouts manuscrits : le bénéficiaire du billet, la date et la signature.[167]

Avant la peste de 1720, il semble que ces billets n'étaient pas exclusivement contrôlés par les autorités municipales, sanitaires ou militaires, mais également par des particuliers non habilités à les contrôler. Les intendants de la santé ont souvent critiqué cette façon de procéder. Une plainte déposée par les intendants de la santé de Toulon contre la marquise de Pontevès-Gien en atteste. Il lui est reproché d'avoir donné l'entrée sur le territoire du royaume à des mariniers génois en les recevant dans son château. En raison du mauvais temps, les marins ont débarqué et, affamés, ont supplié la marquise de leur donner du pain, ce qu'elle a fait, après avoir néanmoins contrôlé leur billet de santé.[168] La conscience du

---

167 AMM, GG 215.
168 AN, MAR/B/3/226 (1714), f° 456. « [...] que la Dame aprés avoir veu leur billet de santé leur fit donner du pain et du vin sans communication, fit passer l'argent dans le vinaigre, leur ordonna de s'en retourner au plus vite à bord, ce qu'ils firent ; que lad[ite] Dame n'ayant point de chevaux n'a

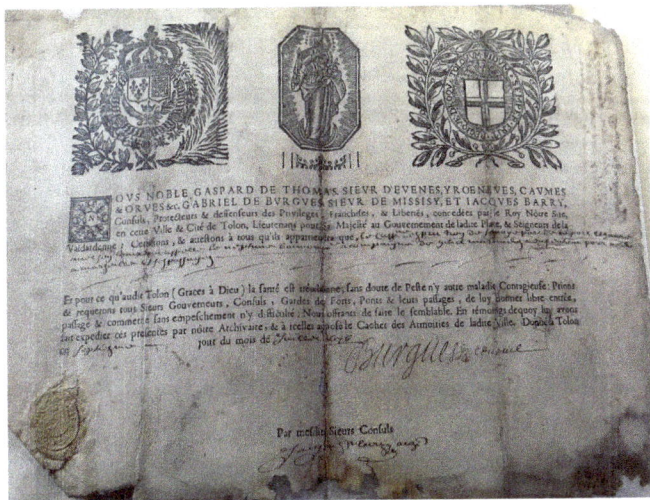

Figure 10 : Billet de santé toulonnais, 1676 (AMM, GG 215).

danger sanitaire est très présente chez cette marquise qui prend soin d'éviter toute communication et de passer l'argent dans le vinaigre. Néanmoins, les intendants de la santé considèrent son acte comme une infraction et ne tolèrent pas que des personnes non habilitées s'arrogent des compétences sanitaires qui leur reviennent.

Lors de la peste de 1720, les billets de santé sont très répandus sur la côte méditerranéenne française. Les villes menacées par la peste recourent à cette méthode parallèlement à la fermeture des portes et à l'établissement de corps de garde et de sentinelles. À Saint-Tropez, le risque de voir la santé de la ville se dégrader étant important, les pêcheurs du corail doivent venir prendre un billet de santé toutes les semaines.[169]

La peste de 1720 a assurément permis des progrès en matière d'identification des gens, en ce début du « long dix-huitième siècle de l'identification » comme se plaisent à le nommer Vincent Denis et Vincent Milliot.[170] Le billet de santé est en

---

pû leur en donner, qu'elle n'est point en coutume de donner pratique aux estrangers, mais seulement du pain et du vin sans communication aprés avoir veu leurs patentes. »
169 Buti, *Les Chemins de la mer*, chap. IV : La part des hommes « de Saint-Tropez et autres lieux », URL : https://books.openedition.org/pur/100437 [consulté le 15.05.2023].
170 Denis/Milliot, De l'idéal de transparence à la réalité de la fraude, p. 471. Les auteurs y voient un renversement de la logique de stigmatisation. C'est désormais l'absence de certificat, de pas-

effet totalement individuel et se distingue de la patente du navire. Il tient compte de la plus grande mobilité potentielle du passager. Une correspondance précise « qu'on ne pouvoit pas comprendre les passagers dans la patente generalle du bastiment parce qu'il arrive souvent que ces passagers veulent s'arreter dans quelque endroit sur la route que le batiment doit faire, et parce que ces passagers s'embarquent ordinairement apres que la patente du vaisseau est expediée et souvent meme dans les ports ou le vaisseau a relasché depuis son depart du lieu ou il a pris sa patente generalle ».[171] La patente de santé d'un navire doit en théorie être visée à chaque escale. Malgré cela, les autorités préfèrent distinguer le billet de santé du passager de la patente du navire.

De plus, les billets de santé se répandent également dans des petites bourgades de la côte méditerranéenne, si bien qu'on peut parler d'une micro-vigilance face à la peste. Ils sont généralement produits par les consuls des villes. Lorsque la situation est vraiment critique, leur production peut même être interrompue, afin d'éviter toute circulation humaine. Ainsi, les consuls et assesseurs d'Aix prennent ce type de mesures : « La Santé des Habitans du lieu d'Allauch, nous ayant paru suspecte, Nous avons crû qu'il convenoit d'interrompre tout commerce avec eux, & ordonner aux Consuls de ce Lieu, de n'expedier plus à l'avenir aucuns Certificats de Santé. »[172] L'approvisionnement d'une ville sert de motif qui justifie la prise d'un billet. C'est le cas à Simiane-Collongue où « le Bureau à delliberé et donné pouvoir aux sieurs Consuls dexpedier des billets de santé à tout les particuliers quy voudront y aller acheter du bled ; huille ; bétail et autres denrées » à la ville de Saint-Maximin.[173]

En outre, ces billets de santé contiennent davantage de données sur les personnes. Il ne s'agit plus uniquement du nom du détenteur du billet, mais on ajoute des informations comme l'âge, la taille, le type de cheveu, la date de départ, le lieu de départ et le lieu d'arrivée. Deux exemples ci-dessous (l'un produit à Montpellier, l'autre à Aniane, bourgade proche de Montpellier) illustrent la grande recherche de précision dans l'identification des suspects de peste. D'après les normes sanitaires, ces billets devraient même être plus complets : « Les Billets de Santé doivent contenir en détail la quantité & la qualité des Meubles, Hardes ou Marchandises,

---

seport ou de billet qui fait du soldat un déserteur, du compagnon un vagabond ou du voyageur un suspect de peste.
171 AN, AE/B/III/208 (correspondance générale de Lebret), f° 24 (lettre du 14 février 1720 de Lebret à la Marine du Levant).
172 AD13, 145 E GG 6 (archives communales de Mollégès), lettre du 20 août 1720.
173 AD13, 153 E GG 10 (archives communales de Simiane-Collongue).

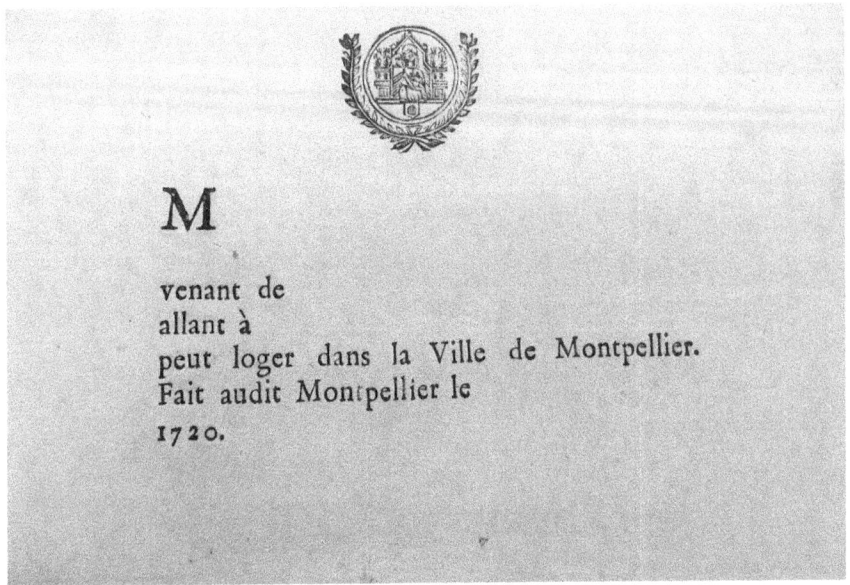

Figure 11 : Billet de santé montpelliérain, 1720 (AD34, C 11853).

dont ceux qui representent ces Billets sont porteurs. »[174] Cette exigence semble toutefois avoir rarement été appliquée.

Lorsque la peste touche à sa fin, qu'il n'y a plus de malades et que la désinfection générale débute, l'utilisation des billets de santé n'est pas immédiatement levée et la vigilance reste de mise. C'est par exemple le cas à Cassis où le marquis de Cailus, commandant de Provence, autorise une reprise du commerce avec les lieux sains tout en exigeant le maintien des billets de santé délivrés par les consuls du lieu.[175] La crainte d'une rechute est bien existante.

8.5.3 Autres tactiques urbaines

Afin de se prémunir de la peste, les médecins et la population ont recours à des tactiques pour se tenir à distance des pestiférés. De longues cannes appelées « bâtons de Saint-Roch » sont utilisées afin de maintenir une distance sociale et

---
[174] AD34, C 11851, *Instruction sur les Précautions qui doivent estre observées dans les Provinces où il y a des Lieux attaquez de la Maladie Contagieuse, & dans les Provinces voisines*, Montpellier, 1721.
[175] AD13, 139 E FF 4 (archives communales de Cassis), ordonnance du 29 octobre 1721.

Figure 12 : Billet de santé d'Aniane, 1722 (AD34, 10 EDT 201, archives municipales d'Aniane).

d'éviter le souffle du pestiféré. Le père Giraud évoque encore des «cassolettes ou pommes de senteur sous le nez» censées protéger les habitants de l'air putride. Quant aux procédures judiciaires, elles mentionnent des actes de solidarité envers les mourants et le maintien d'un lien social par le biais de dialogues à distance ou de correspondances.[176]

En ce qui concerne les médecins, on sait qu'ils disposent d'un «costume de peste» depuis 1619, année de son invention à Paris par le médecin des rois Charles Delorme. Ce costume, destiné à protéger des miasmes responsables de la peste, se compose d'une robe à longues manches et d'un masque aux yeux de cristal doté d'un long nez rempli de parfum.[177] Dans le frontispice de son *Traité de peste*, Manget en donne la définition suivante : «Habit des Medecins, et autres personnes qui visitent les Pestiferés. Il est de marroquin de levant, le masque a les yeux de cristal, et un long nez rempli de parfums.»[178]

---

176 Beauvieux, Marseille en quarantaine.
177 Dedet, *Les épidémies*, p. 43.
178 Manget, *Traité de peste*.

Si cet habit est bien attesté dans l'Italie du XVIIᵉ siècle, Fleur Beauvieux souligne qu'il n'apparaît pas dans les sources marseillaises.¹⁷⁹ Néanmoins, le médecin montpelliérain François Chicoyneau, envoyé par le Régent à Marseille pour affronter la peste et fervent partisan de la théorie aériste, est représenté avec ce costume durant l'épidémie.¹⁸⁰ Au-delà du débat pour savoir si les médecins portaient ou non ce costume durant l'épidémie de 1720, il faut toutefois relever un paradoxe. Le costume de peste est préconisé par les anticontagionnistes qui cherchent avant tout à respirer un air non vicié, mais dans les faits, si tant est que son utilisation ait été étendue, ce costume a pu servir de cuirasse impénétrable pour les puces. Il a donc probablement été utile pour se prémunir de la contagion, certes involontairement. Ainsi, un instrument anticontagionniste a pu servir de rempart à la peste selon la théorie contagionniste.

Enfin, les autorités municipales, à défaut de maîtriser l'épidémie, tentent de l'évaluer et d'en chiffrer l'étendue. Un *Journal tenu de ceux qui sont morts du mal de peste dont ce lieu de Roquevaire a eté par la volonté de la providence afligé pour servir de memoire et y avoir recours en cas de besoin* se trouve par exemple dans les archives de la bourgade de Roquevaire, à l'est de Marseille.¹⁸¹ À la fin de l'épidémie, les villes de la côte méditerranéenne cherchent à légitimer la reprise du commerce par la production d'actes déclaratifs de la santé de la ville. Ces actes semblent avoir été largement diffusés entre communautés urbaines. En témoigne un acte déclaratif de la santé d'Arles présent dans les archives communales de Mollégès.¹⁸² À Marseille, ces actes sont même produits par le pouvoir militaro-policier (sous la direction du chevalier de Langeron, qui a remplacé les intendants de la santé), afin de tenir la royauté informée de l'évolution de la maladie dans la ville et surtout de l'amélioration de la santé urbaine.¹⁸³ Ainsi, tant la population

---

179 Beauvieux, Marseille en quarantaine. La relation de peste marseillaise la plus importante, celle de Jean-Baptiste Bertrand, ne l'évoque même pas.
180 Mauelshagen, Pestepidemien, p. 255.
181 AD13, 156 E GG 3 (archives communales de Roquevaire), 1721.
182 AD13, 145 E GG 6 (archives communales de Mollégès), 22 décembre 1721. La date de l'acte correspond à la fin de la «quarantaine de santé». Cette dernière a été largement étendue puisque l'acte mentionne «quatre-vingt sept jours de santé constante & eprouvée, depuis le vingt-unième de Septembre dernier». Il poursuit : «Depuis lors il n'est tombé aucun nouveau malade, & nous n'avons pas même reçû la moindre atteinte, & la moindre alteration, ni dans la Ville ni dans la Campagne, & cela nonobstant les Vandanges, la Cueillette & le trituration des Olives, & le demenagement des maisons, qui ont rendu la communication aussi libre qu'elle l'étoit avant la Contagion».
183 Information tirée de la communication de Fleur Beauvieux « La vigilance urbaine à Marseille pendant la peste de 1720–1722 au travers des Actes déclaratifs de la santé de la ville» lors de l'atelier «Vigilance et peste : la France face au fléau épidémique aux XVIIᵉ-XVIIIᵉ siècles» (Munich, 11–12.11.2021).

que les autorités urbaines, en dépit d'une mortalité extrêmement haute, ont cherché des solutions pragmatiques pour lutter contre l'épidémie en cours.

8.6 Tactiques centralisées : cordons sanitaires et mur de la peste

La mise en place de tactiques urbaines telles que les billets de santé ne peut fonctionner sans un contrôle strict non seulement dans les villes elles-mêmes, mais également à un échelon plus élevé qui est celui des lignes sanitaires. Les zones frontières entre les villes constituent en effet des espaces où la vigilance est de mise. Papon l'exprime très clairement : « Il est donc essentiel pour le salut public, que le gouvernement tienne le fléau éloigné des frontières, et que chaque municipalité exerce chez elle la plus grande vigilance, quand elle le sait dans son voisinage. »[184] Les lignes sanitaires servent de délimitations stratégiques d'une ville ou d'une région pestiférée. Dans le cas de la peste de 1720–1722, il convient d'évoquer d'une part les cordons sanitaires, et de l'autre le mur de la peste.

L'expression « cordon sanitaire » est absente des sources méditerranéennes du XVIIIe siècle puisque son premier emploi n'intervient qu'en 1821 dans l'ouvrage de Latouche et L'Héritier, les *Dernières lettres de deux amants de Barcelone*. Un cordon sanitaire est un « ensemble de troupes réquisitionnées et des moyens mis en œuvre pour arrêter la propagation d'une épidémie ».[185] L'absence de la terminologie dans les sources ne signifie pourtant pas l'absence de cordon sur le terrain. Au Moyen Âge, les cordons sanitaires ne sont pas encore utilisés. Certains rassemblements sont évités et quelques mesures d'isolement sont prises, mais cela en reste là.[186]

D'après les historiens, les premiers cordons sanitaires remontent à l'Italie du XVIe siècle, mais ne sont déployés en France qu'à la fin du XVIIe siècle, en particulier dans le nord-ouest lors de l'épidémie de 1668–1669, afin de protéger Paris.[187] À l'époque moderne, les cordons sanitaires sont employés de manière temporaire par l'État et fonctionnent également comme cordons militaires car des troupes sont mobilisées pour les maintenir.[188] La lutte contre l'épidémie précise et maté-

---

184 Papon, *De la peste*, T. 2, p. 3.
185 « Cordon », *Centre national de ressources textuelles et lexicales* [en ligne], URL : https://www.cnrtl.fr/definition/cordon [consulté le 15.05.2023].
186 Dumas, *Santé et société à Montpellier*, p. 317.
187 Hildesheimer, *La terreur et la pitié*, p. 54.
188 Rothenberg, The Austrian Sanitary Cordon. Le premier cordon sanitaire permanent est établi par l'Autriche au milieu du XIXe siècle en raison des menaces, tant militaires que sanitaires,

rialise le tracé d'une frontière où il s'agit de filtrer les voyageurs et donc de refouler toute personne non munie d'un billet de santé.[189]

Marseille est mise en interdit par le parlement d'Aix le 31 juillet 1720, mais 10 000 personnes ont déjà quitté la ville. Un cordon sanitaire est donc décidé le 4 août mais il n'est pas étanche avant le 20 août par manque de troupes.[190] Parallèlement, des postes de surveillance sont établis sur les routes sortant de Marseille.[191] Suite à l'arrêt royal du 14 septembre 1720, les hommes et les marchandises ne sont plus autorisés à franchir le Verdon, la Durance et le Rhône sans certificat sanitaire. Plusieurs murs de la peste sont en outre édifiés, dont deux ont une importance particulière : le premier est bâti dès septembre 1720 sur les monts du Vaucluse pour protéger le Comtat Venaissin et s'étend sur 27 kilomètres, tandis que le second est édifié entre mars et août 1721. Haut de deux mètres et précédé d'un fossé, il court de Bonpas à Sisteron sur 100 kilomètres.[192] La construction de la muraille de la peste se fait sous la supervision de l'intendant de Provence Lebret qui donne des instructions très précises quant aux cassines, ces maisons de campagne isolées qui servent de postes d'embuscade : « Nous croyons quelles [les cassines] devroint estre faittes de maçonnerie de pierre et de terre et que 6 ou 7 pieds d'élévation suffiroint pour la muraille, après quoy on les couvrira de pierres plates ou de tuiles car vous ne trouveriés pas de chaume dans ce pays cy. Il y faudra une cheminée et sil se pouvait un lit de planches de toute la longueur de la hutte vis avis la cheminée. »[193]

Si la décision de mettre en place des cordons sanitaires provient de Versailles, les communautés du Comtat participent largement à la concrétisation du projet. Elles lèvent des troupes et en assurent la solde (un ouvrier touche 10 sols par jour). Elles sélectionnent également des ouvriers qui construisent les barrières et les baraques et s'occupent de l'entretien des hommes (couvertures, vêtements, approvisionnement en blé et en bois).[194] En Provence paraît un ordre pour établir des milices à l'occasion de la contagion. Des soldats de milice dont la viguerie de

---

représentées par les invasions turques, qui ont régulièrement amené la peste auparavant. Des soldats sont mobilisés sur ce cordon, mais également du personnel médical et administratif.
189 Sur les rapports entre épidémie et création de frontières, voir Bourdelais, L'épidémie créatrice de frontières.
190 Biraben, *Les hommes et la peste*, T. 1, p. 233.
191 Ibid., p. 245. Biraben dénombre 89 postes tenus par 281 paysans, 332 soldats et 32 officiers qui bloquent complètement la ville et son terroir.
192 Quétel, *Murs*, pp. 73–78.
193 AD13, 1 J 554, lettre envoyée à M. Alphéran le 2 octobre 1720.
194 Larcena, *La muraille de la peste*, pp. 24–27 et 34. Cet ouvrage retrace en détail l'édification de la muraille de la peste à partir des archives communales.

Tarascon a besoin pour servir le roi dans cette province sont réquisitionnés.[195] Dans le Languedoc, les cordons sont également attestés et on dispose des comptes et dépenses faits par les garde-magasins de vivres de plusieurs communautés pour la subsistance des troupes formant le cordon.[196]

Lorsqu'un cordon sanitaire isole une ville, cette dernière peut néanmoins être approvisionnée grâce aux «barrières-marchés» : des marchandises sont laissées sur une route faisant office de zone tampon, où les personnes soumises au blocus peuvent venir les chercher.[197] Des échanges sont autorisés avec l'extérieur mais d'importantes précautions sont prises. En dépit de celles-ci, les cordons sanitaires ne sont pas infaillibles et on sait qu'ils n'ont pas empêché certaines villes d'être frappées par la peste. Avignon et Orange sont par exemple touchées par le fléau. Il semble que la contrebande ait parfois pu échapper aux contrôles, voire bénéficier de complicité parmi les responsables des cordons sanitaires.[198] Néanmoins, la réduction de la circulation des personnes et des marchandises n'a pu qu'être bénéfique pour lutter contre la peste. Force est de constater que la maladie ne s'est pas répandue au-delà du quart sud-est du royaume de France et que, bien que la cessation de la peste soit un phénomène complexe, probablement multifactoriel et encore largement inexpliqué, elle a certainement été favorisée par ces mesures drastiques.

L'établissement des cordons sanitaires intervient au carrefour entre enjeux sanitaires et militaires. Françoise Hildesheimer insiste sur le lien entre guerre et épidémie, dans la mesure où la contagion est souvent apportée par les troupes. Les épidémies se diffusent plus rapidement en temps de guerre qu'en temps de paix.[199] Mais au XVIIIe siècle, la troupe joue aussi un rôle sanitaire. Les soldats sont répartis le long des cordons sanitaires et la lutte contre la peste devient une affaire centrale pour le secrétaire d'État de la Guerre Claude Le Blanc.[200] Le quart de l'armée

---

195 AD13, 145 E GG 6 (archives communales de Mollégès).
196 AD34, C 599–601. Des garde-magasins de vivres sont attestés sur la côte (Béziers, Montpellier, Agde), mais aussi plus haut dans les terres (Anduze, Aubenas, Meyrueis, Pont-Saint-Esprit, Saint-Ambroix, Le Teil, Tournon).
197 Bourdelais, L'épidémie créatrice de frontières.
198 Sur ce point, voir chapitre 5.3.2.
199 Hildesheimer, *Fléaux et société*, p. 80. Sur ce point, voir également Mauelshagen, Pestepidemien, p. 239. Il démontre que les conflits durables sont synonymes de permanence de la peste en s'appuyant sur les guerres de religion (1559–1598) et la guerre de Trente Ans (1618–1648). Les facteurs en sont bien entendu le déplacement de troupes, mais également la faiblesse de la population provoquée par la famine. À plus large échelle, les scientifiques ont pu démontrer une corrélation claire entre la présence de conflits et la propagation de la peste. Pour une analyse quantitative et statistique, voir en particulier Kaniewski/Marriner, Conflicts and the spread of plagues.
200 Panzac, *Quarantaines et lazarets*, p. 61 et s.

française est affecté à cette opération. La peste devient même le sujet principal de la correspondance militaire, puisque plus de la moitié de celle-ci concerne la lutte contre la peste.[201] Ainsi, les armées évoluent de vecteurs de peste en moyen de l'endiguer.

8.7 Approvisionnement et foires

Les restrictions de circulation des personnes et des marchandises soulèvent la question de l'approvisionnement des villes pestiférées ou menacées de le devenir. Les autorités sont confrontées à un grand dilemme : isoler la ville pour offrir une protection sanitaire, mais permettre néanmoins à la population de se nourrir. C'est le défi de l'approvisionnement en temps de peste et de la question du maintien ou non des foires.

8.7.1 L'approvisionnement en temps de peste

Les auteurs anciens établissaient déjà un rapport entre peste et famine. En plus de faire partie des fléaux traditionnels (avec la guerre) depuis les Écritures, la famine et la peste sont liées selon les auteurs anciens par un rapport de causalité. Affaiblissant la population, la famine prépare le terrain à la peste.[202] Mais en 1720, on craint davantage la causalité inverse. Le spectre de la famine est autant redouté que celui de la peste, voire davantage. Lebret n'écrit-il pas à la Cour : « Je crains beaucoup plus la disette pour cette ville, que la peste ? »[203]

À Toulon, le consul d'Antrechaus écrit que l'isolement complet de la ville est souhaité, mais impossible pour l'approvisionnement.[204] En raison de la quarantaine, Marseille craint également la disette. Le blé manque aux boulangers, si bien que la population s'attroupe et les insulte. Le très populaire marquis de Pilles, gouverneur de la ville, parvient à calmer l'émeute, mais la situation n'est pas résolue. Les échevins de Marseille écrivent alors à l'intendant Lebret et aux consuls d'Aix afin d'établir des marchés à distance de Marseille où des étrangers peuvent amener des denrées que les Marseillais viennent chercher ensuite.[205] Cette méthode d'approvisionnement est aussi relatée par Pichatty de Croissainte.

---

201 Sturgill, *Claude Le Blanc*.
202 Biraben, *Les hommes et la peste*, T. 1, p. 147.
203 BN, 22930, f° 33–34, lettre du 10 août 1720.
204 Antrechaus, *Relation de la peste*, p. 54.
205 Bertrand, *Relation historique*, pp. 60–62.

Selon lui, les échevins s'adressent non seulement aux consuls de Toulon, mais aussi à ceux de toutes les villes maritimes de la côte méditerranéenne pour leur offrir «d'aller recevoir le Bled en tel endroit écarté de la Ville qu'ils voudront choisir pour débarquer».[206] D'après Bertrand, les villes de Provence envoient des denrées à ces barrières, de sorte que la disette diminue. Mais cela ne suffit pas pour permettre un retour à l'abondance, et l'éloignement des marchés entraîne une hausse des prix des denrées.[207] En outre, suite à l'échec du système de Law, les fournisseurs exigent d'être payés en monnaie et non en billets.[208]

Concrètement, trois bureaux d'abondance sont établis à proximité de Marseille : un à Notre-Dame, un du côté d'Aubagne (sur les confins du terroir au Logis du Mouton) et un autre à l'Estaque (bureau dévolu aux blés qui viennent de la mer). Ces bureaux se tiennent lundi, mercredi et vendredi, sauf celui de l'Estaque qui est ouvert tous les jours. Des gardes et contrôleurs sont présents à chaque bureau afin d'encadrer les mouvements.[209] En outre, l'approvisionnement des provinces affligées par la peste est une affaire de première importance pour le pouvoir central. Un arrêt royal *Portant Décharge de tous Droits de Fermes, Locaux, Péages & autres, les Bleds & Bestiaux qui seront voiturez & conduits en Provence* est publié pour réglementer la circulation des marchandises destinées à l'approvisionnement.[210] Il s'agit d'acheter dans les généralités de Bourgogne, du Lyonnais, du Bourbonnais, de l'Auvergne, du Berry, du Languedoc, de Montauban et d'Auch, des blés, des bœufs et des moutons qui doivent être «voiturés» en Provence. En outre, ces marchandises sont affranchies de tous les droits des fermes et des péages locaux. On sait de plus que le Régent interdit toute sortie de blé du royaume car la Provence peut en avoir besoin.[211]

L'intendance du Languedoc fait preuve de solidarité vis-à-vis de la Provence en lui fournissant des denrées de base. Il mentionne dans une lettre une quantité de 9 000 quintaux de blé et de farine passés en Provence.[212] Mais devant la menace de contagion, le Languedoc anticipe. Une délibération montpelliéraine prouve que des emprunts pour se procurer l'approvisionnement nécessaire en cas de contagion ont bien été faits.[213] La solidarité d'une province envers une autre trouve ses

---

206 Croissainte, *Journal abrégé*, p. 28 et s.
207 Bertrand, *Relation historique*, p. 64.
208 Buti, *Colère de Dieu*, p. 134.
209 AD13, 145 E GG 6 (archives communales de Mollégès), arrêt du 8 août 1720.
210 AD13, C 910, arrêt du 17 juin 1721.
211 AN, G/7/1732, f° 97, lettre de l'intendant du Languedoc Bernage, 11 août 1721.
212 AN, G/7/1732, f° 90, lettre de l'intendant du Languedoc Bernage, 6 août 1721.
213 Délibération mentionnée dans une lettre de La Houssaye, contrôleur général des Finances, à l'intendant Bernage : AD34, C 590, f° 50, 25 septembre 1721.

limites lorsque la province solidaire est à son tour menacée. La configuration change. En novembre 1721, alors que quelques bourgades du Languedoc sont touchées par la maladie, le duc de Roquelaure appelle à l'aide et se plaint, mentionnant «[...] le besoin pressant que nous avons d'etre secourus, non seulement des grains, et des bestiaux qui nous ont été promis et qui narrivent point».[214] Il demande en outre des secours financiers «pour que le Languedoc soit traité comme la êté la Provence, et pour que ces secours, qui nous sont d'une absolue necessité, nous arrivent le plus promptement qu'il sera possible».[215]

Comment cet approvisionnement se fait-il concrètement ? Quelles sont les étapes avant que les denrées n'arrivent dans les mains de la population ? Des mémoires nous informent sur les mesures décidées pour éviter la famine. Il incombe aux capitaines et autres officiers de santé d'y veiller et d'assurer la communication avec la population : «Ils les avertiront de faire provision de Bois, Huile, Vinaigre, Sel, & Vin pour deux mois s'il est possible.»[216] Les boulangers ont également leur part de responsabilité puisqu'ils doivent spécifiquement se charger des provisions de bois. Les capitaines de santé (ou commissaires tels qu'ils sont appelés à Marseille) supervisent les boulangers et bouchers afin que les denrées alimentaires soient réparties dans chaque quartier. Les capitaines de santé délèguent ensuite à des sergents la charge d'amener les victuailles à la population, mais non sans précaution : «Le Sergent aura soin d'obliger tous ceux qui sont dans chaque maison, de se montrer aux fenêtres, & de faire descendre une Corde d'Auffe ou de Jonc d'Alicane, une Corbeille ou Panier, dans lequel le Sergent mettra la quantité de pain, de vin, & de viande necessaire, observant de ne point toucher au Panier, n'y à la Corde.»[217] Les habitants qui désirent recevoir du vin sont priés de mettre un pot de terre évasé dans la corbeille que le sergent remplit. De plus, le capitaine de quartier détient les clés des maisons qui sont fermées à clé et scellées avec une plaque de fer. Pour que personne ne sorte de chez lui, le capitaine «faira faire des Barrieres dans les rües s'il est necessaire, & faira mettre des Sentinelle aux Carrefours, avec ordre de tirer sur ceux qui sortiroient de leurs maisons».[218]

En pratique, il semble que les mesures prévues par le mémoire ne soient pas toujours appliquées. À Toulon, on sait qu'une seule rue est affectée à la vente de la viande. Chaque magasin dispose d'une barrière à travers laquelle on la fait passer.

---

214 AN, G/7/1735, f° 101, lettre de Roquelaure à la Houssaye du 24 novembre 1721.
215 Ibid.
216 AD13, 157 E GG 13 (archives communales de Maillane), *Memoire servant d'instruction pour l'execution de nôtre Ordonnance du 27. Octobre 1720.*
217 ACCIAMP, G 13, *Memoire pour parvenir a l'execution de l'Ordonnance rendüe par M. le Premier President, le premier Novembre 1720 pour les Lieux attaqués de maladie.*
218 Ibid.

En outre, le pain est exonéré des droits de ville, ce qui entraîne une baisse des prix.[219] Approvisionner la ville représente néanmoins un défi considérable. Pour l'intendant de la Marine Hocquart, cette problématique est centrale et apparaît à de multiples reprises dans sa correspondance. Le 22 août 1720, il souligne le manque d'argent et de vivres, et à Noël 1720 il se résout à saisir une partie du blé de la Compagnie des Indes.[220]

Marseille est aussi largement tributaire de fournisseurs extérieurs pour son approvisionnement. La perturbation des marchés engendrée par la peste est donc tout à fait redoutée. À cette menace, les échevins répondent en utilisant l'argent des négociants pour envoyer prendre du blé au Levant. Les pauvres bénéficient d'une assistance gratuite et les dépôts sont suffisants pour éviter aux gens de mourir de faim. Une crainte particulière concerne le risque de pénurie de bois, surtout après qu'une grande quantité est partie en fumée lors des feux purificateurs du 2 août 1720, décidés sur l'avis du médecin Siccard. Cette mesure s'est avérée désastreuse. Inutile sur le plan sanitaire, elle a également entraîné un manque de bois pour les boulangers. Néanmoins, d'après les auteurs de *Marseille ville morte*, la famine a finalement été davantage une menace qu'une réalité, et les Marseillais sont morts de peste et non de faim.[221]

À Roquevaire, les consuls réclament une série de marchandises où se côtoient des denrées alimentaires (quintaux de blé et de légumes, moutons, minots de sel), des vêtements (draps, chemises, bonnets, cannes de toile à faire des paillasses, pièces de toile cirée), et même du personnel puisqu'ils demandent des chirurgiens. Un accusé de réception de l'approvisionnement atteste qu'ils ont reçu une partie de cette demande (quintaux de blé et moutons).[222]

Dans le Comtat, l'approvisionnement en blé et en sel pose également problème. Région habituée à importer du grain de France pour subvenir aux besoins de sa population, elle doit faire face aux obstacles propres au temps de peste : l'établissement des lignes sanitaires et la suspension des marchés et des foires. Quant au sel, les communautés doivent se fournir au grenier à sel d'Avignon, ce qui implique le franchissement d'une ligne sanitaire. À Carpentras, des jours fixes de distribution des denrées de première nécessité sont établis et des commissaires se partagent la responsabilité des denrées (un commissaire pour les grains, un pour la viande, etc.).[223]

---

219 Lambert, Histoire de la peste de Toulon en 1721, p. 194 et s.
220 Rivara, Les lettres de l'intendant de marine Hocquart, p. 268.
221 Cette conclusion est tirée de la correspondance des échevins et intendants, ainsi que des relations de peste : Carrière et al., *Marseille ville morte*, chap. « Qui les nourrira ? », pp. 263–292.
222 AD13, 156 E GG 4, 10–11 août 1721.
223 Larcena et al., *La muraille de la peste*, pp. 29–32.

L'approvisionnement en temps de peste représente un défi pour les communautés chez qui le risque de famine est très présent. Mais, partageant la conclusion des auteurs de *Marseille ville morte*, on peut considérer que la famine est restée à l'état de menace. Les communautés font des emprunts, viennent au secours les unes des autres et s'envoient des denrées et marchandises. La vigilance sanitaire est doublée d'une vigilance alimentaire. Les deux objectifs sont difficilement conciliables, mais pourtant doivent l'être. Les bureaux d'abondance ont permis à la population d'être approvisionnée sans que les lignes sanitaires ne soient levées.

8.7.2 La question des foires

Pour les municipalités, les foires sont souvent des lieux d'approvisionnement, mais également des lieux de rencontre et de potentielle contagion. Lors des pestes du XVIIe siècle, une vigilance à l'égard des foires était déjà présente. L'interdiction était même d'usage, comme ce fut le cas à Digne en 1664 où un arrêt du 30 octobre du parlement de Provence interdisait toute foire jusqu'au premier décembre, sous peine de 10 000 livres d'amende.[224] En 1720, la peste débarque à Marseille à la suite de plusieurs négligences motivées par la tenue d'une foire, la foire de Beaucaire, où la cargaison du *Grand Saint-Antoine*, évaluée à 100 000 écus, doit être écoulée quelques semaines après. La cargaison appartient en outre à la grande bourgeoisie de Marseille (dont Jean-Baptiste Estelle, premier échevin de la ville) qui n'ignore pas les intérêts économiques de la foire de Beaucaire. C'est donc ainsi que les marchandises font une quarantaine raccourcie et que les précautions sont assouplies, la cargaison étant autorisée à débarquer dans le lazaret, ce qui est contraire au règlement prévoyant, pour les navires frappés par la mort durant leur voyage, une quarantaine sur l'île de Jarre.[225]

La foire de la Madeleine à Beaucaire est un événement économique incontournable du sud de la France à l'époque moderne. Publiée en grande pompe le soir du 21 juillet (criée), elle s'étend ensuite sur six jours, parmi lesquels trois jours de fête (Sainte-Madeleine, Saint-Jacques, Sainte-Anne). De nombreux marchands, en provenance de toutes les régions de France et des marges du royaume, droguistes, parfumeurs et apothicaires s'y retrouvent. Cette foire est prospère à

---

[224] AD13, C 905.
[225] Biraben, *Les hommes et la peste*, T. 1, p. 231.

l'époque de Colbert, puis traverse des difficultés avec les crises de la fin du Grand Siècle, dont la chute du système de Law et la peste de Marseille.[226]

Dans les années qui suivent la contagion, la vigilance sanitaire est de mise, ce qui altère la prospérité de la foire. Ainsi, l'intendant Lebret écrit aux intendants de la santé de Marseille « qu'aux approches de la foire de Beaucaire il faut bien prendre garde que l'on ny fasse passer furtivem[ent] des marchandises de Levant qui n'ayent pas subi les [quarantaines] ordonnées », marchandises qui ne doivent sortir « ny pour Beaucaire ny pour aucun autre endroit que vous ne soyiés bien certain quelles soient tres saines et quelles ne puissent donner lieu a aucun inconvenient ».[227] La foire de Beaucaire revient à la prospérité après la stabilisation monétaire de 1726, et son succès grandit jusqu'à l'apogée des dernières années de l'Ancien Régime. Dans le cadre de la peste de Messine en 1743, une dernière alerte menace la tenue de la foire de Beaucaire, cependant les mesures prises par les autorités arlésiennes garantissent la sécurité sanitaire.[228]

Mais revenons à la peste de 1720. Quelques jours après la mise en interdit de Marseille du 31 juillet 1720, le parlement de Provence décide de maintenir les foires de Salon, Pertuis et Sisteron puisque les bouchers marseillais craignent la disette de viande. Considérant ce problème alimentaire, la chambre ordonne que les foires soient maintenues comme à l'accoutumée. Les bouchers sont appelés à se rendre incessamment aux foires pour s'approvisionner, en prenant des billets de santé dans tous les lieux où ils passent.[229] Décision surprenante, pour ne pas dire insensée, puisqu'elle autorise la circulation de personnes potentiellement contaminées jusqu'à un lieu de rassemblement important. À ce stade, la future tournure dramatique des événements n'est pas anticipée. La décision parlementaire suivante revient sur ce choix de maintenir les foires et, invoquant des abus qu'elle ne détaille pas, les interdit jusqu'à nouvel avis.[230] Signaler des abus sans les préciser et s'en servir comme motif pour fermer les foires semble être un artifice pour donner une légitimité à une décision qui aurait dû être prise plus tôt.

---

226 Contestin, Beaucaire et la foire de la Madeleine vers 1730. Nos connaissances sur la foire de Beaucaire se fondent sur un *Traité historique sur la Foire de Beaucaire*, document anonyme publié à Marseille en 1734.
227 AD13, 200 E 303, lettre du 3 juillet 1724.
228 AD13, 200 E 350, lettre des consuls gouverneurs de la ville d'Arles aux intendants de la santé de Marseille, 30 juin 1743 : « Pour mettre a profit l'avis qu'il vous a plu nous doner de la maladie qui regne dans Messine et qui rend l'Isle de Sicile suspecte nous avons doné ordre aux Baliseurs establis a nos embouchures de vous renvoyer tous les batiments qui viendront de ce coté la si cette nouvelle nous fait quelque peine principalement aux aproches de la foire de beaucaire ».
229 AD13, C 908, *Extrait des registres de Parlement tenant la chambre des vacations*, 3 août 1720.
230 Ibid., *Extrait des registres de Parlement tenant la chambre des vacations*, 17 septembre 1720.

Cette question de maintenir ou d'annuler les foires se pose également dans le Languedoc, mais un peu plus tard. En novembre 1720, l'intendant du Languedoc Bernage relève que la conjoncture présente ne permet pas de maintenir les foires de Pézenas et de «Villeneuve d'Avignon», si bien qu'il les remet jusqu'à nouvel avis. Les consuls des villes concernées sont responsables de veiller à leur non-tenue.[231] L'année suivante, la situation est encore pire en Languedoc puisque le Gévaudan fait face à la contagion, et la crainte qu'elle ne se répande dans le reste de la province fait prendre au duc de Roquelaure des décisions bien plus drastiques. Il interdit carrément toutes les foires qui se tiennent habituellement dans la région, à savoir Sommières, Pézenas, Montagnac, Alais et «autres Villes & Lieux».[232] Il arrive parfois que les foires soient reportées, comme celle de Bordeaux, déplacée une première fois d'octobre 1721 à mars 1722, puis à nouveau reportée à octobre 1722, «Sa Majesté étant informée que les mêmes motifs qui l'ont portée à rendre ces Arrêts, subsistent encore par rapport à la Maladie contagieuse dont quelques Lieux de la Provence & du Languedoc ne sont pas entierement délivrez».[233] Dans ce cas, le double report a pour conséquence que la foire de 1722 remplace celle de 1721. La gestion des foires en temps d'épidémie offre donc un autre exemple de la capacité d'adaptation des autorités civiles et sanitaires de l'Ancien Régime.

8.8 La vigilance post-épidémique

Comment gérer la fin d'une épidémie et la période de reconstruction qui suit ? Qu'en est-il des risques de rechute ? Ce sous-chapitre va s'intéresser dans un premier temps au procédé de la désinfection qui intervient systématiquement lorsque la peste touche à sa fin, puis se penchera sur le risque de rechute à partir de l'exemple de 1722.

8.8.1 Désinfection et contrôle

La fin d'une épidémie de peste est mystérieuse dans la mesure où il est difficile d'identifier un facteur décisif. À l'époque moderne, le médecin Jean Astruc mentionne plusieurs causes de la cessation de la peste. En premier lieu, les quaran-

---

[231] AD34, C 11853, ordonnance du 2 novembre 1720.
[232] AD34, C 589, ordonnance du 1er octobre 1720.
[233] Ibid., *Arrest du conseil d'Estat du Roy*, 3 février 1722.

taines, qu'elles soient d'origine policière ou individuelles (personnes sensées qui se confinent). En deuxième lieu, le fait que les plus faibles sont morts et qu'il ne reste que les plus robustes. Enfin, l'accoutumance au venin de la peste serait telle que les effets de la contagion ne seraient plus ressentis, dans une espèce de mithridatisation au venin de peste. Mais Astruc relève encore qu'une désinfection complète achève le processus de cessation de la peste.[234]

À Marseille, un bureau de police remplace le bureau de la santé durant l'épidémie. Une des actions sanitaires de ce bureau est justement la désinfection.[235] Lorsque la contagion est à son paroxysme, la désinfection est déjà anticipée. Un arrêt du bailli de Langeron et des échevins ordonne le maintien des vendanges non seulement car il s'agit du revenu principal des habitants, mais aussi et surtout parce qu'il peut contribuer à désinfecter la ville.[236] Suite à l'apaisement de l'épidémie fin 1720-début 1721, une première désinfection générale de la ville est réalisée. Elle n'est pas aussi générale que souhaitée puisque certaines maisons sont encore fermées et ne peuvent être éventées et purifiées comme prévu, ce à quoi les autorités veulent remédier en rendant les maisons à leurs propriétaires. En outre, les meubles, linges, habits et effets personnels doivent être transportés au jeu de paume ou dans d'autres lieux de désinfection.[237] Quelques jours plus tard, le bailli de Langeron et les échevins de Marseille en appellent à la responsabilité des habitants par rapport à leurs effets personnels. Ils doivent «travailler a les desinfecter, echauder, lessiver, nettoyer et purger entierement tant dans leurs maisons, bastides, que dans les ruës, places publiques, lavoirs et fontaines et que le tout n'en souffre aucun dommage».[238]

Cette désinfection n'empêche toutefois pas la rechute du printemps 1722 (qui sera abordée plus bas), et il faut attendre la fin de cette dernière pour que la désinfection générale finale puisse se faire. Il s'agit de purifier non seulement la ville de Marseille, mais également la campagne environnante. Dans le cadre de la désinfection des bastides, les capitaines et commissaires établis à la campagne doivent traquer particulièrement les marchandises en provenance d'Avignon et du Comtat, zones où la peste a longtemps sévi.[239] Langeron ordonne que soit faite une recherche exacte des marchandises suspectes qui doivent ensuite être étendues à

---

[234] Astruc, *Dissertation*, pp. 110–115.
[235] Beauvieux, La police en temps de peste, p. 86. Les autres actions sont la prévention de la contagion, le contrôle de la circulation des biens et des personnes et la gestion des malades et des morts.
[236] AMM, FF 182, f° 130, arrêt du 19 septembre 1720.
[237] AMM, FF 182, f° 183, arrêt du 8 juillet 1721.
[238] AMM, FF 182, f° 185–186, arrêt du 14 juillet 1721.
[239] AMM, FF 292, f° 165–167, ordonnance du 25 septembre 1722.

l'air pendant quarante jours. Les commissaires généraux sont chargés d'identifier les paquets et de les étiqueter. Ils collaborent en outre avec les ecclésiastiques pour la désinfection des églises, chapelles et caveaux.[240] Ces derniers sont vus comme des lieux suspects à cause de la crainte de la putréfaction des corps. On redoute une nouvelle peste sortie des caveaux. Des appareils sont même développés pour désinfecter les caveaux. Le premier est imaginé par le père Maurice au milieu du XVIIe siècle et mis en service à Gênes, tandis que le second est conçu par la communauté d'Avignon et utilisé en novembre 1722.[241]

La dernière désinfection générale de Marseille dure de septembre à décembre 1722. Elle est retracée par l'acte sur la désinfection générale du 1er décembre 1722.[242] Sur ordre royal, cette désinfection, qui doit affirmer le bon état de santé de la ville et permettre la réouverture du commerce, est élaborée « avec précaution et secret, afin que personne ne fut prévenu des opérations que nous devions faire, et qu'il ne peut rien pratiqué qui les rendit inutiles ou imparfaites ».[243] Une vigilance particulière s'applique au secteur des fripiers : « Les fripiers de cette ville étant ceux que l'on doit soupçonner le plus d'avoir des marchandises suspectes de contagion, par les achats qu'ils font ordinairement de toutes celles qui leur sont présentées, sans savoir d'où elles viennent, et étant important de s'assurer de leur désinfection, et de n'avoir sur cela aucun doute. »[244]

Au niveau de la méthode, les équipes de désinfection procèdent à trois fumigations successives, la première avec des herbes aromatiques, la deuxième avec de la poudre à canon et la dernière avec de l'arsenic et d'autres drogues employées au lazaret.[245] Les commissaires tiennent des journaux de désinfection dans lesquels ils consignent leurs actions.[246] De plus, la population est appelée à prendre part à ce travail. Les usagers et propriétaires de lieux particuliers doivent en effet procéder eux-mêmes à la désinfection, à tel point que Fleur Beauvieux parle

---

240 ACCIAMP, G 14, ordonnance du 22 septembre 1722.
241 Gagnière, *La désinfection des caveaux d'églises* (AD13, Delta 1629). La machine avignonnaise ne nécessite plus d'enlèvement de la dalle. Un trépan perce la pierre tombale, ce qui permet d'introduire le soufflet dans la tombe et de souffler sans discontinuer.
242 L'acte se trouve dans Jauffret, *Pièces historiques*, pp. 367–416 (pièce n° 27 : *Acte déclaratif de l'état présent de la santé de la ville de Marseille, et de la désinfection générale qui a été faite par ordre du Roi*).
243 Ibid., p. 367.
244 Ibid., p. 374.
245 Corbin, *Le miasme et la jonquille*, p. 99.
246 AMM, GG 373–374. Ces journaux ne sont que partiellement conservés en raison des dommages subis lors de l'incendie de 1941.

d' « individualisation de la *policy* » (au sens de pouvoir de police octroyé).[247] On sait en outre que des particuliers ont proposé des remèdes aux autorités pour faciliter la désinfection. Ainsi, le sieur Cuiret qui a travaillé à la désinfection d'Aix et d'autres lieux de province, écrit aux échevins de Marseille au sujet de son remède : « Mon parfum est d'une nature qui ne porte aucun prejudice, ny aux meubles, ny aux marchandises. Il fait son effet dans six heures et il nest pas nécessaire quand on laplique de deloger les marchandises. »[248]

Dans le reste de la Provence, les désinfections générales ont lieu au fur et à mesure de la fin de l'épidémie. Alors que certaines villes sont encore éprouvées par la peste, d'autres lancent la phase de désinfection. En septembre 1721, Cucuron s'apprête à mettre en place une quarantaine générale, tandis qu'Aix procède à la désinfection. Lebret rapporte que « la desinfection des lieux de quarantaine s'avençoit et que l'on commençoit à porter a l'hostel Dieu, les meubles de bois et de metail quy ont servy dans l'infirmerie de l'arc et le linge. Le Puis de l'academie a esté netoyé ce qui estoit tres necessaire a cause de la quantité d'ordures et de guenilles que les quarantenaires y avoint jetté ».[249] En janvier 1722, le mal recule à Avignon, et Allauch procède à une désinfection soigneuse.[250]

En Languedoc également, la désinfection se généralise selon des instructions précises. Les marchandises sont parfumées dans les magasins et étiquetées. Puis, après une mise à l'évent, elles sont remises aux particuliers. Les préposés à la désinfection sont tenus de n'avoir aucune communication avec qui que ce soit durant le temps de la désinfection, mais aussi dix jours après leur travail.[251] Les « parfumeurs en títre d'office » (ainsi que les nomment les sources) sont habillés de toile cirée, avec des gants et des lunettes, et leur corps est couvert. Ils rassemblent tous les biens empestés ou suspects dans une même pièce dont ils bouchent toutes les ouvertures (fenêtres, cheminées, etc.) et jettent par ailleurs dans la rue, à l'aide de crochets en fer, les matelas, paillasses, couvertures, draps de lit et traversins. Ils parfument ensuite la maison et trempent la vaisselle dans de l'eau. Des croix

---

247 Information tirée de la communication de Fleur Beauvieux « La vigilance urbaine à Marseille pendant la peste de 1720–1722 au travers des Actes déclaratifs de la santé de la ville » lors de l'atelier « Vigilance et peste : la France face au fléau épidémique aux XVIIe-XVIIIe siècles » (Munich, 11–12.11.2021).
248 AMM, GG 390, lettre du 13 août 1722.
249 AN, G/7/1733, f° 20, lettre du 13 septembre 1721.
250 AN, G/7/1736, f° 6, lettre de Lebret du 15 janvier 1722 : « la desinfection generale a esté faite avec beaucoup de soin et nous voyons que le mal sera finy dans ce village ».
251 AD34, C 589, *Instruction pour la Desinfection des Etoffes qui se trouvent dans les Villes & Lieux du Gevaudan qui ont esté attaquez de la Contagion, lesquelles ont esté mises en Magasins, en execution de l'Ordonnance de M. le Duc de Roquelaure du 29. Janvier dernier, & conformement à notre instruction du 28. du même mois* (23 mars 1722).

blanches remplacent les croix rouges sur les maisons désinfectées. Ces parfumeurs sont rémunérés par les propriétaires des maisons en état de payer ou, pour les pauvres, par la communauté.[252] Une autre instruction donne des consignes différentes pour la désinfection des personnes et des meubles et marchandises. Les personnes sont tenues de rester quarante jours à domicile avec une subsistance suffisante et se trouvent dans l'obligation de dénoncer les malades aux pourvoyeurs qui en avertissent les médecins et chirurgiens. Quant aux meubles et marchandises, ils doivent être mis en enclos ou dans un terrain à proximité de chaque communauté ou hameau, puis éventés, parfumés, lessivés et, en cas de soupçon plus important, brûlés.[253]

Le processus de désinfection languedocien est suivi depuis Versailles. De Marvejols, les médecins Bailly et Le Moine informent par exemple le contrôleur général des Finances qu' «aucun nouveau malade n'a troublé les dispositions de la desinfection : nous l'avons fait commencer il y a six jours, et elle se continüe avec autant d'exactitude que de succez. Nous esperons que la fin repondra à ce commencement avantageux».[254] De son côté, l'intendant du Languedoc Bernage diffuse les directives sur la désinfection dans tout le reste de la province par l'intermédiaire de son subdélégué M. Loys, qui est responsable de les envoyer aux consuls de toutes les communautés afin qu'ils les fassent publier.[255]

Si les autorités considèrent la désinfection comme une nécessité, ce n'est pas le cas de tous les médecins. Fournier, docteur en médecine de la faculté de Montpellier, qui a lui-même connu la peste de Marseille, juge les parfums inutiles, dispendieux, dangereux et même funestes car ils entraînent la suffocation et la toux convulsive.[256] Il rapporte d'ailleurs une anecdote. Après 20 jours de quarantaine dans le port de La Ciotat, il débarque dans une maison religieuse où il doit se désinfecter. L'expérience est pénible :

> Nous essuyâmes, en entrant dans ce Monastere, un parfum préparé dans la Chapelle, si violent, que Mrs Verny & Deidier, un Chirurgien de Montpellier qui étoit avec nous, & deux Domestiques, furent surpris, un moment après, d'une suffocation si terrible, qu'ils auroient péri dans quelques minutes, si, par des cris redoublés & un vacarme extraordinaire que nous

---

252 AD34, C 589, *Instructions pour les parfums de desinfection des maisons, meubles et effets ; ainsi qu'ils ont esté Ordonnés en Provence*, 13 septembre 1721.
253 AD34, C 11853, *Instruction de ce qui doit estre observé pour la Desinfection ordonnée par Son Altesse Royale, tant des Personnes que des Meubles & Marchandises susceptibles de Contagion, dans tous les Lieux des Diocéses de Mende, Alais, Usés & Viviers qui ont esté affligez de la Peste, qui doit commencer le premier de Juillet prochain*, 12 juin 1722.
254 AN, G/7/1736, f° 277, lettre du 29 janvier 1722.
255 AD34, 10 EDT 201 (archives communales d'Aniane), lettre du 22 juin 1722.
256 Fournier, *Observations*, p. 173 et s.

fîmes aux portes, le Commissaire & les Gardes ne les eussent promptement ouvertes ; ils en furent incommodés pendant plusieurs jours, malgré tous les secours que nous leur donnâmes.[257]

Au-delà des médecins, la population semble également résister aux consignes de désinfection. À Marseille, des femmes insultent les commissaires de quartier, des hommes se rebellent contre la hiérarchie policière et militaire et des négociants refusent de se soumettre à la désinfection générale des marchandises en juillet 1722.[258]

8.8.2 La rechute de 1722 : un échec ?

En 1721, Pichatty de Croissainte pense Marseille protégée d'une rechute par les « Sages, Exactes & Judicieuses Précautions que Mr le Commandeur de Langeron prend de concert avec Mrs les Echevins, avec un zele si infatigable, une assiduité si laborieuse, une vigilance si éclairée, & une application si singuliere, que le salut de Marseille ne pourra être regardé que comme son Ouvrage [...] ».[259] Jean-Baptiste Goiffon est en revanche bien plus prudent et appelle au maintien de la vigilance : « Quoique le mal diminuë de toute part, le péril n'est pas passé, [...], nous ne devons pas tant présumer de nôtre succez, & nous rassurer sur le tems passé, que nous defier de l'avenir. Celui de la crise est toujours le plus douteux & le plus dangereux : C'est pour lors qu'au lieu de se relâcher, il faut redoubler ses attentions. »[260]

L'histoire a donné raison au second, puisqu'une rechute de la peste de Marseille a bien eu lieu en 1722. Cette année-là, le reste de la Provence est déjà libérée du mal, tandis que le Comtat Venaissin et le Languedoc se trouvent toujours dans la première vague qui a certes débuté plus tardivement. Seule la ville de Marseille semble être atteinte par une deuxième vague. Elle se produit au printemps 1722 lorsqu'un corbeau recèle dans un magasin secret diverses hardes non désinfectées. Ce même corbeau, convaincu de divers vols, est condamné aux galères où il meurt. Puis, son fils hérite des biens et les met en vente. Plusieurs personnes de tous les

---

257 Ibid., p. 176.
258 Beauvieux/Vidoni, Dispositifs de contrôle, p. 60.
259 Croissainte, *Journal abrégé*, p. 171.
260 Goiffon, *Relations et dissertation sur la peste du Gévaudan*, préface.

quartiers de la ville en achètent et sont atteints par la peste.[261] La circulation de biens volés (à l'origine) est particulièrement pernicieuse et Antrechaus ne se méprend pas lorsqu'il soulève que «ces sortes de vols peuvent occasionner des rechutes, & ce n'est que par des punitions exemplaires qu'on peut les empêcher. Il faut même les prévenir en faisant élever des potences dans les places publiques : c'est sauver une ville, de ne pas laisser ces sortes de crimes impunis».[262]

À Marseille, le soupçon de peste se manifeste dès avril 1722. Un certain Beauveau est transporté aux infirmeries avec tous les symptômes de la peste, puis d'autres cas sont signalés et des décès se produisent, en particulier dans la rue de la Croix-d'Or qui est fermée (comme l'a été la rue de l'Échelle où la peste s'est déclarée deux ans plus tôt).[263] Le marquis de Pilles et les échevins font annoncer à son de trompette que tous ceux qui ont acheté des hardes du magasin contaminé doivent immédiatement les porter à l'Hôtel de ville et qu'on leur rembourserait le coût de la marchandise.[264]

Face à cette «nouvelle étincelle» de la maladie, une assemblée se tient dans l'Hôtel de ville. Il y est décidé de conduire les malades et les habitants des maisons infectées aux infirmeries. En outre, un hôpital est établi pour les malades (l'hôpital de la Charité) et un entrepôt pour les quarantenaires (le couvent des Pères de l'Observance). Des fosses sont creusées près de l'hôpital, et des corbeaux, médecins, chirurgiens, inspecteurs et capitaines sont mobilisés. En outre, des barrières sont établies au Frioul et à l'Estaque, et la peste est mentionnée dans les patentes de santé délivrées. Jusqu'au 7 juin, 135 malades sont transportés à l'hôpital de la Charité, dont 74 meurent. Sur les 61 restants, 46 sont hors de danger, et parmi les autres seuls 4 sont en grave danger.[265] Courant juin, on ne dénombre plus que 7–8 nouveaux malades par jour, et en juillet on ne soigne plus que les contaminés depuis plusieurs semaines.[266] Un rapport de Lebret du 14 juillet 1722 indique qu'il

---

261 BMVRA, Ms 1412, *Histoire de la rechute de peste dans la ville de Marseille au commencement du mois de mai 1722, avec tout ce qui s'est passé de remarquable dans la province ou par ordre de la cour, ou des commandans, jusqu'au mois de may 1725.*
262 Antrechaus, *Relation de la peste*, p. 281 et s.
263 Duranty/Gaffarel, *La peste de 1720*, chap. IX (La rechute), pp. 373–428 (373–380 pour les débuts de la rechute). Carrière et al., *Marseille ville morte*, p. 148.
264 BMVRA, Ms 1412, *Histoire de la rechute*.
265 Jauffret, *Pièces historiques*, pp. 359–366 (pièce n° 26 : *Arrangement pris dans la ville de Marseille, par M. le marquis de Pilles et MM. les Echevins, au commencement du mois de mai 1722* (8 juin 1722)). La létalité de la maladie semble légèrement moins haute que durant la première vague, où elle frôlait les 80 %.
266 Duranty/Gaffarel, *La peste de 1720*, p. 396.

reste 66 malades le 27 juin. Deux jours plus tard, 50 malades se trouvent à l'hôpital de la Charité proches de la guérison, et 14 sont en convalescence.[267]

Cette rechute marseillaise suscite de l'incompréhension et des craintes justifiées en Méditerranée française. De l'incompréhension car la rechute se produit malgré les précautions sanitaires. En 1722, la vie a en effet repris après une première désinfection générale. Un médecin montpelliérain, le sieur Bouthillier, fait part aux échevins de sa stupeur :

> Jay appris avec étonnement et beaucoup de chagrin qu'il y avoit dans votre ville quelque soupçon de contagion il est surprenant en effet qu'une ville qui a pris depuis ses malheurs jusques a present toutes les mesures les plus justes, et les plus rigoureuses precautions pour se purifier, ou pour empecher que le mal ne s'y glissat des lieux ou il regne, soit de nouveau infectée.[268]

Ce même médecin propose ensuite son aide : « Si vous jugez que mes services puissent etre de quelque secours, Jay lhonneur de vous les offrir. »[269] À Toulon, le consul d'Antrechaus adopte une posture fataliste par rapport à la rechute et dédouane les autorités de toute responsabilité, autorités dont il fait certes partie : « Que n'avoient pas fait de sages & vigilans Echevins, pour se mettre à l'abri d'une rechûte ! Que de soins, que de travaux et de dépenses pour y parvenir ! Mais une rechûte dépend de si peu de chose, que toute la prudence humaine ne peut pas toujours la prévenir ; & et plus une ville est vaste, moins il est facile d'en découvrir la cause. »[270] Face à la rechute marseillaise, Toulon prend des mesures concrètes. Le commandant Dupont convoque une assemblée générale le 11 mai. Il est décidé de ne pas recevoir les personnes en provenance d'une région contaminée. De plus, des postes de gardes sont créés à Toulon même et dans les villages alentours. Face à une nouvelle peste, un plan est établi et déposé dans les archives municipales. « Ce plan est praticable par tout. Chaque Ville pourroit le suivre, si elle n'imaginoit rien de mieux. »[271]

Comment qualifier la rechute marseillaise ? Échec ? Manque de vigilance ? Étape inéluctable ? Si elle a suscité une grande crainte en raison du spectre encore très présent de 1720, la rechute a finalement été moins sérieuse qu'attendue et la peur inversement proportionnelle au danger. 174 décès sont à dénombrer d'après

---

267 AN, G/7/1737, f° 5.
268 AMM, GG 366, lettre du 17 mai 1722.
269 Ibid.
270 Antrechaus, *Relation de la peste*, p. 359 et s.
271 Ibid., pp. 359–370 (chap. LII : *La Ville de Marseille essuye une rechute. Celle de Toulon ne peut jamais prendre de précautions plus sûres que celles qu'elle prit à cette occasion*). Citation p. 370.

les auteurs de *Marseille ville morte*.[272] Une parfaite vigilance aurait sans doute pu l'empêcher, mais cela aurait impliqué la disparition de toutes les marchandises contaminées. De plus, les épidémiologistes constatent la présence fréquente d'une rechute après une épidémie de peste. Audoin-Rouzeau explique néanmoins la faible recrudescence de la maladie par une atteinte plus faible chez les rats, dont un grand nombre, ainsi que leurs puces, ont été détruits pendant la première vague.[273] D'après les sources, seule Marseille paraît avoir été atteinte par une deuxième vague. Mais avec moins de 200 morts, elle a été environ 200 fois moins mortelle que la première. On peut dès lors émettre l'hypothèse que si d'autres communautés, bien moins peuplées, avaient été touchées par une deuxième vague, celle-ci aurait très bien pu passer inaperçue.

Pour conclure, les attitudes face à la peste sont multiples et évoluent au fur et à mesure du développement de l'épidémie. À ses débuts, les tergiversations et le déni des autorités prédominent. Lorsque la peste est admise, il est trop tard pour l'endiguer. La question qui se pose ensuite est de fuir la ville pestiférée, de s'y enfermer ou de se dévouer à la cause publique en sortant dans la ville malgré les dangers encourus. Toutes ces pratiques ont coexisté durant la peste de 1720, les unes étant critiquées, les autres louées. Une fois que la peste est évidente et qu'elle cause des ravages, plusieurs attitudes sont évocatrices d'un grand bouleversement socio-économique : recherche du coupable, mise en place de restrictions strictes de circulation des personnes et des marchandises (police de peste, billets de santé, cordons sanitaires), gestion de l'approvisionnement (bureaux d'abondance). Après l'épidémie, une forme de vigilance est maintenue. La désinfection se veut systématique et il s'agit d'éviter toute rechute. Celle de 1722 fait craindre un dramatique retour à une mortalité très élevée, ce qui finalement ne se produit pas. Ces attitudes face à la peste, par leur évolution de 1720 à 1722, illustrent une vigilance constante des acteurs face à l'épidémie, vigilance qui est actualisée au gré des circonstances.

---

272 Carrière et al., *Marseille ville morte*, p. 150.
273 Audoin-Rouzeau, *Les chemins de la peste*, p. 414.

9 Conclusion

Au moment où la conclusion de ce travail est rédigée (août 2022), la pandémie de Covid semble toucher à sa fin et l'automne ne pas rimer avec rebond épidémique comme en 2020 et 2021. Les infections et les vaccinations ont en effet contribué à hausser considérablement l'immunité de la population, si bien que les nouvelles infections ne menacent pas de saturation les hôpitaux et leurs services de soins intensifs. Il est sans doute trop tôt pour tirer un bilan de la vigilance sanitaire mise en place face au Covid. Néanmoins, il est plus que certain que la surveillance épidémiologique (pharmacovigilance, vaccinovigilance) devra se poursuivre face à ce virus ou à d'autres maladies émergentes. La prise de conscience que les maladies émergentes ne sont pas uniquement théoriques, mais que leurs implications peuvent provoquer des dysfonctionnements planétaires, confère à toute étude sur la vigilance sanitaire au début du XVIIIe siècle un écho actuel fort.

Cette thèse a voulu démontrer que, sous l'Ancien Régime, la méconnaissance de la microbiologie ne fut pas synonyme d'absence de vigilance face aux épidémies et particulièrement face à la peste. Cette vigilance se mesure en premier lieu par la prévention épidémique, fondée sur une communication de la menace de peste à travers la Méditerranée. C'est ce que j'ai appelé la *vigilance sanitaire transméditerranéenne*. Avec la création de la Chambre de commerce de Marseille au tournant du XVIIe siècle et l'essor du commerce levantin durant le Grand Siècle, le royaume de France resserre ses liens avec les échelles du Levant et de Barbarie où la peste est présente de manière endémique alors qu'elle recule en France. Les consuls en place dans les Échelles sont les principaux informateurs sanitaires des intendants de la santé de Marseille. Par le biais de la correspondance, il est possible de dégager une typologie d'informations sanitaires : annonce du début et de la fin d'une épidémie, réflexions étiologiques sur la peste, mesures concrètes face à la contagion (quarantaines, remèdes), dénonciation de manquements et de négligences (problèmes de patentes, comportements à risque des capitaines). Cette correspondance permet également de cerner la circulation de la rumeur de peste, et même son instrumentalisation à des fins commerciales ou politiques. En outre, les capitaines de navires, détenteurs de l'information sanitaire le temps du voyage, gèrent le risque épidémique à bord et ont l'obligation de faire leur déposition à leur arrivée à Marseille, où l'information est stockée et archivée. Ainsi, la Méditerranée apparaît, dans le domaine sanitaire du moins, comme une mer intérieure interconnectée et administrée, à travers laquelle les flux informationnels circulent efficacement.

En plus d'être des correspondants privilégiés des consuls de France et d'autres autorités sanitaires méditerranéennes (telles que les commissaires de la santé de

Malte), les intendants de la santé de Marseille sont en relation avec plusieurs autorités internes au royaume. Le bureau de la santé apparaît dès lors comme une plaque tournante de l'information sanitaire et comme le premier lieu de la prévention épidémique en France. L'analyse sérielle de sa correspondance avec le secrétariat d'État de la Marine à Versailles manifeste une communication rapide et efficace entre la côte méditerranéenne française et la cour. Cette dernière a pour ambition de gérer à distance la lutte contre la peste, mais se repose largement sur le bureau de la santé de Marseille, à qui elle délègue le devoir d'être vigilant à sa place. Aussi, nuançant l'absolutisme dans le domaine sanitaire, j'ai préféré évoquer une concentration des informations sanitaires à Versailles plutôt qu'une centralisation, terme politique qui suggère la passivité de la province. Dans ce réseau de prévention épidémique, j'ai également voulu mettre en évidence le rôle des intendances de province, qui se généralisent au XVIIe siècle. En Provence, l'intendant Lebret coordonne la prévention ; lors de la peste de 1720, il se déplace dans sa province et sert de relais informationnel. En Languedoc, l'activité des intendants Basville puis Bernage est également visible dans la correspondance. L'intendant de province, en qui Tocqueville voit un agent de la centralisation, apparaît davantage comme un administrateur de province qui doit composer avec un lieutenant et un gouverneur de niveau analogue.

Sur toute la côte méditerranéenne française, des bureaux de la santé émergent et entretiennent une correspondance avec le bureau de la santé de Marseille. Les modalités de fonctionnement des instances sanitaires sont en revanche variables. Si dans certaines villes les bureaux sont provisoires (liés au temps de peste), d'autres municipalités telles que Sète, Cassis et La Ciotat se dotent d'un bureau permanent. Lorsque le bureau est temporaire, ce sont les consuls et gouverneurs de la ville qui sont responsables de la lutte contre la peste (Arles en est un exemple). À Narbonne, les mêmes magistrats cumulent la fonction de consul et celle d'intendant de la santé. Le bureau de la santé de Marseille détient une relative autonomie et est au bénéfice d'un monopole partagé avec le bureau de la santé de Toulon. Les autres bureaux de la santé côtiers sont en revanche largement hétéronomes. Censés suivre les directives marseillaises, ils font parfois part de leur mécontentement à l'image du bureau sétois qui conteste régulièrement le monopole marseillo-toulonnais. En dépit de l'inégale professionnalisation des acteurs sanitaires, la notion de « bureaucratie sanitaire » me paraît bien rendre compte du règne de la lettre dans la prévention épidémique.

Reposant sur un système complexe d'interactions multi-scalaires, la vigilance sanitaire se fonde également sur des normes et se concrétise dans des pratiques particulières. C'était l'objet de la deuxième partie de cette thèse. Dès la fin du XVIIe siècle, le système des quarantaines dans les lazarets côtiers se perfectionne. Marseille se dote de nouvelles infirmeries où sont affectés un capitaine, un chirurgien, des gardes et un aubergiste. Toulon dispose également d'un lazaret à Saint-Mandrier. Le système des quarantaines souligne l'orientation de la vigilance sanitaire sur trois objets principaux : les bâtiments, les hommes et les marchandises. Les navires font leur quarantaine sur l'île de Pomègues ou de Jarre, alors que les hommes et les marchandises sont reçus au lazaret. La durée des quarantaines varie selon le degré de suspicion indiqué par les patentes de santé. Si le lazaret est le lieu par excellence de la quarantaine, il arrive également que des quarantaines exceptionnelles se fassent hors du lazaret dans le cas d'un naufrage, d'un dégât au bâtiment, d'un manque de nourriture ou encore d'une attaque anglaise par exemple. Ces quarantaines témoignent de la capacité d'adaptation des autorités sanitaires en cas de menace non anticipée. En outre, la quarantaine est une méthode également appliquée en temps de peste. À la quarantaine générale de villes (*serrade*) s'ajoute les quarantaines dans des lazarets côtiers provisoires (Béziers, Agde) et les quarantaines à des points de passage stratégiques (Tournon, Valensolle).

Ces pratiques vigilantes découlent de la publication de normes politico-sanitaires, tant de la part du pouvoir central (arrêts, ordonnances, extraits du Conseil du roi, lettres patentes) que des parlements (arrêts, extrait des registres). La peste de 1720 marque un recul du rôle des parlements au profit du pouvoir central, même s'il n'est pas rare que les décisions royales soient toujours enregistrées aux parlements après 1720. La publication de ces normes atteste en outre une responsabilisation des autorités (intendants, consuls, échevins) et, plus rarement, de la population. Du point de vue des pratiques vigilantes, il est intéressant de mettre en lumière les infractions au régime préventif. J'ai constaté d'une part des irrégularités dans les ports et dans les lazarets (portefaix jouant aux cartes, écrivains modifiant les numéros des chargements, incendie dans un navire, disparition d'un garde de santé, ou encore vols), et d'autre part la récurrence de la contrebande. Les sources du XVIIIe siècle insistent sur le caractère pernicieux de la circulation illicite de marchandises, souvent consécutive à une interruption de la quarantaine (avant l'échéance prévue). La vigilance passe ainsi par une prévention de la contrebande. Durant l'épidémie de 1720, des ordonnances s'attaquent à la contrebande de vin, de tabac et de sel (faux-saunage) en prévoyant une répression sévère. La dénonciation des coupables est encouragée et valorisée. En cas de mobilité non autorisée, la peine de mort est généralement appliquée. Hors de l'état de peste, la répression est moins lourde. L'interrogatoire est généralement suivi d'une sanction financière ou d'un licenciement. La dureté des peines s'aligne donc sur la gravité de la conjoncture.

La vigilance face à la peste existe également dans le domaine religieux. L'antique perception de la peste comme punition divine est toujours actuelle au début du XVIIIᵉ siècle. Aix est perçue comme une nouvelle Sodome, et on considère que Marseille paie pour ses crimes. La peste doit être une occasion de conversion. Néanmoins, il ne s'agit pas d'accepter passivement cette punition et de mourir en martyr de la peste, mais plutôt de voir la maladie comme une mise à l'épreuve d'un dieu bon et miséricordieux, si bien que la lutte avec les moyens humains demeure légitime. Les pratiques religieuses telles que les prières et les processions sont censées infléchir la colère divine. Le recours à la procession est tantôt laissé de côté pour des raisons sanitaires, tantôt conservé malgré les risques encourus. Les prières peuvent être adressées à Dieu soit directement, soit par l'intercession des saints. La Vierge Marie, sainte Anne, saint Sébastien, saint François de Paule, saint Charles Borromée et surtout saint Roch sont invoqués. La ville de Marseille est en outre consacrée au Sacré-Cœur, acte à l'origine du vœu des échevins. À la fin de l'épidémie de peste, le *Te Deum* retentit et témoigne de la réjouissance post-épidémique. La vigilance religieuse rythme ainsi le cours de l'épidémie.

Il m'a semblé en outre important d'intégrer la notion de risque à cette thèse, qui, contrairement au danger, met en exergue l'activité des acteurs de la peste. La contagion n'est plus un danger subi, elle devient un risque encouru. À rebours de la thèse d'Ulrich Beck qui considère que la «société du risque» ne se développe qu'après la fin de l'Ancien Régime, j'ai voulu avancer que la notion de risque sanitaire s'affirme déjà dans la première moitié du XVIIIᵉ siècle. Le danger de peste est rationalisé et lié à un principe de précaution qui adopte une tolérance zéro en matière sanitaire. La gestion du risque sanitaire considère une temporalité double : la prévention de la peste (régime d'anticipation) et la réaction face à la peste (régime d'urgence). Construction humaine certes, le risque sanitaire n'évacue en revanche pas totalement Dieu. Ne pas apaiser sa colère fait partie du risque, si bien que les mesures spirituelles doivent s'ajouter aux mesures humaines pour endiguer le fléau. Cette gestion du risque passe par l'information sanitaire, les négociations entre les acteurs et finalement par des décisions (normes publiées). Dans l'équation du risque apparaissent également les notions de bien commun et de santé publique. La vigilance des acteurs est orientée vers ce but supra-individuel.

Finalement, dans la troisième partie de cette thèse, j'ai voulu me focaliser sur la vigilance en temps d'épidémie, qui requiert une histoire socio-urbaine de la peste. Il convient de retenir la pluralité d'acteurs vigilants qui agissent dans la ville pestiférée. L'action des autorités civiles (échevins, consuls, commissaires, etc.) peut être décelée dans la publication de normes et, plus concrètement, dans le découpage des villes en quartiers bien délimités, pour faciliter le travail de la police de peste. L'action des autorités religieuses est également attestée mais n'est pas uniforme. Le sacrifice des unes contraste avec la fuite ou le confinement des autres, tandis que l'action de Mgr de Belsunce est très positivement reçue. Les autorités médicales jouent également un rôle dans la lutte face à la peste. Le poste de chirurgien de peste au lazaret est professionnalisé. Durant la peste de 1720, les médecins, chirurgiens et apothicaires sont recrutés et rémunérés.

Dans les traités et relations de peste qui paraissent pendant ou peu après l'épidémie, les arguments des thèses contagionnistes et anticontagionnistes coexistent, mais force est de constater que l'approche contagionniste gagne du terrain. Antoine Deidier se convertit à la contagion à la suite de ses expériences sur la bile de cadavres pestiférés. Les médecins Bertrand, Goiffon, Pestalozzi et Astruc donnent des séries d'arguments en faveur de la contagion : bon air de Marseille, bonnes récoltes, préservation des communautés isolées, contagion par une matière insensible, etc. Les anticontagionnistes (Chirac, Chicoyneau) affirment quant à eux que la crainte de la peste est pire que la peste elle-même et que la contagion est un « préjugé commun ».

À côté des acteurs traditionnels, d'autres acteurs méconnus font également preuve de vigilance lors de la peste de Marseille. Le cas des corbeaux est particulièrement intéressant. Mobilisée pour enlever les cadavres, cette catégorie de personnes apparemment peu recommandables (d'abord des gueux, puis des galériens) joue toutefois un rôle décisif dans la lutte face à la peste. Certes, la liberté leur est promise en échange de leur service, mais la mort est souvent au bout du chemin. Le corbeau est une figure ambivalente par excellence : tantôt considéré comme un criminel et un profiteur de l'état de peste, tantôt vu comme un sauveur envers lequel Marseille et Toulon ont une dette. Souvent anonymes, les portefaix jouent également un rôle non négligeable dans la vigilance sanitaire. Ils ont comme fonction de transporter des marchandises, de les mettre en purge puis de les déballer dans des enclos. Enfin, la population apporte aussi sa pierre à l'édifice, comme l'attestent les appels à la dénonciation et les listes de personnes méritant une récompense.

Outre les acteurs, j'ai voulu démontrer que les attitudes humaines face à la peste relèvent également de la vigilance ou de la négligence. La question de la dissimulation, du déni et même de l'incrédulité est caractéristique des débuts de l'épidémie. Même lorsque des mesures concrètes sont prises, la peste n'est pas reconnue officiellement, ce qui témoigne d'une politique de désinformation. Face à la peste, la pratique de la fuite persiste en dépit de l'avancée des théories contagionnistes qui privilégient les confinements. Cependant, certains acteurs tels qu'Antrechaus à Toulon ou les échevins et Belsunce à Marseille ne peuvent s'y résoudre. La peste est aussi l'occasion d'une solidarité entre les villes avec notamment l'envoi de chirurgiens dans les zones contaminées. Face à la contagion, on emploie des remèdes tant préservatifs (vinaigre, parfums, feux, thériaque) que curatifs (potion cordiale, remèdes sudorifiques et purgatifs). Des stratégies urbaines sont mises en place avec, entre autres, une police de peste et un quadrillage urbain contrôlé par des commissaires. Les billets de santé permettent de contrôler la mobilité des personnes. Pour réduire cette même mobilité et isoler une région, les autorités ont recours aux cordons sanitaires et aux murs de la peste. La vigilance face à la peste passe également par l'approvisionnement des villes qu'il s'agit d'assurer en dépit de la contagion. Différentes tactiques sont trouvées, telles que l'établissement de marchés éloignés des villes et l'affranchissement des marchandises. L'année 1722 clôt cette dernière partie dans la mesure où s'y produit une rechute, bien moins importante toutefois que la première vague, mais qui interroge néanmoins sur le maintien de la vigilance lorsque la peste touche à sa fin. Le processus de désinfection générale de décembre 1722 marque la fin des mesures liées à l'épidémie provençale et languedocienne.

Ce travail sur la vigilance sanitaire ne clôt pas le champ de recherche sur l'histoire de la vigilance sanitaire en France, loin s'en faut. Je vois quatre perspectives de recherche qui permettraient d'élargir le champ de la vigilance, non seulement sanitaire mais également face à d'autres menaces :

1. Il me semblerait pertinent d'approfondir les interférences entre le domaine sanitaire et le domaine commercial. Ces deux préoccupations paraissent incompatibles, dans la mesure où le commerce augmente le risque sanitaire et les mesures sanitaires perturbent le commerce. Néanmoins, les acteurs méditerranéens de l'Ancien Régime doivent composer avec ces deux enjeux. Ces interférences soulignent la place de la Méditerranée. Il serait intéressant de proposer une histoire sanitaro-commerciale de la Méditerranée sur des centaines, voire des milliers d'années. Récemment, David Abulafia s'est approché de cette perspective en proposant une histoire humaine de la Méditerranée.[1] Il insiste sur sa diversité et la coexistence des systèmes économiques, politiques et religieux. Intégrer la dimension sanitaire permettrait d'enrichir cette perspective.
2. Étendre le cadre temporel à la seconde partie du XVIIIe siècle pourrait offrir un autre angle d'étude de la vigilance sanitaire. Il s'agirait d'étudier la place de la vigilance dans la médicalisation de la société française qui intervient à cette époque.[2] On pourrait même pousser jusqu'au XIXe siècle pour analyser la vigilance face au choléra, qui prend le relais de la peste. Dans le cadre de l'épidémie de 1884, le département des Bouches-du-Rhône met par exemple en

---

[1] Abulafia, *The great sea.* L'auteur expose cinq Méditerranée successives (22000–1000 av. J.-C., 1000–600 av. J.-C., 600 av. J.-C.–1350, 1350–1830, 1830–2014).
[2] Voir Goubert, *La médicalisation de la société française* ; Peter, Les mots et les objets de la maladie. Othmar Keel nuance la thèse selon laquelle la médecine de la seconde moitié du XVIIIe siècle était une ancienne médecine facultaire ou protoclinique, et que la médecine d'hôpital ne s'est constituée qu'au XIXe siècle : Keel, *L'avènement de la médecine clinique moderne.*

place un comité sanitaire départemental de vigilance.³ Une telle analyse permettrait en outre de comparer les structures de l'Ancien Régime et celles de l'époque contemporaine face au fléau épidémique.

3. Dans la première partie, je me suis engagé dans le champ des rapports entre santé et diplomatie en m'intéressant aux dépêches consulaires. Les intendants de la santé de Marseille, les consuls de France en Méditerranée et le secrétaire d'État de la Marine sont les acteurs qui ont été les plus étudiés. On pourrait davantage considérer les autres acteurs (commandants, amiraux, négociants, etc.) à partir de nouveaux dépouillements d'archives. Les fonds de la Marine et des Affaires étrangères sont très riches. Une étude sérielle de la correspondance consulaire adressée à la Chambre de commerce de Marseille ou à Versailles pourrait être envisagée. Ce projet est sans doute difficile dans la mesure où, contrairement aux archives du bureau de la santé de Marseille, l'information sanitaire est recueillie sans distinction au milieu d'une correspondance politico-économique. Il pourrait néanmoins améliorer notre compréhension des veilles sanitaires dans les zones suspectées de peste. En outre, j'ai opté dans ce travail pour les archives de l'Intendance, mais celles des Amirautés mériteraient également d'être dépouillées. L'étude de fonds privés permettrait peut-être de mieux cerner le rôle de la population (ou du moins de certaines grandes familles dont on a conservé les archives).

4. Enfin, on pourrait étendre la vigilance transméditerranéenne à d'autres risques que le risque sanitaire. Ce projet se concrétisera dans la deuxième phase du SFB, si bien qu'il ne faut pas en parler au conditionnel mais au futur. Dans le cadre d'un projet postdoctoral, Leonard Horsch étudiera en effet la protection des côtes méditerranéennes et s'intéressera particulièrement aux consulats, aux garde-côtes, à la peste et aux pirates. La France, la Corse et Gênes seront au cœur d'une analyse qui s'étendra du milieu du XVIIᵉ siècle à la fin de l'Ancien Régime. Ce travail aura l'avantage de développer l'histoire informationnelle de la Méditerranée face à des risques qui se diversifient (peste, pirates, contrebande).

La peste représentait un tel risque dans la première moitié du XVIIIᵉ siècle qu'une thèse entière a pu lui être consacrée. À cette époque, la peste était – ce sera mon ultime hypothèse – l'unique maladie qui, même en son absence, a généré une considérable quantité de sources, signe d'une singulière vigilance publique.

---

3 AD13, 1 J 544, *Rapport sur l'épidémie qui a régné en 1884 dans le département des Bouches-du-Rhône*.

10 Bibliographie

10.1 Archives

10.1.1 Archives départementales des Bouches-du-Rhône (Marseille)

1 F 80 : collection Nicolaï
- 1 F 80/9 : lettre non datée adressée à un médecin arlésien anonyme
- 1 F80/20 : *Lettre de Messieurs Peyssonnel à Son Excellence Monseigneur le Duc d'Escallone, Majordome, Major de sa Majesté Catholique à Madrid sur la Mort de Mr. Peyssonnel, Doyen des Medecins de Marseille*, écrite par Charles Peyssonnel le 19 février 1721.

Sous-série 200 E, intendance sanitaire :
- 200 E 1 (1655–1750) et 200 E 2 (1751–1788) : lois, ordonnances, arrêts, décrets, édits. Le dossier 200 E 2 contient un important mémoire : *Mémoire sur le bureau de la santé de Marseille et sur les règles qu'on y observe*, Marseille, Favet, 1788.
- 200 E 18 : documents relatifs au personnel : *Mémoire de l'ancien corps des Porte-faix de la ville de Marseille au nombre de sept cent douze membres, réclamant le rétablissement de ses statuts et Réglemens, renouvellés le vingt-sept juin mil sept cent quatre vingt neuf, et homologués le treize juillet de la même année par Arrêt de la Cour du parlement de Provence*, s. d. ; dossier « Chirurgiens, médecins du bureau de la santé 1723–1736 ».
- 200 E 166–183 : lettres des intendants de la santé (1713–1789).
- 200 E 287–292 lettres du secrétaire d'État de la Marine à Versailles (1680–1792).
- 200 E 303–304 : lettres de l'intendance de Provence (intendant et gouverneur) (1674–1749).
- 200 E 345 : lettres de l'intendance du Roussillon, puis de la Préfecture des Pyrénées-Orientales (1680–1834).
- 200 E 346 : lettres de l'intendance du Languedoc, puis de la Préfecture de l'Hérault (1711–1839).
- 200 E 350 : lettres des consuls et gouverneurs d'Arles (1691–1841).
- 200 E 352 : lettres des intendants de la santé d'Arles (1678–1809).
- 200 E 356 : lettres des consuls de Narbonne (1709–1824).
- 200 E 360 : lettres des consuls de Collioure et de l'intendant de la santé Gerbal (1709–1824).
- 200 E 369 : lettres des consuls et intendants de la santé de Cassis (1691–1847).
- 200 E 370 : lettres des intendants de la santé de La Ciotat (1681–1744).
- 200 E 379 : lettres des intendants de la santé de Toulon (1677–1742).
- 200 E 407 : lettres des intendants de la santé de Nice (1689–1781).
- 200 E 410 : lettres des syndics et commissaires de Genève (1728–1850).
- 200 E 421 : lettres des consuls de Gênes (1679–1748).
- 200 E 428 : lettres des consuls de Naples (1726–1816).
- 200 E 442 : lettres des consuls de Cadix (1721-an VIII).
- 200 E 444 : lettres des consuls d'Alicante (1702–1841).
- 200 E 454 : lettres des consuls d'Alger (1723–1848).
- 200 E 459 : lettres des consuls de Grèce (1713–1849).
- 200 E 462 : lettres des consuls de Chypre (1728–1840), Chios (1726–1822), La Canée (1729–1836), Candie (1728–1738) et Rhodes (1762–1824).

- 200 E 463 : lettres des commissaires de santé de Malte (1726-1792).
- 200 E 465 : lettres des consuls de Corfou (1728-1850) et Zante (1725-1821).
- 200 E 466 : lettres des consuls de Syrie (1687-1865).
- 200 E 467 : lettres des consuls d'Égypte (1697-1850).
- 200 E 474-604 : déclarations faites par les capitaines de bâtiments à leur arrivée (1709-1852).
- 200 E 626 : dépositions particulières secrètes en cas de décès, maladie ou autres incidents au cours de la navigation (1730-1800).
- 200 E 1010 : naufrages et échouements de navires (1693-an II).
- 200 E 1012 : infractions aux lois et règlements sanitaires (1671-1809).
- 200 E 1014 : contrebande et affaires diverses (1715-1848).
- 200 E 1025 : mémoires sur l'organisation du bureau de la santé (1742-an II).
- 200 E 1026 : différend avec le bureau de la santé de Toulon (1737), marchandises délaissées vendues aux enchères (1725-1726).
- 200 E 1027 : procès entre les intendants de la santé et les sieurs Coulomb et Carnaud (1703), conflit d'attribution entre les échevins et les intendants de la santé (1725).
- 200 E 1030 : polémique au sujet de l'invocation à saint Roch lors des séances du bureau de la santé (1832).

Série C, intendance de Provence :
- C 904-911 : série «Contagion» (arrêts du Parlement, extraits des registres parlementaires, ordonnances, délibérations...) (1688-1722).
- C 912-913 : série «Contagion» (état et rôle des médecins, chirurgiens et apothicaires) (1720-1722).
- C 4400-4465 : série «Santé publique - police sanitaire maritime» (1683-1788)
- C 4745 : dossier «Santé - police sanitaire maritime, peste, remèdes» (1638-1743).

Archives municipales versées :
- 139 E FF 4 : archives communales de Cassis.
- 145 E GG 6 : archives communales de Mollégès.
- 153 E GG 10 : archives communales de Simiane-Collongue.
- 156 E GG 3-4 : archives communales de Roquevaire.
- 157 E GG 13 : archives communales de Maillane.

Documents isolés :
- 1 J 544, *Rapport sur l'épidémie qui a régné en 1884 dans le département des Bouches-du-Rhône.*

10.1.2 Archives municipales (Marseille)

Série BB, délibérations des conseils de ville, élections, nominations des maires, consuls, échevins et officiers de ville :
- BB 268 : lettres écrites de Paris (1719-1723).
- BB 305 : lettres écrites en province (1720-1722).
- BB 306 : lettres écrites en province (1722-1725).

Série DD, biens communaux, eaux et forêts, travaux publics, voirie :
- DD 47 : Nouvelles infirmeries ou lazaret : copies et analyses d'actes relatifs à la construction et à la propriété du lazaret (1665-1774).

Série FF, justice et police :

- FF 157 : galériens, forçats libérés, procès contre Louis Matty (1704-1734).
- FF 182 : criées et ordonnances de police relatives à l'épidémie de peste (1720-1721).
- FF 292 : police municipale. Transcriptions et ordonnances de police, arrêts du Parlement, ordres du roi, et généralement tout ce qui a été fait pendant la contagion (1720-1723).

Série GG, cultes, instruction publique, santé :
- GG 211 : situation sanitaire hors Marseille (XVIe siècle-1620).
- GG 215 : situation sanitaire hors Marseille (1660-1689).
- GG 216 : situation sanitaire hors Marseille (1691-1784).
- GG 220 : police sanitaire à Marseille (1702-1787).
- GG 224 : bureau de la santé (1701-1788).
- GG 226 : patentes de santé (1587-1788).
- GG 239 : médecins (1685-1790).
- GG 242 : chirurgiens (1700-1750).
- GG 360 : prières pour la cessation de la peste (1720-1723).
- GG 361 : médecins et chirurgiens, sages-femmes (1720-1721).
- GG 366 : correspondance émanant de médecins (1720-1739).
- GG 373 : journal de la première et deuxième désinfection des maisons, paroisse St-Martin (1720-1722).
- GG 374 : journal des commissaires généraux (1721).
- GG 390 : désinfection (1720-1722).
- GG 424-425 : correspondance de particuliers (1722).
- GG 436 : forçats (1720-1723).
- GG 455 : renouvellement du Vœu de 1720 (1807).

Série HH, agriculture, industrie, commerce :
- HH 366 : assurances

10.1.3 Archives de la Chambre de commerce et d'industrie d'Aix-Marseille Provence (Marseille)

Série A, actes constitutifs :
- A 4 : *Memoire sur la Chambre de Commerce de Marseille*, 28 novembre 1791.

Série C, impôts, comptabilité, affaires financières :
- C 1819 : avances pour le service du roi (1734-1789).

Série G, santé :
- G 12-16 : santé publique, police sanitaire maritime (1629-1793).
- G 19-21 : santé publique, bureau de la santé (1621-1793).

Série J, affaires du Levant et de Barbarie :
- J 445-446 : lettres du vice-consulat de Chios (1694-1743).
- J 1172-1173 : lettres du consulat de La Canée (1708-1717).

10.1.4 Bibliothèque municipale à vocation régionale de l'Alcazar (Marseille), Fonds patrimoniaux

2635/2 : *Memoire instructif des miracles operes par St François de Paule en faveur des villes et provinces affligées de la peste. Pour exciter la dévotion des Fideles à reclamer la protection de ce grand Saint.* Aix 1721.

4961/2 : *Epître en vers à Damon ou relation en abbregé de ce qui s'est passé de plus considerable pendant le temps de la Contagion, dont la ville de Marseille a été affligée depuis le 10 juillet 1720, jusques à la fin du mois de Mars 1721. Dédiée à Monseigneur l'Evesque de Marseille, par un Ecclesiastique de la même ville.*

102946/7 : *Traduction du discours latin prononcé pour l'ouverture solemnelle des écoles de médecine, par Mr. François Chicoyneau, Chancelier & Juge de l'Université de médecine de Montpellier, le 26 octobre de l'année 1722 par lequel on tâche de refuter l'opinion de ceux qui croyent que la Peste est contagieuse.* Montpellier 1723.

102946/8 : Boyer, Jean Baptiste Nicolas : *Refutation des anciennes opinions touchant la Peste.* Marseille 1721.

Ms 1412 : *Histoire de la rechute de peste dans la ville de Marseille au commencement du mois de mai 1722, avec tout ce qui s'est passé de remarquable dans la province ou par ordre de la cour, ou des commandans, jusqu'au mois de may 1725.*

RES14076/16 : *Mandement de Monseigneur l'Eveque de Senez contenant les regles de la religion dans le danger de la Peste.* Aix 1721.

Xd1923 : *Affiche réclamant des chirurgiens pendant la peste de Marseille le 30 septembre 1720.*

10.1.5 Archives départementales de l'Hérault (Montpellier)

Série C, intendance du Languedoc :

- C 589 : ordonnances royales, arrêts du conseil et ordonnances de l'intendant concernant la contagion et l'épizootie (1709-1784).
- C 591 : correspondance autour de la peste (1722).
- C 599-601 : comptes des dépenses et recettes faites par les garde-magasins de vivres pour la subsistance des troupes du cordon sanitaire (1721-1722).
- C 602 : corps de garde, quartiers, palissades, parfums, mémoires (1714-1722).
- C 603 : mémoires sur les quarantaines (Agde, Béziers, Mazigon, etc.) (1722).
- C 604 : état des médecins et chirurgiens envoyés de Paris en Languedoc (1720-1721).
- C 605 : quarantaines de Valansolle, Tournon, Béziers, Agde et Sète (1722).
- C 606 : ordonnances, règlements, lettres, mémoires (1721-1781).
- C 2603 : commerce des toiles, mousselines, etc. (1720-1730).
- C 8137 : université de Montpellier (1620-1770).
- C 11851-11856 : marine, épidémies (1709-1762).

Archives municipales versées :

- 10 EDT 201 : archives municipales d'Aniane.
- 103 EDT 54 : archives municipales de Fontès.

10.1.6 Service historique de la Défense (Toulon)

1 A 1 : lettres de la Cour aux intendants, commissaires généraux, ordonnateurs et commandants de la Marine et les réponses aux lettres de la Cour par ces mêmes acteurs (1711–1792).
1-O-97 à 1-O-106 : registre général des forçats qui sont sur les galères de France à Marseille (1638–1748).

10.1.7 Archives municipales (Toulon)

BB 81 : délibérations du conseil de ville (1719–1722).

10.1.8 Archives nationales (Paris)

AE/B/I (correspondance consulaire reçue, 1601–1800) :
- AE/B/I/341 : La Canée, 1716–1725.

AE/B/III (consulats : mémoires et documents, 1601–1800) :
- AE/B/III/208 : lettres de l'intendant de Provence au ministre de la Marine, 1718–1726.

F/8 (police sanitaire, XVIIe siècle-1923) :
- F/8/1 : police sanitaire maritime en France (1622–1814).

G/7 (contrôle général des finances, 1601–1800) :
- G/7/1729–1738 : correspondances d'intendants, de médecins, d'ecclésiastiques, de commissaires des bureaux de santé, de particuliers, relatives aux épidémies de peste en Provence et dans les régions limitrophes (1720–1725).

MAR/B/2 (ordres du roi et dépêches des ministres, 1662–1789).

MAR/B/3 (lettres reçues par les bureaux du Ponant et du Levant, 1628–1789) :
- MAR/B/3/122 : ministres, clergé, parlements, généralités et intendances (1703).
- MAR/B/3/126 : ministres, clergé, parlements, généralités et intendances (1704).
- MAR/B/3/203 : gouverneurs et intendants de province (1711).
- MAR/B/3/209 : ministres, parlements, gouverneurs et intendants de provinces (1712).
- MAR/B/3/217 : gouverneurs et intendants (1713).
- MAR/B/3/226 : ministres, clergé, parlements (1714).
- MAR/B/3/272 : Levant (1721).
- MAR/B/3/281 : Levant (1722).
- MAR/B/3/289 : Levant (1723).

MAR/B/6 (galères, 1564–1751) :
- MAR/B/6/1–76 : ordres et dépêches (1564–1748).
- MAR/B/6/77–135 : lettres reçues, mémoires et notes diverses (1521–1759).

10.1.9 Bibliothèque nationale (Paris)

NAF 22930-22934 : documents relatifs à la peste de Marseille (1720-1722), parmi lesquels des lettres autographes, minutes ou copies de Lebret, Belsunce, etc.

10.1.10 Inventaires utilisés

Alart, Bernard : *Inventaire-sommaire des archives départementales antérieures à 1790, Pyrénées-Orientales, archives civiles – série C*, T. 2. Paris 1877.

Blancard, Louis : *Inventaire-sommaire des archives départementales antérieures à 1790, Bouches-du-Rhône, Archives civiles – série C (1-985)*, T. 1. Marseille 1884.

Dauchart, Jean-Paul : *Répertoire numérique de la sous-série 1 A1 (1711-1792)*. Toulon 2007.

Gouron, Marcel/Neirinck, Danièle : *Inventaire-sommaire des archives départementales antérieures à 1790, Hérault, archives civiles – série C*, T. 6. Montpellier 1977.

Hildesheimer, Françoise/Robin, Gabrielle/Schenk, Jean : *200E Intendance sanitaire de Marseille 1640-1986, répertoire numérique des cotes 200E 1-1354*. Marseille 1979 (supplément 200 E 1355-1665 établi par Hamo, Catherine/Senegats, François en 1989).

La Cour de la Pijardière, Louis de : *Inventaire-sommaire des archives départementales antérieures à 1790, Hérault, archives civiles – série C*, T. 2. Montpellier 1887.

Reynaud, Jean : *Chambre de Commerce de Marseille, Répertoire Numérique des Archives, Tome 1er : archives antérieures à 1801, Fonds particulier de la Chambre*. Marseille 1947.

Temple, Antoine : *Cotation et descriptif des matricules des galériens et bagnards de Marseille et Toulon, série 1-O-97 à 1-O-231*. Toulon 2005.

Thomas, Eugen : *Inventaire-sommaire des archives départementales antérieures à 1790, Hérault, archives civiles – série C*, T. 1. Montpellier 1865.

10.2 Sources imprimées et éditées

Antrechaus, Jean d' : *Relation de la peste dont la ville de Toulon fut affligée en* MDCCXXI *avec des observations instructives pour la postérité*. Paris 1756.

Astruc, Jean : *Dissertation Sur L'Origine Des Maladies Épidémiques Et Principalement Sur L'Origine De La Peste Où l'on explique les Causes de la Propagation et de la Cessation de cette Maladie*. Montpellier 1721.

Astruc, Jean : *Dissertation sur la contagion de peste, où l'on prouve que cette Maladie est veritablement contagieuse, & où l'on répond aux difficultez qu'on oppose contre ce sentiment*. Toulouse 1724.

Beccaria, Cesare : *Traité des délits et des peines*. Lausanne 1766.

Belsunce, Henri-François-Xavier de : *Correspondance : composée de lettres et documents en partie inédits, publiée par Louis-Antoine de Porrentruy*. Marseille 1911.

Bertrand, Jean-Baptiste : *Relation historique de tout de la peste de Marseille en 1720*. Cologne 1721.

Boecler, Johann : *Recueil des observations qui ont été faites sur la maladie de Marseille, et des remedes qui ont étés reconnus les plus efficaces dans le traitement des malades en Provence, par les plus habiles medecins de Montpellier avec diverses lettres contenans des reflexions interessantes tant sur la cause de la maladie que sur l'idée qu'on doit avoir de la contagion*. Strasbourg 1721.

Canadelle, Moyse/Canadelle, Frédéric : *Traicté de la peste : contenant la description, les symptomes, & effects d'icelle, avec la méthode & remèdes y requis, tant préservatifs que curatifs.* Genève 1636.

Chicoyneau, François : *Relations succinte touchant les accidens de la peste de Marseille, son prognostic & sa curation.* Paris 1720.

Chicoyneau, François : *Traité des causes, des accidens et de la cure de la peste, avec un recueil d'observations, et un détail circonstancié des précautions qu'on a prises pour subvenir aux besoins des peuples affligés de cette maladie, ou pour les prévenir dans les lieux qui en sont menacés.* Paris 1744.

Croissainte, Pichatty de : *Journal abrégé de ce qui s'est passé en la ville de Marseille depuis qu'elle est affligée de la contagion. Tiré du Mémorial de la Chambre du Conseil de l'Hôtel de ville, tenu par le Sr Pichatty de Croissainte.* Paris 1721.

Deidier, Antoine : *Expériences sur la bile et les cadavres des pestiférés, faites par M. Anthoine Deidier, accompagnées des lettres dudit M. Deidier, de M. Montresse, et de J.-Jac. Scheuchzer.* 1722.

Deidier, Antoine : *Dissertation où l'on a établi un sentiment particulier sur la contagion de la peste.* Paris 1726.

Droz, Eugenie/Klebs, Arnold Carl : *Remèdes contre la peste : fac-similés, notes et liste bibliographique des incunables sur la peste.* Genève 1978.

Fournier, [Nicolas] : *Observations sur la nature et le traitement de la fièvre pestilentielle, ou la peste, avec les moyens d'en prévenir ou en arrêter le progrès.* Dijon 1777.

Goiffon, Jean-Baptiste : *Relations et dissertation sur la peste du Gévaudan, dédiées à Monseigneur le Maréchal de Villeroy.* Lyon 1722.

Grégoire de Tours : *Histoire des Francs, X, 1.* Trad. de Robert Latouche. Paris 1999.

Guey, Jean-Louis : *Mémoires, ou Livre de raison d'un bourgeois de Marseille (1674–1726), publié par Jean-François Thénard.* Montpellier 1881.

Hecquet, Philippe : *Traité de la peste, où en répondant aux questions d'un médecin de province sur les moyens de s'en préserver ou de s'en guérir, on fait voir le danger des baraques et des infirmeries forcées, avec un problème sur la peste.* Paris 1722.

Helvetius, Jean-Adrien : *Remèdes contre la peste.* Paris 1721.

Hobbes, Thomas : *Léviathan ou La matière, la forme et la puissance d'un état ecclésiastique et civil (traduction française en partie double d'après les textes anglais et latin originaux par R. Anthony),* T. 1 : *De l'Homme.* Paris 1921.

Instructions de S. Charles Borromée, Cardinal du Titre de Ste Praxede, Archevêque de Milan. Aux Confesseurs de sa Ville & de son Diocèse. Besançon 1763.

Jauffret, Louis-François : *Pièces historiques sur la peste de Marseille et d'une partie de la Provence, en 1720, 1721 et 1722. Trouvées dans les Archives de l'Hôtel-de-Ville, dans celles de la préfecture, au Bureau de l'administration sanitaire, et dans le Cabinet des manuscrits de la Bibliothèque de Marseille, publiées en 1820, à l'occasion de l'année séculaire de la peste.* Marseille 1820.

Jousse, Daniel : *Traité de la justice criminelle de France.* Paris 1771.

Manget, Jean-Jacques : *Traité de peste, recueilli des meilleurs auteurs anciens & modernes et enrichi de remarques & observations théoriques et pratiques.* Genève 1721.

Manget, Jean-Jacques : *Traité De La Peste, Et Des Moyens De S'en Preserver.* Lyon 1722.

Marin, Louis : *Histoire de la ville de La Ciotat.* Avignon 1782.

Martin, Guillaume : *Discours sur saint Roch, à l'occasion de l'année séculaire de la peste de 1720, prononcé dans la chapelle du lazaret de Marseille, le 16 août 1820.* Marseille 1820.

Millevoye, Charles : *Belzunce, ou La peste de Marseille, poëme suivi d'autres poésies.* Paris 1808.

Ordonnance concernant la marine du 25 mars 1765. Paris 1765.

Ordonnance de la marine, du mois d'aoust 1681. Commentée & conférée avec les anciennes ordonnances & le droit écrit, avec les nouveaux règlements concernans la marine. Paris 1714.

Papon, Jean-Pierre : *De la peste ou époques mémorables de ce fléau et les moyens de s'en préserver.* Paris 1799–1800 (2 tomes).

Papon, Jean-Pierre : *Relation de la peste de Marseille, en 1720, et de celle de Montpellier, en 1629, suivie D'un Avis sur les moyens de prévenir la contagion et d'en arrêter les progrès, publié par ordre du Gouvernement.* Montpellier 1820.

Paré, Ambroise : *Traicté de la peste, de la petite verolle & rougeolle : avec une briefve description de la lèpre.* Paris 1580.

Père Maurice : *Traité de la peste et des moyens de s'en préserver.* Lyon 1720.

Pestalozzi, Jérôme : *Avis de précaution contre la maladie contagieuse de Marseille, qui contient une idée complette de la peste et de ses accidens.* Lyon 1721.

Rousseau, Jean-Jacques : *Les confessions, éd. critique établie, prés. et annotée par Jacques Voisine.* Paris 2011.

Roux, Pierre-Honoré : *Relation succinte de ce qui s'est passé à Marseille pendant la peste de 1720 et de 1722, de son principe, des effets qu'elle a produits, de ses suites et de sa fin ; suivi des précautions à prendre pour s'en préserver.*

Savary, Jacques : *Le parfait negociant.* Paris 1675.

Voragine, Jacques de : *La légende dorée* (sous la dir. d'Alain Boureau). Paris 2004.

10.3 Dictionnaires

Diderot, Denis/D'Alembert, Jean Le Rond (dir.) : *Encyclopédie ou Dictionnaire raisonné des sciences, des arts et des métiers.* Volume 4. Paris 1754.

Diderot, Denis/D'Alembert, Jean Le Rond (dir.) : *Encyclopédie ou Dictionnaire raisonné des sciences, des arts et des métiers.* Volumes 9, 12, 13, 14, 17. Neufchastel 1765.

Furetière, Antoine : *Dictionnaire universel, contenant généralement tous les mots françois tant vieux que modernes, et les termes de toutes les sciences et des arts.* 1690.

10.4 Littérature secondaire et études

Abulafia, David : *The great sea: a human history of the Mediterranean.* London 2011.

Aglietti, Marcella : Le gouvernement des informations. L'évolution du rapport entre État et institution consulaire au milieu du XVIIIe siècle. In : *Cahiers de la Méditerranée* 83 (2011), pp. 297–307.

Alezais, Henri : *La lutte contre la peste en Provence au XVIIe siècle et au XVIIIe siècle. Relations historiques.* Marseille 1902.

Alezais, Henri : *Le blocus de Marseille pendant la peste de 1722.* Valence 1907.

Alfani, Guido/Séguy, Isabelle : La peste : bref état des connaissances actuelles. In : *Annales de démographie historique* 2 (2017), pp. 15–38.

Allaz, Camille : *Histoire de la poste dans le monde.* Paris 2013.

André, Sylvain/Castejon, Philippe/Malaprade, Sébastien (dir.) : *Arcana imperii : gouverner par le secret à l'époque moderne (France, Espagne, Italie).* Paris 2018.

Andreozzi, Daniele : The « Barbican of Europe ». The Plague of Split and the Strategy of Defence in the Adriatic Area between the Venetian Territories and the Ottoman Empire (Eighteenth Century). In : *Popolazione e storia* 2 (2015), pp. 115–137.

Andurand, Olivier : *La Grande affaire : les évêques de France face à l'*«Unigenitus». Rennes 2017.

Arve, Stephen d' : *Hommes et choses de Provence, le chevalier Roze et la peste de Marseille, 1720, documents inédits*. Villedieu-Vaison 1907.

Aubenque, Pierre : *La prudence chez Aristote*. Paris 1993.

Audoin-Rouzeau, Frédérique : *Les chemins de la peste : le rat, la puce et l'homme*. Rennes 2003.

Autissier, Anne : Le sang des flagellants. In : *Médiévales* 27 (1994), pp. 51–58.

Ayalon, Yaron : *Natural disasters in the Ottoman Empire: plague, famine, and other misfortunes*. New York 2015.

Ayats, Alain : Louvois et le Roussillon. In : *Histoire, économie et société* 1 (1996), pp. 117–122.

Ayats, Alain : *Louis XIV et les Pyrénées catalanes de 1659 à 1681 : frontière politique et frontières militaires*. Canet 2002.

Ayats, Alain : Armées et santé en Roussillon au cours de la guerre de Hollande (1672–1678). In : Goger, Jean-Marcel/Marty, Nicolas (dir.) : *Cadre de vie, équipement, santé dans les sociétés méditerranéennes*. Perpignan 2005, pp. 119–135, URL : https://books.openedition.org/pupvd/11458 [consulté le 15.05.2023].

Aziza, Judith : *Soigner et être soigné sous l'Ancien Régime : l'Hôtel-Dieu de Marseille aux XVIIe–XVIIIe siècles*. Aix-en-Provence 2013.

Barbiche, Bernard : *Les institutions de la monarchie française à l'époque moderne : XVIe–XVIIIe siècle*. Paris 2001.

Barras, Vincent/Dinges, Martin (dir.) : *Krankheit in Briefen im deutschen und französischen Sprachraum 17.–21. Jahrhundert*. Stuttgart 2007.

Barry, Stéphane/Even, Pascal : Perceptions et réactions face à la peste de Provence dans deux villes portuaires du Ponant : Bordeaux et la Rochelle, 1720–1723. In : *Revue de la Saintonge et de l'Aunis* 30 (2004), pp. 69–77.

Barry, Stéphane : *Préventions et réactions face à la peste en Bordelais et moyenne Garonne, XVI–XVIIe siècles*. Bordeaux 2006.

Bartolomei, Arnaud : Débats historiographiques et enjeux scientifiques autour de l'utilité commerciale des consuls. In : *Cahiers de la Méditerranée* 93 (2016), pp. 49–59.

Bartolomei, Arnaud/Calafat, Guillaume/Grenet, Mathieu/Ulbert, Jörg (dir.) : *De l'utilité commerciale des consuls. L'institution consulaire et les marchands dans le monde méditerranéen (XVIIe-XXe siècle)*. Rome-Madrid 2017, URL : https://books.openedition.org/efr/3253 [consulté le 15.05.2023].

Bashford, Alison (dir.) : *Quarantine: local and global histories*. Basingstoke 2016.

Bashford, Alison : Maritime Quarantine: Linking Old World and New World Histories. In : Bashford, Alison (dir.) : *Quarantine: local and global histories*. Basingstoke 2016, pp. 1–12.

Biraben, Jean-Noël : *Les hommes et la peste en France et dans les pays européens et méditerranéens*. 2 vol. Paris-La Haye 1975–1976.

Beaur, Gérard/Bonin, Hubert/Lemercier, Claire (dir.) : *Fraude, contrefaçon et contrebande, de l'Antiquité à nos jours*. Genève 2006.

Beauvieux, Fleur : *Ordre et désordre en temps de peste. Justice et criminalité pendant l'épidémie marseillaise de 1720–1721*. Mémoire en sciences sociales de l'EHESS, 2010.

Beauvieux, Fleur : Épidémie, pouvoir municipal et transformation de l'espace urbain : la peste de 1720–1722 à Marseille. In : *Rives Méditerranéennes* (Jeux de pouvoirs et transformations de la ville en Méditerranée) 42 (2012), pp. 29–50.

Beauvieux, Fleur : Justice et répression de la criminalité en temps de peste. L'exemple de l'épidémie marseillaise de 1720–1722. In : *Criminocorpus* [en ligne], *Varia* (2014), URL : https://journals.openedition.org/criminocorpus/2857 [consulté le 15.05.2023].

Beauvieux, Fleur/Puget, Julien : Collecter pour ordonner. Le recueil des règlements de police à Marseille au XVIIIe siècle. In : Beauvieux, Fleur/Puget, Julien (dir.) : *Marseille, l'apprentissage d'une ville. Actes du séminaire doctoral d'histoire de Marseille (2012–2014)*, [en ligne], 2014, URL : https://halshs.archives-ouvertes.fr/halshs-01756130v2 [consulté le 15.05.2023].

Beauvieux, Fleur : *Expériences ordinaires de la peste. La société marseillaise en temps d'épidémie (1720–1724)*. Thèse en sciences sociales de l'EHESS, 2017.

Beauvieux, Fleur : La police en temps de peste. In : Marin, Brigitte/Regnard, Céline (dir.) : *Police ! Les Marseillais et les forces de l'ordre dans l'histoire*. Marseille 2019, pp. 85–89.

Beauvieux, Fleur : Constitution, conservation et reconstitution d'archives urbaines en temps de catastrophe. Le réseau d'urgence d'hôpitaux de Marseille pendant la peste de 1720–1722. In : *Histoire urbaine* 59 (2020), pp. 157–177.

Beauvieux, Fleur : Marseille en quarantaine : la peste de 1720. In : *L'Histoire* 471 (2020), URL : https://www.lhistoire.fr/marseille-en-quarantaine%C2%A0-la-peste-de-1720-0 [consulté le 15.05.2023].

Beauvieux, Fleur/Vidoni, Nicolas : Dispositifs de contrôle, police et résistances pendant la peste de 1720. Une étude comparée de Marseille et de Montpellier. In : *Études héraultaises* 55 (2020), pp. 53–63.

Beauvieux, Fleur : «[...] l'ayant secouru jusque a la mort». Les relations sociales à Marseille en temps de peste (1720–1722). In : *Histoire sociale / Social History* 54 (112), 2021, pp. 529–550.

Beauvieux, Fleur/Bertrand, Régis/Buti, Gilbert et al. : *Marseille en temps de peste 1720–1722*. Gand 2022.

Beck, Ulrich : *La société du risque : sur la voie d'une autre modernité* (trad. de l'allemand par Laure Bernardi). Paris 2001.

Bedini, Alessio Bruno : La morte per epidemia nel XVIII secolo. La peste del 1743–44 nel Reggino. In : *Popolazione e storia* 21/1 (2020), pp. 87–102.

Behringer, Wolfgang : *Im Zeichen des Merkur: Reichspost und Kommunikationsrevolution in der Frühen Neuzeit*. Göttingen 2003.

Belmas, Élisabeth : Pouvoir politique et catastrophe sanitaire : la «publication» des épidémies de peste dans la France moderne. In : *Parlement[s], Revue d'histoire politique* 25 (2017), pp. 31–54.

Bély, Lucien : *Les relations internationales en Europe (XVIIe–XVIIIe siècles)*. Paris 2007.

Benedictow, Ole Jørgen : *The Black Death, 1346–1353: the complete history*. Woodbridge 2004.

Benmakhlouf, Ali : La bonne santé : un savoir lacunaire. In Aurengo, André et al. (dir.) : *Politique de santé et principe de précaution*. Paris 2011, pp. 75–89.

Ben Messaoud, Samy/Reynaud, Denis : La gestion médiatique du désastre : la peste de Marseille, 1720. In : Mercier-Faivre, Anne-Marie/Thomas, Chantal (dir.) : *L'invention de la catastrophe au XVIIIe siècle : du châtiment divin au désastre naturel*. Genève 2008, pp. 199–207.

Berbouche, Alain : *Marine et justice. La justice criminelle de la Marine française sous l'Ancien Régime*. Rennes 2010.

Bercé, Yves-Marie : Les semeurs de peste. In : Bardet, Jean-Pierre (dir.) : *La vie, la mort, le temps : mélanges offerts à Pierre Chaunu*. Paris 1993, pp. 85–94.

Bérenger-Féraud, Laurent Jean-Baptiste : *Saint-Mandrier près Toulon. Contribution à l'histoire de la localité et de l'hôpital maritime*. Marseille 1977 [réimpression de l'édition de Paris de 1881].

Bérengier, Théophile : *Journal du maître d'hôtel de Mgr de Belsunce durant la peste de Marseille. 1720–1722.* Paris 1878 (AD13, Delta 150).
Bérengier, Théophile : *Mgr de Belsunce et la peste de Marseille.* Paris 1879.
Bérengier, Théophile : *Vie de Mgr Henry de Belsunce : évêque de Marseille, 1670–1755.* Lyon 1886–1887.
Bergdolt, Klaus : *Der schwarze Tod: die große Pest und das Ende des Mittelalters.* München 2000.
Bergdolt, Klaus : *Die Pest: Geschichte des Schwarzen Todes.* München 2006.
Bernstein, Peter L. : *Plus forts que les dieux : la remarquable histoire du risque* (trad. de l'anglais par Juliette Hoffenberg). Paris 1998.
Bertrand, Régis/Goury, Michel : Le récit de la peste de Marseille du notaire Urtis. In : *Provence historique* 47/189 (1997), pp. 489–494.
Bertrand, Régis : Peste et «littérature grise» : deux poèmes sur la peste d'Aix. In : *Provence historique* 47/189 (1997), pp. 495–512.
Bertrand, Régis/Buti, Gilbert : Le risque de peste dans la culture et la vie de la France d'Ancien Régime. In : Leca, Antoine/Vialla, François (dir.) : *Le risque épidémique. Droit, histoire, médecine et pharmacie.* Aix-en-Provence 2003, pp. 97–112.
Bertrand, Régis et al. (dir.) : *Les narrations de la mort.* Aix-en-Provence 2005.
Bertrand, Régis : *Mort et mémoire : Provence, xvIII^e–xxe siècle, une approche d'historien.* Marseille 2011.
Bertrand, Régis : L'ex-voto des visitandines de Marseille de François Arnaud (1721) ou l' «éclatante mémoire de la peste» en présence de Dieu. In : *Provence historique* 69/265 (2019), pp. 75–94.
Bertrand, Régis : *Henri de Belsunce (1670–1755). L'évêque de la peste de Marseille.* Marseille 2020.
Bertulus, Evariste : *Le Grand Pionnier laïque de 1720, ou le Chevalier Nicolas Roze, commandeur de l'Ordre hospitalier de Saint-Lazare, et les horreurs de la peste, légende du xvIII^e siècle dédiée au peuple marseillais.* Marseille 1880 (AD13, Delta 170).
Bérutti, André/Meyrueis, Jean-Paul (dir.) : *Le Bagne de Toulon, 1748–1873.* Marseille 2010.
Billioud, Jacques : Le clergé et la peste en Provence aux xvII^e et xvIII^e siècles. In : *Marseille* 135 (1984), pp. 8–12.
Blair, Ann et al. (dir.) : *Information: a historical companion.* Princeton 2021.
Blazina Tomić, Zlata/Blazina, Vesna : *Expelling the plague: the health office and the implementation of quarantine in Dubrovnik, 1377–1533.* Montreal 2015.
Boeckl, Christine M. : *Images of plague and pestilence, iconography and iconology.* Kirksville 2000.
Boëtsch, Gilles/Chevé, Dominique/Dutour, Olivier/Signoli, Michel : Le chevalier Roze et la peste de 1720. Étude anthropologique des représentations artistiques de la peste à Marseille. In : *Marseille* 196 (2001), pp. 14–29.
Boltanski, Luc et al. : La dénonciation. In : *Actes de la recherche en sciences sociales* 51 (1984), pp. 3–40.
Bonastra, Quim : Le lazaret, à la croisée de traditions architecturales hétérogènes. In : *Revue de la société française d'histoire des hôpitaux* 131–132 (2008), pp. 65–69.
Bonnet, Marcel : *La peste de 1720 à Saint-Rémy-de-Provence, Extrait du Programme officiel de la Kermesse Laïque de Saint-Rémy-de-Provence.* Saint-Rémy-de-Provence 1965 (AD13, Delta 3273).
Booker, John : *Maritime quarantine: the British experience, c. 1650–1900.* Aldershot 2007.
Bordes, Maurice : *L'administration provinciale et municipale en France au xvIII^e siècle.* Paris 1972.
Bordes, Maurice : Le rôle des subdélégués en Provence au xvIII^e siècle. In : *Provence historique* 23/93–94 (1973), pp. 386–403.
Borntrager, Conrad : Les servites de Marie en Provence au temps de la peste de Marseille (1720–1722). In : *Provence historique* 19/77 (1969), pp. 236–265.

Boulanger, Patrick : Les appointements des consuls de France à Alger au XVIIIe siècle. In : Le Bouëdec, Gérard/Ulbert, Jörg (dir.) : *La fonction consulaire à l'époque moderne. L'affirmation d'une institution économique et politique (1500–1800)*. Rennes 2006, pp. 123–145.

Boulant, Antoine/Maurepas, Arnaud de : *Les ministres et les ministères du siècles des Lumières (1715–1789) : étude et dictionnaire*. Paris 1996.

Bourdelais, Patrice : L'épidémie créatrice de frontières. In : *Les Cahiers du Centre de recherches historiques* 42 (2008), pp. 149–176.

Bourg, Dominique/Schlegel, Jean-Louis : *Parer aux risques de demain : le principe de précaution*. Paris 2001.

Bourg, Dominique/Joly, Pierre-Benoît/Kaufmann, Alain (dir.) : *Du risque à la menace : penser la catastrophe*. Paris 2013.

Bourquin, Marie-Hélène : Le procès de Mandrin et la contrebande au XVIIIe siècle. In : Bourquin, Marie-Hélène/Hepp, Emmanuel : *Aspects de la contrebande au XVIIIe siècle*. Paris 1969, pp. 1–37.

Bouzon, Arlette : Ulrich Beck, La société du risque. Sur la voie d'une autre modernité, trad. de l'all. par L. Bernardi. In : *Questions de communication* 2, 2002, URL : https://journals.openedition.org/questionsdecommunication/7281 [consulté le 15.05.2023].

Braudel, Fernand : *La Méditerranée et le monde méditerranéen à l'époque de Philippe II*. Paris 1949.

Braudel, Fernand : Histoire et Sciences sociales : La longue durée. In : *Annales. Économies, sociétés, civilisations* 4, 1958, pp. 725–753.

Braun, Guido (dir.) : *Diplomatische Wissenskulturen der Frühen Neuzeit. Erfahrungsräume und Orte der Wissensproduktion*. Berlin/Boston 2018.

Braun, Guido : La correspondance diplomatique et la production de savoirs. Une analyse des rapports des ambassadeurs français dans le Saint-Empire à la fin de la guerre de Trente Ans. In : Félicité, Indravati (dir.) : *L'identité du diplomate (Moyen Âge-XIXe siècle) : métier ou noble loisir ?* Paris 2020, pp. 229–240.

Brendecke, Arndt et al. (dir.) : *Information in der Frühen Neuzeit*. Berlin 2008.

Brendecke, Arndt/Friedrich, Markus/Friedrich, Susanne : Information als Kategorie historischer Forschung. Heuristik, Etymologie und Abgrenzung vom Wissensbegriff. In : Brendecke, Arndt et al. (dir.) : *Information in der Frühen Neuzeit*. Berlin 2008, pp. 11–44.

Brendecke, Arndt : *The empirical empire: Spanish colonial rule and the politics of knowledge*. Berlin 2016.

Brendecke, Arndt : Warum Vigilanzkulturen? Grundlagen, Herausforderungen und Ziele eines neuen Forschungsansatzes. In : *Mitteilungen des Sonderforschungsbereichs 1369 «Vigilanzkulturen»* 1 (2020), pp. 10–17.

Briand, Julien/Lusset, Élisabeth : Id est diabolus, id est denunciator ? Autour de la pratique de la délation de l'Antiquité à nos jours. In : *Hypothèses* 12 (2009), pp. 97–107.

Brizay, François : La solitude du consul de France à Naples (1706–1718). In : Haudrère, Philippe (dir.) : *Pour une histoire sociale des villes*. Rennes 2015, pp. 189–203.

Bröckling, Ulrich : Vorbeugen ist besser... Zur Soziologie der Prävention. In : *Behemoth. A Journal on Civilisation* 1 (2008), pp. 38–48.

Bröckling, Ulrich : *Postheroische Helden: ein Zeitbild*. Berlin 2020.

Brodeur, Jean-Paul : Introduction. La délation organisée. In : Brodeur, Jean-Paul/Jobard, Fabien (dir.) : *Citoyens et délateurs : la délation peut-elle être civique ?* Paris 2005, pp. 4–23.

Brossolet, Jacqueline/Mollaret, Henri Hubert : *Alexandre Yersin : un pasteurien en Indochine*. Paris 2017.

Bruni, René : *Le pays d'Apt malade de la peste*. Aix-en-Provence 1980.

Bulmus, Birsen : *Plague, Quarantines and Geopolitics in the Ottoman Empire*. Edinburgh 2012.
Bulst, Neithard : Die Pest verstehen. Wahrnehmungen, Deutungen und Reaktionen im Mittelalter und in der Frühen Neuzeit. In : Groh, Dieter/Kempe, Michael/Mauelshagen, Franz (dir.) : *Naturkatastrophen: Beiträge zu ihrer Deutung, Wahrnehmung und Darstellung in Text und Bild von der Antike bis ins 20. Jahrhundert*. Tübingen 2003, pp. 145–163.
Buti, Gilbert : Marseille au XVIIIe siècle : réseaux d'un port mondial. In: Collin, Michèle (dir.) : *Ville et port, XVIIIe–XXe siècles*. Paris 1994, pp. 209–222.
Buti, Gilbert : *La peste à La Valette : la peste au village (1720–1721)*. Marseille 1996.
Buti, Gilbert : Comment Marseille est devenue port mondial au XVIIIe siècle. In : *Marseille* 185, 1998, pp. 72–81.
Buti, Gilbert : Structures sanitaires et protections d'une communauté provençale face à la Peste : La Valette (1720/1721). In : *Bulletins et Mémoires de la Société d'anthropologie de Paris* 10/1–2 (1998), pp. 67–80.
Buti, Gilbert : Le «chemin de la mer» ou le petit cabotage en Provence (XVIIe-XVIIIe siècles). In : *Provence historique* 50/201 (2000), pp. 297–320.
Buti, Gilbert : Contrôles sanitaires et militaires dans les ports provençaux au XVIIIe siècle. In : Kaiser, Wolfgang/Moatti, Claudia (dir.) : *Gens de passage en Méditerranée de l'Antiquité à l'époque moderne : procédures de contrôle et d'identification*. Paris 2007, pp. 155–180.
Buti, Gilbert/Kaiser, Wolfgang : Moyens, supports et usages de l'information marchande à l'époque moderne. In : *Rives méditerranéennes* 27 (2007), pp. 7–11.
Buti, Gilbert : Veille sanitaire et trafics maritimes à Marseille (XVIIe-XVIIIe siècles). In : Salvemini, Raffaella (dir.) : *Instituzioni e traffici nel Mediterraneo tra età antica e crescita moderna*. Naples 2009, pp. 201–224.
Buti, Gilbert : *Les Chemins de la mer. Saint-Tropez, petit port méditerranéen, XVIIe-XVIIIe siècles*. Rennes 2010.
Buti, Gilbert : Pratiques et contrôles de la circulation maritime en Méditerranée (1680–1780). In : Bély, Lucien (dir.) : *Les circulations internationales en Europe (1680–1780)*. Paris 2011, pp. 11–43.
Buti, Gilbert : Territoires et acteurs de la fraude à Marseille au XVIIIe siècle. In : Figeac-Monthus, Marguerite/Lastécouères, Christophe (dir.) : *Territoires de l'illicite : ports et îles, de la fraude au contrôle (XVIe-XXe siècles)*. Paris 2012, pp. 157–172.
Buti, Gilbert : Capitaines et patrons provençaux de navires marchands au XVIIIe siècle. Exécutants ou entrepreneurs des mers ? In : Buti, Gilbert/Lo Basso Luca/Raveux, Olivier (dir.) : *Entrepreneurs des mers : capitaines et mariniers du XVIe au XIXe siècle*. Paris 2017, pp. 39–57.
Buti, Gilbert : L'intendance de la Santé de Marseille au XVIIIe siècle : service sanitaire ou bureau de renseignements ? In : Calcagno, Paolo/Palermo, Daniele (dir.) : *La quotidiana emergenza : i molteplici impieghi delle istituzioni sanitarie nel Mediterraneo moderno*. Palermo 2017, pp. 43–61.
Buti, Gilbert : *Colère de Dieu, mémoire des hommes : la peste en Provence 1720–2020*. Paris 2020.
Cabantous, Alain : *Le Ciel dans la mer. Christianisme et civilisation maritime (XVIe-XIXe siècle)*. Paris 1990.
Cabantous, Alain : *Les côtes barbares. Pilleurs d'épaves et sociétés littorales en France (1680–1830)*. Paris 1993.
Cabantous, Alain : *Les citoyens du large. Les identités maritimes en France (XVIIe-XIXe siècle)*. Paris 1995.
Calafat, Guillaume : La contagion des rumeurs. Information consulaire, santé et rivalité commerciale des ports francs (Livourne, Marseille et Gênes, 1670–1690). In : Marzagalli, Silvia (dir.) : *Les consuls en Méditerranée, agents d'information (XVIe-XXe siècle)*. Paris 2015, pp. 99–119.
Calafat, Guillaume : *Une mer jalousée : contribution à l'histoire de la souveraineté (Méditerranée, XVIIe siècle)*. Paris 2019.

Calcagno, Paolo : Fraudes maritimes aux XVIIe et XVIIIe siècles : un voyage dans les sources génoises. In : *Cahiers de la Méditerranée* 90 (2015), pp. 215–236.
Calvi, Giulia : *Histories of a plague year: the social and the imaginary in baroque Florence*. Trad. Dario Biocca, Bryant T. Ragan Jr. Berkeley 1989.
Carausse, Pascal : *Monseigneur de Belsunce et les femmes*. 1992–1993 (AD13, 8 J 768).
Carpentier, Élisabeth : *Une ville devant la peste : Orvieto et la Peste Noire de 1348*. Paris 1962.
Carrière, Charles : *Négociants marseillais au XVIIIe siècle*. Marseille 1973.
Carrière, Charles/Courdurié, Marcel : Un document nouveau sur la peste de Marseille. In : *Provence historique* 33/131 (1983), pp. 103–108.
Carrière, Charles/Courdurié, Marcel/Rebuffat, Ferréol : *Marseille ville morte, la peste de 1720*. Marseille 2016.
Castan, Nicole : *Justice et répression en Languedoc à l'époque des Lumières*. Paris 1980.
Castex, Dominique/Kacki, Sascha/Signoli, Michel/Tzortzis, Stéfan : Prévention, pratiques médicales et gestion sanitaire au cours de la deuxième pandémie de peste. In : Froment, Alain/Guy, Hervé (dir.) : *Archéologie de la santé, anthropologie du soin*. Paris 2019, pp. 119–133.
Caylux, Odile : *Arles et la peste de 1720–1721*. Aix-en-Provence 2009.
Cazals, Rémy : Fraude et conscience de place dans la draperie languedocienne au XVIIIe siècle. In : Béaur, Gérard/Bonin, Hubert/Lemercier, Claire (dir.) : *Fraude, contrefaçon et contrebande, de l'Antiquité à nos jours*. Genève 2006, pp. 457–469.
Certeau, Michel de : *L'invention du quotidien, I. Arts de faire*. Paris 1990.
Charles, Loïc/Cheney, Paul : The colonial machine dismantled: knowledge and empire in the French atlantic. In : *Past & Present* 219/1 (2013), pp. 127–163.
Chateauraynaud, Francis : Regard analytique sur l'activité visionnaire. In : Bourg, Dominique/Joly, Pierre-Benoît/Kaufmann, Alain (dir.) : *Du risque à la menace : penser la catastrophe*. Paris 2013, pp. 287–309.
Chauvet, Pierre : *La lutte contre une épidémie au XVIIIe siècle : la peste du Gévaudan (1720–1723)*. Paris 1939.
Chèle, Annick : L'Intendance de santé du Roussillon à travers les documents de l'amirauté de Collioure (XVIIIe siècle). In : Goger, Jean-Marcel/Marty, Nicolas (dir.) : *Cadre de vie, équipement, santé dans les sociétés méditerranéennes*. Perpignan 2005, pp. 63–65.
Chevé, Dominique : *Les corps de la Contagion. Étude anthropologique des représentations iconographiques de la peste (XVIe-XXe siècles en Europe)*, thèse de doctorat en anthropologie biologique. Université Aix-Marseille II 2003.
Chevé, Dominique/Signoli, Michel (dir.) : *Les corps de la contagion*. Paris 2008.
Chevé, Dominique/Signoli, Michel : Les corps de la contagion : corps atteints, corps souffrants, corps inquiétants, corps exclus ? In : *Corps* 5 (2), 2008, pp. 11–14.
Chevé, Dominique/Costedoat, Caroline/Lami, Arnaud/Signoli, Michel : 2020 en temps d'épidémie : la peste en filigrane ? In : *Recherches & éducations* [en ligne], HS (2020), URL : http://journals.openedition.org/rechercheseducations/9586 [consulté le 15.05.2023].
Chircop, John/Martínez, Francisco Javier : *Mediterranean quarantines, 1750–1914: Space, identity and power*. Manchester 2018, URL : https://library.oapen.org/handle/20.500.12657/30518 [consulté le 15.05.2023].
Cipolla, Carlo Maria : *Cristofano and the plague, a study in the history of public health in the age of Galileo*. London 1973.
Cipolla, Carlo Maria : *Contre un ennemi invisible : épidémies et structures sanitaires en Italie de la Renaissance au XVIIe siècle*. Trad. de l'italien par Marie-José Tramuta. Paris 1992.

Clavandier, Gaëlle : *La mort collective : pour une sociologie des catastrophes*. Paris 2004.
Codaccioni, Vanessa : *La société de vigilance : auto-surveillance, délation et haines sécuritaires*. Paris 2021.
Cohn Jr., Samuel K. : *Cultures of plague: medical thinking at the end of the Renaissance*. New York 2010.
Cohn Jr., Samuel K. : Plague violence and abandonment from the black death to the early modern period. In : *Annales de démographie historique* 2 (2017), pp. 39–61.
Colin, Lucas : The Theory and Practice of Denunciation in the French Revolution. In : *The Journal of modern history* 68/4 (1996), pp. 768–785.
Collas-Heddeland, Emmanuelle/Kammerer, Odile/Lemaître, Alain J. : Moyen Âge et Temps modernes : l'ère du calcul. In : Collas-Heddeland, Emmanuelle et al. (dir.) : *Pour une histoire culturelle du risque : genèse, évolution, actualité du concept dans les sociétés occidentales*. Strasbourg 2004, pp. 39–54.
Collins, James B. : *The state in early modern France*. Cambridge 1995.
Contestin, Maurice : Beaucaire et la foire de la Madeleine vers 1730. L'éclosion de la prospérité. In : *Provence historique* 39/157 (1989), pp. 391–406.
Corbin, Alain : *Le miasme et la jonquille. L'odorat et l'imaginaire social, XVIIIe-XIXe siècles*. Paris 2008.
Corens, Liesbeth/Peters, Kate/Walsham, Alexandra (dir.) : *Archives & information in the early modern world*. Oxford 2018.
Cornu, Roger : Les portefaix et la transformation du port de Marseille. In : *Annales du Midi : revue archéologique, historique et philologique de la France méridionale* 86/117 (1974), pp. 181–201.
Corvisier, André : Les représentations de la société dans les danses des morts du XVe au XVIIIe siècle. In : *Revue d'histoire moderne et contemporaine* 16/4 (1969), pp. 489–539.
Cosandey, Fanny/Descimon, Robert : *L'absolutisme en France : histoire et historiographie*. Paris 2002.
Coste, Joël : *Représentations et comportements en temps d'épidémie dans la littérature imprimée de peste (1490–1725) : contribution à l'histoire culturelle de la peste en France à l'époque moderne*. Paris 2007.
Coulange, Pierre : *Vers le bien commun*. Les Plans-sur-Bex 2014.
Courdurié, Marcel : Échelles du Levant. In : Bély, Lucien (dir.) : *Dictionnaire de l'Ancien Régime : Royaume de France XVIe-XVIIIe siècle*. Paris 2003, pp. 456–458.
Cras, Jérôme : Une approche archivistique des consulats de la Nation française : Les actes de chancellerie consulaire sous l'Ancien Régime. In : Le Bouëdec, Gérard/Ulbert, Jörg (dir.) : *La fonction consulaire à l'époque moderne. L'affirmation d'une institution économique et politique (1500–1800)*. Rennes 2006, pp. 51–84.
Cros, Bernard : Les installations du bagne de Toulon. In : Bérutti, André/Meyrueis, Jean-Paul (dir.) : *Le Bagne de Toulon, 1748–1873*. Marseille 2010, pp. 51–75.
Crouzet, François : La contrebande entre la France et les îles britanniques au XVIIIe siècle. In : Béaur, Gérard/Bonin, Hubert/Lemercier, Claire (dir.) : *Fraude, contrefaçon et contrebande, de l'Antiquité à nos jours*. Genève 2006, pp. 35–39.
Cubells, Monique : *La Provence des Lumières. Les parlementaires d'Aix au XVIIIe siècle*. Paris 1984.
Cubells, Monique : Préface. In : Amis de la Méjanne (dir.) : *Le Parlement de Provence*. Aix-en-Provence 2002, pp. 7–9.
Dachez, Hélène : Peste, texte et contagion : le *Journal de l'année de la peste* (1722) de Daniel Defoe. In : *Dix-huitième siècle* 47 (2015), pp. 311–324.
Darnton, Robert : An Early Information Society: News and the Media in Eighteenth-Century Paris. In : *The American Historical Review* 105/1 (2000), pp. 1–35.

Dauchy, Serge/Demars-Sion, Véronique/Leuwers, Hervé/Sabrina, Michel (dir.) : *Les parlementaires, acteurs de la vie provinciale (XVII*^{e} *et XVIII*^{e} *siècles)*. Rennes 2013.
Dedet, Jean-Pierre : *Les épidémies : de la peste noire à la Covid-19*. Malakoff 2021.
Deleersnijder, Henri : *Les grandes épidémies dans l'histoire : quand peste, grippe espagnole, coronavirus... façonnent nos sociétés*. Bruxelles 2021.
Delumeau, Jean : *La peur en Occident, XIV*^{e}*-XVIII*^{e} *siècles*. Paris 1978.
Delumeau, Jean : *Rassurer et protéger : le sentiment de sécurité dans l'Occident d'autrefois*. Paris 1989.
Delvaux, Pascal/Fantini, Bernardino/Walter, François (dir.) : *Les cultures du risque (XVI*^{e}*-XXI*^{e} *siècle)*. Genève 2006.
Dembinski, Paul H./Huot, Jean-Claude (dir.) : *Le bien commun par-delà les impasses*. Saint-Maurice 2017.
Demichel, Sébastien : Vigilance, vigilant : histoire, étymologie, sens. In : *Vigilanzkulturen*, 01/12/2020, URL : https://vigilanz.hypotheses.org/921 [consulté le 15.05.2023].
Demichel, Sébastien : Des *vigilans Echevins* à la *pharmacovigilance* : la vigilance sanitaire dans la langue française du XVIIIe au XXIe siècle. In : *Vigilanzkulturen*, 26/03/2021, URL : https://vigilanz.hypotheses.org/1285 [consulté le 15.05.2023].
Denécé, Éric : Le renseignement français du XVe au XVIIIe siècle. In : Denécé, Éric/Léthenet, Benoît (dir.) : *Renseignement et espionnage de la Renaissance à la Révolution : XV*^{e}*-XVIII*^{e} *siècles*. Paris 2021, pp. 29–41.
Denis, Vincent/Milliot, Vincent : De l'idéal de transparence à la réalité de la fraude : la police et l'identification des personnes en France, de l'Ancien Régime à l'époque napoléonienne. In : Kaiser, Wolfgang/Moatti, Claudia (dir.) : *Gens de passage en Méditerranée de l'Antiquité à l'époque moderne : procédures de contrôle et d'identification*. Paris 2007, pp. 471–480.
Denys, Catherine (dir.) : *Frontière et criminalité, 1715–1815*. Arras 2001.
Denys, Catherine : La territorialisation policière dans les villes au XVIIIe siècle. In : *Revue d'Histoire Moderne et Contemporaine* 50/1 (2003), pp. 13–26.
Desaive, Jean-Paul et al. : *Médecins, climat et épidémies à la fin du XVIII*^{e} *siècle*. Paris/La Haye 1972.
Di Donato, Francesco : La hiérarchie des normes dans l'ordre juridique, social et institutionnel de l'Ancien Régime. In : *Revus* 21 (2013), pp. 237–291.
Dinges, Martin : Pest und Politik in der europäischen Neuzeit. In : Meier, Mischa (dir.) : *Pest: die Geschichte eines Menschheitstraumas*. Stuttgart 2005, pp. 283–313.
Dolan, Claire : *Le notaire, la famille et la ville (Aix-en-Provence à la fin du XVI*^{e} *siècle)*. Toulouse 1998.
Donato, Maria Pia (dir.) : *Médecine et religion. Compétitions, collaborations, conflits (XII*^{e}*-XX*^{e} *siècles)*. Rome 2013.
Dover, Paul M. : *The information revolution in early modern Europe*. Cambridge 2021.
Dreyfus, Françoise : *L'invention de la bureaucratie : servir l'État en France, en Grande-Bretagne et aux États-Unis*. Paris 2000.
Ducos, Joëlle : L'air corrompu dans les traités de peste. In : Bazin-Tacchella, Sylvie et al. (dir.) : *Air, miasmes et contagion : les épidémies dans l'Antiquité et au Moyen Âge*. Langres 2001, pp. 87–104.
Dulieu, Louis : Jean Astruc. In : *Revue d'histoire des sciences* 26/2 (1973), pp. 113–135.
Dulieu, Louis : *La chirurgie à Montpellier : de ses origines au début du XIX*^{e} *siècle*. Avignon 1975.
Dulieu, Louis : *La médecine à Montpellier*. Avignon 1975–1999 (sept tomes dont le troisième est consacré à l'âge classique).
Dumas, Geneviève : *Santé et société à Montpellier à la fin du Moyen Âge*. Leiden/Boston 2015.
Dumas, Robert (dir.) : *La Faculté de médecine de Montpellier*. Montpellier 2014.

Durand, Bernard : La notion de police en France du XVIe au XVIIIe siècle. In : Stolleis, Michael (dir.) : *Policey im Europa der Frühen Neuzeit*. Frankfurt 1996, pp. 163–211.
Duranty, marquis de/Gaffarel, Paul : *La peste de 1720 à Marseille et en France d'après des documents inédits*. Paris 1911.
Dutau, Guy : *La désinfection du courrier en France et dans les pays occupés / 1 : Histoire, règlements, lazarets, pratiques*. Toulouse 2018.
Dutour, Olivier : Antoine Deidier, son approche expérimentale de la contagiosité de la peste à Marseille en 1720. In : *Histoire des sciences médicales* 45/1 (2011), pp. 45–50.
Duval, Raymond : *Temps et vigilance*. Paris 1990.
Eckert, Edward A. : *The structure of plagues and pestilences in early modern Europe: Central Europe, 1560–1640*. Basel 1996.
Elden, Stuart : Plague, Panopticon, Police. In : *Surveillance & Society* 1/3 (2003), pp. 240–253.
El Hadj, Jamel : La réorganisation d'un groupe professionnel. Les chirurgiens de peste à Marseille aux XVIIe-XVIIIe siècles. In : *Rives méditerranéennes* (2017) (varia), URL : https://journals.openedition.org/rives/5235 [consulté le 15.05.2023].
Emmanuelli, François-Xavier : À propos des subdélégations de l'intendance de Provence. In : *Provence historique* 25/102 (1975), pp. 563–571.
Emmanuelli, François-Xavier : *Un mythe de l'absolutisme bourbonien : l'intendance, du milieu du XVIIe siècle à la fin du XVIIIe siècle (France, Espagne, Amérique)*. Aix-en-Provence/Paris 1981.
Engelmann, Lukas/Henderson, John/Lynteris, Christos (dir.) : *Plague and the city*. London 2018.
Erhard, Jean : Opinions médicales en France au XVIIIe siècle : la peste et l'idée de contagion. In : *Annales. Economies, sociétés, civilisation* 12/1 (1957), pp. 46–59.
Ermus, Cindy : The Plague of Provence: Early Advances in the Centralization of Crisis Management. In : *Arcadia* 9 (2015).
Ermus, Cindy : The Spanish Plague That Never Was: Crisis and Exploitation in Cádiz During the Peste of Provence. In : *Eighteenth-Century Studies* 49/2 (2016), pp. 167–193.
Ermus, Cindy : *The Great Plague Scare of 1720 : Disaster and diplomacy in the eighteenth-century Atlantic world*. Cambridge 2023.
Escoffier, Georges : *Tambours, théâtre et Te Deum : pour une socio-économie de la musique à l'âge des Lumières*. Paris 2020.
Etienne-Steiner, Claire : Quatre générations de lazarets au Havre. In : *In Situ. Revue des patrimoines* 2 (2002), URL : https://journals.openedition.org/insitu/1237 [consulté le 15.05.2023].
Ewald, François/Gollier, Christian/Sadeleer, Nicolas de : *Le principe de précaution*. Paris 2008.
Fabre, Gérard : La Peste en l'absence de Dieu. Images votives et représentations du mal lors de la peste provençale de 1720. In : *Archives de sciences sociales des religions* 73 (1991), pp. 141–158.
Faget, Daniel : *Marseille et la mer. Hommes et environnements marins (XVIIIe-XXe siècle)*. Rennes 2011.
Faivre-Chevrier, Marcel/Marras, Jean-Charles : Histoire et histoires du lazaret. In : *Regards sur l'histoire de la Seyne-sur-mer* 4 (2003), pp. 10–18.
Faivre-Chevrier, Marcel : Histoires du lazaret de Toulon. In : *Regards sur l'histoire de Saint-Mandrier-sur-Mer*, numéro spécial (2010), pp. 25–30.
Faivre d'Arcier, Amaury : Le service consulaire au Levant à la fin du XVIIe siècle et son évolution sous la Révolution. In : Le Bouëdec, Gérard/Ulbert, Jörg (dir.) : *La fonction consulaire à l'époque moderne. L'affirmation d'une institution économique et politique (1500–1800)*. Rennes 2006, pp. 161–188.
Fangerau, Heiner/Labisch, Alfons : *Pest und Corona: Pandemien in Geschichte, Gegenwart und Zukunft*. Freiburg 2020.

Fantini, Bernardino : La perception du risque sanitaire dans l'histoire. In : Delvaux, Pascal/Fantini, Bernardino/Walter, François (dir.) : *Les cultures du risque (xvI^e-xxI^e siècle)*. Genève 2006, pp. 29–47.

Farganel, Jean-Pierre : Négociants marseillais au Levant et dirigisme commercial : l'émergence d'une contestation nouvelle de l'autorité monarchique (1685–1789). In : *Provence historique* 46/183 (1996), pp. 3–25.

Farganel, Jean-Pierre : Les échelles du Levant dans la tourmente des conflits méditerranéens au XVIIIe siècle : la défense des intérêts français au fil du temps. In : *Cahiers de la méditerranée* 70 (2005), pp. 61–83.

Farge, Arlette : *Le vol d'aliments à Paris au XVIIIe siècle*. Paris 1974.

Farge, Arlette : *Dire et mal dire : l'opinion publique au XVIIIe siècle*. Paris 1992.

Farge, Arlette : *Condamnés au XVIIIe siècle*. Lormont 2013.

Farinelli, Giuseppe/Paccagnini, Ermano : *Processo agli untori. Milano 1630 : cronaca e atti giudiziari in ed. integrale*. Milan 1988.

Favier, René/Granet-Abisset, Anne-Marie (dir.) : *Récits et représentations des catastrophes depuis l'Antiquité [Actes du colloque «Le traitement médiatique des catastrophes : entre oubli et mémoire», Troisième colloque international sur l'histoire des risques naturels. Grenoble, 11–12–13 avril 2003]*. Grenoble 2005.

Fettah, Samuel : Les consuls de France et la contrebande dans le port franc de Livourne à l'époque du *Risorgimento*. In : *Revue d'histoire moderne et contemporaine* 48/2–3 (2001), pp. 148–161.

Feyel, Gilles : *L'annonce et la nouvelle : la presse d'information en France sous l'Ancien Régime (1630–1788)*. Oxford 2000.

Figeac-Monthus, Marguerite/Lastécouères, Christophe (dir.) : *Territoires de l'illicite : ports et îles, de la fraude au contrôle (xvI^e-xxe siècles)*. Paris 2012.

Flahault, Antoine/Zylberman, Patrick (dir.) : *Des épidémies et des hommes*. Paris 2008.

Fontenay, Michel : Barbaresques. In : Bély, Lucien (dir.) : *Dictionnaire de l'Ancien Régime : Royaume de France XVIe-XVIIIe siècle*. Paris 2003, pp. 127–129.

Forestier, Sylvie et al. : *Saint Sébastien : rituel et figures*. Paris 1983.

Förg, Manuel/Gadebusch Bondio, Mariacarla/Kaiser, Christian (dir.) : *Menschennatur in Zeiten des Umbruchs. Das Ideal des politischen Arztes in der Frühen Neuzeit*. Berlin/Boston 2020.

Foucault, Michel : *Folie et déraison : histoire de la folie à l'âge classique*. Paris 1961.

Foucault, Michel : *Surveiller et punir. Naissance de la prison*. Paris 1975.

Foucault, Michel : *Sécurité, territoire, population. Cours au Collège de France (1977–1978)*. Éd. François Ewald et al. Paris 2004.

Foucault, Michel : *Naissance de la clinique*. Paris 2012.

Fournier, Patrick : De la maîtrise de l'espace à la protection de la santé en Languedoc et en Provence (XVIe-XVIIIe s.). In : Goger, Jean-Marcel/Marty, Nicolas (dir.) : *Cadre de vie, équipement, santé dans les sociétés méditerranéennes*. Perpignan 2005, pp. 33–62.

Fournier, Patrick : Pour une histoire environnementale des épidémies européennes à l'époque moderne : approches historiographiques et étude de cas. In : Association des historiens modernistes des universités françaises (AHMUF) : *L'environnement à l'époque moderne* 39 (2018), pp. 149–182.

François, Georges : Les lazarets de Marseille. In : *Association des amis du patrimoine médical de Marseille (AAPMM)*, 2017, URL : http://patrimoinemedical.univmed.fr/articles/article_lazarets.pdf [consulté le 15.05.2023].

Frandsen, Karl-Erik : *The last plague in the Baltic region, 1709–1713*. Copenhagen 2010.

Fressoz, Jean-Baptiste/Pestre, Dominique : Risque et société du risque depuis deux siècles. In : Bourg, Dominique/Joly, Pierre-Benoît/Kaufmann, Alain (dir.) : *Du risque à la menace : penser la catastrophe*. Paris 2013, pp. 19–56.

Friedrich, Markus : Archival Practices. Producing Knowledge in early modern repositories of writing. In : Brendecke, Arndt (dir.) : *Praktiken der Frühen Neuzeit*. Cologne 2015, pp. 468–472.

Friedrich, Markus : How to Make an Archival Inventory in Early Modern Europe: Carrying Documents, Gluing Paper and Transforming Archival Chaos into Well-ordered Knowledge. In : *Manuscript cultures* 10 (2017), pp. 160–173.

Frostin, Charles : *Les Pontchartrain, ministres de Louis XIV : alliances et réseau d'influence sous l'Ancien Régime*. Rennes 2006.

Füssel, Marian/Neu, Tim : Reassembling the Past?! Zur Einführung. In : Füssel, Marian/Neu, Tim (dir.) : *Akteur-Netzwerk-Theorie und Geschichtswissenschaft*. Padeborn 2021, pp. 1–25.

Gagnière, Sylvain : *La désinfection des caveaux d'églises après les grandes épidémies de peste*. Avignon 1943 (AD13, Delta 1629).

Gainot, Bernard : Diversité des pratiques de police dans les métropoles européennes. In : Denys, Catherine/Marin, Brigitte/Milliot, Vincent (dir.) : *Réformer la police : les mémoires policiers en Europe au XVIIIe siècle*. Rennes 2009, pp. 219–222.

Garnot, Benoît : *Crime et justice aux XVIIe et XVIIIe siècles*. Paris 2000.

Garnot, Benoît : *Questions de justice : 1667–1789*. Paris 2006.

Garnot, Benoît : *Histoire de la justice : France, XVIe-XXIe*. Paris 2012.

Gasquet, Marie : *La vénérable Anne-Madeleine Remuzat*. Paris 1935.

Gaussent, Jean-Claude : Agde pendant la peste de Marseille. In : *Annales du Midi : revue archéologique, historique et philologique de la France méridionale* 89/132 (1977), pp. 225–229.

Geltner, Guy : Public Health and the Pre-Modern City: A Research Agenda. In : *History Compass* 10/3 (2012), pp. 231–245.

Genton, Marc : *Contribution à l'étude historique de la peste dans la région toulonnaise au XVIIIe siècle en particulier*. Paris 1929.

Gerste, Ronald D. : *Wie Krankheiten Geschichte machen: von der Antike bis heute*. Stuttgart 2021.

Giecewicz, Joanna : L'espace comme bien commun. In : Dembinski, Paul H./Huot, Jean-Claude (dir.) : *Le bien commun par-delà les impasses*. Saint-Maurice 2017, pp. 281–290.

Gilman, Ernest B./Totaro, Rebecca (dir.) : *Representing the plague in early modern England*. New York 2011.

Gordon, Daniel : The City and the Plague in the Age of Enlightenment. In : *Yale French studies* 92 (1997), pp. 67–87.

Goubert, Jean-Pierre : Environnement et épidémies : Brest au XVIIIe siècle. In : *Annales de Bretagne et des pays de l'Ouest* 81/4 (1974), pp. 733–743.

Goubert, Jean-Pierre (dir.) : *La médicalisation de la société française : 1770–1830*. Waterloo 1982.

Goury, Michel : L'épave présumée du *Grand Saint-Antoine*. In : *Provence historique* 47/189 (1997), pp. 449–467.

Goury, Michel : *Un homme, un navire, la peste de 1720*. Marseille 2013.

Grenet, Mathieu : Consuls et "nations" étrangères : état des lieux et perspectives de recherche. In : *Cahiers de la Méditerranée* 93 (2016), pp. 25–34.

Groh, Dieter/Kempe, Michael/Mauelshagen, Franz (dir.) : *Naturkatastrophen: Beiträge zu ihrer Deutung, Wahrnehmung und Darstellung in Text und Bild von der Antike bis ins 20. Jahrhundert*. Tübingen 2003.

Grunewald, Thomas/Zaunstöck, Holger (dir.) : *Heilen an Leib und Seele: Medizin und Hygiene im 18. Jahrhundert*. Halle 2021.

Guénot, M./Mignacco, Anne-Marie/Signoli, Michel/Tzortzis, Stéfan : À propos d'une relation inédite sur l'épidémie de peste de 1720, à Martigues (Bouches-du-Rhône). In : Signoli, Michel (dir.) : *Peste : entre épidémies et sociétés*. Florence 2007, pp. 187–195.

Guigou, Marcel : *1720–1722. Auriol malade de la peste*. Aubagne 2017 (AD13, Delta 14420).

Habermas, Jürgen : *Le discours philosophique de la modernité : douze conférences*. Trad. de l'allemand par C. Bouchindhomme et R. Rochlitz. Paris 1988.

Hamidović, David : *Les racines bibliques de l'imaginaire des pandémies : des plaies d'Égypte aux coronavirus*. Montrouge 2020.

Harvey, Simon : *Smuggling: seven centuries of contraband*. London 2016.

Head, Randolph C. : *Making archives in early modern Europe: Proof, Information, and political Recordkeeping, 1400–1700*. Cambridge 2019.

Heebøll-Holm, Thomas/Höhn, Philipp/Rohmann, Gregor (dir.) : *Merchants, Pirates, and Smugglers: Criminalization, Economics, and the Transformation of the Maritime World (1200–1600)*. Frankfurt/New York 2019.

Henderson, John : *The Renaissance hospital: healing the body and healing the soul*. New Haven 2006.

Hengerer, Mark (dir.) : *Abwesenheit beobachten: zu Kommunikation auf Distanz in der Frühen Neuzeit*. Zürich 2013.

Henshall, Nicholas : *The myth of absolutism: change and continuity in early modern European monarchy*. London/New York 1996.

Hepp, Emmanuel : La contrebande de tabac au XVIIIe siècle. In : Bourquin, Marie-Hélène/Hepp, Emmanuel : *Aspects de la contrebande au XVIIIe siècle*. Paris 1969, pp. 39–42.

Hilaire-Pérez, Liliane : Cultures techniques et pratiques de l'échange entre Lyon et le Levant : inventions et réseaux au XVIIIe siècle. In : *Revue d'histoire moderne et contemporaine* 49/1 (2002), pp. 89–114.

Hildesheimer, Françoise : Centralisation, pouvoir local et diplomatique : les ordonnances des intendants. In : *Bibliothèque de l'école des chartes* 136/1 (1978), pp. 37–68.

Hildesheimer, Françoise : *Le bureau de la santé de Marseille sous l'Ancien Régime. Le renfermement de la contagion*. Marseille 1980.

Hildesheimer, Françoise : Prévention de la peste et attitudes mentales en France au XVIIIe siècle. In : *Revue historique* 265/1 (1981), pp. 65–79.

Hildesheimer, Françoise : La monarchie administrative face à la peste. In : *Revue d'histoire moderne et contemporaine* 32/2 (1985), pp. 302–310.

Hildesheimer, Françoise : Le poids de la peste. In : Cabantous, Alain/Hildesheimer, Françoise (dir.) : *Foi chrétienne et milieux maritimes (XVe–XXe siècle), actes du colloque du Collège de France, 23–25 septembre 1987*. Paris 1989, pp. 11–18.

Hildesheimer, Françoise : *La terreur et la pitié : l'Ancien régime à l'épreuve de la peste*. Paris 1990.

Hildesheiner, Françoise/Gut, Christian : *L'assistance hospitalière en France*. Paris 1992.

Hildesheimer, Françoise : *Fléaux et société : de la grande peste au choléra, XIVe–XIXe siècle*. Paris 1993.

Hildesheimer, Françoise : Les parlements et la protection sanitaire du royaume. In : Poumarède, Jacques/Thomas, Jack (dir.) : *Les parlements de province : pouvoirs, justice et société du XVe au XVIIIe siècle*. Toulouse 1996, pp. 483–490.

Hildesheimer, Françoise : *Des épidémies en France sous l'Ancien Régime*. Paris 2021.

Hobart, Brenton : *La peste à la Renaissance : l'imaginaire d'un fléau dans la littérature au XVIe siècle*. Paris 2020.

Holzhey, Helmut (dir.) : *Gesundheit und Krankheit im 18. Jahrhundert. Santé et maladie au XVIIIe siècle. Referate der Tagung der Schweizerischen Gesellschaft zur Erforschung des 18. Jahrhunderts, Bern, 1. und 2. Oktober 1993*. Amsterdam 1995.

Homet, Marie-Claude : *Michel Serre et la peinture baroque en Provence (1658–1733)*. Aix-en-Provence 1987.

Howard, John : *Histoire des principaux lazarets de l'Europe : accompagnée de différens mémoires relatifs à la peste, aux moyens de se préserver de ce fléau destructeur, et aux différens modes de traitement employés pour en arrêter les ravages* Traduit de l'anglais par Théodore-Pierre Bertin. Paris 1801.

Iseli, Andrea : «*Bonne police*». *Frühneuzeitliches Verständnis von der guten Ordnung eines Staates in Frankreich*. Tübingen 2003.

Isenmann, Moritz : War Colbert ein «Merkantilist»? In : Isenmann, Moritz (dir.) : *Merkantilismus: Wiederaufnahme einer Debatte*. Steiner 2014, pp. 143–167.

Jakubowski-Tiessen, Manfred : *Sturmflut 1717: die Bewältigung einer Naturkatastrophe in der Frühen Neuzeit*. München 1992.

Jillings, Karen : *An urban history of the plague: socio-economic, political and medical impacts in a Scottish community, 1500–1650*. London 2018.

Jouanna, Jacques : Air, miasme et contagion à l'époque d'Hippocrate. In : Bazin-Tacchella, Sylvie/ Queruel, Danielle/Samama, Evelyne (dir.) : *Air, miasmes et contagion : les épidémies de l'Antiquité au Moyen Âge*. Langres 2001, pp. 9–28.

Jourdan, Didier : *La santé publique au service du bien commun ? Politiques et pratiques de prévention à l'épreuve du discernement éthique*. Paris 2012.

J. R. : La peste de Marseille. Mgr de Belsunce et la dévotion au Sacré-Cœur de Jésus. In : *Bibliothèque numérique patrimoniale* (1880), URL : https://odyssee.univ-amu.fr/items/show/597 [consulté le 15.05.2023].

Julliard, Jacques : Préface. In : Le Roy Ladurie, Emmanuel : *Histoire de France des régions : la périphérie française des origines à nos jours*. Paris 2001, pp. 7–9.

Jütte, Robert : *Krankheit und Gesundheit in der Frühen Neuzeit*. Stuttgart 2013.

Kaiser, Wolfgang : Pratiques du secret. In : *Rives méditerranéennes* 17 (2004), pp. 7–10.

Kaniewski, David/Marriner, Nick : Conflicts and the spread of plagues in pre-industrial Europe. In : *Humanities & social sciences communications* 7 (2020), pp. 1–10.

Karras, Alan L. : *Smuggling: contraband and corruption in world history*. Lanham 2010.

Keel, Othmar : *L'avènement de la médecine clinique moderne en Europe : 1750–1815 – Politiques, institutions et savoirs*. Montréal 2001.

Kölbel, Ralf et al. : Überlegung zu einer geistes- und sozialwissenschaftlichen Kategorie, Anregungen zu einem heuristichen Instrument. In : *Responsibilisierung. Working Paper des SFB 1369 «Vigilanzkulturen»* 2 (2021), pp. 4–19.

Lambert, Gustave : Histoire de la peste de Toulon en 1721. In : *Bulletin de la société des sciences, belles-lettres et arts du département du Var* (1861), pp. 157–270.

Laquièze, Alain : Affirmation de la souveraineté royale et construction du territoire étatique au temps de Louis XIV. In : *Giornale di storia costituzionale* 10 (2005), pp. 71–86.

Larcena, Danièle et al. : *La muraille de la peste*. Mane 1993.

Larguier, Gilbert (dir.) : *Questions de santé sur les bords de la Méditerranée : malades, soignants, hôpitaux, représentations, en Roussillon, Languedoc et Provence, XVIe-XVIIIe siècle*. Perpignan 2015.

Larguier, Gilbert : Hôpitaux et assistance à Narbonne, XVIe-XVIIIe siècle. In : Larguier, Gilbert (dir.) : *Questions de santé sur les bords de la Méditerranée : malades, soignants, hôpitaux, représentations, en Roussillon, Languedoc et Provence, XVIe-XVIIIe siècle.* Perpignan 2015, pp. 67–97.

Le Blévec, Daniel (dir.) : *L'Université de Médecine de Montpellier et son rayonnement (XIIIe-XVe siècle) : actes du colloque international de Montpellier, 17–19 mai 2001.* Turnhout 2004.

Le Bouter, Flavien : La sociologie constructiviste du risque de Niklas Luhmann. In : *Communication et organisation* 45 (2014), pp. 33–48.

Le Breton, David : *Sociologie du risque.* Paris 2012.

Lebrun, François : *Se soigner autrefois. Médecins, saints et sorciers aux XVIIe et XVIIIe siècles.* Paris 1983.

Lecourt, Dominique (dir.) : *La santé face au principe de précaution.* Paris 2009.

Le Mao, Caroline : *Faire l'histoire des parlements d'Ancien Régime (XVIe-XVIIIe siècles).* Paris 2012.

Le Mao, Caroline : *Les villes portuaires maritimes dans la France moderne, XVIe-XVIIIe.* Paris 2015.

Lemny, Stefan : Essais de définition. Délation, dénonciation, délateur, dénonciateur dans les dictionnaires français jusqu'à la Révolution. In : *Annales historiques de la Révolution française* 368 (2012), pp. 3–31.

Le Roy Ladurie, Emmanuel : Un concept : l'unification microbienne du monde (XIVe-XVIIe siècle). In : *Revue Suisse d'histoire* 23/4 (1973), pp. 627–696.

Lewezyk-Janssen, Anaïs : Vers la mise en place d'une politique sanitaire d'État : les médecins correspondants de la Société royale de médecine en Haut-Languedoc (1773–1793). In : Larguier, Gilbert (dir.) : *Questions de santé sur les bords de la Méditerranée : malades, soignants, hôpitaux, représentations, en Roussillon, Languedoc et Provence, XVIe-XVIIIe siècle.* Perpignan 2015, pp. 139–149.

Little, Leste K. (dir.) : *Plague and the End of Antiquity: the Pandemic of 541–750.* Cambridge 2007.

Lucenet, Monique : *Les grandes pestes en France.* Paris 1985.

Luhmann, Niklas : *Funktionen und Folgen formaler Organisation.* Berlin 1972.

Luhmann, Niklas : *Soziologie des Risikos.* Berlin 1991.

Lunel, Alexandre : *La Maison médicale du roi : XVIe-XVIIIe siècles : le pouvoir royal et les professions de santé (médecins, chirurgiens, apothicaires).* Seyssel 2008.

Lunel, Pierre : Pouvoir royal et santé publique à la veille de la Révolution : l'exemple du Roussillon. In : *Annales du Midi : revue archéologique, historique et philologique de la France méridionale* 86/119 (1974), pp. 347–380.

Lynteris, Christos (dir.) : *Plague image and imagination from medieval to modern times.* Cham 2021.

MacKay, Ruth : *Life in time of pestilence: the great Castilian Plague of 1596–1601.* Cambridge 2019.

Mackenbach, Johan Pieter/Dreier, Rolf Paul : Dances of death: Macabre mirrors of an unequal society. In : *International journal of public health* 57/6 (2012), pp. 915–924.

Maggio, Patrice : Les héros et les salauds. In : *Notre histoire,* 5 mai 2013, p. 21 (AMT, 1 DOC 1328).

Maglen, Krista : *The English System: Quarantine, Immigration and the Making of a Port Sanitary Zone.* Manchester 2014.

Magnaudeix, Irène : *Et en cas de peste, ce qu'à Dieu ne plaise... Chronique d'une ville close, Sisteron (1719–1723).* Saint-Michel-l'Observatoire 2010.

Maldamé, Jean-Michel : *Le péché originel : foi chrétienne, mythe et métaphysique.* Paris 2008.

Mann, Steve/Nolan, Jason/Wellman, Barry : Sousveillance: Inventing and Using Wearable Computing Devices for Data Collection in Surveillance Environments. In : *Surveillance & Society* 1/3 (2003), pp. 331–355.

Mansel, Philip : *Constantinople. City of the world's desire: 1453–1924.* London 1995.

Mansel, Philip : *Levant: Splendour and catastrophe on the Mediterranean.* London 2011.

Mansel, Philip : *Aleppo: the rise and fall of a world city*. London 2018.
Margerie, Bertrand de : *Histoire doctrinale du culte au Cœur de Jésus*. T. 1 : *Premières lumière(s) sur l'amour.* Paris 1992.
Marmottans, Tony : *Toulon et son histoire, une ville convoitée*. Marseille 2003.
Martin, Nicolas/Spire, Antoine : *Dieu aime-t-il les malades ? Les religions monothéistes face à la maladie.* Paris 2004.
Martin, Philippe : *Les religions face aux épidémies : de la peste à la Covid-19*. Paris 2020.
Martin, Sébastien : La correspondance ministérielle du secrétariat d'État de la Marine avec les arsenaux : circulation de l'information et pratiques épistolaires des administrateurs de la Marine (XVIIe-XVIIIe siècles). In : Llinares, Sylviane/Ulbert, Jörg (dir.) : *La liasse et la plume : les bureaux du secrétariat d'État de la Marine (1669–1792)*. Rennes 2017, pp. 33–46.
Marzagalli, Silvia : Études consulaires, études méditerranéennes. Éclairages croisés pour la compréhension du monde méditerranéen et de l'institution consulaire à l'époque moderne. In : *Cahiers de la Méditerranée* 93 (2016), pp. 11–23.
Marzano, Michela : Foucault et la santé publique. In : *Les tribunes de la santé* 33 (2011), pp. 39–43.
Massard-Guilbaud, Geneviève/Platt, Harold L./Schott, Dieter (dir.) : *Cities and catastrophes: coping with emergency in European history – Villes et catastrophes : Réactions face à l'urgence dans l'histoire européenne.* Lang 2002.
Masson, Paul : *Histoire du commerce français dans le Levant au XVIIIe siècle*. Paris 1911.
Mauelshagen, Franz : Pestepidemien im Europa der Frühen Neuzeit (1500–1800). In : Meier, Mischa (dir.) : *Pest: die Geschichte eines Menschheitstraumas*. Stuttgart 2005, pp. 237–265.
McClellan, James E./Regourd, François : *The colonial machine: French science and overseas expansions in the old regime*. Turnhout 2011.
McNeill, William H. : *Plagues and peoples*. New York 1998.
Mercier-Faivre, Anne-Marie/Thomas, Chantal (dir.) : *L'invention de la catastrophe au XVIIIe siècle : du châtiment divin au désastre naturel*. Genève 2008.
Mézin, Anne : *Les consuls de France au siècle des Lumières : 1715–1792*. Paris 1997.
Mézin, Anne/Pérotin-Dumon, Anne (dir.) : *Le consulat de France à Cadix : Institution, intérêts et enjeux (1666–1740)*. Pierrefitte-sur-Seine 2016.
Michaud, Claude : Préface. In : Rideau, Gaël/Serna, Pierre (dir.) : *Ordonner et partager la ville, XVIe-XVIIIe siècle*. Rennes 2011.
Milliot, Vincent : La mobilité des personnes : un laboratoire du contrôle social ? In : Kaiser, Wolfgang/Moatti, Claudia (dir.) : *Gens de passage en Méditerranée de l'Antiquité à l'époque moderne : procédures de contrôle et d'identification*. Paris 2007, pp. 25–34.
Milliot, Vincent : Mais que font les historiens de la police ? In : Berlière, Jean-Marc/Milliot, Vincent et al. : *Métiers de police. Être policier en Europe, XVIIIe-XXe siècle*. Rennes 2008, pp. 9–34.
Mollaret, Henri Hubert : Peste. In : *Encyclopædia Universalis* [en ligne], URL : https://www.universalis.fr/encyclopedie/peste [consulté le 15.05.2023].
Mongin, Laurent : *Toulon : sa rade, son port, son arsenal, son ancien bagne*. Marseille 1978.
Montagne, Véronique : *Médecine et rhétorique à la Renaissance : le cas du traité de peste en langue vernaculaire*. Paris 2017.
Montagnier, Jean-Paul C. : Le *Te Deum* en France à l'époque baroque : un emblème royal. In : *Revue de musicologie* 84 (1998), pp. 199–233.
Moulinas, René : Problèmes d'une enclave dans la France d'Ancien Régime : culture, commerce et contrebande du tabac dans le Comtat Venaissin et à Avignon au début du XVIIIe siècle. In : *Provence historique* 17/67 (1967), pp. 3–31.

Mourre, Charles : Jean-Baptiste Estelle, consul et échevin de Marseille de la fin du XVIIe au début du XVIIIe siècle. In : *Marseille* 65 (1966), pp. 57–64.
Mousnier, Roland : *Les institutions de la France sous la monarchie absolue : 1598–1789.* Paris 2005.
Mouysset, Henry : *La peste en Gévaudan.* Sète 2012.
Müller, Konrad M. : *Die Pest : Pestheilige, Pestkapellen, Pestsäulen: von himmlischer Hilfe in irdischer Not.* Wallerstein 2015.
Naphy, William/Spicer, Andrew : *La peste noire, 1345–1730 : grandes peurs et épidémies* (trad. de l'anglais par Arlette Sancery). Paris 2003.
Napoli, Paolo : *Naissance de la police moderne : pouvoir, normes, société.* Paris 2003.
Nguyen, Victor : Les Portefaix Marseillais. In : *Provence historique* 12/50 (1962), pp. 363–397.
Niget, David/Petitclerc, Martin : Introduction : Le risque comme culture de la temporalité. In : Niget, David/Petitclerc, Martin (dir.) : *Pour une histoire du risque : Québec, France, Belgique.* Rennes 2012, pp. 9–39.
Noiville, Christine : Principe de précaution et santé. Le point sur quinze années de jurisprudence. In : *La santé face au principe de précaution* 3/1 (2009), pp. 73–89.
Nutton, Vivian : The Seeds of Disease: An Explanation of Contagion and Infection from the Greeks to the Renaissance. In : *Medical History* 27/1 (1983), pp. 1–34.
Oddo, Henri : *Le chevalier Roze : campagne d'Espagne, 1707, peste de Marseille, 1720.* Paris 1899.
Paillette, Céline : De l'organisation d'hygiène de la SDN à l'OMS. Mondialisation et régionalisme européen dans le domaine de la santé, 1919–1954. In : *Bulletin de l'Institut Pierre Renouvin* 32 (2012), pp. 193–198.
Panzac, Daniel : *La peste dans l'Empire Ottoman : 1700–1850.* Leuven 1985.
Panzac, Daniel : *Quarantaines et lazarets. L'Europe et la peste d'Orient (XVIIe-XXe siècles).* Aix-en-Provence 1986.
Panzac, Daniel : Crime ou délit ? Les infractions à la législation sanitaire en Provence au XVIIIe siècle. In : *Revue historique* (1986), pp. 39–71.
Panzac, Daniel : Alexandrie : Peste et croissance urbaine (XVIIe-XIXe siècles). In : *Revue de l'Occident musulman et de la Méditerranée* 46 (1987), pp. 81–90.
Panzac, Daniel : Mourir à Alep au XVIIIe siècle. In : *Revue du monde musulman et de la Méditerranée* 62 (1991), pp. 111–122.
Panzac, Daniel : Un inquiétant retour d'Égypte : Bonaparte, la peste et les quarantaines. In : *Cahiers de la Méditerranée* 57/1 (1998), pp. 271–280.
Papp, Imre : Absolutisme, vu de dessous : Gouvernance provinciale en France au XVIIIe siècle. In : *Prague papers on the history of international relations* 2 (2017), pp. 95–104.
Parker, Robert : *Miasma. Souillure et purification dans la religion grecque archaïque et classique.* Paris 2019.
Pastore, Alessandro : *Crimine e giustizia in tempo di peste nell'Europa moderna.* Roma/Bari 1991.
Peretti-Watel, Patrick : *La société du risque.* Paris 2001.
Peter, Jean-Pierre : Les mots et les objets de la maladie. Remarques sur les épidémies et la médecine dans la société française de la fin du XVIIIe siècle. In : *Revue historique* 246/1 (1971), pp. 13–38.
Pierre, Benoist/Vauchez, André (dir.) : *Saint François de Paule et les Minimes en France, de la fin du XVe siècle au XVIIIe siècle.* Tours 2010.
Pineau, Guylaine : Soigner la peste sans défier la colère divine dans les traités médicaux du XVIe siècle. In : *Seizième siècle* 8 (2012), pp. 173–190.

Pinto-Mathieu, Élisabeth : Les prières à saint Sébastien : des supplications contre la peste ? In : Bruley, Pauline/Dufief, Anne-Simone/Marchal-Albert, Luce (dir.) : *La supplication : discours et représentation*. Rennes 2015, pp. 133–140.

Porret, Michel : «Effrayer le crime par la terreur des châtiments» : la pédagogie de l'effroi chez quelques criminalistes du XVIIIe siècle. In : Berchtold, Jacques/Porret, Michel (dir.) : *La peur au XVIIIe siècle : discours, représentations, pratiques*. Genève 1994, pp. 45–67.

Potet, L. Robert : *Nicolas Roze chevalier de Saint-Lazare de Jérusalem et de Notre-Dame du Mont-Carmel (1675–1733) : essai de biographie critique*. Marseille 1938.

Poumarède, Géraud : Naissance d'une institution royale : les consuls de la nation française en Levant et en Barbarie aux XVIe et XVIIe siècles. In : *Annuaire-Bulletin de la Société de l'histoire de France* 2001, pp. 65–128.

Pouradier Duteil, Anna : *Consulat de France à Larnaca : documents inédits pour servir à l'histoire de Chypre*. Nicosie 1991–2009 (six vol. recouvrant les années 1660–1710).

Praviel, Armand : *Belsunce et la peste de Marseille*. Paris 1938.

Prétou, Pierre/Roland, Denis (dir.) : *Fureur et cruauté des capitaines en mer*. Rennes 2012.

Quenet, Grégory : L'économie de l'information sur les catastrophes à l'époque moderne. In : Favier, René/Granet-Abisset, Anne-Marie (dir.) : *Récits et représentations des catastrophes depuis l'Antiquité [Actes du colloque «Le traitement médiatique des catastrophes : entre oubli et mémoire», Troisième colloque international sur l'histoire des risques naturels, Grenoble, 11–12–13 avril 2003]*. Grenoble 2005, pp. 291–306.

Quétel, Claude : *Murs : une autre histoire des hommes*. Paris 2012.

Rabier, Christelle : Les circulations techniques médicales, entre Europe et colonies, 1600–1800 : l'apport de la perspective commerciale. In : González Bernaldo, Pilar/Hilaire-Pérez, Liliane : *Les savoirs-mondes, mobilités et circulation des savoir depuis le Moyen Âge*. Rennes 2015, pp. 227–234.

Raveux, Olivier : « À la façon du Levant et de Perse » : Marseille et la naissance de l'indiennage européen (1648–1689). In : *Rives Nord-Méditerranéennes* 29 (2008), pp. 37–51.

Reinhardt, Volker : *Die Macht der Seuche: Wie die Große Pest die Welt veränderte*. München 2021.

Rioult, Claire : Le Havre, le contrôle sanitaire maritime et le problème méditerranéen, années 1750–1780. In : *Revue d'histoire moderne & contemporaine* 66/4 (2019), pp. 7–31.

Rivara, Annie : Les Lettres de l'intendant de marine Hocquart. Vision prospective et rétrospective catastrophique sur la peste de Toulon (1720). In : *Provence historique* 58/233 (2008), pp. 259–271.

Roche, Daniel : *Les circulations dans l'Europe moderne, XVIIe-XVIIIe siècle*. Paris 2011.

Roemer, Werner : *Sankt Rochus: die Verehrung des Heiligen in Kunst und Geschichte*. Kevelaer 2000.

Ross, Friso et al. (dir.) : *Denunziation und Justiz: historische Dimensionen eines sozialen Phänomens*. Tübingen 2000.

Rossignol, Karen : Risque et modernité : points de vue des sociologues Niklas Luhmann et Anthony Giddens. In : Bertrand, Dominique (dir.) : *Penser le risque à l'âge classique*. Clermont-Ferrand 2014, pp. 15–40.

Rothenberg, Gunther E. : The Austrian Sanitary Cordon and the Control of the Bubonic Plague: 1710–1871. In : *Journal of the History of Medicine and Allied Sciences* 28/1 (1973), pp. 15–23.

Ruffié, Jacques/Sournia, Jean-Charles : *Les épidémies dans l'histoire de l'homme : essai d'anthropologie médicale*. Paris 1984.

Ruffier-Méray, Jahiel : L'hôpital royal des forçats à Marseille aux XVIIe et XVIIIe siècles. In : Larguier, Gilbert (dir.) : *Questions de santé sur les bords de la Méditerranée : malades, soignants, hôpitaux, représentations, en Roussillon, Languedoc et Provence, XVIe-XVIIIe siècle*. Perpignan 2015, pp. 49–65.

Saint-Allais, Nicolas Viton de : *La France législative, ministérielle, judiciaire et administrative, sous les quatre dynasties*. T. 2. Paris 1813.

Salmi, Hannu/Simonton, Deborah (dir.) : *Catastrophe, Gender and Urban Experience, 1648–1920*. London 2018.

Samson, Didier : *Le service de santé au bagne de Toulon (1748–1873), thèse pour le doctorat en médecine*. Marseille 1984.

Santer, Melvin : *Confronting contagion. Our evolving understanding of disease*. New York 2015.

Saqué, Sébastien : La gestion du risque de peste entre 1720 et 1770 dans la province du Roussillon. In : Larguier, Gilbert (dir.) : *Les hommes et le littoral autour du golfe du Lion, XVIe–XVIIIe siècle*. Perpignan 2012, pp. 159–174.

Sarmant, Thierry/Stoll, Mathieu : *Régner et gouverner : Louis XIV et ses ministres*. Paris 2010.

Scalas, Giulia : L'âme, le corps et la maladie : le récit de la peste à la lumière des chants III et IV du De rerum natura. In : *Aitia* 10 (2020), URL : http://journals.openedition.org/aitia/8361h [consulté le 15.05.2023].

Schapira, Nicolas : *Maîtres et secrétaires (XVIe-XVIIIe siècles) : l'exercice du pouvoir dans la France d'Ancien Régime*. Paris 2020.

Scheller, Benjamin (dir.) : *Kulturen des Risikos im Mittelalter und in der Frühen Neuzeit*. Berlin 2019.

Séguy, Isabelle (dir.) : *Les conditions sanitaires des populations du passé : environnements, maladies, prophylaxies et politiques publiques*. Antibes 2018.

Signoli, Michel/Tzortzis, Stéfan : La peste à Marseille et dans le sud-est de la France en 1720–1722 : les épidémies d'Orient de retour en Europe. In : *Cahiers de la Méditerranée* 96 (2018), pp. 217–230.

Signoli, Michel : La mission médicale montpelliéraine à Marseille, lors de l'épidémie de peste de 1720 : une étape importante dans la recherche épidémiologique. In : *Études héraultaises* 55 (2020), pp. 65–74.

Slack, Paul/Terence, Ranger (dir.) : *Epidemics and ideas : essays on the historical perception of pestilence*. Cambridge 1992.

Smedley-Weill, Anette : *Les intendants de Louis XIV*. Paris 1995.

Snowden, Frank M. : *Epidemics and society: from the Black Death to the present*. New Hawen 2019.

Soll, Jacob : How to manage an information state: Jean-Baptiste Colbert's archives and the education of his son. In : *Archival science* 7 (2007), pp. 331–342.

Soll, Jacob : Jean-Baptiste Colberts geheimes Staatsinformationssystem und die Krise der bürgerlichen Gelehrsamkeit in Frankreich 1600–1750. In : Brendecke, Arndt (dir.) : *Information in der Frühen Neuzeit*. Berlin 2008, pp. 359–374.

Soll, Jacob : *The information master: Jean-Baptiste Colbert's secret state intelligence system*. Ann Arbor 2011.

Sonderforschungsbereich 1369 Vigilanzkulturen : *Antrag auf Finanzierung des geplanten Sonderforschungsbereichs 1369 «Vigilanzkulturen. Transformationen – Räume – Techniken»*. Munich 2019.

Spector, Céline : Le concept de mercantilisme. In : *Presses universitaires de France. Revue de métaphysique et de morale* 39 (2003), pp. 289–309.

Stearns, Justin K. : *Infectious ideas : contagion in premodern Islamic and Christian thought in the Western Mediterranean*. Baltimore 2011.

Steiner, Benjamin : *Colberts Afrika: eine Wissens- und Begegnungsgeschichte in Afrika im Zeitalter Ludwigs XIV.* München 2014.
Stevens Crawshaw, Jane : *Plague hospitals: public health for the city in early modern Venice.* Farnham 2012.
Stevens Crawshaw, Jane : The Places and Spaces of Early Modern Quarantine. In : Bashford, Alison (dir.) : *Quarantine: local and global histories.* Basingstoke 2016, pp. 15–34.
Stolberg, Michael : *Wolken über der Serenissima. Eine kleine Geschichte der Luftverschmutzung in Venedig.* Sigmaringen/Venezia 1997.
Sturgill, Claude C. : *Claude Le Blanc: civil servant of the king.* Gainesville 1975.
Subi, Anthony : *Échanges informels et territoires de l'illicite : Marseille et son terroir aux XVIIe et XVIIIe siècles.* Paris 2018.
Subrahmanyam, Sanjay : *Merchant networks in the early modern world.* Aldershot 1996.
Takeda, Junko Thérèse : *Between Crown and Commerce: Marseille and the Early Modern Mediterranean.* Baltimore 2011.
Tavernier, Félix-L. : *La vie quotidienne à Marseille : de Louis XIV à Louis-Philippe.* Paris 1973.
Timon-David, F. : *Le dernier mot sur Jean-Pierre Moustiés, Echevin de Marseille pendant la Peste de 1720.* Marseille 1872 (AD13, Delta 1602).
Touchelay, Béatrice (dir.) : *Fraudes, frontières et territoires (XIIIe–XXIe siècle).* Paris 2020.
Tournay, Virginie : Le concept de police médicale. D'une aspiration militante à la production d'une objectivité administrative. In : *Politix* 77/1 (2007), pp. 173–200.
Ulbert, Jörg : La dépêche consulaire française et son acheminement en Méditerranée sous Louis XIV (1661–1715). In : Marzagalli, Silvia (dir.) : *Les consuls en Méditerranée, agents d'information (XVIe–XXe siècles).* Paris 2015, pp. 31–57.
Ulbert, Jörg : Le secrétariat d'État de la Marine et ses bureaux : bilan historiographique. In : Llinares, Sylviane/Ulbert, Jörg (dir.) : *La liasse et la plume : les bureaux du secrétariat d'État de la Marine (1669–1792).* Rennes 2017, pp. 9–16.
Ulbert, Jörg : Les bureaux du secrétariat d'État de la Marine sous Louis XIV (1669–1715). In : Llinares, Sylviane/Ulbert, Jörg (dir.) : *La liasse et la plume : les bureaux du secrétariat d'État de la Marine (1669–1792).* Rennes 2017, pp. 17–31.
Valleron, Alain-Jacques : La veille et la surveillance épidémiologiques. In : Flahault, Antoine/Zylberman, Patrick (dir.) : *Des épidémies et des hommes.* Paris 2008, pp. 143–158.
Van Haeperen, Françoise : Épidémies, dieux et rites à Rome. In : *ASDIWAL* 15 (2020), pp. 151–168.
Varlik, Nükhet : *Plague and empire in the early modern Mediterranean world: the Ottoman experience, 1347–1600.* New York 2015.
Vasold, Manfred : *Die Pest: Ende eines Mythos.* Stuttgart 2003.
Vasold, Manfred : *Grippe, Pest und Cholera: eine Geschichte der Seuchen in Europa.* Stuttgart 2008.
Vergé-Franceschi, Michel : 1720–1721 : la peste ravage Toulon. In : *Annales de Bretagne et des Pays de l'Ouest* 114/4 (2007), pp. 57–71.
Viallon, Marie : Les lazarets de Venise à la Renaissance. In : *50e colloque international d'études humanistes : pratique et pensée médicales à la Renaissance* (2008), URL : https://halshs.archives-ouvertes.fr/halshs-00256775 [consulté le 15.05.2023].
Vidoni, Nicolas : Le territoire policier : conceptions et nouvelles pratiques à Montpellier au XVIIIe siècle. In : *Liame* 24 (2012), URL : http://journals.openedition.org/liame/273 [consulté le 15.05.2023].
Vidoni, Nicolas : *La police des Lumières : XVIIe-XVIIIe siècle.* Paris 2018.

Vidoni, Nicolas : The Plague and the Urban Police in Montpellier at the Beginning of the Eighteenth Century. In : Salmi, Hannu/Simonton, Deborah (dir.) : *Catastrophe, Gender and Urban Experience, 1648–1920.* London 2018, pp. 82–100.

Vincent, Catherine : Discipline du corps et de l'esprit chez les Flagellants au Moyen Âge. In : *Revue historique* 302/615 (2000), pp. 593–614.

Vovelle, Michel : *Piété baroque et déchristianisation en Provence au XVIIIe siècle. Les attitudes devant la mort d'après les clauses des testaments.* Paris 1973.

Vovelle, Michel : *Mourir autrefois : attitudes collectives devant la mort aux XVIIe et XVIIIe siècles.* Paris 1990.

Walter, François : Pour une histoire culturelle des risques. In : Delvaux, Pascal/Fantini, Bernardino/ Walter, François (dir.) : *Les cultures du risque (XVIe-XXIe siècle).* Genève 2006, pp. 1–28.

Walter, François : *Catastrophes : une histoire culturelle : XVIe-XXIe siècle.* Paris 2008.

Weber, Max : *Économie et société.* Trad. de l'allemand par Julien Freund [et al.] sous la dir. de Jacques Chavy et d'Éric de Dampierre. T. 1 : *Les catégories de la sociologie.* Paris 1995.

Wenger, Alexandre Charles : Un règlement pour lutter contre la peste : Genève face à la grande peste de Marseille (1720–1723). In : *Gesnerus* 60/1–2 (2003), pp. 62–82.

Wheelis, Mark : Biological warfare at the 1346 siege of Caffa. In : *Emerging infectious diseases* 8/9 (2002), pp. 971–975.

Windler, Christian : *La diplomatie comme expérience de l'autre : consuls français au Maghreb (1700–1840).* Genève 2002.

Windler, Christian/Thiessen, Hillard von (dir.) : *Akteure der Aussenbeziehungen: Netzwerke und Interkulturalität im historischen Wandel.* Köln 2010.

Windler, Christian : Pluralité des rôles des consuls et production de l'information. Remarques conclusives. In : Marzagalli, Silvia (dir.) : *Les consuls en Méditerranée, agents d'information (XVIe-XXe siècles).* Paris 2015, pp. 349–355.

Wolff, Katharina : *Die Theorie der Seuche: Krankheitskonzepte und Pestbewältigung im Mittelalter.* Stuttgart 2021.

Wray, Shona Kelly : *Communities and crisis: Bologna during the Black Death.* Leiden/Boston 2009.

Zeller, Olivier : La ville en fiches : la méthode de recensement urbain de Jean-François Palasse (Avignon, 1720). In : *Annales de démographie historique* 112 (2006), pp. 217–241.

Zwierlein, Cornel : *Der gezähmte Prometheus: Feuer und Sicherheit zwischen früher Neuzeit und Moderne.* Göttingen 2011.

Zylberman, Patrick : Progrès et dérives de la santé publique. In : Flahault, Antoine/Zylberman, Patrick (dir.) : *Des épidémies et des hommes.* Paris 2008, pp. 61–80.

Zysberg, André : *Les galériens. Vies et destins de 60 000 forçats sur les galères de France (1680–1748).* Paris 1987.

10.5 Publications littéraires

Arendt, Hannah : *Du mensonge à la violence : essais de politique contemporaine.* Trad. de l'anglais par Guy Durand. Paris 1972.

Boccace, Giovanni : *Le décaméron.* Trad. Giovanni Clerico. Paris 2006.

Camus, Albert : *La Peste.* Paris 1947.

Tocqueville, Alexis de : *L'Ancien Régime et la Révolution.* Paris 1967.

Vargas, Fred : *Pars vite et reviens tard.* Paris 2001.

10.6 Sites internet

Article de la paroisse de Courthezon sur sainte Anne, protectrice de la peste : https://www.courthezon.paroisse84.fr/Priere-a-Ste-Anne.html [consulté le 15.05.2023].

Centre national de ressources textuelles et lexicales : https://www.cnrtl.fr/ [consulté le 15.05.2023].

Chronique historique «Du Moyen Âge au premiers vœux» sur le site internet de la basilique Notre-Dame de Fourvière, URL : https://www.fourviere.org/fr/vie-du-site-notre-dame-de-fourviere/lhistoire/du-moyen-age-aux-premiers-voeux/ (consulté le 15.05.2023).

Histoire de la CCIAMP : https://www.cciamp.com/article/la-cciamp-patrimoine-culturel-et-economique [consulté le 15.05.2023].

11 Annexes

11.1 Carte de l'implantation des postes consulaires français au XVIIIe siècle

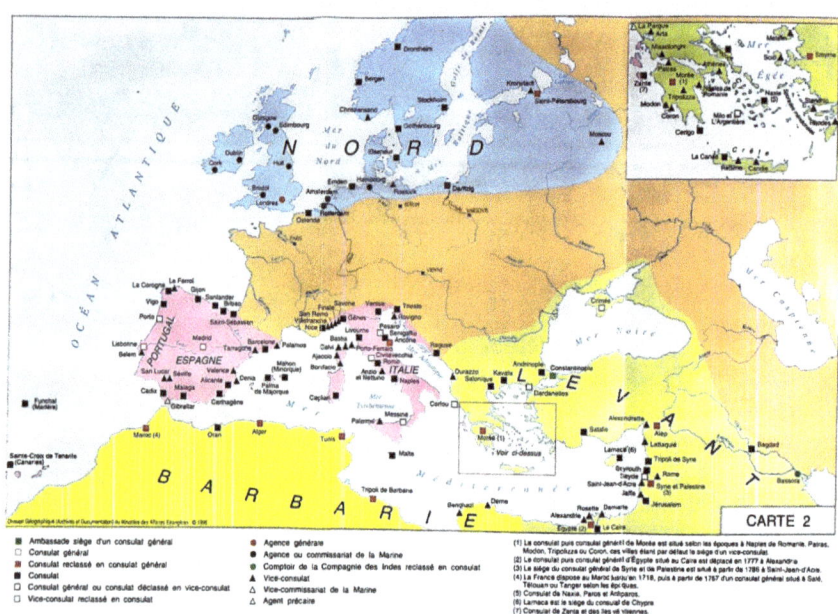

Figure 13 : Carte de l'implantation des postes consulaires français au XVIIIe siècle, tirée de : Mézin, *Les consuls*, p. 83.

11.2 Tableau général : correspondance d'ambassadeurs, consuls, agents français et administrations sanitaires étrangères

Cote	Provenance	Années extrêmes
200 E 402	Menton	An XII-1815
200 E 403	Monaco	1726 – 1849
200 E 404	Porto-Maurizio	1817 – 1837
200 E 405	San-Remo	1807 – 1837
200 E 406	Villefranche	An III-1814
200 E 407	Nice	1689 – 1781
200 E 408	Nice	1782 – 1815
200 E 409	Nice	1816 – 1874
200 E 410	Berne	1713 – 1798
200 E 410	Genève	1728 – 1850
200 E 411	Ancône	1724 – 1850
200 E 412	Civita Vecchia	1743 – 1850
200 E 413	Fiume	1784 – 1840
200 E 414	Florence	1713 – 1868
200 E 415	Milan	1689 – 1831
200 E 416	Messine	1726 – 1824
200 E 417	Palerme	1725 – 1867
200 E 418	Raguse	1763-an VII
200 E 419	Sinigaglia	1724
200 E 420	Turin	1699 – 1859
200 E 421	Gênes	1679 – 1748
200 E 422	Gênes	1749 – 1805
200 E 423	Gênes	1806 – 1831
200 E 424	Gênes	1832 – 1870

Remarque: Reproduction sous forme de tableau d'une partie de l'inventaire : Hildesheimer/Robin/Schenk, *200E Intendance sanitaire de Marseille 1640 – 1986*, pp. 22 – 24.

suite

Cote	Provenance	Années extrêmes
200 E 425	Livourne	1680-1804
200 E 426	Livourne	1805-1823
200 E 427	Livourne	1824-1859
200 E 428	Naples	1726-1816
200 E 429	Naples	1817-1865
200 E 430	Rome	1728-1870
200 E 431	Sardaigne (Cagliari)	1708-1854
200 E 432	Venise	1713-1770
200 E 433	Venise	1771-1812
200 E 434	Venise	1813-1832
200 E 435	Venise	1833-1850
200 E 436	Trieste	1775-1825
200 E 437	Trieste	1826-1865
200 E 438	Bordighera, Collo, Portfino Savone, Tagia, Vintimille	1804-1817
200 E 439	Barcelone	1701-1868
200 E 440	Madrid, Algesiras, La Corogne, Girone, Ghiclara, Bilbao, Cordoue, Gijon, Aranjuez, l'Escurial, Saint-Sébastien, Santander, Sainte-Ildefonse	1785-1850
200 E 441	Gibraltar	1753-1850
200 E 442	Cadix	1721-An VIII
200 E 443	Cadix	An VIII-1850
200 E 444	Alicante	1702-1841
200 E 445	Valence	1784-1867
200 E 446	Baléares (Mahon)	1709-1850
200 E 447	Baléares	1757-1850
200 E 448	Lisbonne	1788-1850
200 E 449	Bastia	1768-1844
200 E 450	Bastia	1791-An IX

suite

Cote	Provenance	Années extrêmes
200 E 451	Bastia	An X-1844
200 E 452	Ajaccio	1775–1849
200 E 453	Bonifacio	1785-An XIII
200 E 453	Calvi	1745–1841
200 E 453	Corte	1791–1794
200 E 453	Saint-Florent	1831
200 E 454	Alger	1723–1848
200 E 455	Oran	1823–1851
200 E 456	La Calle	1696–1788
200 E 456	Bougie	1824–1850
200 E 456	Mostaganem	1842
200 E 456	Philippeville	1842
200 E 456	Mers-El-Kébir	1848
200 E 456	Bône	1826–1843
200 E 456	Salé	1785
200 E 456	Mogador	1836–1840
200 E 456	Tétouan	1690–1818
200 E 456	Safi	1752
200 E 456	Tarif	An VIII-An IX
200 E 456	Tanger	An VII-1849
200 E 457	Algérie	1851–1876
200 E 458	Tunis	1726–1850
200 E 458	Tripoli	1733–1843
200 E 459	Grèce	1713–1849
200 E 460	Russie	1832
200 E 460	Albanie	1812–1835
200 E 460	Constantinople	1676–1853
200 E 460	Dardanelles	1822–1855
200 E 460	Valachie	1841–1844

suite

Cote	Provenance	Années extrêmes
200 E 460	Dalmatie	1817
200 E 461	Turquie-Trébizonde	1831 – 1849
200 E 461	Salonique	1726 – 1748
200 E 461	Smyrne	1692 – 1849
200 E 461	Satalie	1728 – 1749
200 E 462	Chypre	1728 – 1840
200 E 462	Chios	1726 – 1822
200 E 462	La Canée	1729 – 1836
200 E 462	Candie	1728 – 1738
200 E 462	Rhodes	1762 – 1824
200 E 463	Malte	1726 – 1850
200 E 464	Malte	1814 – 1865
200 E 465	Corfou	1728 – 1850
200 E 465	Zante	1725 – 1851
200 E 466	Alep, Alexandrette, Beyrouth, Damas, Jaffa, Lattaquié, Seyde, Saint-Jean-d'Acre, Tarsous, Tripoli	1687 – 1865
200 E 467	Alexandrie	1697 – 1850
200 E 467	Le Caire	1734 – 1843
200 E 467	Rosette	1728 – 1760
200 E 467	Damiette	1740
200 E 468	Savannah	1825 – 1832
200 E 468	New-York	1825 – 1855
200 E 468	Philadelphie	1802 – 1834
200 E 468	Norfolk	An X-1826
200 E 468	Washington	1825 – 1827
200 E 468	Charleston	1832
200 E 468	Baltimore	An XI-1826
200 E 468	Richmond	1832

suite

Cote	Provenance	Années extrêmes
200 E 468	Boston	An X-1825
200 E 468	Nouvelle-Orléans	1825-1847
200 E 469	Bombay	1840
200 E 469	Fort-de-France	An XI

11.3 Correspondance d'ambassadeurs, consuls, agents français et administrations sanitaires étrangères : quelques relevés sériels

Cote	Consulat	Années extrêmes	Nombre de lettres
200 E 442	Cadix	1721-1750	37
200 E 444	Alicante	1702-1755	13
200 E 454	Alger	1723-1755	26
200 E 462	Chios	1726-1732	6
200 E 462	Candie	1728-1738	17
200 E 462	La Canée	1729-1752	16
200 E 462	Chypre	1728-1740	5
200 E 466	Alep	1687-1744	27
200 E 466	Seyde	1688-1759	34
200 E 466	Tripoli	1728-1736	16
200 E 466	Damas	1736	1
200 E 467	Damiette	1740	2
200 E 467	Rosette	1728-1760	8
200 E 467	Alexandrie	1697-1759	16

11.4 Copie d'une lettre des intendants de la santé de Cannes aux intendants de la santé de Nice adressée aux intendants de la santé de Marseille (AD13, 200 E 407)

Titre : Copie de lettre adressée a Messieurs les intendans de santé de Nice
Lieu : Cannes
Date : 23 avril 1732

«Comme nous ne scaurions aporter trop d'attention, et de vigilence pour la conservation de la santé dont on nous a fait l'honneur de nous confier le soin dans cette ville, et que les troubles, et les calamités, que le relachement de quelques uns ont causé il ny a pas longtêms dans cette province, sont toujours presentes a notre memoire sur l'avis que nous avons eu que de patrons de Cannes ou des illes S[ain]te Marguerite ne faisoient pas difficulté d'entrer a Nice sans patente sous pretexte de venir de la pesche du poisson fraix, et revienent icy de meme que d'autres se presentoient avec de fausses patentes, ou, de certificat de sante du s[ieu]r [Cesty] des isles S[ain]te Marguerite, qui n'a nul droit d'en donner ; nous vous prions messieurs de faire veiller avec attention ces patrons, et s'il y en a quelqun de surpris venant de Cannes ou des isles Sainte Marguerite avec d'autres patentes, que celles, que nous expedions dans notre bureau signées d'un de nos seings que vous verres cy aprez de vouloir bien retenir les patentes, et nous les envoyer apres avoir mis ce patron, et son equipage en quarantaine.

Votre exactitude pour la conservation d'un bien, qui nous est si precieux, et auquel toutes les nations se trouvent si interessées nous font esperer que vous voudres bien nous accorder notre demende pour prevenir les incovenians, qui pouroient naitre de la licence de ces gens de mer. Nous avons l'honneur d'estre avec les sentiments de la parfaite consideration Messieurs.

Vos tres humles et tres obeissans serviteurs les intendans du bureau de la santé de Cannes».

11.5 Carrière consulaire des consuls cités dans le chapitre «La vigilance sanitaire transméditerranéenne»

Personnel consulaire	Carrière consulaire
Arasy, Joseph	Consul à Seyde de 1738 à 1742

Remarque: Toutes les données sont tirées de Mézin, *Les consuls*, op. cit.

suite

Personnel consulaire	Carrière consulaire
Aubert, Joseph-Marie	Consul à Gênes de 1699 à 1723
Baume, Jean	Consul à Alger de 1716 à 1719, vice-consul à Candie de 1720 à 1735, vice-consul à Alexandrie de 1735 à 1738
Bigodet, Jean	Consul à La Corogne de 1708 à 1709, puis à Alicante de 1709 à 1717
Bigodet des Varennes, Pierre	Fils du précédent, consul à Alicante de 1717 à 1738, chargé des affaires de la Marine et du Commerce de France à Madrid de 1738 à 1748, consul à Cadix de 1748 à 1757
Bonnet, Pierre	Vice-consul à Patras de 1728 à 1737
Clairambault, Jean-Louis de	Chancelier à Alep de 1743 à 1746, vice-consul à Candie de 1746 à 1751, consul à Salonique de 1752 à 1755, consul à Seyde de 1756 à sa mort en 1768
Coutlet, François	Consul à Gênes de 1721 à 1756
David, Lazare	Consul à Naples de 1723 à 1727
Delane, Léon	Vice-consul à Candie de 1703 à 1708, consul à La Canée de 1708 à 1717, consul à Alger de 1730 à 1732, consul à La Canée de 1732 à 1735, consul à Alep de 1735 à 1742
Devant, François	Consul à Nice de 1717 à 1721, consul à Cagliari de 1721 à 1723, consul à Messine de 1723 à 1732, consul à Naples de 1732 à 1741, consul à Alger de 1741 à 1742
Durand, Antoine-Gabriel	Chancelier de Clairambault à Alger de 1705 à 1718, vice-consul à Candie de 1718 à 1720, consul à Alger de 1720 à 1730 (malgré sa nomination au Caire en 1728)
Le Maire, Benoît	Chancelier au Caire de 1712 à 1717, vice-consul à Alexandrie de 1717 à 1722, consul à La Canée de 1722 à 1724, consul à Seyde de 1724 à 1732, consul à Alger de 1732 à 1735
Le Maire, Jacques-Louis	Chancelier à Alep de 1708 à 1711, puis au Caire de 1712 à 1717, consul à Tripoli de Syrie de 1725 à 1733, à Tripoli de Barbarie de 1733 à 1734, puis à Larnaca de 1734 à sa mort en 1741
Lullier de Lorme, René	Chancelier à Alep de 1721 à 1728, à Chypre de 1728 à 1731, puis à Tripoli de Syrie de 1731 à 1733
Magy, Gaspard-David	Chancelier à Tripoli de Barbarie de 1733 à 1741, puis à Seyde en 1741, vice-consul à Candie de 1741 à 1746, consul à La Canée de 1746 à 1757, puis en Morée de 1757 à 1763

suite

Personnel consulaire	Carrière consulaire
Marin, Jean	Consul à Corfou de 1712 à sa mort en 1747
Mervé de Jonville, Thomas-Eudelin-Marie-François	Chancelier à Alger de 1733 à 1742 (il en gère provisoirement le consulat de 1740 à 1742), consul à Salonique de 1742 à 1751, puis à Smyrne de 1757 à 1765
Monthenault, Jean-Jacques de	Vice-consul à Tripoli de Syrie de 1713 à 1720, consul au même endroit de 1720 à 1724, à La Canée de 1724 à 1730, puis à Alep de 1730 à 1735
Partyet, Jean-Baptiste-Martin	Consul à Cadix de 1729 à 1748
Péleran, Gaspard de	Consul à Alep de 1722 à 1730, puis à Smyrne de 1730 à sa mort en 1747
Rougeau de La Blotière, Christophe	Consul à Minorque de 1713 à 1714, puis à Satalie de 1720 à 1722, puis à Scio de 1722 à sa mort en 1743
Taitbout de Marigny de Fontenelle de La Milarche, Alexis-Jean-Eustache	Consul à Alger de 1734 à 1740, puis à Naples de 1741 à 1766
Taulignan, Victor	Consul à Zante de 1698 à sa mort en 1752

11.6 Instruction pour les gardes du bureau de la santé de Marseille (AD13, 200 E 2, *Mémoire sur le bureau de la santé*, pp. 18–21)

1. Les gardes employés sur les bâtiments en quarantaine seront extrêmement attentifs à ce que rien ne soit débarqué sans un ordre de Messieurs les Intendans, adressé au S[ieu]r capitaine du port de Pommegue.
2. Ils empêcheront toute sorte de communication d'un bâtiment à l'autre, même de s'entredonner des choses non-susceptibles.
3. Ils s'embarqueront toujours dans la chaloupe, lorsqu'elle viendra à terre, et empêcheront les équipages d'y descendre, si ce n'est pour y amarrer des cables pour la sûreté des bâtimens, et en ce cas ils feront écarter toutes les personnes qui pourraient se trouver sur le rivage.
4. Ils ne souffriront pas que les équipages fument dans la calle ou dans l'entrepont, ni qu'on fasse bouillir dans le bord de la poix, du goudron ou autres matieres qui puissent occasionner des incendies.
5. Ils observeront si les capitaines font faire exactement le quart dans leur bord pendant la nuit, soit au port de Pommegue ou à la chaîne du Port.

6. Lorsqu'ils seront employés sur des bâtimens chargés de marchandises, ils auront soin, après l'entier débarquement, de faire exactement balayer la calle et l'entrepont, en sorte qu'il n'y reste rien, et prendront l'ordre du S[ieu]r capitaine du bureau pour aller jetter les balayures dans la mer à la distance du Port qui leur sera marquée, ou pour les brûler sur l'isle.
7. Après le déchargement, ils feront soigneusement la visite des bateaux pour voir s'il y reste quelque brin de coton ou laine, qu'ils feront enlever et joindre à la derniere balle, et feront tremper la voile dans la mer.
8. Etant retournés à bord, ils feront une visite exacte et rigoureuse de toutes les armoires, caisses et coffres des officiers et équipages, pour vérifier qu'il n'y a rien qui ne soit à leur usage, et visiteront de même tous les recoins du bâtiment.
9. Ils feront la même visite dans les bâtimens chargés de denrées au moment qu'ils y seront entrés, et la réitéreront plusieurs fois pendant la quarantaine, pour pouvoir affirmer avec serment lors de l'entrée qu'il n'est rien resté de susceptible et de sujet à la purge.
10. Lorsque le bureau leur ordonnera de vérifier le dommage que les chargemens de bled ou d'huile souffriront par les voies d'eau ou par le coulage, ils en feront un rapport exact et sans complaisance.
11. Quand ils seront laissés sur lesdits bâtimens après l'entrée, jusqu'à ce qu'ils puissent être sondés ou visités, ils ne quitteront le bord que lorsque le S[ieu]r capitaine ira les en retirer, et s'ils étaient obligés d'aller en Ville pour quelque affaire indispensable, comme pour porter quelque plainte ou donner quelque avis au bureau, ils ne pourront le faire qu'après qu'ils se seront munis des clefs des écoutilles.
12. Lesdits gardes feront mettre à l'évent toutes les hardes des équipages sans exception lorsque le bureau l'ordonnera, et tiendront la main à ce qu'elles y restent jour et nuit pendant le nombre de jours qu'il sera marqué.
13. Si quelqu'un du bord tombe malade pendant la quarantaine, ils en avertiront sur le champ le S[ieu]r capitaine s'ils sont au port de Pommegue ou les officiers du bureau à la chaîne du port, leur étant expressément défendu de différer d'en donner connaissance sous prétexte de la légéreté de la maladie ou de l'espoir d'un rétablissement prochain.
14. Ils avertiront pareillement le S[ieu]r capitaine du bureau à Pommegue ou les officiers à la consigne, de toutes les contraventions qu'ils auront remarquées, et qu'il ne leur aura pas été possible d'empêcher, afin qu'ils en rendent compte à Messieurs les Intendans.
15. Il leur est défendu de se mêler des affaires qui n'auront aucun rapport à la Santé, et il leur est enjoint d'avoir pour les capitaines et leurs officiers la

déférence que leur état exige, ayant la voie de porter leur plainte au bureau, si ces officiers leur en donnaient lieu.
16. Les gardes qui seront mis auprès des passagers les accompagneront lorsqu'ils viendront à la barriere, et ne les perdront jamais de vue.
17. Ils empêcheront la communication desdits passagers avec ceux de différens départemens.
18. Ils suivront exactement ce qui leur sera prescrit par le S[ieu]r capitaine des infirmeries, pour la discipline qu'ils doivent observer.
19. Ils seront tenus d'avoir une veste de couleur bleue, qu'ils porteront lorsqu'ils seront en fonction, et tous les jours qu'ils seront commandés de se tenir au bureau à tour de rôle.
20. Tous lesdits gardes sont obligés de se conformer à la présente instruction, sous les peines portées par les réglemens et délibérations du Bureau de la Santé, même sous peine de la vie dans les cas graves.

Fait au bureau de la Santé de Marseille le premier septembre 1730.

11.7 Témoignage de Jean-Jacques Rousseau de son séjour au lazaret de Gênes (Rousseau, *Les confessions*, pp. 347–348.)

« C'était le temps de la peste de Messine. La flotte anglaise y avait mouillé et visita la felouque sur laquelle j'étais. Cela nous assujettit en arrivant à Gênes, après une longue et pénible traversée, à une quarantaine de vingt [et] un jours. On donna le choix aux passagers de la faire à bord ou au lazaret, dans lequel on nous prévint que nous ne trouverions que les quatre murs, parce qu'on n'avait pas encore eu le temps de le meubler. Tous choisirent la felouque. L'insupportable chaleur, l'espace étroit, l'impossibilité d'y marcher, la vermine, me firent préférer le lazaret, à tout risque. Je fus conduit dans un grand bâtiment à deux étages absolument nu, où je ne trouvai ni fenêtre, ni lit, ni table, ni chaise, pas même un escabeau pour m'asseoir, ni une botte de paille pour me coucher. On m'apporta mon manteau, mon sac de nuit, mes deux malles ; on ferma sur moi de grosses portes à grosses serrures, et je restai là, maître de me promener à mon aise de chambre en chambre et d'étage en étage, trouvant partout la même solitude et la même nudité. Tout cela ne me fit pas repentir d'avoir choisi le lazaret plutôt que la felouque, et, comme un nouveau Robinson, je me mis à m'arranger pour mes vingt [et] un jours comme j'aurais fait pour toute ma vie. J'eus d'abord l'amusement d'aller à la chasse aux poux que j'avais gagnés dans la felouque. Quand, à force de changer de linge et hardes, je me fus rendu enfin net, je procédai à l'ameublement de la chambre que je m'étais choisie. Je me fis un bon matelas de mes vestes et de mes chemises, des draps de plusieurs serviettes que je cousus, une couverture de ma robe de chambre, un oreiller de mon manteau roulé. Je me fis un siège d'une malle posée à plat, et une table de l'autre posée de champ. Je tirai du papier, une écritoire, j'arrangeai en manière de bibliothèque une douzaine de livres que j'avais. Bref, je m'accommodai si bien, qu'à l'exception des rideaux et des fenêtres, j'étais presque aussi commodément à ce lazaret absolument nu qu'à mon jeu de paume de la rue Verdelet. Mes repas étaient servis avec beaucoup de pompe ; deux grenadiers, la baïonnette au bout du fusil, les escortaient ; l'escalier était ma salle à manger, le palier me servait de table, la marche inférieure me servait de siège, et quand mon dîner était servi, l'on sonnait en se retirant une clochette pour m'avertir de me mettre à table. Entre mes repas, quand je ne lisais ni n'écrivais, ou que je ne travaillais pas à mon ameublement, j'allais me promener dans le cimetière des protestants, qui me servait de cour, ou je montais dans une lanterne qui donnait sur le port et d'où je pouvais voir entrer et sortir des navires. Je passai de la sorte quatorze jours, et j'y aurais passé la vingtaine entière sans m'ennuyer un moment si M. de Joinville, envoyé de France, à qui je fis parvenir une lettre vinaigrée, parfumée et demi-brûlée, n'eût fait abréger mon temps de huit jours : je les allai passer chez lui, et je me trouvai mieux, je l'avoue, du gîte de sa maison que de celui du lazaret ».

11.8 Prière à saint Roch (tirée de Martin, *Discours sur saint Roch*, pp. 25–26)

« Grand Saint Roch ! Du haut des Cieux où vous occupez un trône distingué, en récompense de votre volontaire pauvreté, de votre rare humilité, mais surtout de votre héroïque et inépuisable charité envers les pestiférés, préservez-nous par votre puissant crédit auprès de Dieu, préservez-nous à jamais des malheurs de la peste ! Préservez, par votre sainte intercession, préservez de tout mal notre auguste monarque, nos princes, nos princesses, tous les Bourbons ! Protégez aussi nos premiers magistrats, qui ont l'heureux talent de maintenir cette populeuse cité dans la tranquilité, dans la soumission et l'obéissance au souverain légitime... Protégez encore nos zélés intendans et leurs subordonnés, qui, tous animés du même esprit, ont su arrêter, enchaîner, étouffer le monstre de la contagion échappé depuis peu de tems de la barbare Afrique, et nous garantir de ses cruelles attaques, par leur permanente et infatigable surveillance. Enfin, ô glorieux Saint Roch ! Obtenez-nous la grâce d'être préservés, sur la terre, de la contagion du péché mortel, afin que nous ayons un jour le bonheur de vous voir dans le Ciel, et d'y louer, glorifier, adorer Dieu avec vous pendant la bienheureuse éternité. Ainsi soit-il ».

11.9 Choix et fonctions des portefaix (Papon, *De la peste*, T. 2, chap. XVI «des portefaix», pp. 189-191)

« Les portefaix employés à la *purge* des marchandises pouvant prendre et communiquer la peste, méritent un article à part. L'armateur du bâtiment, qui est maître de les choisir, ne prendra que des gens sûrs. Ils auront soin d'être agréés par le bureau, sans la permission duquel ils ne pourront pas être admis au lazaret. J'ai parlé à l'article du concierge, de la visite à laquelle seront soumises leurs personnes et leurs hardes. Ils recevront du capitaine du lazaret les ordres relatifs à leur travail. Ils seront divisés en autant de chambrées qu'il y a de cargaisons à purger, puisque chaque cargaison aura ses portefaix particuliers : ils y seront sous l'inspection d'un chef choisi parmi eux par le capitaine. Ils ne pourront point aller à la barrière pendant tout le temps du débarquement et de la *sereine*. Eux seuls enlèveront les balles débarquées pour les transporter au lieu désigné. Ils se conformeront exactement aux instructions du capitaine pour tout ce qui regarde la *purge*, afin que chaque marchandise soit à sa place, et qu'elle ait le degré de purge nécessaire, etc. Ils ne communiqueront point avec les portefaix des autres bâtimens. Après la quarantaine, ils referont les balles, pour être transportées sur le navire. Ce n'est pas eux qui transporteront la cargaison qu'ils ont purgée, de peur qu'ils ne soient tentés de cacher quelque marchandise encore infectée dans une des balles purgées. Le transport en sera fait par d'autres portefaix, qui seront soumis, en entrant au lazaret, aux mêmes formalités que les premiers. Il leur sera défendu de se rassembler dans un lieu où ils ne pourroient pas être vus par le surveillant ».

11.10 Registre des forçats ayant servi de corbeaux (SHD (Toulon), 1-O-105-106)

Matricule	Forçat	Corbeau à	Libération	Mort
39049	Jean Dacher	Marseille	26 août 1721	
39051	Denis Henry	Toulon	19 mai 1722	
39057	Nicolas Phelipe	Toulon	19 mai 1722	
39058	François Bornay	Toulon	27 juillet 1722	

suite

Matricule	Forçat	Corbeau à	Libération	Mort
39070	Paul Jérôme	Toulon	27 juillet 1722	
39077	Jean Tiphaigue	Marseille		5 novembre 1722
39153	Mauris Fresnet	Marseille	26 août 1721	
39164	Dominique Menage	Marseille	26 août 1721	
39183	Pierre Hartot	Marseille	26 août 1721	
39195	Charles Joseph Lagache	Marseille		?
39196	François Marie Rella	Marseille		?
39199	Mathieu Angelvin	Marseille		?
39224	Edmond Vauthorot	Marseille		?
39232	Laurent Gourdon	Marseille		?
39240	François Lane Francoeur	Marseille	26 août 1721	
39254	Angel Rousset	Marseille		?
39260	Jacques Bonnefont	Toulon	27 juillet 1722	
39266	Jacques Courtoland	Toulon	19 mai 1722	
39275	Jean Canuou	Marseille		?
39286	François Dagono	Marseille		?
39287	Guilleaume le Comte	Toulon	19 mai 1722	
39314	François Navet	Toulon		?
39322	Paul Raynaud	Marseille	26 août 1721	
39337	Pierre Coche	Marseille		?
39344	Pierre Colin	Marseille		?
39345	Jacques Lambert	Toulon		?
39349	[J]enua Vuillerme Arras	Toulon		?
39357	Nicolas Le Fort	Toulon		?
39369	Pierre Durand	Marseille		?
39370	François Remey	Toulon	19 mai 1722	
39382	Charles Combarel	Marseille		?

suite

Matricule	Forçat	Corbeau à	Libération	Mort
39415	Joseph Fournier	Toulon	19 mai 1722	
39418	Laurent Hourdan	Toulon		?
39419	Jean Motret	Marseille	24 février 1722	
39424	François de la Haye	Toulon	19 mai 1722	
39439	Pierre Raoult	Marseille	26 août 1721	
39442	François Durand	Marseille	26 août 1721	
39496	Jean Dupont	Marseille	26 août 1721	
39527	Philipe Chaumal	Marseille		?
39547	René Girardot	Toulon	19 mai 1722	
39549	Gabriel Sautieu	Marseille		?
39563	Claude Noblet	Marseille	26 août 1721	
39566	Jean Paulet	Marseille	26 août 1721	
39571	Estienne Couturier	Marseille		?
39572	Nicolas Bourguignon	Aix		18 janvier 1721
39600	François Guichard	Toulon		?
39621	Christophe Reynard	Marseille		?
39624	Jean Matheron	Marseille		?
39644	Nicolas Toupeau	Toulon		27 juillet 1722
39663	Robert Boivin	Marseille	26 août 1721	
39672	Michel Deluau	Toulon		?
39676	François Dumont	Marseille		?
39691	Joseph Biguet	Marseille		?
39697	Benoît Chablier	Toulon	19 mai 1722	
39702	Bernard Parage	Marseille		?
39709	Jean Magnes	Toulon	19 mai 1722	
39710	Gabriel Joseph Castelan	Marseille		?
39728	Thomas de Ruel	Marseille		?
39742	Mathieu Coulon	Toulon	27 juillet 1722	

suite

Matricule	Forçat	Corbeau à	Libération	Mort
39765	Stephane Barbezé	Toulon	19 mai 1722	
39768	Jacob Mestre	Marseille		?
39771	Ignace Sipront	Toulon	19 mai 1722	
39773	Claude Guiou	Marseille		?
39780	Pierre le Gay	Toulon		?
39782	Pierre Baudret	Marseille		?
39794	Miquel de Heriard	Marseille		?
39800	Jean Garnier	Marseille		?
39802	Elie Heraud	Marseille		?
39803	Jean La Coste	Marseille		?
39816	Jean Belial	Toulon	30 avril 1720 (fin de la condamnation, a servi comme corbeau ensuite)	
39847	Philippe Miquel	Toulon		?
39895	Michel Picot	Marseille	26 août 1721	
39958	Philipe Chrestien	Toulon		?
40031	Pierre de Lor	Toulon		?
40112	Antoine Verez	Marseille		?
40114	Jean Vaisseron	Toulon		?
40247	Petter Mathis	Marseille		?
40288	Pierre Oreel	Marseille		?
40340	Pierre Verdure	Marseille	26 août 1721	
40452	Jean Fraissinet	Toulon		?
40453	Bernard Duffrau	Toulon	19 mai 1722	
40454	Jean Moreau	Marseille		?
40486	Pierre Grignaud	Toulon	19 mai 1722	
40529	René Maitre	Marseille	26 août 1721	
40586	François Leneuf	Marseille	26 août 1721	
40669	Laurens Varlet	Toulon	19 mai 1722	

suite

Matricule	Forçat	Corbeau à	Libération	Mort
40716	Charles Vincent	Marseille		?
40774	Estienne Jouan	Marseille		?
40775	Antoine [Bourgoées]	Marseille		?
40800	Pierre Meissac	Toulon		?
40817	Toussaint Viler	Marseille		?
40900	Bastien Fouchet	Toulon		?
40913	Barthelemy de la Rue	Marseille		?
40949	Michel Lauignan	Marseille		?
40950	Pierre Liercan	Marseille		?
40954	Guy Martenant	Toulon		?
40964	François Baudron	Toulon		?
40987	Jean le Grand	Marseille	26 août 1721	
41014	Jean Dany	Toulon	19 mai 1722	
41021	Jacques Ferand	Marseille		?
41026	Pierre Boulin	Marseille		?
41035	Antoine Bardou	Marseille		?
41036	Remy Joseph Coupée	Marseille		?
41149	Jean Jouvenet	Marseille		?
41169	Ozias Gregoire	Marseille		?
41193	Jean Charles du Bray	Marseille		?
41218	Pierre Plocque	Toulon		?
41253	Thomas de la Croix	Marseille		?
41275	François Edme	Marseille		?
41284	Jean Larmandie	Toulon	19 mai 1722	
41319	Antoine Muguet	Toulon		?
41342	Fançois Juin	Marseille		?
41363	Jean Langelie	Marseille		?
41372	Pierre Cousin	Toulon	19 mai 1722	

suite

Matricule	Forçat	Corbeau à	Libération	Mort
41380	Jean Canse	Toulon		?
41393	Denis Caron	Toulon	19 mai 1722	
41396	Jean Petit	Marseille		?
41418	Jacques Verbiese	Toulon		?
41431	Nicolas Quiblemon	Toulon		?
41432	Jean Pierre	Marseille		?
41444	Jean Brosse	Toulon		?
41466	François Foret	Marseille		?
41476	Christian Clement	Marseille		?
41505	Claude Morel	Marseille		?
41523	Claude Orman	Marseille	26 août 1721	
41541	Nicolas Ouliesne	Toulon	19 mai 1722	
41556	Jean du Vin	Marseille		?
41591	Jacques du Val	Toulon	19 mai 1722	
41613	Pierre la Brierre	Marseille		?
41631	Claude Cotart	Marseille		?
41653	Jean Loffillot	Toulon		?
41694	Jaques Barau	Marseille		?
41710	Jacques Cal	Marseille		?
41711	Jean Marin	Toulon	19 mai 1722	
41737	Jean Sauvaire	Marseille		?
41758	Jean Masseille	Toulon	19 mai 1722	
41774	Jean Geoffroy	Marseille		?
41862	François Gilbert	Marseille		11 août 1722
41885	Henry Genty	Marseille		?
41896	Jean Boniot	Marseille		?
41897	Estienne Bouvard	Marseille		?
41941	Louis Quisarne	Marseille		?
41955	Jean Baptiste Cauvin	Toulon	19 mai 1722	

suite

Matricule	Forçat	Corbeau à	Libération	Mort
41956	Jean Gautier	Toulon		?
41962	Pierre Augier	Marseille	24 février 1722	
41986	Nicolas Boulot	Marseille		?
41991	Patrice Dromou	Marseille		?
42007	Alexandre [Scardoszy]	Marseille		?
42043	Nicolas Leon	Marseille	26 août 1721	
42064	Honnoré Dezeron	Marseille		?
42070	Antoine Madrieux	Toulon	19 mai 1722	
42077	Toussaint Carlier	Toulon	19 mai 1722	
42081	Philipes le Long	Marseille		?
42092	Claude Renaut	Marseille		?
42097	Thomas Quenet	Marseille		?
42099	Joseph Lucas	Marseille		?
42122	Jacques Ribory	Toulon		?
42149	Louis Dubottant	Marseille		?
42159	Yves Le Coq	Marseille		?
42180	Jean Delage	Marseille		?
42183	Jacques Robert	Toulon	19 mai 1722	
42190	Nicolas Flotet	Marseille		?
42201	Jean Baptiste Lauvois	Marseille	26 août 1721	
42221	Estienne Jotte	Toulon		?
42234	Pierre Porte	Toulon	19 mai 1722	
42236	Pierre la Vaillote	Toulon		?
42239	Jean Fond	Toulon	19 mai 1722	
42273	Lucas Laumar	Marseille	26 août 1721	
42288	Pierre Dumesnil	Toulon	27 juillet 1722	
42313	Antoine Duflot	Toulon		?
42314	Richard Quetem	Marseille		?

suite

Matricule	Forçat	Corbeau à	Libération	Mort
42317	Pierre Perrey	Toulon	19 mai 1722	
42323	Louis Bouin	Marseille		?
42325	François La Chaise	Marseille		?
42326	Claude Bataillard	Marseille		?
42335	Claude Antoine	Marseille		?
42371	Joseph Roubaud	Aix		23 janvier 1721
42418	Pierre Coustant	Marseille	26 août 1721	
42441	François Cauhepé	Toulon		?
42451	Antoine Olivier	Toulon		?
42457	Louis le Roux	Marseille		?
42463	Louis Dubois	Toulon		?
42470	Pierre Isser	Marseille		?
42503	Nicolas Payemal	Toulon		?
42508	Jaques Moureau	Marseille	26 août 1721	
42513	Guillaume Carré	Marseille		?
42531	Louis Galé	Marseille		?
42545	Laurent Richard	Aix	19 mai 1722	
42552	René Bioche	Marseille		?
42562	Estienne Desrosiers	Marseille	26 août 1721	
42575	Jean Marloy	Marseille		?
42604	Louis Vauttier	Toulon		?
42620	Jean Roland	Toulon	19 mai 1722	
42646	Nicolas Peyen	Marseille		?
42648	Jean Pierre	Marseille		?
42652	Jean Passemart	Marseille		?
42663	François Le Crain	Marseille		?
42665	Jean Chabasson	Toulon		?
42685	Pierre Guibert	Marseille		?
42709	Jaques Renet	Toulon		?

suite

Matricule	Forçat	Corbeau à	Libération	Mort
42711	Gabriel Caron	Toulon	19 mai 1722	
42720	Jean Antoine Mandron	Toulon	19 mai 1722	
42722	François Gillebert	Toulon		?
42735	François Leviston	Marseille		?
42764	Pierre Treffi	Toulon		?
42780	Roger Biaut	Marseille		?
42782	Blondin Joseph Maurel	Marseille		?
42799	Joseph Vinon	Marseille		?
42803	Louis Riche	Toulon	28 novembre 1720	
42824	Olivier Jacquin	Toulon		?
42825	François Mahé	Toulon	19 mai 1722	
42826	Mathurin Faufillon	Toulon		?
42832	René Alin Penlan	Marseille		22 octobre 1722
42833	Olivier Andouard	Marseille		20 juillet 1723
42836	Pierre Guyonneau	Marseille		?
42838	Jean Masset	Marseille		?
42858	Pierre Le Noir	Marseille		?
42860	René Maugin	Toulon		?
42887	Pierre Feuchau	Toulon		?
42912	Jaques Maurice	Marseille	19 août 1721	
42919	Jean Bourdaist	Marseille		?
42932	Pierre Chaumont	Marseille	26 août 1721	
42949	Jean Lavocat	Marseille		?
42951	Pierre Gillion	Marseille		?
42954	Blaise Chatard	Marseille		?
42973	Benoit Anselme	Toulon	27 juillet 1722	
42975	Jean Bourdillon	Marseille		?

suite

Matricule	Forçat	Corbeau à	Libération	Mort
42978	Jaques Pelabeuf	Marseille		?
43017	Laurens Bernardon	Toulon		?
43022	Antoine Guy	Toulon		?
43025	Vuillemen Moreaux	Toulon		?
43026	Noel Colin	Toulon		?
43027	François Cuynan	Toulon		?
43042	Paul Jannot	Toulon	19 mai 1722	
43052	Pierre Dornier	Marseille		?
43057	Pierre Antoine Besson	Toulon		?
43062	Mathieu Burdin	Toulon	19 mai 1722	
43084	Claude de la Croix	Marseille	26 août 1721	
43110	René Clairet	Toulon	19 mai 1722	
43121	Antoine Gonin	Toulon		?
43135	Denis Briquet	Toulon	19 mai 1722	
43142	Joseph Dizon	Marseille		?
43161	François Chenu	Marseille	26 août 1721	
43167	Mathieu Sabrier	Toulon et Avignon	29 avril 1721	
43183	Abraham Privat	Marseille	26 août 1721	
43196	Pierre Janin	Toulon		?
43199	Jaques Richard	Marseille		?
43203	Pierre Toulouse	Marseille		?
43220	Joseph Barras	Marseille		?
43228	François Philipes	Toulon	19 mai 1722	
43240	Jean Teissier	Marseille		?
43244	Jean Esprit Deidier	Toulon	19 mai 1722	
43248	Albert Lefebure	Toulon		?
43252	Joseph Foucaud	Marseille	26 août 1721	

suite

Matricule	Forçat	Corbeau à	Libération	Mort
43253	Michel Roux	Marseille		?
43298	Charles Caillot	Marseille		?
43315	Pierre Sagot	Marseille	26 août 1721	
43317	Antoine de la Cour	Marseille		?
43319	Pierre Darcy	Marseille		?
43332	Claude Piola	Marseille		?
43352	Jerôme Madon	Toulon		?
43355	Jean Armstrong	Marseille		?
43357	Francois Ferrier	Marseille		?
43364	Gilles le Roy	Marseille		?
43399	Antoine Caron	Marseille		?
43403	Louis Rabiat	Marseille		5 août 1722
43406	Thomas Gillet	Toulon		?
43411	Claude Marchand	Marseille		?
43429	Robert Bermont	Marseille		?
43436	Mathias Jean Baskorski	Marseille		?
43456	Jean de la Fargue	Marseille		?
43458	Joseph Allard	Marseille		?
43464	Jean Francois Puget	Marseille		?
43466	Barthelemy Fauchier	Marseille	26 août 1721	
43475	Claude Bernard	Toulon		?
43526	Jean Guillaume Fabre	Toulon	Évadé entre Arles et Orange	
43529	Mathieu Barre	Toulon		?
43530	Jean Bouet	Marseille		?
43537	Jean René	Marseille		?
43539	Jean Bastian	Marseille		?
43543	Jean Dupré	Marseille		?

suite

Matricule	Forçat	Corbeau à	Libération	Mort
43548	Leonnard Barnouille	Marseille		?
43549	Jean Lachau	Marseille		?
43554	Jaques Bosc	Marseille		?
43558	Francois Habert	Toulon	19 mai 1722	
43560	Charles Fay	Marseille	26 août 1721	
43561	Jean Francois Helie	Marseille	26 août 1721	
43567	Bernard Sendos	Toulon		?
43579	Bertrand Favas	Marseille		?
43587	Bernard Moulinier	Marseille	26 août 1721	
43590	Pierre Jean	Marseille		?
43635	Guy Ripault	Marseille		?
43636	Jean Pouellier	Toulon		?
43648	Joseph Clinet	Toulon	27 juillet 1722	
43655	Jean Bernard	Marseille	26 août 1721	
43669	Louis Cadoret	Marseille	26 août 1721	
43712	René Hunault	Marseille		?
43767	Pierre Faucon	Toulon		?
43768	Jean Lalande	Toulon	19 mai 1722	
43769	Laurens Porquier	Toulon		?
43772	Jean Turpin	Toulon		?
43795	Marc Bijon	Marseille		?
43826	Gabriel Revollon	Marseille	26 août 1721	
43864	Jaques Leclerc	Toulon		?
43865	Leonnard Noel	Marseille		17 octobre 1722
43896	Martin Willeaume	Toulon		?
43899	Philipes le Grand	Toulon	19 mai 1722	
43918	Jean Pierre Hauquot	Marseille		?
43924	Louis Bradet	Marseille		?
43934	Abraham Mabille	Toulon		?

suite

Matricule	Forçat	Corbeau à	Libération	Mort
43935	Nicolas Thomine	Toulon		?
43940	Pierre Desaris	Marseille		?
43943	Jean Allais	Toulon	19 mai 1722	
43948	Claude Procureur	Marseille		?
43952	Henry Despiney	Marseille		?
43957	Daniel Chapinal	Toulon		?
43991	Mathias Flots	Marseille		?
43998	Gaspard Pittot	Toulon		?
44005	Nicolas Camus	Marseille	26 août 1721	
44006	Francois Cardinal	Marseille		?
44015	Pierre Charvay	Toulon		?
44016	Francois le Colonge Paquier	Marseille		20 mars 1723
44023	Jean Pascal	Toulon	10 mars 1723	
44052	Antoine Francois	Marseille		?
44057	Antoine Guibert	Marseille		?
44058	Paul Desmarest	Toulon	Évadé entre Arles et Avignon	
44077	Claude Honnoré Huvé	Marseille	24 février 1722	
44078	Maurice Chesneau	Toulon		?
44087	Francois Masrouly	Marseille		?
44114	Jacques Charles Goulard	Marseille	26 août 1721	
44117	Michel Farges	Toulon		?
44120	Mathieu la Save	Marseille		?
44128	André Babois	Marseille		?
44130	Jacques Charreire	Marseille	26 août 1721	
44133	Francois Maurin	Marseille		?
44137	Jean Blanc	Marseille		?

suite

Matricule	Forçat	Corbeau à	Libération	Mort
44138	Jean Bouzanquet	Toulon	19 mai 1722	
44155	Nicolas Lioutard	Aix	19 mai 1722	
44157	Christophle Cristine	Marseille	26 août 1721	
44160	Jean Michault Nicot	Marseille		?
44163	Jean Baptiste Ardisson	Marseille		?
44173	Jean Fidance	Marseille		?
44220	Charles Antoine Mongin	Marseille		?
44226	Pierre Serpieu	Toulon		?
44228	Jean Baptiste Lefebvre	Marseille	26 août 1721	
44244	Francois Blanchet	Marseille	26 août 1721	
44246	Jean Lapostre	Marseille		?
44247	Louis Fremont	Toulon		?
44248	Nicolas Reaux	Marseille		?
44253	Claude Alexandre Bouillet	Marseille	26 août 1721	
44255	Adrien Pernet	Marseille		?
44256	Nicolas Fillon	Marseille	26 août 1721	
44258	Claude Thiery	Marseille	26 août 1721	
44261	Charles Hu	Toulon	19 mai 1722	
44265	Jacques Serrurier	Marseille		?
44269	Louis Pioline	Marseille		?
44277	Jean Lefevre	Toulon		?
44278	Jean Guyon	Marseille		?
44288	Gilles Bigot	Marseille	26 août 1721	
44299	Pierre Durbise	Toulon	19 mai 1722	
44301	Pierre Marot	Marseille		?
44305	Nicolas Bourgeois	Toulon	19 mai 1722	

suite

Matricule	Forçat	Corbeau à	Libération	Mort
44309	Nicolas Philipe	Marseille	26 août 1721	
44317	Laurens Mongin	Marseille	26 août 1721	
44327	Jean Didier	Marseille		6 mars 1723
44338	Jean Claude Gagnieux	Toulon	19 août 1721	
44341	Claude Jolliot	Marseille	26 août 1721	
44346	Pierre Philippe Cugnotet	Toulon	19 mai 1722	
44355	Jacob Nesse	Marseille		?
44359	Laurens Fidely	Marseille		?
44361	Jean Ernst	Toulon	19 mai 1722	
44391	Jean Moret	Marseille		?
44393	Pierre Motet	Marseille		?
44396	Michel Penet	Toulon		?
44398	Claude Turc	Marseille		?
44403	Louis Chauve	Marseille		?
44406	Francois Coutant	Marseille		?
44409	Jean Joseph Millet	Marseille		?
44442	Pierre Le Page	Toulon		?
44446	Joseph Goudet	Toulon	19 mai 1722	
44451	Jean le Moine	Toulon	19 mai 1722	
44453	Olivier [?]onnet	Toulon	27 juillet 1722	
44445	Georges Legoff	Marseille	26 août 1721	
44460	Jacques Paugan	Toulon	10 mars 1723	
44469	Pierre Delourme	Toulon		?
44477	Louis Antoine Dubois	Marseille		?
44480	Jean Angot	Toulon	29 avril 1721	
44486	René Brunet	Toulon		?
44500	Jean Boulfray	Toulon	19 mai 1722	

suite

Matricule	Forçat	Corbeau à	Libération	Mort
44513	Pierre Provost	Marseille	26 août 1721	
44515	René Liotton	Marseille	26 août 1721	
44527	Francois Rochereau	Marseille		?
44529	Francois Charier	Toulon	19 mai 1722	
44530	Pierre Turpault	Marseille	26 août 1721	
44537	Francois Chaubiron	Marseille		?
44553	Pierre Baudru	Marseille	26 août 1721	
44561	Alexis Sanlisse	Marseille		?
44562	René Rechignon	Toulon	19 mai 1722	
44571	Guillaume Bergeon	Marseille		?
44586	Jean de la Vergne	Toulon		?
44600	Jean Peyrot	Marseille		?
44608	Denis La Seinne	Marseille		?
44610	Jean de Neuille	Marseille	26 août 1721	
44617	Estienne Rouzieu	Toulon	19 mai 1722	
44618	Pierre Giraud	Toulon		?
44632	Guillaume Messen	Marseille		?
44634	Antoine Souraud	Marseille		?
44637	Jean Morel	Toulon		?
44638	Jean Millon	Toulon	19 mai 1722	
44650	Antoine Ribe	Marseille		?
44687	Jean Hupé	Marseille		?
44688	Jaques Haran	Toulon	19 mai 1722	
44689	Pierre Gosse	Marseille		?
44694	Henry Rling	Toulon	10 mars 1723	
44713	Georges Grillet	Toulon		?
44720	Charles Menestré	Marseille		?
44728	Mathieu Dagneux	Toulon		?
44730	Pierre Vassal	Toulon		?

suite

Matricule	Forçat	Corbeau à	Libération	Mort
44731	Thomas Lagrange	Marseille		?
44734	Jean de la Londe	Marseille		?
44736	Francois Hardy	Marseille	26 août 1721	
44737	Nicolas Cirou	Marseille	26 août 1721	
44740	Guillaume Hebert	Marseille	26 août 1721	
44741	Pierre Guetteuille	Marseille		?
44771	Jean Bertrand	Toulon		?
44774	Denis Bezancon	Toulon		?
44782	Philibert la Crotte	Marseille		?
44789	Jean Chanoix	Marseille	26 août 1721	
44793	Toussaint Launier	Toulon	19 mai 1722	
44795	Jean Pierre Chapelan	Marseille	26 août 1721	
44808	Joseph Cotton	Marseille		?
44811	Jean Fabre	Toulon	19 mai 1722	
44815	Joseph Abe	Toulon		?
44827	Barthelemy Bourgues	Toulon	10 mars 1723	
44828	Francois Girard	Marseille		?
44834	André Robert	Toulon	19 mai 1722	
44835	André Cresp	Toulon	19 mai 1722	
44841	Geoffroy Brocq	Marseille		?
44842	Claude de Montsablon	Marseille	26 août 1721	
44854	Vincent Bazin	Toulon		?
44857	Jaques Fontaine	Toulon		?
44888	Louis Picot	Marseille		?
44908	Antoine Quilliard	Marseille		?
44910	Guillaume le Bastard	Marseille	26 août 1721	
44924	Toussaint Loysel	Toulon		?

suite

Matricule	Forçat	Corbeau à	Libération	Mort
44925	Louis Lemire	Toulon	19 mai 1722	
44935	Jaques Maches	Marseille	26 août 1721	
44959	Jean Remy	Toulon	10 février 1722	
44965	Jean Gabriel de Martinot	Marseille	26 août 1721	
44970	Claude Brun	Marseille		?
44971	Jean Rozerot	Marseille		4 novembre 1722
44975	Edme Forest	Marseille		?
44979	Joseph Nicolas Marbey	Toulon	27 juillet 1722	
44984	Philibert Richard	Marseille		?
44995	Benoit Larcher	Marseille	26 août 1721	
45015	Jaques Gadrat	Marseille		?
45045	Philipe Royer	Marseille		?
45046	Paul Esquines	Marseille		?
45059	Pierre Paris	Marseille		?
45092	René Jaouen	Toulon	19 mai 1722	
45098	Francois le Chapelain	Marseille		?
45106	Philipes Poincet	Toulon	19 mai 1722	
45128	Jean Meignin	Marseille		?
45135	Michel Goisneau	Toulon	19 mai 1722	
45140	Pierre Barbier	Marseille		?
45147	Jean Clemens	Marseille		?
45158	Pierre Meslet	Toulon	19 mai 1722	
45162	Claude Gibert	Marseille		?
45179	Martin Boutet	Marseille		?
45182	Pierre Beaupré	Marseille		?
45190	Genitour Tranchant	Marseille		?
45208	Antoine Jauffret	Marseille	17 novembre 1723	

suite

Matricule	Forçat	Corbeau à	Libération	Mort
45214	Pierre Villard	Marseille	24 février 1722	
45215	Joseph Boucarut	Marseille		?
45223	Jean Boisson	Toulon	10 mars 1723	
45224	Francois Dalmas	Toulon	10 mars 1723	
45236	Jean Labadie	Marseille		?
45268	Antoine Dampremanne	Toulon	19 mai 1722	
45300	Gilles Delahaye	Toulon	19 mai 1722	
45329	Thomas Bidaut	Marseille		?
45359	Claude Francois La Bize	Marseille		?
45360	Jean Baptiste Lefebvre	Marseille		?
45362	Leonnard Thomas	Toulon	19 mai 1722	
45389	Joseph Lardeyret	Toulon		?
45390	Jacques Long	Toulon	19 mai 1722	
45392	Jean Fidelle	Marseille		3 février 1722
45400	Gaspard Fruchier	Toulon		?

Liste des illustrations

Figure 1 : Rocade des intendants semainiers pour l'année 1726 (AMM, GG 224). —— **58**
Figure 2 : Correspondants du bureau de la santé de Marseille sur la côte méditerranéenne française au xviiie siècle. Source : Buti, *Colère de Dieu*, p. 83. —— **88**
Figure 3 : Plan de Toulon et de sa rade, presqu'île de Saint-Mandrier, tiré de : Marmottans, *Toulon et son histoire*, p. 14. —— **104**
Figure 4 : Plan des nouvelles infirmeries de Marseille avec le projet d'augmentation donné en 1723 pour servir d'entrepôts aux marchandises pestiférées, 1723, URL : https://gallica.bnf.fr/ark:/12148/btv1b8459298n# —— **108**
Figure 5 : Plan du complexe sanitaire marseillais, tiré de : Carrière/Courdurié/Rebuffat, *Marseille ville morte*, p. 210. —— **114**
Figure 6 : Patente de santé signée par les consuls d'Agde (AMM, GG 226). —— **121**
Figure 7 : Billet pour l'adoration réservée aux échevins de Marseille dans la chapelle des Pénitents Gris d'Avignon (AMM, GG 360, f°15). —— **167**
Figure 8 : Convocation de médecin (AMM, GG 361). —— **236**
Figure 9 : Billet de santé marseillais, 1636 (AMM, GG 226). —— **300**
Figure 10 : Billet de santé toulonnais, 1676 (AMM, GG 215). —— **301**
Figure 11 : Billet de santé montpelliérain, 1720 (AD34, C 11853). —— **303**
Figure 12 : Billet de santé d'Aniane, 1722 (AD34, 10 EDT 201, archives municipales d'Aniane). —— **304**
Figure 13 : Carte de l'implantation des postes consulaires français au xviiie siècle, tirée de : Mézin, *Les consuls*, p. 83. —— **360**

Liste des tableaux

Tableau 1 :	Liste des Français établis à Chios et absents du recensement. —— 35	
Tableau 2 :	Lettres du secrétaire d'État de la Marine aux intendants de la santé de Marseille : nombre de lettres par décennie. —— 64	
Tableau 3 :	Liste des intendants des provinces méditerranéennes. —— 77	
Tableau 4 :	Lettres des intendants de la santé de Sète aux intendants de la santé de Marseille : nombre de lettres par décennie. —— 82	
Tableau 5 :	Lettres des consuls et intendants de la santé d'Arles aux intendants de la santé de Marseille : nombre de lettres par décennie. —— 83	
Tableau 6 :	Lettres des consuls et intendants de la santé de Collioure aux intendants de la santé de Marseille : nombre de lettres par décennie. —— 83	
Tableau 7 :	Tarif des droits de quarantaine perçus sur les bâtiments et marchandises au profit du bureau de la santé de Marseille (AD13, C 4410). —— 110	
Tableau 8 :	Mémoire sur le bureau de la santé de Marseille et sur les règles qu'on y observe, 1753, p. 61 (AD13, C 4408). —— 117	
Tableau 9 :	Durée de la quarantaine des navires en provenance de Constantinople : Mémoire sur le bureau de la santé de Marseille et sur les règles qu'on y observe, Marseille, Brebion, 1731, p. 45 (ACCIAMP, G 20). —— 119	
Tableau 10 :	État des appointements qui seront payez aux employés de la quarantaine etablie a Beziers a commencer du jour de leur installation sur le produit des droits de la quarantaine et les ordres de M. Hocquard Commissaire ordonnateur (AD34, C 603). —— 128	
Tableau 11 :	État des personnes entrées au lazaret de Béziers le 1er juin 1722 (AD34, C 603). —— 128	
Tableau 12 :	Interrogatoire du Capitaine Vienet. —— 175	
Tableau 13 :	Religieuses mortes de la peste à Toulon. —— 228	
Tableau 14 :	État des Chirurgiens qui ont servy a Toulon pendant la contagion ; le jour quils y sont arrivés, celuy qu'ils ont cessé de travailler, et des a bon comptes qu'ils ont receu (AD13, C 913). —— 237	
Tableau 15 :	Nombre de forçats en fonction de la ville de mobilisation. —— 258	
Tableau 16 :	Nombre de forçats en fonction de l'issue réservée. —— 258	

Index des noms de lieux

Agay : 75
Agde : 75, 111, 122, 127, 212, 326
Aix : 55, 73, 115, 139, 141, 150, 156, 162, 164, 179 – 181, 187, 191, 217, 224, 250, 256, 258, 265, 278, 281, 293, 302, 307, 309, 318, 327
Ajaccio : 106
Alais (Alès) : 69, 181, 315
Albanie : 75
Alep : 29 – 30, 43
Alexandrette : 172
Alexandrie : 31, 39, 50
Alger : 33, 50 – 51, 64, 78, 86
Algérie : 33
Alicante : 42
Allauch : 302, 318
Amiens : 71
Angleterre : 67, 149, 170, 200
Aniane : 143, 302
Antibes : 13, 75, 92, 125, 175, 267
Antioche : 31
Apt : 6, 180
Arles : 6, 83, 85, 87, 92, 122, 124, 179, 181, 200, 202, 217, 229, 248, 254, 257, 305, 325
Aubagne : 190, 310
Auch : 310
Auriol : 225
Autriche : 67, 149
Auvergne : 310
Avignon : 166 – 167, 180, 256 – 258, 308, 312, 316 – 318

Bandol : 179, 286
Barbarie : 13, 26, 28, 32 – 34, 36 – 37, 42, 75, 80, 89 – 90, 109, 112, 115, 119, 122, 133, 139, 175, 324
Barbentane : 74
Baruth (Beyrouth) : 174
Beaucaire : 268, 287, 313 – 314
Berry : 310
Béziers : 111, 127 – 129, 326
Bonpas : 307
Bordeaux : 133, 315
Bormes : 165

Bourbonnais : 310
Bourgogne : 71, 310
Brest : 249
Brignoles : 299

Cadix : 32, 43, 47, 134
Caffa (Crimée) : 8
Calabre : 31, 41, 63
Candie : 30, 35, 39 – 40, 44, 50
Canet : 78, 86
Cap Nègre : 175
Carpentras : 209, 312
Carthagène : 70, 77
Cassis : 35, 82, 123 – 124, 175, 188, 303, 325
Catalogne : 14, 76, 90
Cavalaire : 201
Châlons : 71
Chypre : 30, 49, 51
Collioure : 78, 82 – 84, 86, 87, 95, 122
Comtat Venaissin : 1, 167, 180, 182, 188, 307, 312, 316, 320
Constantine : 51
Constantinople : 40, 48, 118, 197, 211
Corfou : 30
Corréjac : 69, 181, 286
Corse : 41, 71, 188, 330
Courthézon : 163
Crète : 30
Cucuron : 318

Damiette : 187
Digne : 313

Égypte : 31, 34, 105, 145, 279
Embiez (Île des) : 184
Espagne : 28, 41 – 42, 47, 67, 75, 78, 89, 111, 134, 165, 227
États-Unis : 28

Florence : 101, 270, 280
France : 4, 8 – 10, 12 – 15, 19, 23 – 25, 27, 29, 32 – 38, 43 – 44, 47, 49, 52 – 54, 67 – 68, 75 – 76, 80 – 81, 93, 95, 99, 105 – 106, 125,

133-134, 149, 157-158, 160-161, 165, 167, 170, 177, 184-185, 192, 200, 202, 208, 210, 216-218, 249, 267, 270, 279, 294, 298-299, 306, 308, 312-313, 324-325, 329-330
Fréjus : 165
Frigolet : 74
Frioul : 113, 205, 321

Gap : 158
Gênes : 38, 41, 46-47, 49, 101-102, 105, 317
Genève : 52, 78, 134
Gévaudan : 4, 69, 130, 181, 191, 286, 315
Gibraltar : 41, 43, 87, 124
Grèce : 34

Hambourg : 205, 240
Hollande : 67, 77
Hong Kong : 39
Hyères : 211

Inde : 8
Italie : 28, 41, 47, 66, 101, 111, 125, 139, 148-149, 161-162, 299, 305-306

Jarre (île de) : 2, 73, 113, 179, 191, 224, 287, 313, 326
Jérusalem : 49, 147

La Canée : 30, 40, 43, 49-50
La Canourgue : 69, 181
La Ciotat : 35, 50, 84, 91, 175-176, 183, 268, 319, 325
La Crau : 179
Lagoubran : 102
Languedoc : 1-2, 4, 13, 15-16, 47, 69-72, 74-79, 85, 89, 91, 111, 119, 122, 129-130, 133, 138, 141, 143, 167, 181-182, 205, 207, 209, 212, 217, 237-238, 246, 271, 308, 310-311, 315, 318-320, 325.
La Rochelle : 133
La Valette : 6, 126, 166, 283
Le Brusc : 184, 286
Le Grau : 127
Le Havre : 134, 162
Le Puy-en-Velay : 160
L'Estaque : 310, 321

Levant : 13, 17, 26-32, 34-37, 52, 57, 65, 73, 80-81, 89-90, 99, 103-104, 109, 111-112, 115, 119, 133, 139-140, 175, 178, 201, 215, 274-275, 312, 314, 324
Livourne : 39, 41, 46-47, 70, 102, 162, 286
Lyon : 36, 71, 87, 131, 160, 276
Lyonnais : 310

Madrid : 135
Maillane : 226
Malte : 52, 102, 212, 325
Maroc : 32-33, 122
Marseille : 1-2, 4, 9, 12-19, 25-29, 32-33, 35-44, 46-56, 59-68, 72-75, 77-79, 81-92, 95-96, 102-103, 106-108, 110-111, 113, 115, 118, 121-127, 129, 134-135, 138-140, 142, 144, 150, 151-152, 154-155, 157-160, 162, 164,166-167, 170-171, 173-183, 185-186, 188, 190, 192, 200-202, 205-207, 211, 212, 215, 216-217, 222-238, 240, 243-263, 265-268, 274-279, 281-282, 285-287, 289, 291-292, 295-297, 299, 305, 307, 309-314, 316-321, 323-325, 327-328, 330.
Martigues : 174, 187
Marvejols : 69, 181, 319
Mende : 69, 129, 181, 191
Messine : 31, 49, 63, 66, 105, 107, 314
Milan : 101, 154, 164, 259, 285
Mollégès : 305
Montagnac : 315
Montauban : 310
Montpellier : 16, 69-71, 74, 89, 129, 161, 226, 233, 238, 243, 245, 255, 267, 269, 274, 276, 283, 295, 297, 302, 319.
Morée : 29, 30, 227

Naples : 38-39, 41, 46, 102, 107
Narbonne : 75, 82, 87, 325
Nice : 51-52, 124

Ollioules : 274
Orange : 191, 257, 308
Orvieto : 6

Palerme : 31, 102
Paris : 16, 18, 48, 56, 106, 136, 262, 304, 306

Patras : 50
Pavie : 161
Pergame : 280
Perpignan : 16, 70, 76 – 78, 226
Pertuis : 314
Pézenas : 315
Piacenza : 161
Pomègues : 44, 57, 102, 112 – 113, 116 – 117, 172, 174, 212, 216, 326
Ponant : 17, 133 – 134
Port-la-Nouvelle : 87
Port-Mahon : 41, 87, 124
Portugal : 28, 111
Port-Vendres : 13, 78, 86 – 87
Provence : 1 – 5, 9, 13, 15 – 16, 27, 41 – 42, 44, 46 – 47, 49, 55, 56, 70 – 79, 90 – 92, 102, 107, 111, 119, 122, 125, 134, 138 – 141, 144, 152, 164 – 165, 167, 181 – 185, 204, 207, 212, 217, 238, 246, 248, 268, 278 – 279, 286, 292, 299, 303, 307, 310 – 311, 313 – 315, 318, 320, 325.

Raguse : 101
Ratonneau : 102, 117, 136
Reggio : 31, 39, 41
Rettimo : 30
Rochefort : 249
Rome : 49, 161, 240
Roquevaire : 305, 312
Roussillon : 13 – 14, 16, 75 – 78, 86, 91, 119, 122, 212

Safi : 32
Saint-Laurent-de-la-Salanque : 78, 86, 122
Saint-Laurent-d'Olt : 181, 286
Saint-Malo : 134
Saint-Mandrier : 102 – 104, 113, 326
Saint-Maximin : 302
Saint-Nazaire : 179
Saint-Raphaël : 106
Saint-Rémy : 73 – 74, 225
Saint-Tropez : 50, 129, 175, 214, 301
Sainte-Marie : 87
Salé : 32, 122
Salon : 314
Sardaigne : 41

Satalie : 31
Scio (Chios) : 30, 35, 38 – 40
Senez : 152
Sète (Cette) : 75, 82 – 83, 88 – 90, 103, 110 – 111, 124, 205, 212, 214, 325
Seyde (parfois Seide) : 30, 47 – 49, 73, 174
Signes : 180
Simiane-Collongue : 302
Sisteron : 6, 307, 314
Smyrne (parfois Smirne) : 30, 40, 47, 75, 108, 188, 205, 293
Sommières : 315
Syrie : 2, 34, 49, 75, 106

Tarascon : 235, 308
Tarragone : 77
Torreilles : 87
Tortosa : 77
Toscane : 90
Toulon : 1, 3, 6, 12 – 13, 17, 47, 50, 54, 56, 61, 75, 78, 87, 91 – 92, 102 – 104, 106, 111, 113, 115, 121, 124 – 126, 135 – 136, 139, 156 – 157, 162, 166, 175 – 176, 179, 180 – 181, 184, 191 – 192, 207 – 211, 217, 228, 232, 237, 242, 245 – 246, 248 – 250, 253 – 256, 258, 262, 267, 279, 283, 286, 293, 299 – 300, 309 – 311, 322, 325 – 326, 328
Toulouse : 68, 87, 274, 283
Tournon : 130 – 131, 133, 326
Trieste : 47
Tripoli : 33, 49
Tunis : 33, 123
Turquie : 34

Valence : 77
Valensolle : 130 – 131, 326
Vaucluse : 163, 307
Venise : 54, 78, 101, 208, 216
Versailles : 13, 19, 54, 61, 134, 166, 266, 278, 307, 319, 325, 330
Vienne : 47, 96
Villefranche : 51, 124, 173
Villeneuve d'Avignon : 315

Zante : 29 – 30

Index des noms de personnes

Achard, Jacques : 171
Achard, Louis : 44
Aguesseau, Henri François d' : 69, 213
Albaret, Antoine-Marie de Ponte d' : 78
Alliès, Magdelaine : 267
Andouard, Olivier : 257
Anne (sainte) : 163, 180, 327
Antoine, Louis : 187
Antrechaus, Jean d' : 1, 156, 179, 207, 229, 245, 248, 254, 255, 259–260, 278–279, 284, 309, 321–322, 328
Arasy, Joseph : 47
Arnaud, François : 167, 226
Arnoul, Nicolas : 249
Astruc, Jean : 181, 205, 217, 244, 276, 283, 292, 315–316, 328
Aubert, Joseph-Marie : 41
Audibert : 235
Audimar, Jean-Baptiste : 222–223, 259, 267
Augustin (saint) : 211

Bailly : 319
Barbieri, Jean-Baptiste : 106
Barras de la Penne, Jean-Antoine de : 252, 254, 261
Baume, Jean : 31, 39–40, 50
Beccaria, Cesare : 189, 191
Belsunce, Henri-François-Xavier de : 151–152, 154–158, 160, 164, 202, 230–232, 245–246, 272, 282, 285, 327–328
Berangier, Dominique : 188
Bergier : 171
Bernage, Louis-Basile de : 69, 74–78, 89, 111, 122, 130–131, 141, 182, 271, 315, 319, 325
Bertrand, Jean-Baptiste : 150, 155, 177, 207, 217, 230–231, 244, 247, 251, 253, 257–258, 260, 271, 273, 275, 281, 310, 328
Bertrand, Joseph : 188
Bèze, Théodore de : 280
Bigodet, Jean : 42
Bigodet des Varennes, Pierre : 32, 47
Bökel, Johan : 240
Bolle, J.A : 106

Bonaparte, Napoléon : 105–106, 279
Bonnet, frères : 172
Bonnet, Pierre : 50
Bourbon, Louis-Alexandre de : 68
Bouthillier : 238, 322
Bouttier, Lazare : 267
Bouyon, Jean-François : 166
Bouzon : 234, 274
Boyer, Jean Baptiste Nicolas : 242
Brancas-Forcalquier, Louis-Henri de : 141, 182
Bremond, Guillaume : 123
Brue : 183
Brunet, Michel : 175–176

Cadenel, Pierre : 177
Cailus, marquis de : 183, 303
Campon, Louis : 267
Canadelle, Moyse et Frédéric : 289
Cancelin : 179, 286
Capus, Marc : 223
Champollion, Jean-François : 106
Charles Borromée (saint) : 163–164, 327
Chataud, Jean-Baptiste : 2, 73, 264, 285–287
Cheneville : 166
Chicoyneau, François : 206, 222–223, 238, 241–243, 273–274, 288, 305, 328
Chirac, Pierre : 241, 328
Clairambault, Jean-Louis de : 48
Clastrier : 172
Colbert, Jean-Baptiste : 24–25, 27, 47, 62, 67, 71, 93, 216–217, 314
Colbert de Torcy : 34
Colomb, Christophe : 198
Condorcet : 79
Cotolendy, François : 47
Coutlet, François : 38, 47, 49
Croissainte, Nicolas Pichatty de : 154, 178, 223–224, 226, 230, 248, 258, 281, 309, 320
Croizer : 234, 274
Cuiret : 318

Dacher, Jean : 257
Daire : 174

David, Jacques-Louis : 162
David, Lazare : 46
Deidier, Antoine : 238, 242, 319, 328
Delamare, Nicolas : 154, 295
Delane, Léon : 40, 43, 49
Delorme, Charles : 304
Demonier : 174
Denans : 171
Desmarets, Paul : 257
Devant, François : 49
Devèze : 191
Dieudé, Balthazar : 222-223
Dodun, Charles-Gaspard : 69
Dubois, Joseph : 41
Duffaud, Jean-Baptiste : 227
Duhamel, Jacques : 173
Dupont : 191, 322
Du Quesne : 184-185
Durand, Antoine-Gabriel : 39
Durand, François : 261
Du Rousseaud de la Combe, Guy : 168

Elias : 190
Espinchal, Claude Louis d' (Massiac) : 201
Estelle, Jean-Baptiste : 222-224, 259, 287, 313
Estrées, Victor Marie d' : 68

Fabre, Jean Guillaume : 257
Faybesse, Jean : 238
Féraud, Antoine : 225
Féraud, Claude : 188
Fermat, Pierre de : 199
Fondoume, Armand : 111, 233
Fortia, Alphonse de (marquis de Pilles) : 154, 222, 224, 234, 261, 264, 309, 321
Fournier, Nicolas : 238, 288, 319
Fracastoro, Girolamo : 9, 239-240, 244
François de Paule (saint) : 164, 327
Frank, Johan Peter : 298
Frari, Angelo Antonio : 54
Furetière, Antoine : 100, 169, 247, 270

Galien : 239, 280
Gamel : 172
Ganteaume : 51
Gauteron, Antoine : 130
Gautier (père) : 230

Gerbal, Isidore : 86, 95
Gey, J. B. : 247-248
Giraud (père) : 304
Goiffon, Jean-Baptiste : 244, 276, 320, 328
Gournay, Vincent de : 93
Granier, Michel Ange : 229
Grimaldi, Jérôme : 164
Gros, Joseph : 225
Gruas : 238
Gueirard : 234
Guerin, Jean-Baptiste : 268
Guérin, Paulin-Jean-Baptiste : 227

Hecquet, Philippe : 104, 150, 244, 289, 292
Helvetius, Jean-Adrien : 288, 292
Henri II : 71
Henri IV : 61
Hilaire (frère) : 229
Hippocrate : 239, 280
Hobbes, Thomas : 93
Hocquart : 17, 128, 254, 312
Howard, John : 103, 105
Hugues, Jean-François : 225
Hume, David : 46

Irène (sainte) : 160

Jacques, Pierre : 49
Jal, Augustin : 106
Jaucourt, Louis : 191
Jauffret, Antoine : 261
Jauffret, Louis-François : 178
Jean Eudes (saint) : 157
Joinville : 105
Jonas, Hans : 204
Jousse, Daniel : 168, 187, 270

Kircher, Athanasius : 9, 240, 244

Ladmiral, Jean : 184
Lamelin, Nicolas : 239
Lamoignon de Basville, Nicolas : 74, 77, 205, 325
Langeron, Charles Claude Andrault de : 190, 222, 224, 283, 295, 305, 316, 320
Larnet : 173
Latour, Bruno : 221
La Tour, Jean-Baptiste de Gallois de : 77, 183

Index des noms de personnes — **401**

La Tour du Pin Montauban, Louis-Pierre de : 157
Law, John : 68, 310, 314
Le Blanc, Claude : 308
Lebret (Le Bret), Cardin : 72–77, 91, 107–108, 141–143, 204, 212, 216, 224, 226, 233, 248, 268–269, 287, 291, 307, 309, 314, 318, 321, 325
Le Gras du Luart, François : 77–78
Le Maire, Jacques-Louis : 49
Le Moine : 319
Le Peletier de la Houssaye, Félix : 69, 74, 287
Lieutand, Pierre : 187–188
Louis XI : 23–24, 27, 165
Louis XIII : 61, 71, 249
Louis XIV : 12, 14, 24, 27, 56, 61–62, 67, 71, 76, 215, 227, 249, 263, 295
Louis XV : 12, 38, 249
Louvois, François Michel Le Tellier : 76
Loys : 319
Lullier de Lorme, René : 51
Lyon, Honoré : 50

Magaud, Antoine-Dominique : 227
Magy, Gaspard-David : 44, 50
Maillard : 173
Maissard : 180–181
Mandrin, Louis : 177
Manget, Jean-Jacques : 151, 193, 212–213, 245, 253, 276, 278, 284, 291, 297–298, 304
Marguerite-Marie Alacoque (sainte) : 157
Marin, Jean : 30
Marin, Louis : 268
Marteau, Joseph : 171
Martignon : 267
Martin, Guillaume : 162
Maubec, Sébastien : 225
Maurepas, Jean-Frédéric Phélypeaux : 38, 50, 62–63, 65–66, 68, 92, 110, 118, 125, 201, 233, 261, 265–266
Mauveau, Sébastien : 188
Maystre : 172
Mervé de Jonville, Thomas-Eudelin-Marie-François : 50–51
Milay (père) : 230
Millevoye, Charles : 231
Mirabeau : 79
Montaigne, Michel de : 280

Monthenault, Jean-Jacques de : 30
Moricaud, Barthélemy de : 225
Moustier, Jean-Pierre : 222–223, 251, 262, 267
Muyart de Vouglans, Pierre-François : 168

Necker, Jacques : 79

Olivier, Louis : 268
Ollive, Pierre : 171
Ollivier, Jean-Baptiste : 173

Pascal, Blaise : 199
Panisse, Pierre : 71
Papon, Jean-Pierre : 3, 43, 59, 179, 247, 253, 259, 264, 271, 275–276, 281, 288–289, 293, 306
Paré, Ambroise : 150, 291
Partyet, Jean-Baptiste-Martin : 43
Paulet, Jean : 261
Péleran, Gaspard de : 29, 40, 43
Père Maurice : 284, 290, 317
Perrault, Claude : 85
Pestalozzi, Jérôme : 178, 212, 240, 244, 284, 288, 290, 328
Peyrenc de Moras, François-Marie : 205
Peyssonnel, Charles (père) : 274
Peyssonnel, Charles (fils) : 274
Pontchartrain, Jérôme Phélypeaux de : 62, 65, 67–68, 72–73, 91, 174
Pontchartrain, Louis Phélypeaux de : 67
Pontevès-Gien : 300
Poucet, Marguerite : 179
Puget, Pierre : 164

Quintin, Jean : 181, 286

Rabiat, Louis : 257
Rainaud, Pierre : 268
Rancé : 250–251
Raymondi : 185
Rémusat, Anne-Madeleine : 158
Ricard, Joseph Ignace : 50
Richelieu : 24, 61–62, 184, 249
Robert, Claude : 179
Robert, François : 188
Roch (saint) : 102, 154, 161–163, 165–166, 202, 327

Roquelaure, Antoine Gaston de : 69, 130, 143, 311, 315
Rougeau de La Blotière, Christophe : 35, 38 – 40
Rousseau, Jean-Jacques : 105
Roux, André : 205
Roux, Pierre-Honoré : 155, 166, 229, 282
Roze, Nicolas : 202, 227, 245 – 246, 253 – 254, 272

Saint-Simon, Claude-Henri de : 67, 79
Sanguin, François : 188
Sébastien (saint) : 160 – 161, 163, 165, 327
Seignelay, Jean-Baptiste Antoine Colbert de : 67, 93
Serre, Michel : 226 – 227
Siccard : 312
Signe, Joseph : 225
Simin, Antoine : 174
Simon, Jean : 185
Simond, Paul-Louis : 39
Soulier, Jean : 238

Taitbout de Marigny de Fontenelle de La Milarche, Alexis-Jean-Eustache : 31
Taulignan, Victor : 29
Terras : 267

Terrasson, Martin : 171
Thomas d'Aquin (saint) : 211
Tiran, Charles-Joseph : 286
Trémellat, Barthélemy : 225
Troy, Jean-François de : 227
Turgot, Anne-Robert-Jacques : 79
Tursis : 174

Urtis : 275

Vallabrun : 267
Vauban, Sébastien Le Prestre : 61, 249
Vauvenargues : 141
Véracy, Magdeleine : 229
Verny, Jean : 206, 238, 319
Vienet, Joseph : 175 – 176
Vienne, Henri : 106w
Villars, Louis-Hector de : 144, 183
Vincent de Paul (saint) : 249
Vintimille du Luc, Charles-Gaspard-Guillaume de : 156
Voltaire : 177

Yersin, Alexandre : 1, 11, 39

www.ingramcontent.com/pod-product-compliance
Lightning Source LLC
Chambersburg PA
CBHW061704300426
44115CB00014B/2551